国家出版基金资助项目
现代数学中的著名定理纵横谈丛书
丛书主编　王梓坤

U0211638

SIMPSON PRINCIPLE

Simpson原理

刘培杰数学工作室 编

哈尔滨工业大学出版社
HITP HARBIN INSTITUTE OF TECHNOLOGY PRESS

内容简介

本书共分为 16 章,详细介绍了 Simpson 原理的概念及多种积分,包括数值积分、龙贝格积分、高斯积分、不定积分、广义积分等内容.

本书适合高等数学研究爱好者及大学教师、数学等相关专业的学生研读.

图书在版编目(CIP)数据

Simpson 原理/刘培杰数学工作室编. —哈尔滨:哈尔滨工业大学出版社,2018.4

(现代数学中的著名定理纵横谈丛书)

ISBN 978 - 7 - 5603 - 7292 - 1

Ⅰ.①S… Ⅱ.①刘… Ⅲ.①辛浦生公式－研究 Ⅳ.①O241.4

中国版本图书馆 CIP 数据核字(2018)第 051222 号

策划编辑	刘培杰 张永芹
责任编辑	张永芹 李宏艳
封面设计	孙茵艾
出版发行	哈尔滨工业大学出版社
社　址	哈尔滨市南岗区复华四道街 10 号　邮编 150006
传　真	0451－86414749
网　址	http://hitpress.hit.edu.cn
印　刷	哈尔滨市石桥印务有限公司
开　本	787mm×960mm　1/16　印张 27.5　字数 304 千字
版　次	2018 年 4 月第 1 版　2018 年 4 月第 1 次印刷
书　号	ISBN 978 - 7 - 5603 - 7292 - 1
定　价	98.00 元

读书的乐趣

你最喜爱什么——书籍.

你经常去哪里——书店.

你最大的乐趣是什么——读书.

这是友人提出的问题和我的回答. 真的, 我这一辈子算是和书籍, 特别是好书结下了不解之缘. 有人说, 读书要费那么大的劲, 又发不了财, 读它做什么? 我却至今不悔, 不仅不悔, 反而情趣越来越浓. 想当年, 我也曾爱打球, 也曾爱下棋, 对操琴也有兴趣, 还登台伴奏过. 但后来却都一一断交, "终身不复鼓琴". 那原因便是怕花费时间, 玩物丧志, 误了我的大事——求学. 这当然过激了一些. 剩下来唯有读书一事, 自幼至今, 无日少废, 谓之书痴也可, 谓之书橱也可, 管它呢, 人各有志, 不可相强. 我的一生大志, 便是教书, 而当教师, 不多读书是不行的.

读好书是一种乐趣, 一种情操; 一种向全世界古往今来的伟人和名人求教的方法,一种和他们展开讨论的方式;一封出席各种活动、体验各种生活、结识各种人物的邀请信;一张迈进科学宫殿和未知世界的入场券;一股改造自己、丰富自己的强大力量.书籍是全人类有史以来共同创造的财富,是永不枯竭的智慧的源泉.失意时读书,可以使人重整旗鼓;得意时读书,可以使人头脑清醒;疑难时读书,可以得到解答或启示;年轻人读书,可明奋进之道;年老人读书,能知健神之理.浩浩乎! 洋洋乎! 如临大海,或波涛汹涌,或清风微拂,取之不尽,用之不竭.吾于读书,无疑义矣,三日不读,则头脑麻木,心摇摇无主.

潜能需要激发

我和书籍结缘,开始于一次非常偶然的机会.大概是八九岁吧,家里穷得揭不开锅,我每天从早到晚都要去田园里帮工.一天,偶然从旧木柜阴湿的角落里,找到一本蜡光纸的小书,自然很破了.屋内光线暗淡,又是黄昏时分,只好拿到大门外去看.封面已经脱落,扉页上写的是《薛仁贵征东》.管它呢,且往下看.第一回的标题已忘记,只是那首开卷诗不知为什么至今仍记忆犹新:

日出遥遥一点红,飘飘四海影无踪.

三岁孩童千两价,保主跨海去征东.

第一句指山东,二、三两句分别点出薛仁贵(雪、人贵).那时识字很少,半看半猜,居然引起了我极大的兴趣,同时也教我认识了许多生字.这是我有生以来独立看的第一本书.尝到甜头以后,我便千方百计去找书,向小朋友借,到亲友家找,居然断断续续看了《薛丁山征西》《彭公案》《二度梅》等,樊梨花便成了我心

2

中的女英雄.我真入迷了.从此,放牛也罢,车水也罢,我总要带一本书,还练出了边走田间小路边读书的本领,读得津津有味,不知人间别有他事.

当我们安静下来回想往事时,往往会发现一些偶然的小事却影响了自己的一生.如果不是找到那本《薛仁贵征东》,我的好学心也许激发不起来.我这一生,也许会走另一条路.人的潜能,好比一座汽油库,星星之火,可以使它雷声隆隆、光照天地;但若少了这粒火星,它便会成为一潭死水,永归沉寂.

抄,总抄得起

好不容易上了中学,做完功课还有点时间,便常光顾图书馆.好书借了实在舍不得还,但买不到也买不起,便下决心动手抄书.抄,总抄得起.我抄过林语堂写的《高级英文法》,抄过英文的《英文典大全》,还抄过《孙子兵法》,这本书实在爱得狠了,竟一口气抄了两份.人们虽知抄书之苦,未知抄书之益,抄完毫末俱见,一览无余,胜读十遍.

始于精于一,返于精于博

关于康有为的教学法,他的弟子梁启超说:"康先生之教,专标专精、涉猎二条,无专精则不能成,无涉猎则不能通也."可见康有为强烈要求学生把专精和广博(即"涉猎")相结合.

在先后次序上,我认为要从精于一开始.首先应集中精力学好专业,并在专业的科研中做出成绩,然后逐步扩大领域,力求多方面的精.年轻时,我曾精读杜布(J. L. Doob)的《随机过程论》,哈尔莫斯(P. R. Halmos)的《测度论》等世界数学名著,使我终身受益.简言之,即"始于精于一,返于精于博".正如中国革命一样,必须先有一块根据地,站稳后再开创几块,最后连成一片.

丰富我文采,澡雪我精神

辛苦了一周,人相当疲劳了,每到星期六,我便到旧书店走走,这已成为生活中的一部分,多年如此.一次,偶然看到一套《纲鉴易知录》,编者之一便是选编《古文观止》的吴楚材.这部书提纲挈领地讲中国历史,上自盘古氏,直到明末,记事简明,文字古雅,又富于故事性,便把这部书从头到尾读了一遍.从此启发了我读史书的兴趣.

我爱读中国的古典小说,例如《三国演义》和《东周列国志》.我常对人说,这两部书简直是世界上政治阴谋诡计大全.即以近年来极时髦的人质问题(伊朗人质、劫机人质等),这些书中早就有了,秦始皇的父亲便是受害者,堪称"人质之父".

《庄子》超尘绝俗,不屑于名利.其中"秋水""解牛"诸篇,诚绝唱也.《论语》束身严谨,勇于面世,"己所不欲,勿施于人",有长者之风.司马迁的《报任少卿书》,读之我心两伤,既伤少卿,又伤司马;我不知道少卿是否收到这封信,希望有人做点研究.我也爱读鲁迅的杂文,果戈理、梅里美的小说.我非常敬重文天祥、秋瑾的人品,常记他们的诗句:"人生自古谁无死,留取丹心照汗青""休言女子非英物,夜夜龙泉壁上鸣".唐诗、宋词、《西厢记》《牡丹亭》,丰富我文采,澡雪我精神,其中精粹,实是人间神品.

读了邓拓的《燕山夜话》,既叹服其广博,也使我动了写《科学发现纵横谈》的心.不料这本小册子竟给我招来了上千封鼓励信.以后人们便写出了许许多多

4

的"纵横谈".

从学生时代起,我就喜读方法论方面的论著.我想,做什么事情都要讲究方法,追求效率、效果和效益,方法好能事半而功倍.我很留心一些著名科学家、文学家写的心得体会和经验.我曾惊讶为什么巴尔扎克在51年短短的一生中能写出上百本书,并从他的传记中去寻找答案.文史哲和科学的海洋无边无际,先哲们的明智之光沐浴着人们的心灵,我衷心感谢他们的恩惠.

读书的另一面

以上我谈了读书的好处,现在要回过头来说说事情的另一面.

读书要选择.世上有各种各样的书:有的不值一看,有的只值看20分钟,有的可看5年,有的可保存一辈子,有的将永远不朽.即使是不朽的超级名著,由于我们的精力与时间有限,也必须加以选择.决不要看坏书,对一般书,要学会速读.

读书要多思考.应该想想,作者说得对吗?完全吗?适合今天的情况吗?从书本中迅速获得效果的好办法是有的放矢地读书,带着问题去读,或偏重某一方面去读.这时我们的思维处于主动寻找的地位,就像猎人追找猎物一样主动,很快就能找到答案,或者发现书中的问题.

有的书浏览即止,有的要读出声来,有的要心头记住,有的要笔头记录.对重要的专业书或名著,要勤做笔记,"不动笔墨不读书".动脑加动手,手脑并用,既可加深理解,又可避忘备查,特别是自己的灵感,更要及时抓住.清代章学诚在《文史通义》中说:"札记之功必不可少,如不札记,则无穷妙绪如雨珠落大海矣."

许多大事业、大作品,都是长期积累和短期突击相结合的产物.涓涓不息,将成江河;无此涓涓,何来江河?

爱好读书是许多伟人的共同特性,不仅学者专家如此,一些大政治家、大军事家也如此.曹操、康熙、拿破仑、毛泽东都是手不释卷,嗜书如命的人.他们的巨大成就与毕生刻苦自学密切相关.

王梓坤

1

2

引言

中国科技大学前数学系主任常庚哲教授曾撰文介绍说：

第 11 届中学生数学冬令营于 1996 年元月在南开大学举行. 竞赛试题中的第五题是这样的：

设 $n \in \mathbf{N}, x_0 = 0, x_i > 0, i = 1, 2, \cdots, n$，且 $\sum\limits_{i=1}^{n} x_i = 1$. 求证

$$1 \leqslant \sum_{i=1}^{n} \frac{x_i}{\sqrt{1 + x_0 + x_1 + \cdots + x_{i-1}} \sqrt{x_i + \cdots + x_n}} < \frac{\pi}{2}$$

上述左边那个不等式是极易证明的，绝大多数的参赛者都做对了. 但是，右边的那个不等式证出来的只有 18 人，在近 120 名选手中，这是一个很小的比例. 在本节中，常教授讲了这个题目的命题思路.

先讲一讲右边那个不等式的证法. 在证明中，关键是要利用一个熟知的不等式：

当 $0 < \theta \leqslant \dfrac{\pi}{2}$ 时

$$0 < \sin \theta < \theta$$

第 1 章

Simpson 原理

作变换

$$\sin\theta_i = x_0 + x_1 + \cdots + x_i \quad (0 \leqslant \theta_i \leqslant \frac{\pi}{2})$$

$i = 1, 2, \cdots, n$，易见

$$0 = \theta_0 < \theta_1 < \theta_2 < \cdots < \theta_n = \frac{\pi}{2}$$

于是

$$x_i = \sin\theta_i - \sin\theta_{i-1} = 2\sin\frac{\theta_i - \theta_{i-1}}{2}\cos\frac{\theta_i + \theta_{i-1}}{2}$$

$$(1 + x_0 + \cdots + x_{i-1})(x_i + \cdots + x_n) =$$

$$1 - (x_0 + x_1 + \cdots + x_{i-1})^2 =$$

$$1 - \sin^2\theta_{i-1} = \cos^2\theta_{i-1}$$

因此原不等式最中间的那个表达式变成

$$\sum_{i=1}^{n} \frac{2\sin\dfrac{\theta_i - \theta_{i-1}}{2}\cos\dfrac{\theta_i + \theta_{i-1}}{2}}{\cos\theta_{i-1}} \qquad (1)$$

由于 $\cos\theta$ 在 $[0, \frac{\pi}{2}]$ 上是单调下降的，故

$$\cos\frac{\theta_i + \theta_{i-1}}{2} < \cos\theta_{i-1}$$

再利用

$$2\sin\frac{\theta_i - \theta_{i-1}}{2} < 2\left(\frac{\theta_i - \theta_{i-1}}{2}\right) = \theta_i - \theta_{i-1}$$

可见表达式(1)应严格地小于

$$\sum_{i=1}^{n}(\theta_i - \theta_{i-1}) = \theta_n - \theta_0 = \frac{\pi}{2}$$

这就证明了右边的不等式.

作为本题的命题人，常教授还介绍了这个题目是如何构想出来的. 在高等数学中，有一种"用积分来估计和式"或称"面积原理"的技巧. 华罗庚教授生前十分

重视这种技巧,在他的专著《数论导引》以及教程《高等数学引论》(第一卷第一分册)中,有专门的章节加以介绍. 面积原理的大意如下:设 $f(x)$ 在 $[a,b]$ 上是非负的,严格上升的函数,又设 $x_1,x_2,\cdots,x_n$ 是 n 个小区间的长度,这些小区间组成了 $[a,b]$ 上的一个分割,在每一个小区间上对应着一个矩形,矩形由图 1 的斜线标出,这些矩形的面积之和是

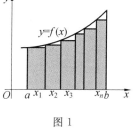

$$\sum_{i=1}^{n} x_i f(a+x_0+x_1+\cdots+x_{i-1})$$

这里规定 $x_0=0$,显然 $x_1+x_2+\cdots+x_n=b-a$. 由面积关系可见

图 1

$$\sum_{i=1}^{n} x_i f(a+x_0+x_1+\cdots+x_{i-1}) < S_a^b(f) \quad (2)$$

这里 $S_a^b(f)$ 表示由 x 轴、两平行直线 $x=a$ 及 $x=b$ 以及曲线 $y=f(x)$ 所包围的面积,有积分知识的人都会知道,$S_a^b(f)$ 正是定积分 $\displaystyle\int_a^b f(x)\mathrm{d}x$.

类似地考虑可以得出

$$S_a^b(f) < \sum_{i=1}^{n} x_i f(a+x_1+\cdots+x_i) \quad (3)$$

由此可见,对于任何适合上述条件的函数 f,由式(2)与(3)便能构造出两个不等式,当然一个重要的前提是 $S_a^b(f)$ 能算得出来.

例 设 $x_0=0,n\in\mathbf{N},x_1,x_2,\cdots,x_n$ 是任意的正数,适合 $\displaystyle\sum_{i=1}^{n} x_i=1$. 求证:对任何 $m\in\mathbf{N}$ 有不等式

$$\sum_{i=1}^n x_i(x_0+x_1+\cdots+x_{i-1})^m <$$

$$\frac{1}{m+1} < \sum_{i=1}^n x_i(x_1+\cdots+x_i)^m$$

证明 这时函数 $f(x)=x^m$，它在 $[0,1]$ 上是严格上升的，积分学的知识告诉我们

$$\int_0^1 x^m \mathrm{d}x = \frac{1}{m+1}$$

令

$$y_i = x_0+x_1+\cdots+x_i \quad (i=0,1,2,\cdots,n)$$

故

$$0 = y_0 < y_1 < y_2 < \cdots < y_n = 1$$

这时

$$x_i(x_0+x_1+\cdots+x_{i-1})^m =$$

$$(y_i-y_{i-1})y_{i-1}^m <$$

$$(y_i-y_{i-1})\frac{y_{i-1}^m+y_{i-1}^{m-1}y_i+\cdots+y_{i-1}y_i^{m-1}+y_i^m}{m+1} =$$

$$\frac{y_i^{m+1}-y_{i-1}^{m+1}}{m+1}$$

求和可得

$$\sum_{i=1}^n x_i(x_0+x_1+\cdots+x_{i-1})^m <$$

$$\frac{1}{m+1}\sum_{i=1}^n (y_i^{m+1}-y_{i-1}^{m+1}) =$$

$$\frac{1}{m+1}(y_n^{m+1}-y_0^{m+1}) =$$

$$\frac{1}{m+1}$$

右边的不等式可以同法证明.

熟悉定积分的人，可以构造出众多的这一类不等

式,但是,为了能够让中学生在他们的知识和技巧范围内证出来,那就不是任选一个函数 f 都合适. 在冬令营那个试题中,函数 $f(x)=\dfrac{1}{\sqrt{1-x^2}}$,它在靠近 1 的地方变为无穷大. 积分 $\displaystyle\int_0^1 \dfrac{\mathrm{d}x}{\sqrt{1-x^2}}$ 是非正常积分. 不过,当作变量代换 $x=\sin\theta$ 之后,积分便成为

$$\int_0^{\frac{\pi}{2}} 1\mathrm{d}\theta$$

这时的被积函数是常数 1,它是最简单的函数了. 这种考虑正提示了在离散的情形也用正弦函数来作变换. 这就保证了至少有一种初等的方法可以奏效.

　　最后,提出三点注记:

　　1. 由于是对任何的自然数 n 以及任意的分割 x_1, $x_2,\cdots,x_n$ 都要求不等式成立,所以常数 $S_a^b(f)$ 在式 (2) 中不可以用更小的数来代替,在式 (3) 中不可以用更大的数来代替. 也就是说,这个常数是最佳的.

　　2. 面积原理对于严格下降的函数也能适用,这时不等式 (2) 与 (3) 都应反向. 建议读者对函数 $f(x)=\sqrt{1-x^2}$, $x\in[0,1]$ 作出两个不等式,并加以证明.

　　3. 数学上的技巧是不厌反复使用的,但是,戏法若泄漏了机关,那也就是只能玩一次. 所以说,用同一种技巧来形成类似的试题,那意义就不大了.

　　当年中国科学技术大学数学系的讲授体系有三条龙,分别是"华龙"(华罗庚)、"吴龙"(吴文俊)、"关龙"(关肇直). 其中"华龙"积分是这样讲的:

§1 求 面 积

设 $c<a<b$，求在 $x=$ $a,x=b$ 之间，x 轴与曲线

$$l:y=f(x)$$

之间的面积. 为方便起见，我们暂时假定曲线 l 在 x 轴的上方(图 2).

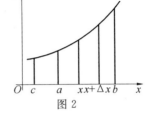

图 2

令 $F(x)$ 表示 c,x 之间及 x 轴与曲线 l 之间的面积，令

$$M=\max_{x\leqslant t\leqslant x+\Delta x} f(t),m=\min_{x\leqslant t\leqslant x+\Delta x} f(t) \tag{1}$$

考虑面积大小显然有

$$m\Delta x\leqslant F(x+\Delta x)-F(x)\leqslant M\Delta x \tag{2}$$

也就是

$$m\leqslant\frac{F(x+\Delta x)-F(x)}{\Delta x}\leqslant M \tag{3}$$

假定 $f(x)$ 是连续的，由式(3)，当 $\Delta x\to 0$，可知 $F'(x)$ 存在，且

$$F'(x)=f(x)$$

也就是

$$F(x)=\int f(x)\mathrm{d}x+C$$

其中 C 是待定常数.

在 $x=a,x=b$ 之间的面积等于

$$F(b)-F(a)$$

我们就记之为

$$F(b)-F(a)=\int_a^b f(x)\mathrm{d}x=F(x)\,\Big|_a^b$$

这称为函数 $f(x)$ 的定积分，a,b 分别称为定积分的下限与上限.

例如，$f(x)=\lambda x^{2}$，则在 $(0,x)$ 之间，抛物线与 x 轴之间的面积等于

$$\int_{0}^{x}\lambda\,t^{2}\,\mathrm{d}t=\frac{\lambda\,x^{3}}{3}$$

如果曲线在 x 轴的下方，这种方法所求出的数值是面积的负值；如果有一部分在 x 轴的上方，一部分在 x 轴的下方，我们所得出的积分值就是 x 轴上部的面积与 x 轴下部的面积的差.

例如，$f(x)=x^{3}$，在 $(-a,a)$ 之间的定积分等于

$$\int_{-a}^{a}x^{3}\,\mathrm{d}x=\frac{x^{4}}{4}\bigg|_{-a}^{a}=\frac{a^{4}}{4}-\frac{a^{4}}{4}=0$$

这并不是说面积等于 0. 因为从 0 到 a，积分等于

$$\int_{0}^{a}x^{3}\,\mathrm{d}x=\frac{a^{4}}{4}$$

而从 $-a$ 到 0，积分等于

$$\int_{-a}^{0}x^{3}\,\mathrm{d}x=\frac{a^{4}}{4}$$

如果要求的是 x 轴与曲线 $y=x^{3}$ 之间及在 $-a$ 与 a 间的面积的绝对值，应当是 $\dfrac{a^{4}}{2}$.

如果曲线是由若干个连续曲线所组成的，我们也可以算出面积. 例如

$$f(x)=\begin{cases}x^{2},0\leqslant x\leqslant 1\\x^{3},1\leqslant x\leqslant 2\end{cases}$$

则

$$\int_{0}^{2}f(x)\,\mathrm{d}x=\int_{0}^{1}x^{2}\,\mathrm{d}x+\int_{1}^{2}x^{3}\,\mathrm{d}x=$$

$$\frac{1}{3}+\frac{1}{4}(2^4-1)=$$

$$\frac{1}{3}+\frac{15}{4}=4\frac{1}{12}$$

例 1 求界于抛物线

$$y=ax^2+bx+c$$

与 x 轴之间,及距离是 h 的两个纵坐标之间的面积等于

$$\frac{h}{6}(y_1+y_2+4y_0)$$

此处 y_1,y_2 是两端的纵坐标,y_0 是中点的纵坐标.

解 令左端的横坐标是 x_1,面积等于

$$\int_{x_1}^{x_1+h}(ax^2+bx+c)\mathrm{d}x=$$

$$\frac{a}{3}((x_1+h)^3-x_1^3)+\frac{1}{2}b((x_1+h)^2-x_1^2)+ch=$$

$$\frac{1}{3}ah(3x_1^2+3x_1h+h^2)+\frac{1}{2}bh(2x_1+h)+ch=$$

$$\frac{h}{6}\Big[a(x_1+h)^2+b(x_1+h)+c+ax_1^2+bx_1+c+$$

$$4a\left(x_1+\frac{h}{2}\right)^2+4b\left(x_1+\frac{h}{2}\right)+4c\Big]$$

证毕.

例 2 椭圆的方程是

$$\frac{x^2}{a^2}+\frac{y^2}{b^2}=1$$

求椭圆面积(图 3).

解 椭圆的总积等于椭圆在第一象限内面积的四倍,即

$$S=4\int_0^a y\mathrm{d}x=4b\int_0^a\sqrt{1-\frac{x^2}{a^2}}\,\mathrm{d}x=$$

8

$$4ab \int_0^1 \sqrt{1-t^2}\, \mathrm{d}t =$$

$$2ab \left(t\sqrt{1-t^2} + \sin^{-1}t\right) \Big|_0^1 =$$

$$\pi ab$$

例 3　计算在两条曲线

$$y = x^2, x = y^2$$

间的面积(图 4).

解　这两个方程的交点是$(0,0),(1,1)$,因为在区间$(0,1)$上

$$\sqrt{x} \geqslant x^2$$

由此所求的面积等于

$$\int_0^1 \sqrt{x}\, \mathrm{d}x - \int_0^1 x^2\, \mathrm{d}x = \left(\frac{2}{3}x^{\frac{3}{2}} - \frac{x^3}{3}\right)\Big|_0^1 = \frac{1}{3}$$

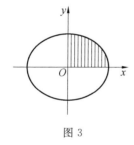

图 3　　　　　　　图 4

§2　定积分的概念

现在我们可以把定积分的概念抽象化. 如果

$$\frac{\mathrm{d}}{\mathrm{d}x}F(x) = f(x)$$

我们就定义

$$F(b) - F(a) = \int_a^b f(x) \mathrm{d}x$$

为 $f(x)$ 由 a 到 b 的定积分.

我们假定 $a < b$,并且假定在 a, b 中添上一批分点

$$a = x_0 < x_1 < \cdots < x_{n-1} < x_n = b$$

则由拉格朗日(Lagrange)公式得出

$$F(b) - F(a) = \sum_{v=1}^n (F(x_v) - F(x_{v-1})) =$$

$$\sum_{v=1}^n (x_v - x_{v-1}) f(x'_v)$$

这里 $x_v > x'_v > x_{v-1}$.

我们现在从任意的 $f(x)$ 出发,考虑更一般的和

$$\sigma_n = \sum_{v=1}^n (x_v - x_{v-1}) f(\xi_v) \tag{1}$$

这里 ξ_v 是区间 (x_{v-1}, x_v) 中的任意一点. 我们的问题是当添入任意分点 x_v,使

$$\lambda = \max_{v=1,2,\cdots,n} (x_v - x_{v-1}) \to 0$$

时,对任意的 $\xi_v (x_{v-1} \leqslant \xi_v \leqslant x_v)$, σ_n 是否皆有相同的极限存在. 如果存在,我们称之为 $f(x)$ 由 a 到 b 的定积分,或称为黎曼(Riemann)定积分,而 $f(x)$ 称为黎曼可积函数.

如果 $f(x)$ 不是有界的,在式(1)中至少有一次没有意义. 因此现在我们所讨论的函数常假定它们适合于

$$m < f(x) < M$$

即存在有限的上、下界.

令

$$M_v = \overline{\underset{x_{v-1} \leqslant x \leqslant x_v}{Bd}} f(x), m_v = \underline{\underset{x_{v-1} \leqslant x \leqslant x_v}{Bd}} f(x)$$

分别表示 $f(x)$ 在区间 $[x_{v-1}, x_v]$ 中的上确界与下确界,并以

$$S_n = \sum_{v=1}^{n} M_v(x_v - x_{v-1}) \qquad (2)$$

与

$$s_n = \sum_{v=1}^{n} m_v(x_v - x_{v-1}) \qquad (3)$$

分别表示上和数与下和数.

由于式(2)恒大于 $m(b-a)$,式(3)恒小于 $M(b-a)$,故对于一切可能的分点 $x_0 < x_1 < \cdots < x_n$,式(2)的下确界与式(3)的上确界是存在的,分别记之为 I^* 与 I_*.

定理 1 对于任何 $\varepsilon > 0$,皆存在 $\delta > 0$,当

$$\lambda = \max_{1 \leqslant v \leqslant m}(y_v - y_{v-1}) < \delta$$

时

$$\left| \sum_{v=1}^{m} \overline{M}_v(y_v - y_{v-1}) - I^* \right| < \varepsilon$$

此处 $\overline{M}_v = \overline{\underset{y_{v-1} \leqslant y \leqslant y_v}{Bd}} f(y)$, $y_0 = a$, $y_n = b$.

证明 对于任何 $\varepsilon > 0$,存在一种分点 $D(x_0, \cdots, x_n)$ 使

$$\sum_{v=1}^{n} M_v(x_v - x_{v-1}) < I^* + \frac{\varepsilon}{2}$$

取 δ 满足 $2\delta n M < \frac{\varepsilon}{2}$. 当分点 $D'(y_0, y_1, \cdots, y_n)$ 的相邻分点间最大距离为 λ,而 $\lambda < \delta$ 时,D' 的点所成的小区间 $[y_i, y_{i+1}]$ 有两种,一种包含 D 的点,另一种则不包含 D 的点.前一种区间最多 $2n$ 个,其全体记为 I_1,其余都是后一种,其全体记之为 I_2.则

$$\sum_{[y_{i-1},y_i]\in I_1} \overline{M}_i(y_i - y_{i-1}) < 2\delta n M < \frac{\varepsilon}{2}$$

$$\sum_{[y_{i-1},y_i]\in I_2} \overline{M}_i(y_i - y_{i-1}) \leqslant \sum_{v=1}^{n} M_v(x_v - x_{v-1}) < I^* + \frac{\varepsilon}{2}$$

因此

$$\sum_{v=1}^{n} \overline{M}_i(y_i - y_{i-1}) < I^* + \varepsilon$$

另一方面

$$\sum_{i=1}^{m} \overline{M}_i(y_i - y_{i-1}) \geqslant I^*$$

故明所欲证.

同法可证：

定理 2 对于 $\varepsilon > 0$，皆存在 $\delta > 0$，当 $\lambda = \max\limits_{1 \leqslant v \leqslant m}(y_v -$

$y_{v-1}) < \delta$ 时

$$\left| \sum_{v=1}^{n} \overline{m}_v(y_v - y_{v-1}) - I_* \right| < \varepsilon$$

此处 $\overline{m}_v = \underset{y_{v-1} \leqslant y \leqslant y_v}{Bd} f(y).$

由于当 $\xi \in [x_{v-1}, x_v]$ 时

$$m_v \leqslant f(\xi) \leqslant M_v$$

故

$$s_n \leqslant \sigma_n \leqslant S_n$$

因此 σ_n 有极限的充要条件是

$$\lim_{\lambda \to 0} s_n = \lim_{\lambda \to 0} S_n$$

令 $\omega_v = M_v - m_v$，称 ω_v 为 $f(x)$ 在区间 $[x_{v-1}, x_v]$

上的振幅，因此 $f(x)$ 可积的充要条件又可以写为

$$\lim_{\lambda \to 0} \sum_{v=1}^{n} \omega_v(x_v - x_{v-1}) = 0$$

我们先看一看哪些函数有此性质：

1. 在闭区间 $[a,b]$ 上连续的函数. 因为连续函数是一致连续的, 所以在给定 $\varepsilon > 0$ 之后, 我们可以找到 δ 使

$$|x_v - x_{v-1}| < \delta$$

时

$$|f(x_v) - f(x_{v-1})| < \varepsilon$$

因此得出

$$M_v - m_v < \varepsilon$$

即得

$$\sum_{v=1}^{n} (M_v - m_v)(x_v - x_{v-1}) <$$

$$\varepsilon \sum_{v=1}^{n} (x_v - x_{v-1}) = \varepsilon(b-a)$$

即为所求.

2. 任何一个有有限个间断点的有界函数是可积的. 假定 $|f(x)| \leqslant P$. 为了明确起见, 我们考虑仅有一个间断点的情况 (图 5), $a < c < b$. 其他情况可以同样考虑. 在某一次分法中小于 c 的最大的分点, 命之为 a', 大于 c 的最小的分点命之为 b'. 当分点增加, 使所有相邻分点的距离趋于 0 时

图 5

$$|(b'-a')f(\xi)| \leqslant (b'-a')P \to 0$$

所以并不影响我们的和, 由 a 到 a', 由 b' 到 b 的求和部分与 1 的情况一样.

3. 任一单调有界函数都是可积的. 为明确起见, 我们假定函数 $f(x)$ 是不下降的, 就是

$$f(x_{v-1}) \leqslant f(x_v)$$

即

$$M_v = f(x_v), \quad m_v = f(x_{v-1})$$

式(2)就是

$$0 \leqslant \sum_{v=1}^{n} (f(x_v) - f(x_{v-1}))(x_v - x_{v-1}) \leqslant$$

$$\sum_{v=1}^{n} (f(x_v) - f(x_{v-1})) \max_{v=1,\cdots,n} (x_v - x_{v-1}) =$$

$$(f(b) - f(a)) \max_{v=1,\cdots,n} (x_v - x_{v-1})$$

即得所证.

例 1 定义函数

$$f(x) = \begin{cases} 0, 0 \leqslant x \leqslant \dfrac{1}{2} \\ 1 + \dfrac{1}{n-1}, 1 - \dfrac{1}{n} \leqslant x \leqslant 1 - \dfrac{1}{n+1}, n = 2, 3, 4, \cdots \end{cases}$$

这是一个有无数个间断点的单调函数,它由 0 到 1 的积分是

$$\int_0^1 f(x) \mathrm{d}x = \sum_{n=2}^{\infty} \int_{1-\frac{1}{n}}^{1-\frac{1}{n+1}} \left(1 + \frac{1}{n-1}\right) \mathrm{d}x =$$

$$\sum_{n=2}^{\infty} \left(\frac{1}{n} - \frac{1}{n+1}\right) \left(1 + \frac{1}{n-1}\right) =$$

$$\sum_{n=2}^{\infty} \frac{1}{(n+1)(n-1)} =$$

$$\frac{1}{2} \sum_{n=2}^{\infty} \left(\frac{1}{n-1} - \frac{1}{n+1}\right) = \frac{3}{4}$$

例 2 狄利克雷(Dirichlet) 函数

$$f(x) = \begin{cases} 1, 若 x 为有理数 \\ 0, 若 x 为无理数 \end{cases}$$

不是可积的,原因是对任一区间皆有 $M - m = 1$,即式(2)等于

$$\sum_{v=1}^{n} (x_v - x_{v-1}) = b - a$$

不趋于 0.

定理 3　若 $x \geqslant a$，$f(x)$ 是一个非负递增函数，则当 $\xi \geqslant a$ 时有

$$\left| \sum_{a \leqslant n \leqslant \xi} f(n) - \int_a^{\xi} f(x) \mathrm{d}x \right| \leqslant f(\xi)$$

证明　取 $[\xi] = b$（图 6），则

$$\int_a^b f(x) \mathrm{d}x = \sum_{i=a}^{b-1} \int_i^{i+1} f(x) \mathrm{d}x \begin{cases} \geqslant \displaystyle\sum_{i=a}^{b-1} f(i) \\ \leqslant \displaystyle\sum_{i=a}^{b-1} f(i+1) \end{cases}$$

即

$$f(a) + \cdots + f(b-1) \leqslant \int_a^b f(x) \mathrm{d}x \leqslant f(a+1) + \cdots + f(b)$$

又

$$0 \leqslant \int_b^{\xi} f(x) \mathrm{d}x \leqslant f(\xi)$$

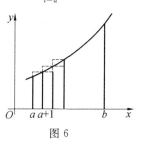

图 6

并起来即得定理.

例 3　令 $\lambda \geqslant 0$，$f(x) = x^{\lambda}$，即

$$\left| \sum_{a \leqslant n \leqslant \xi} n^{\lambda} - \frac{\xi^{\lambda+1} - a^{\lambda+1}}{\lambda + 1} \right| \leqslant \xi^{\lambda}$$

即

$$\sum_{a \leqslant n \leqslant \xi} n^{\lambda} = \frac{\xi^{\lambda+1} - a^{\lambda+1}}{\lambda + 1} + O(\xi^{\lambda})$$

例 4　令 $f(x) = \log x$，$\xi \geqslant 1$，及 $T(\xi) = \displaystyle\sum_{n \leqslant \xi} \log n$，则得

$$\left| T(\xi) - \int_1^{\xi} \log x \mathrm{d}x \right| \leqslant \log \xi$$

即

$$| T(\xi) - \xi\log \xi + \xi - 1 | \leqslant \log \xi$$

特别地,当 ξ 是整数时,则

$$n\log n - n + 1 - \log n \leqslant \log n! \leqslant n\log n - n + 1 + \log n$$

即

$$n^{n-1}\mathrm{e}^{-n+1} \leqslant n! \leqslant n^{n+1}\mathrm{e}^{-n+1}$$

定理 4 若 $x \geqslant a$, $f(x)$ 是一个非负递减函数,则极限

$$\lim_{N \to \infty}\left[\sum_{n=a}^{N}f(n) - \int_{a}^{N}f(x)\mathrm{d}x\right] = \alpha$$

存在,且 $0 \leqslant \alpha \leqslant f(a)$. 进而言之,当 $x \to \infty$ 时,若 $f(x) \to 0$,则

$$\left|\sum_{a \leqslant n \leqslant \xi}f(n) - \int_{a}^{\xi}f(x)\mathrm{d}x - \alpha\right| \leqslant f(\xi-1) \quad (若 \xi \geqslant a+1)$$

证明 令

$$g(\xi) = \sum_{a \leqslant n \leqslant \xi}f(n) - \int_{a}^{\xi}f(x)\mathrm{d}x$$

则

$$g(n) - g(n+1) = -f(n+1) + \int_{n}^{n+1}f(x)\mathrm{d}x \geqslant$$
$$-f(n+1) + f(n+1) = 0$$

又

$$g(N) = \sum_{n=a}^{N-1}\left(f(n) - \int_{n}^{n+1}f(x)\mathrm{d}x\right) + f(N) \geqslant$$
$$\sum_{n=a}^{N-1}(f(n) - f(n)) + f(N) =$$
$$f(N) \geqslant 0$$

故 $g(n)$ 为一个非负递减函数,且

$$0 \leqslant g(n) \leqslant g(a) = f(a)$$

故 $g(n)$ 之极限存在,命之为 α,且 $0 \leqslant \alpha \leqslant f(a)$.

现在假定当 $x \to \infty$ 时，$f(x) \to 0$，则

$$g(\xi) - \alpha = \sum_{a \leqslant n \leqslant \xi} f(n) - \int_a^\xi f(x)\mathrm{d}x -$$

$$\lim_{N \to \infty}\left(\sum_{n=a}^N f(n) - \int_a^N f(x)\mathrm{d}x\right) =$$

$$\sum_{n=a}^{[\xi]} f(n) - \int_a^{[\xi]} f(x)\mathrm{d}x - \int_{[\xi]}^\xi f(x)\mathrm{d}x -$$

$$\lim_{N \to \infty}\left(\sum_{n=a}^N f(n) - \int_a^N f(x)\mathrm{d}x\right) =$$

$$-\int_{[\xi]}^\xi f(x)\mathrm{d}x - \lim_{N \to \infty}\left(\sum_{n=[\xi]+1}^N f(n) -\right.$$

$$\left.\int_{[\xi]}^N f(x)\mathrm{d}x\right) =$$

$$-\int_{[\xi]}^\xi f(x)\mathrm{d}x + \lim_{N \to \infty}\sum_{n=[\xi]+1}^N \int_{n-1}^n (f(x) -$$

$$f(n))\mathrm{d}x$$

$$\begin{cases} \leqslant \lim_{N \to \infty}\sum_{n=[\xi]+1}^N \int_{n-1}^n (f(n-1) - f(n))\mathrm{d}x = f([\xi]) \leqslant \\ f(\xi-1) \\ \geqslant -\int_{[\xi]}^\xi f(x)\mathrm{d}x \geqslant -(\xi - [\xi])f([\xi]) \geqslant -f(\xi-1) \end{cases}$$

故得定理.

由定理 4 可以得出某种级数收敛与发散的判别条件.

假定给了一个级数

$$u_1 + u_2 + \cdots + u_n + \cdots$$

是正项的，且为递减的，即

$$u_1 \geqslant u_2 \geqslant \cdots \geqslant u_n \geqslant \cdots \geqslant 0$$

如果有一个函数 $f(x)$，有以下的性质：1. $f(x)$ 是一个在 $(1,\infty)$ 中连续的非负递减函数；2. $f(n) = u_n$，则由

Simpson 原理

定理 4 即可得知,如果

$$\lim_{n \to \infty} \int_1^n f(x)\,\mathrm{d}x$$

存在,则级数

$$u_1 + u_2 + \cdots + u_n + \cdots$$

收敛,不然则级数发散.

而且,级数的和在

$$\int_1^\infty f(x)\,\mathrm{d}x \ \text{与} \ u_1 + \int_1^\infty f(x)\,\mathrm{d}x$$

之间.

例 5 由于

$$\int_1^x t^{-\alpha}\,\mathrm{d}t = \begin{cases} \dfrac{1}{1-\alpha}(x^{1-\alpha}-1), \alpha \neq 1 \\ \log x, \alpha = 1 \end{cases}$$

所以当 $\alpha > 1$ 时,$\displaystyle\sum_{n=1}^\infty \dfrac{1}{n^\alpha}$ 收敛;当 $\alpha \leqslant 1$ 时,$\displaystyle\sum_{n=1}^\infty \dfrac{1}{n^\alpha}$ 发散.

又由于

$$\int_2^x \frac{\mathrm{d}t}{t(\log t)^\alpha} = \begin{cases} \dfrac{1}{1-\alpha}(\log x)^{1-\alpha} - \dfrac{1}{1-\alpha}(\log 2)^{1-\alpha}, \alpha \neq 1 \\ \log\log x - \log\log 2, \alpha = 1 \end{cases}$$

所以当 $\alpha > 1$ 时,级数 $\displaystyle\sum_{n=2}^\infty \dfrac{1}{n(\log n)^\alpha}$ 收敛;当 $\alpha \leqslant 1$ 时,

级数 $\displaystyle\sum_{n=2}^\infty \dfrac{1}{n(\log n)^\alpha}$ 发散.

例 6 取 $a=1, f(x)=\dfrac{1}{x}$,则由定理 2 可知

$$\sum_{1 \leqslant n \leqslant \xi} \frac{1}{n} = \log \xi + \gamma + O\left(\frac{1}{\xi}\right)$$

此处之 γ 名为欧拉(Euler)常数.

由此得出

$$\sum_{n \leqslant \alpha N} \frac{1}{2n} = \frac{1}{2} \sum_{n \leqslant \alpha N} \frac{1}{n} = \frac{1}{2} \log \alpha N + \frac{1}{2} \gamma + O\left(\frac{1}{N}\right)$$

$$\sum_{n \leqslant \beta N} \frac{1}{2n+1} = \frac{1}{2} \log \beta N + \frac{1}{2} \gamma + \log 2 + O\left(\frac{1}{N}\right)$$

例 7 求级数

$$1 - \frac{1}{2} - \frac{1}{4} + \frac{1}{3} - \frac{1}{6} - \frac{1}{8} + \frac{1}{5} - \cdots$$

之和.

记上面级数的一般项为 u_m,则

$$\sum_{m \leqslant n} u_m = \sum_{m \leqslant \frac{n}{3}} \frac{1}{2m+1} - \sum_{m \leqslant \frac{2n}{3}} \frac{1}{2m} + O\left(\frac{1}{n}\right) =$$

$$\left(\frac{1}{2} \log \frac{n}{3} + \frac{\gamma}{2} + \log 2\right) -$$

$$\left(\frac{1}{2} \log \frac{2n}{3} + \frac{\gamma}{2}\right) + O\left(\frac{1}{n}\right) =$$

$$\frac{1}{2} \log 2 + O\left(\frac{1}{n}\right)$$

故得级数之和为 $\frac{1}{2} \log 2$.

这个原理现在已经渗透到了中学数学中,如:

2013~2014 学年度武汉市部分学校新高三起点调研测试理科数学试卷的压轴题为:

已知函数

$$f(x) = \frac{2-x}{x-1} + a\ln(x-1) \quad (a \in \mathbf{R})$$

(1)若函数 $f(x)$ 在区间 $[2, +\infty)$ 上是增函数,试求实数 a 的取值范围.

(2)当 $a=2$ 时,求证

$$1 - \frac{1}{x-1} < 2\ln(x-1) < 2x-4 \quad (x > 2)$$

（3）求证

$$\frac{1}{4}+\frac{1}{6}+\frac{1}{8}+\cdots+\frac{1}{2n}<\ln n<$$

$$1+\frac{1}{2}+\frac{1}{3}+\cdots+\frac{1}{n-1} \quad (n\in \mathbf{N}^*,n\geqslant 2)$$

命题者提供的答案是：

(1)由 $f'(x)\geqslant 0$ 在 $[2,+\infty)$ 上恒成立,即

$$a\geqslant \frac{1}{x-1} \quad (x\geqslant 2)$$

得出

$$a\in [1,+\infty)$$

(2)当 $a=2$ 时,由第(1)问的结论知

$$f(x)=\frac{2-x}{x-1}+2\ln(x-1)$$

在 $[2,+\infty)$ 上是增函数. 当 $x>2$ 时

$$f(x)>f(2)$$

即

$$\frac{2-x}{x-1}+2\ln(x-1)>0$$

故

$$2\ln(x-1)>\frac{x-2}{x-1}=1-\frac{1}{x-1}$$

成立.

再构建函数

$$g(x)=2x-4-2\ln(x-1) \quad (x>2)$$

由

$$g'(x)=\frac{2(x-2)}{x-1}>0$$

和

$$g(2)=0$$

知

$$g(x) > 0$$

得出

$$2x - 4 > 2\ln(x-2) \quad (x > 2)$$

成立.

（3）由第（2）问的结论，令

$$x - 1 = \frac{t+1}{t}$$

得到

$$\frac{1}{t+1} < 2\ln\frac{t+1}{t} < \frac{2}{t}$$

再分别取 $t = 1, 2, 3, \cdots, n-1$（$n \in \mathbf{N}^*, n \geqslant 2$），由 $n-1$ 个不等式叠加得到

$$\frac{1}{2} + \frac{1}{3} + \cdots + \frac{1}{n} <$$

$$2\left(\ln\frac{2}{1} + \ln\frac{3}{2} + \ln\frac{4}{3} + \cdots + \ln\frac{n}{n-1}\right) <$$

$$2\left(1 + \frac{1}{2} + \frac{1}{3} + \cdots + \frac{1}{n-1}\right)$$

最终证出

$$\frac{1}{4} + \frac{1}{6} + \frac{1}{8} + \cdots + \frac{1}{2n} < \ln n < 1 + \frac{1}{2} + \frac{1}{3} + \cdots + \frac{1}{n-1}$$

$$(n \in \mathbf{N}^*, n \geqslant 2)$$

以上解答较好地体现了求导在函数、不等式中的灵活运用，并通过形态结构的转换和叠加方法完成复杂的不等式证明.

如果我们转换视角，巧用定积分的定义及几何意义，联系相关的图形特征，则不难发现第（3）问有另一种证法.

构造 1 令

$$h(x) = \frac{1}{x}$$

取 $\displaystyle\int_1^n h(x)\mathrm{d}x = \ln n$

其几何意义为图 7 中曲边梯形的面积,记为 S.

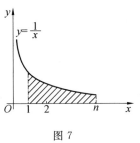

图 7

构造 2 在图 7 中,按横坐标 $1,2,\cdots,n$ 划分成 $n-1$ 个小矩形 $M_1,M_2,\cdots,M_{n-1}$,如图 8,其中

$$S_{M_i} = \frac{1}{i+1} \quad (i=1,2,3,\cdots,n-1)$$

所以

$$\sum_{i=1}^{n-1} S_{M_i} = \frac{1}{2} + \frac{1}{3} + \cdots + \frac{1}{n}$$

构造 3 在图 7 中,按横坐标 $1,2,\cdots,n$ 划分成 $n-1$ 个小矩形 $M_1,M_2,\cdots,M_{n-1}$(图 8),$N_1,N_2,\cdots,N_{n-1}$(图 9),其中

$$S_{M_i} = \frac{1}{i+1} \quad (i=1,2,3,\cdots,n-1)$$

$$S_{N_i} = \frac{1}{i} \quad (i=1,2,3,\cdots,n-1)$$

所以

$$\sum_{i=1}^{n-1} S_{M_i} = \frac{1}{2} + \frac{1}{3} + \cdots + \frac{1}{n}$$

$$\sum_{i=1}^{n-1} S_{N_i} = 1 + \frac{1}{2} + \frac{1}{3} + \cdots + \frac{1}{n-1}$$

很明显

$$\sum_{i=1}^{n-1} S_{M_i} < S < \sum_{i=1}^{n-1} S_{N_i}$$

于是

$$\frac{1}{2}+\frac{1}{3}+\cdots+\frac{1}{n}<\ln n<1+\frac{1}{2}+\frac{1}{3}+\cdots+\frac{1}{n-1}$$

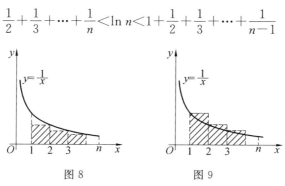

图 8　　　　　　图 9

§3　例析数学中的"以直代曲"法

湖北省孝昌县第二高级中学的高丰平老师指出："以直代曲"在微积分中是最基本、最朴素的思想方法,在新的课程标准中也被提到了相当的高度.作为一种基本的数学方法,其本质是转化与化归,与极限思想相关,应用得当,不仅可以减少运算量,而且可以大大提高数学思维能力.如中国古代"牟合方盖"的体积计算问题、"祖暅原理"(若两个立体在相同高度处的截面面积相同,那么它们的体积也相同)等.下面不少问题是曲曲直直的,可谓是直中有曲,曲中有直.这里所讨论的"直"与"曲"更多是思维层面的,而非仅仅是几何图形方面的.

例 1　求椭圆 $\dfrac{x^2}{a^2}+\dfrac{y^2}{b^2}=1(a>0,b>0)$ 的面积.

解　通过变换 $\varphi:\begin{cases}x=x'\\y=\dfrac{b}{a}y'\end{cases}$,将椭圆 $\dfrac{x^2}{a^2}+\dfrac{y^2}{b^2}=1$

$(a>0,b>0)$ 变为圆 $x'^2+y'^2=a^2$，即将椭圆的问题圆化，进一步拓展，这其实是一个仿射变换．根据仿射变换下的不变性和不变量，即任意两条对应封闭凸曲线所围成的面积的比不变．如图 10，$A(a,0)$，$B(0,b)$，$C(0,a)$，则

$$\frac{S_{\triangle OAB}}{S_{\triangle OAC}}=\frac{\dfrac{1}{2}ab}{\dfrac{1}{2}a^2}=\frac{b}{a}=\frac{S_{椭圆}}{S_{圆}}$$

得 $S_{椭圆}=\pi ab$．

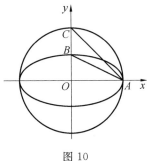

图 10

注 化椭圆问题与圆的问题为三角形面积问题，可以使问题的解决更加简单化，体现"以直代曲"的数学思想．

例 2 证明：$1+\dfrac{1}{2}+\cdots+\dfrac{1}{n}>\ln(n+1)+\dfrac{n}{2(n+1)}(n\geqslant 1)$．

证明 不等式 $1+\dfrac{1}{2}+\cdots+\dfrac{1}{n}>\ln(n+1)+\dfrac{n}{2(n+1)}(n\geqslant 1)$ 左边是通项为 $a_n=\dfrac{1}{n}$ 的数列的前 n 项之和，右边当作是通项为 b_n 的数列的前 n 项之和

S_n,则当 $n \geqslant 2$ 时,不难得到 $b_n = \ln(1 + \dfrac{1}{n}) + \dfrac{1}{2n} - \dfrac{1}{2(n+1)}$,经检验,知当 $n = 1$ 时也成立.下面即证 $a_n >$
$b_n(n \geqslant 1)$,即 $\dfrac{1}{n} > \ln(1 + \dfrac{1}{n}) + \dfrac{1}{2n} - \dfrac{1}{2(n+1)}$,也就是

$\dfrac{1}{2n} + \dfrac{1}{2(n+1)} > \ln(1 + \dfrac{1}{n}) - \ln n$.不妨构造函数 $y = $

$\dfrac{1}{x}$,如图 11 知,直角梯形的面积大于曲边梯形的面积,
即

$$\frac{1}{2} \cdot \left(\frac{1}{n} + \frac{1}{n+1} \right) \cdot 1 > \int_n^{n+1} \frac{1}{x} \mathrm{d}x = \ln x \Big|_n^{n+1} =$$
$$\ln(n+1) - \ln n$$

整理即得 $\dfrac{1}{n} > \ln(1 + \dfrac{1}{n}) + \dfrac{1}{2n} - \dfrac{1}{2(n+1)}$,故原不等
式成立.

　　注　利用定积分证明和型不等式往往要结合求
证结论进行构造,这里首先构造了一个"直角梯形",又
通过函数 $y = \dfrac{1}{x}$,构造了一个"曲边梯形","曲直"相
较,得到结论.

　　例 3　若 $1 + x \leqslant \mathrm{e}^x (x \in \mathbf{R})$,当 $n \in \mathbf{N}^*$,证明:
$\left(\dfrac{1}{n} \right)^n + \left(\dfrac{2}{n} \right)^n + \left(\dfrac{3}{n} \right)^n + \cdots + \left(\dfrac{n}{n} \right)^n < \dfrac{\mathrm{e}}{\mathrm{e}-1}$(e 为自
然对数的底数).

　　证明　由
$$1 + x \leqslant \mathrm{e}^x \quad (x \in \mathbf{R})$$
令
$$x = \frac{-i}{n} \quad (i = 1, 2, \cdots, n-1)$$

所以

$$1 - \frac{i}{n} \leqslant e^{-\frac{i}{n}}$$

于是

$$\left(1 - \frac{i}{n}\right)^n \leqslant (e^{-\frac{i}{n}})^n = e^{-i} \quad (i = 1, 2, \cdots, n-1)$$

所以

$$\left(\frac{1}{n}\right)^n + \left(\frac{2}{n}\right)^n + \cdots + \left(\frac{n}{n}\right)^n =$$

$$\left(1 - \frac{n-1}{n}\right)^n + \left(1 - \frac{n-2}{n}\right)^n + \cdots + \left(1 - \frac{1}{n}\right)^n + 1 \leqslant$$

$$e^{-(n-1)} + e^{-(n-2)} + \cdots + e^{-1} + 1 =$$

$$\frac{1 - e^{-(n-1)-1}}{1 - e^{-1}} = \frac{1 - e^{-n}}{1 - \frac{1}{e}} = \frac{1 - \frac{1}{e^n}}{1 - \frac{1}{e}} <$$

$$\frac{1}{1 - \frac{1}{e}} = \frac{e}{e - 1}$$

注 函数 $y = x + 1$ 为一条直线,函数 $y = e^x$ 为一条曲线,此一"直"一"曲";求证不等式左边是一个关于 n 的函数(曲),而右边是一个常数(直),解决的关键是恰当合理地取值,这里令 $x = \frac{-i}{n}$, $i = 1, 2, \cdots, n-1$,使问题得到很好的解决.

例 4 设 $a, b, c \geqslant \frac{4}{5}$,且 $a + b + c = 3$,证明:

$$8\left(\frac{1}{a} + \frac{1}{b} + \frac{1}{c}\right) + 6 \leqslant 10(a^2 + b^2 + c^2).$$

分析 设 $x_i > 0$,在 $\sum_{i=1}^{n} x_i = m$ 的条件下,欲证明

不等式 $\displaystyle\sum_{i=1}^{n} g(x_i) \leqslant k(\geqslant k)$ 成立，只需构造函数 $f(x) = g(x) - (ax+b)$，且使得 $f\left(\dfrac{m}{n}\right) = 0$，$f'\left(\dfrac{m}{n}\right) = 0$（其中 $\dfrac{m}{n}$ 为不等式取等号的平衡值，$f'\left(\dfrac{m}{n}\right) = 0$ 使得函数在 $\dfrac{m}{n}$ 取极小（大）值），从而确定 a, b，即可得出一个 $0 < x < m$ 时恒成立的不等式：

$$g(x) \leqslant (ax+b), \text{或者 } g(x) \geqslant (ax+b)$$

从而得出

$$\sum_{i=1}^{n} g(x_i) \leqslant a \sum_{i=1}^{n} x_i + nb = am + nb$$

或者

$$\sum_{i=1}^{n} g(x_i) \geqslant a \sum_{i=1}^{n} x_i + nb = am + nb$$

证明　设 $f(x) = \dfrac{8}{x} - 10x^2 - (ax+b)$，平衡值为 $x = 1$.

故令 $f(1) = 0$，$f'(1) = 0$，得 $a = -28$，$b = 26$，则有

$$f(x) = \frac{8}{x} - 10x^2 + 28x - 26 =$$

$$\frac{8 - 10x^3 + 28x^2 - 26x}{x} =$$

$$-2 \cdot \frac{5x^3 - 5x^2 - 9x^2 + 9x + 4x - 4}{x} =$$

$$-2 \cdot \frac{(x-1)(5x^2 - 9x + 4)}{x} =$$

$$-2 \cdot \frac{(x-1)^2(5x-4)}{x} \leqslant 0$$

从而 $x \geqslant \dfrac{4}{5}$ 时恒有

$$f(x) = \frac{8}{x} - 10x^2 - (-28x + 26) \leqslant 0$$

$$\Rightarrow \frac{8}{x} - 10x^2 \leqslant -28x + 26$$

将 a,b,c 代入有

$$\frac{8}{a} - 10a^2 \leqslant -28a + 26$$

$$\frac{8}{b} - 10b^2 \leqslant -28b + 26$$

$$\frac{8}{c} - 10c^2 \leqslant -28c + 26$$

三式相加得

$$8\left(\frac{1}{a} + \frac{1}{b} + \frac{1}{c}\right) - 10(a^2 + b^2 + c^2) \leqslant$$

$$-28(a + b + c) + 26 \times 3 = -6$$

即

$$8\left(\frac{1}{a} + \frac{1}{b} + \frac{1}{c}\right) + 6 \leqslant 10(a^2 + b^2 + c^2)$$

注 这里"以直代曲"的思想是利用直线段来近似曲线,也即通过某点的切线来代替曲线,这样使得有关曲线的问题转化到直线段上来,从而得到简化. 若 $f(a) = 0, f'(a) = 0, f(x)$ 必有因子 $(x - a)^2$,这就为 $f(x)$ 的因式分解提供了思路.

§4　积分法证明不等式

还有的中学数学教师写出如下的顺口溜:

> 通项看作一函数,坐标系中作草图;
>
> 数列级数连一串,矩形梯形来镶嵌;
>
> 放大镶在线下方,放小覆盖曲线上;
>
> 曲边梯形求积分,比较级数得证明.

来帮助学生用积分法证明不等式.

对于数列级数型的不等式,可以把数列的通项看作一个函数 $f(x)$,在直角坐标系中作出函数草图,数列每一项的大小可以看作是宽为 1 的矩形面积,或者数列相邻两项的算术平均可以看作是高为 1 的梯形面积.所以,数列级数可以看作是一些矩形面积之和或者是一些梯形面积之和,即"数列级数连一串,矩形梯形来镶嵌".对于数列级数放大型的不等式,矩形、梯形就镶在曲线下方;对于数列级数放小型的不等式,矩形、梯形就覆盖在曲线上.然后通过函数积分求出曲边梯形的面积,最后与级数对应的面积进行比较就可找到证明思路.

例 1 设 $n \in \mathbf{N}^*$,求证:$\dfrac{1}{2\sqrt{2}} + \dfrac{1}{3\sqrt{3}} + \cdots + \dfrac{1}{n\sqrt{n}} < 2.$

证明 令 $f(x) = \dfrac{1}{x\sqrt{x}} = x^{-\frac{3}{2}}$,由口诀"放大镶在线下方,放小覆盖曲线上",矩形镶嵌在曲线下方,如图 12 所示,有

$$\sum_{k=2}^{n} \frac{1}{k\sqrt{k}} = \frac{1}{1} \times (2-1) + \frac{1}{2\sqrt{2}}(3-2) + \cdots +$$

$$\frac{1}{n\sqrt{n}}(n-(n-1)) =$$

$$S_1 + S_2 + \cdots + S_{n-1} < \int_{1}^{n} f(x)\mathrm{d}x =$$

$$-2x^{-\frac{1}{2}}\,\Big|_1^n = 2 - \frac{2}{\sqrt{n}} < 2$$

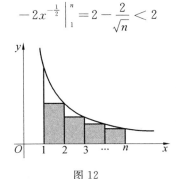

图 12

例 2 设 $n \in \mathbf{N}^*$,求证:$\dfrac{1}{2\sqrt[4]{2}} + \dfrac{1}{3\sqrt[4]{3}} + \cdots + \dfrac{1}{n\sqrt[4]{n}} >$

$2\left(\sqrt[4]{8} - \dfrac{2}{\sqrt[4]{n+1}}\right).$

证明 令 $f(x) = x^{-\frac{5}{4}}$,由口诀"放大镶在线下方,放小覆盖曲线上",矩形覆盖在曲线上方,如图 13 所示,有

$$\sum_{k=2}^{n} \frac{1}{k\sqrt[4]{k}} = \frac{1}{2\sqrt[4]{2}} \cdot (3-2) + \frac{1}{3\sqrt[4]{3}} \cdot (4-3) + \cdots +$$

$$\frac{1}{n\sqrt[4]{n}}((n+1)-n) >$$

$$\int_2^{n+1} f(x)\mathrm{d}x =$$

$$-4x^{-\frac{1}{4}}\,\Big|_2^{n+1} =$$

$$2\left(\sqrt[4]{8} - \frac{2}{\sqrt[4]{n+1}}\right)$$

例 3 (2010 年四川)函数 $f(x) = \dfrac{2}{3}x + \dfrac{1}{2}$,

30

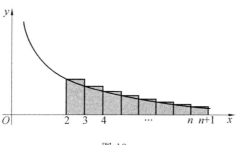

图 13

$h(x) = \sqrt{x}$，比较 $f(100)h(100) - \sum_{k=1}^{100} h(k)$ 与 $\dfrac{1}{6}$ 的大小.

解　因为

$$\left(f(100)h(100) - \sum_{k=1}^{100} h(k) \right) - \frac{1}{6} = \frac{4\,029}{6} - \sum_{k=1}^{100} \sqrt{k}$$

所以等价于比较 $\sum\limits_{k=1}^{100} \sqrt{k}$ 与 $\dfrac{4\,029}{6}$ 的大小. 令 $h(x) = \sqrt{x}$，由口诀"放大镶在线下方,放小覆盖曲线上",梯形镶嵌在曲线下方,如图 14 所示.

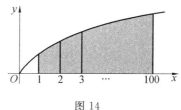

图 14

因为

$$S_k = \frac{h(k) + h(k+1)}{2} < \int_k^{k+1} h(x)\,\mathrm{d}x$$

所以

31

Simpson 原理

$$\sum_{k=1}^{99} S_k = \sum_{k=1}^{99} \frac{h(k) + h(k+1)}{2} =$$

$$\sum_{k=1}^{100} h(k) - \frac{h(1) + h(100)}{2} <$$

$$\int_1^{100} h(x)\,\mathrm{d}x$$

所以

$$\sum_{k=1}^{100} \sqrt{k} < \frac{h(1) + h(100)}{2} + \int_1^{100} \sqrt{x}\,\mathrm{d}x =$$

$$\frac{11}{2} + \frac{1\,998}{3} =$$

$$\frac{4\,029}{6}$$

所以

$$f(100)h(100) - \sum_{k=1}^{100} h(k) > \frac{1}{6}$$

例 4 已知数列 $\{a_n\}$，$a_1 = \frac{1}{2}$，$a_{n+1}a_n - 2a_{n+1} + 1 = 0$.

(1) 求数列 $\{a_n\}$ 的通项公式；

(2) 求证：$\sum_{k=1}^{n} \left(1 - \frac{a_k}{a_{k+1}}\right) \frac{1}{\sqrt{a_{k+1}}} < 2(\sqrt{2} - 1)$.

解 (1) $a_n = \dfrac{n}{n+1}$；(2) 令 $b_n = \left(1 - \dfrac{a_n}{a_{n+1}}\right) \dfrac{1}{\sqrt{a_{n+1}}}$.

所以

$$b_n = (a_{n+1} - a_n) \frac{1}{\sqrt{a_{n+1}^3}}$$

令 $f(x) = x^{-\frac{3}{2}}$，由口诀"放大镶在线下方，放小覆盖曲线上"，矩形镶嵌在曲线下方，如图 15 所示，有

32

$$\sum_{k=1}^{n} b_n < \int_{a_1}^{a_{n+1}} x^{-\frac{3}{2}} \mathrm{d}x = -\frac{2}{\sqrt{x}} \Big|_{a_1}^{a_{n+1}} =$$

$$2\left(\sqrt{2} - \sqrt{\frac{n+2}{n+1}}\right) < 2(\sqrt{2} - 1)$$

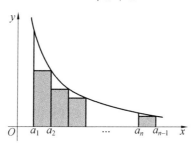

图 15

例 5　（2013 年大纲卷）当 $n \in \mathbf{N}^*$ 时，求证：

$$\left(\frac{1}{n+1} + \frac{1}{n+2} + \cdots + \frac{1}{2n}\right) + \frac{1}{4n} > \ln 2.$$

证明　令 $f(x) = \dfrac{1}{x}$，由口诀"放大镶在线下方，放小覆盖曲线上"，梯形镶嵌在曲线上方，如图 16 所示. 因为

$$\frac{f(n) + f(n+1)}{2} > \int_{n}^{n+1} \frac{1}{x} \mathrm{d}x$$

所以

$$\frac{1}{2}\left(\frac{1}{n} + \frac{1}{n+1}\right) > \int_{n}^{n+1} \frac{1}{x} \mathrm{d}x$$

所以

$$\frac{1}{2} \sum_{k=n}^{2n-1} \left(\frac{1}{k} + \frac{1}{k+1}\right) >$$

$$\int_{n}^{n+1} \frac{1}{x} \mathrm{d}x + \int_{n+1}^{n+2} \frac{1}{x} \mathrm{d}x + \cdots + \int_{2n-1}^{2n} \frac{1}{x} \mathrm{d}x =$$

$$\int_n^{2n} \frac{1}{x} \mathrm{d}x$$

所以

$$\sum_{k=1}^n \frac{1}{n+k} + \frac{1}{4n} > \ln 2$$

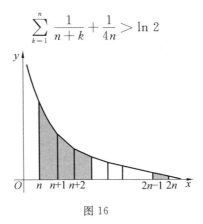

图 16

注 利用积分证明不等式需要注意以下三点：第一，只能证明求和型不等式，若是求积型不等式，可以两边取对数转化为求和型不等式.第二，横坐标上可以是数，也可以是代数式，如例 4 的横坐标上就是数列的通项.第三，选择图形镶嵌时，可以用矩形，也可以用梯形；还需要考虑是镶嵌在曲线下方还是覆盖在曲线上方.

§5 一道 2017 年女子数学奥林匹克竞赛题引发的思考

长沙市明德中学的邓朝发老师对 2017 年女子数学奥林匹克竞赛题中一道多元不等式参数最优问题进行了探讨.他说此题颠覆了我对传统多元不等式参数

最优问题命题方向的认识,也凸显出了命题者的良苦用心. 他研究不等式已经有四年多了,发现多元不等式参数最优问题大多数都遵循一定解题程序. 一般情况下,都是先通过取一系列特殊的值试探出或猜想出参数可能的最优范围,之后考虑一般情形的证明,当然也有利用求多元极值方法(调整、磨光、累次极值)或者不等式直接放缩的方法来得到参数最优范围的情形,这里暂且不展开研究. 下面让我们一起来品味这一道有意思的竞赛题吧.

例 1 (2017 年女子奥林匹克)求最大实数 C,使得对于任意的正整数 n 和满足 $0 = x_0 < x_1 < x_2 < \cdots < x_n = 1$ 的数列 $\{x_n\}$,均有 $\sum\limits_{k=1}^{n} x_k^2 (x_k - x_{k-1}) > C$.

解 不妨考虑 $\sum\limits_{k=1}^{n} x_k^2 (x_k - x_{k-1})$ 的几何意义,可构造 $g(x) = x^2$,$0 \leqslant x \leqslant 1$,在区间 $[0,1]$ 插入分点 x_1,x_2,$\cdots$,x_{n-1},并且使得 $0 = x_0 < x_1 < x_2 < \cdots < x_n = 1$.

显然 $x_k^2 (x_k - x_{k-1})$ 表示:区间 $[x_{k-1}, x_k]$ 对应的小矩形的面积(此小矩形以右端点的函数值 $g(x_k)$ 为长的取值,区间长度 $x_k - x_{k-1}$ 为宽的取值).

进一步结合图像及定积分几何意义,此时 $\sum\limits_{k=1}^{n} x_k^2 (x_k - x_{k-1})$ 表示:所有由分点形成的区间对应小矩形面积(以右端点的函数值为高)的总和.

显然 $\sum\limits_{k=1}^{n} x_k^2 (x_k - x_{k-1}) > \int_0^1 x^2 \, \mathrm{d}x = \dfrac{1}{3}$,下面证明 $\dfrac{1}{3}$ 是最佳的.

不妨取 $x_k = \dfrac{k}{n}(k=0,\cdots,n)$，代入得：左边 $=$

$\dfrac{1}{n^2}\displaystyle\sum_{k=1}^{n}k^2 = \dfrac{(n+1)(2n+1)}{6n}$.

此时 $\displaystyle\lim_{n\to+\infty}\dfrac{(n+1)(2n+1)}{6n}=\dfrac{1}{3}$，从而

$$\inf\sum_{i=1}^{n}x_i^2(x_k-x_{k-1})=\dfrac{1}{3}$$

所以 $C\leqslant\dfrac{1}{3}$，故 $C_{\max}=\dfrac{1}{3}$.

此题背后属于积分型不等式问题，不等式左边有明显的几何意义，题中提供的分点条件暗示作用也相当强，所以容易想到从定积分观点切入来处理此问题. 就解法而言，此题也可以先把后续的取值过程放到前面，先猜想得到 C 的可能最优解，之后再证明. 事实上，此题可以适当深入拓展与研究，结合此题的解题思路，邓朝发提出以下一般性问题：

问题 1 若可积函数 $y=g(x)(g(x)\geqslant 0)$ 是定义在 $\mathbf{R}$ 上的单调增函数，求最大实数 C，使得对于任意的正整数 n 和满足 $0=x_0<x_1<x_2<\cdots<x_n=1$ 的数列 $\{x_n\}$，均有

$$\sum_{k=1}^{n}g(x_k)(x_k-x_{k-1})>C$$

提示：参照以上方法可知 $C_{\max}=\displaystyle\int_0^1 g(x)\mathrm{d}x$.

问题 2 若可积函数 $y=g(x)(g(x)\geqslant 0)$ 是定义在 $\mathbf{R}$ 上的单调增函数，求最小实数 C，使得对于任意的正整数 n 和满足 $0=x_0<x_1<x_2<\cdots<x_n=1$ 的数列 $\{x_n\}$，均有

$$\sum_{k=1}^{n} g(x_{k-1})(x_k - x_{k-1}) < C$$

提示：参照以上方法可知 $C_{\min} = \int_0^1 g(x)\mathrm{d}x$.

其实我们还可以从其他角度提出一些问题，从函数单调性角度来看，可以考虑函数 $y = g(x)(g(x) \geqslant 0)$ 为减函数情形；从函数凹凸性来看，可以考虑 $y = g(x)(g(x) \geqslant 0)$ 的半凹半凸情形，在这里就不做拓展了. 下面将利用以上两个问题，来解决一些具有"积分结构"的不等式问题，为了方便叙述，引入一些稍专业的概念. 一般地，有：

（1）对于可积的单调增函数 $y = g(x)(g(x) \geqslant 0)$，在区间 $[a, b]$ 插入分点 $x_1, \cdots, x_n$，他们满足 $a = x_0 < x_1 < x_2 < \cdots < x_n < x_{n+1} = b$，则把式 $\sum_{k=1}^{n} g(x_{k-1})(x_k - x_{k-1})$ 称为达布下和，$\sum_{k=1}^{n} g(x_k)(x_k - x_{k-1})$ 称为达布上和.

显然有 $\sum_{k=1}^{n} g(x_{k-1})(x_k - x_{k-1}) < \int_a^b g(x)\mathrm{d}x < \sum_{k=1}^{n} g(x_k)(x_k - x_{k-1})$.

（2）对于可积的单调减函数 $y = g(x)(g(x) \geqslant 0)$，在区间 $[a, b]$ 插入分点 $x_1, \cdots, x_n$，他们满足 $a = x_0 < x_1 < x_2 < \cdots < x_n < x_{n+1} = b$，则把式 $\sum_{k=1}^{n} g(x_{k-1})(x_k - x_{k-1})$ 称为达布上和，$\sum_{k=1}^{n} g(x_k)(x_k - x_{k-1})$ 称为达布下和.

显然有 $\sum_{k=1}^{n} g(x_k)(x_k - x_{k-1}) < \int_a^b g(x)\mathrm{d}x <$

$$\sum_{k=1}^{n} g(x_{k-1})(x_k - x_{k-1}).$$

下面解决一些具有"积分结构"的不等式问题.

例2 （2012年天津高考片段）证明：$\sum_{i=1}^{n} \dfrac{2}{2i-1} -$ $\ln(2n+1) < 2(n \in \mathbf{N}^*)$.

分析 要证明 $\sum_{i=1}^{n} \dfrac{2}{2i-1} - \ln(2n+1) < 2(n \in \mathbf{N}^*)$，即可证明

$$\sum_{i=2}^{n} \frac{2}{2i-1} < \ln(2n+1) \quad (n \in \mathbf{N}^*)$$

可尝试寻找到这样一个思路：

先把不等式左边处理为达布下和，由

$$\sum_{k=1}^{n} g(x_k)(x_k - x_{k-1}) < \int_1^n g(x)\,\mathrm{d}x \leqslant \ln(2n+1)+1$$

即可完成证明. 这样的函数 $g(x)$ 如何寻找呢？显然可以将左、右两边结构联系起来，可以尝试寻找左边的可能存在的函数结构，之后再去寻找另外一个函数，使它的导数等于 $g(x)$ 即可解决.

证明 考虑增函数 $G(x) = \ln(2x-1)$ 的导数 $g(x) = \dfrac{2}{2x-1} > 0(x \geqslant 1)$，故可以在区间$[1,n]$插入分点 $x_i = i(i = 2,3,\cdots,n-1)$，得到区间$[i-1,i](n \geqslant i \geqslant 2, i \in \mathbf{N}^*)$，此时

$$左边 = \sum_{i=2}^{n} \frac{2}{2i-1} = \sum_{i=2}^{n} g(x_i)(x_i - x_{i-1})$$

进一步达布下和

$$\sum_{i=2}^{n} \frac{2}{2i-1} = \sum_{i=2}^{n} g(x_i)(x_i - x_{i-1}) <$$

$$\int_1^n \frac{2}{2x-1} \mathrm{d}x =$$

$$\ln(2n-1) < \ln(2n+1)$$

得证！

例 3　（2010 年江苏省高中数学联赛预赛题片段）在数列 $\{a_n\}$ 中，$a_n \in (1,2)$，$a_{n+1} = a_n^3 - 3a_n^2 + 3a_n$，求证：$\sum\limits_{i=1}^{n}(a_i - a_{i+1})(a_{i+2} - 1) < \dfrac{1}{4}$.

分析　观察此题左边结构为 $\sum\limits_{i=1}^{n}(a_i - a_{i+1})(a_{i+2} - 1)$，希望它能化成 $\sum\limits_{i=1}^{n} g(x_i)(x_i - x_{i-1})$ 的结构，为此需要把条件 $a_{n+1} = a_n^3 - 3a_n^2 + 3a_n$ 简化为 $(a_{n+1} - 1) = (a_n - 1)^3$，此时考虑增函数 $g(x) = x^3$，所以令 $b_n = a_n - 1$，则 $b_{n+1} = g(b_n)$，从而

$$\sum_{i=1}^{n}(a_i - a_{i+1})(a_{i+2} - 1) = \sum_{i=1}^{n}(b_i - b_{i+1})g(b_{i+1})$$

接下来此问题就好处理了.

证明　因为 $a_{n+1} = a_n^3 - 3a_n^2 + 3a_n \Leftrightarrow (a_{n+1} - 1) = (a_n - 1)^3$，设 $b_n = a_n - 1$，所以 $b_{n+1} = b_n^3$.

显然此时 $b_n = a_n - 1 \in (0,1)$，从而 $b_n < b_{n+1}$，所以左边 $= \sum\limits_{i=1}^{n}(b_i - b_{i+1})g(b_{i+1})$，此时考虑 $g(x) = x^3$，在区间 $(0,1)$ 插入 $n+1$ 个分点 $b_i(i=1,2,\cdots,n+1)$ 满足

$$0 < b_{n+1} < b_n < \cdots < b_1 < 1$$

因为 $g(x) = x^3$ 在区间 $(0,1)$ 增，所以

$$左边 = 达布下和 = \sum_{i=1}^{n}(b_i - b_{i+1})g(b_{i+1}) <$$

$$\int_a^1 g(x)\mathrm{d}x = \frac{1}{4}$$

得证!

上述题目有很明显的"积分结构",所以做题时容易想到解决办法.但是有时一些不等式问题,则需要自己构造"积分结构",这需要大胆尝试及很敏锐的观察力,下面来看看这类题目.

例 4 (2007 年江苏省高中联赛预赛试题二试第二题)已知正整数 $n > 1$,证明:$\dfrac{1}{n+1} + \dfrac{1}{n+2} + \cdots + \dfrac{1}{2n} < \dfrac{25}{36}$.

分析 事实上,题的背景与一个极限结论有关,即

$$\lim_{n \to +\infty} \left(\frac{1}{n+1} + \frac{1}{n+2} + \cdots + \frac{1}{2n} \right) = \ln 2$$

不难证明:$f(n) = \dfrac{1}{n+1} + \dfrac{1}{n+2} + \cdots + \dfrac{1}{2n}$ 关于 n 是单调增函数,故可知 $\ln 2$ 是上确界,故只要不等式 $\dfrac{1}{n+1} + \dfrac{1}{n+2} + \cdots + \dfrac{1}{2n} < \lambda$ 中 λ 大于或等于 $\ln 2$,不等式都可以成立的,所以我们只需证明 $\dfrac{1}{n+1} + \dfrac{1}{n+2} + \cdots + \dfrac{1}{2n} < \ln 2 < \dfrac{25}{36}$ 即可.

证明 $\dfrac{1}{n+1} + \dfrac{1}{n+2} + \cdots + \dfrac{1}{2n} = \dfrac{1}{n}\left[\dfrac{1}{1 + \dfrac{1}{n}} + \cdots + \dfrac{1}{1 + \dfrac{n}{n}} \right].$

构造减函数 $g(x) = \dfrac{1}{1+x}, x \in [0,1]$,在区间 $[0,$

40

1]插入分点$\dfrac{k}{n}(k=1,2,\cdots,n-1)$,此时

$$\frac{1}{n}\left[\frac{1}{1+\dfrac{1}{n}}+\cdots+\frac{1}{1+\dfrac{n}{n}}\right]=\sum_{i=1}^{n}\frac{1}{n}g\left(\frac{i}{n}\right)$$

和式 $\displaystyle\sum_{i=1}^{n}\frac{1}{n}g\left(\frac{i}{n}\right)$ 为达布下和,故

$$\sum_{i=1}^{n}\frac{1}{n}g\left(\frac{i}{n}\right)<\int_{0}^{1}\frac{1}{x+1}\mathrm{d}x=\ln 2<\frac{25}{36}$$

证毕!

例 5　(2011 年河北省高中联赛预赛试题片段)已知正整数 $n\geqslant 23$,证明:$1+\dfrac{1}{\sqrt{2^3}}+\cdots+\dfrac{1}{\sqrt{n^3}}<3$.

证明　考虑减函数 $g(x)=x^{-\frac{3}{2}}$,显然函数 $y=f(x)$ 为下凸的单调减函数,此时考虑区间 $[1,n]$,则只需插入分点 $x_i=i(i=1,2,3,\cdots,n-1)$.

进一步

$$1+\frac{1}{\sqrt{2^3}}+\cdots+\frac{1}{\sqrt{n^3}}=\sum_{k=1}^{n}g(k)\big[(k+1)-k\big]$$

此时和 $\displaystyle\sum_{k=2}^{n}g(k)\big[k-(k-1)\big]$ 为达布下和,从而

$$\sum_{k=2}^{n}g(k)\big[k-(k-1)\big]<1+\int_{1}^{n}g(x)\mathrm{d}x=$$
$$1+2-\frac{2}{\sqrt{n}}<3$$

得证!

综合上述所有题目的解题过程来看,对于具有"积分结构"的不等式问题,解决问题步骤为:

(1)把和型结构通过插入分点,转化为达布和

$$\sum_{k=1}^{n} g(x_k)(x_k - x_{k-1}) \text{ 或者 } \sum_{k=2}^{n} g(x_{k-1})(x_k - x_{k-1});$$

(2) 确定达布和是上和还是下和;

(3) 结合定积分,将达布和进行放缩.

下面结合以上研究过程,提出以下两个征解题:

征解题 1 证明

$$\left(\sum_{i=0}^{n-1} i^n \cos \frac{i}{n}\right)^2 + \left(\sum_{i=0}^{n-1} i^n \sin \frac{i}{n}\right)^2 \leqslant$$

$$\frac{\left[\prod_{i=1}^{n}\left(1 + \dfrac{1}{\sin \dfrac{i}{n}}\right) + \prod_{i=1}^{n}\left(1 + \dfrac{1}{\cos \dfrac{i}{n}}\right) - 2\right]^{2n+2}}{2^{2n+2}(n+1)^2} \quad (n \geqslant 2)$$

征解题 2 求实数 λ 的取值范围,使得对于满足下列条件:

① (i) $\sum_{i=1}^{n} x_i = 1$;

(ii) $x_i > 0, i = 1, 2, \cdots, n$.

② (i) $\sum_{i=1}^{n} y_i = \dfrac{n+1}{2}$;

(ii) $0 = y_0 < y_1 < y_2 < \cdots < y_n = 1$.

的两组实数 $(x_1, x_2, \cdots, x_n)$,$(y_1, y_2, \cdots, y_n)$ 恒有 $(1 + x_1)(1 + x_2) \cdots (1 + x_n) \leqslant \lambda \leqslant 1 + \sum_{i=1}^{n}(2.8 + y_i)^n (y_i - y_{i-1})$ 成立.

下题由安睿龙给出了初步解答,陈学辉进行整理和完善.安睿龙为天津实验中学新高三学生;陈学辉为深圳数学业余爱好者.

例 6 $a_i \geqslant 0, x_i \in \mathbf{R}, i = 1, 2, \cdots, n$,证明

$$\left[\left(1 - \sum_{i=1}^{n} a_i \sin x_i\right)^2 + \left(1 - \sum_{i=1}^{n} a_i \cos x_i\right)^2\right]^2 \geqslant$$

$$4\Big(1-\sum_{i=1}^{n}a_i\Big)^{3}$$

证明   记 $LHS=f^2$，$\sum_{i=1}^{n}a_i=t$，当 $t\geqslant 1$ 时因 $RHS\leqslant$ 0，上述不等式显然成立，不妨设 $t<1$，则 $0\leqslant a_i<1$. 据基本不等式，有

$$f\geqslant 2\left[1-\frac{1}{2}\sum_{i=1}^{n}a_i(\sin x_i+\cos x_i)\right]^2=$$

$$\left[\sqrt{2}-\sum_{i=1}^{n}a_i\sin(x_i+\frac{\pi}{4})\right]^2\geqslant$$

$$\left[\sqrt{2}-\sum_{i=1}^{n}a_i\right]^2=(\sqrt{2}-t)^2$$

只需证明在 $[0,1)$ 上

$$[\sqrt{2}-t]^4\geqslant 4(1-t)^3$$

再记

$$g(t)=4\ln(\sqrt{2}-t)-3\ln(1-t)-\ln 4$$

则在 $[0,1)$ 上

$$g'(t)=\frac{t+3\sqrt{2}-4}{(\sqrt{2}-t)(1-t)}>0$$

故 $g(t)$ 在 $[0,1)$ 上递增，因此

$$[\sqrt{2}-t]^4-4(1-t)^3\geqslant[\sqrt{2}-0]^4-4(1-0)^3=0$$

故

$$[\sqrt{2}-t]^4\geqslant 4(1-t)^3$$

综上，所求不等式成立. 证毕.

历史与经典结果

考虑到积分作为高等数学的经典内容,中学师生有必要更多地了解它的历史及发展.

§1 最简单的求积公式

假定我们要近似地计算某一正值连续函数 $f(x)$ 在区间 $[a,b]$ 上的定积分.

一个十分简单的近似式可以用这样一个矩形面积的数量来给出,它的底边合于区间 $[a,b]$,而高为函数 $f(x)$ 在区间中点 $\dfrac{a+b}{2}$ 处的纵坐标 $f\left(\dfrac{a+b}{2}\right)$(图 17).

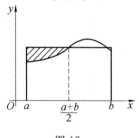

图 17

第 2 章

这样,我们得到了近似求积公式

$$\int_a^b f(x)\mathrm{d}x \approx (b-a)f\left(\frac{a+b}{2}\right) \qquad (1)$$

它对于任意连续函数都有意义,不必限于正值函数.

若函数 $f(x)$ 是任一线性函数 $Ax+B$,这里 A 与 B 均为常数,那么,公式的左边就与右边相等.因此我们的近似求积公式对于任何线性函数 $f(x)$ 是精确的.

我们已考察过了最简单的矩形求积公式.稍为复杂些的便是梯形公式.在正值函数 $f(x)$ 的情形下,它是这样得出的,把定积分用一个梯形面积来代替,这梯形的边界是由 x 轴上的区间 $[a,b]$,直线 $x=a$ 与 $x=b$ 以及函数图形的弦 AB 所围成(图 18).

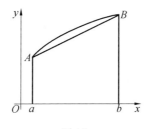

图 18

这样,梯形求积公式可以表示成下面的近似式

$$\int_a^b f(x)\mathrm{d}x \approx \frac{1}{2}(b-a)\left[f(a)+f(b)\right] \qquad (2)$$

它对于任意连续函数(不限于正值的)都有意义.

同矩形公式一样,梯形公式(2)对一切线性函数都是精确的,所有这些函数 $y=Ax+B$ 的图形就是一切可能的直线.

最后,我们还要考虑一个在实用方面流行很广的求积公式——辛浦生公式.它可以这样得到(在正值函数情形下),就是把定积分近似地用一个图形的面积来代替,这个图形以 x 轴,直线 $x=a$,$x=b$ 以及通过函数 $f(x)$ 图形上横标为 a,$\dfrac{a+b}{2}$ 与 b 的点的二次抛物线为界(图 19).

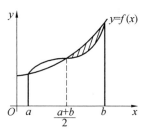

图 19

众所周知,这公式具有下列形式

$$\int_a^b f(x)\mathrm{d}x \approx \frac{b-a}{6}\left\{f(a)+4f\left(\frac{a+b}{2}\right)+f(b)\right\} \quad (3)$$

从获得辛浦生公式的方法直接推出,它对于一切二次多项式

$$P_2(x)=a_0+a_1x+a_2x^2 \qquad (4)$$

是精确的.所有这样的多项式图形是其轴与 y 轴平行的一切抛物线.

此外,如所熟知,辛浦生公式实际上还是较好的一个公式.它不仅对于二次多项式是精确的,而且对于一切三次多项式

$$P_3(x)=a_0+a_1x+a_2x^2+a_3x^3$$

也是精确的.

其实,我们可以把 $P_3(x)$ 表示成

$$P_3(x)=P_2(x)+a_3x^3$$

的形式,其中 $P_2(x)$ 由等式(4)定义.那么

$$\int_a^b P_3(x)\mathrm{d}x=\int_a^b P_2(x)\mathrm{d}x+a_3\int_a^b x^3\mathrm{d}x=$$

46

$$\int_a^b P_2(x)\,\mathrm{d}x + \frac{a_3}{4}(b^4 - a^4)$$

但是,已经知道

$$\int_a^b P_2(x)\,\mathrm{d}x = \frac{b-a}{6}\left\{P_2(a) + 4P_2\left(\frac{a+b}{2}\right) + P_2(b)\right\}$$

另一方面,$\dfrac{a_3}{4}(b^4 - a^4)$ 可以改写成

$$\frac{a_3}{4}(b^4 - a^4) = \frac{b-a}{6}\big[(a_3 x^3)_{x=a} +$$
$$4(a_3 x^3)_{x=\frac{a+b}{2}} + (a_3 x^3)_{x=b}\big]$$

的形式.

　　从而推出等式

$$\int_a^b P_3(x)\,\mathrm{d}x = \frac{b-a}{6}\left[P_3(a) + 4P_3\left(\frac{a+b}{2}\right) + P_3(b)\right]$$

　　上面我们已考虑了三个求积公式,其中前两个——矩形与梯形公式——对于一次多项式是精确的,第三个——辛浦生公式——对于三次多项式是精确的.

　　我们限于这些具体的例子,只是指出,可以建立无数个对于任何预先给定的次数为 m 的一切多项式

$$P_m(x) = a_0 + a_1 x + a_2 x^2 + \cdots + a_m x^m$$

都是精确的求积公式.这些公式的源泉可以从古典的拉格朗日内插多项式得到.

　　在区间 $[a,b]$ 上给定了任意一组 $m+1$ 个点

$$a \leqslant x_0 < x_1 < \cdots < x_m \leqslant b$$

称它们为基点,我们提出问题:要找一个 m 次多项式 $P_m(x)$,使它在这些点处的值与已知函数 $f(x)$ 组合.这样,便要求同时满足等式

$$f(x_k) = P_m(x_k) \quad (k = 0, 1, \cdots, m)$$

众所周知,所求的多项式通常称为拉格朗日多项式,它是唯一的,且可表成下列形式

$$P_m(x) = \sum_{k=0}^{m} Q_m^{(k)}(x) f(x_k)$$

其中 $Q_m^{(k)}(x)$ 是由等式

$$Q_m^{(k)}(x) = \frac{(x-x_0)(x-x_1)\cdots(x-x_{k-1})(x-x_{k+1})\cdots(x-x_m)}{(x_k-x_0)(x_k-x_1)\cdots(x_k-x_{k-1})(x_k-x_{k+1})\cdots(x_k-x_m)}$$
$$(k=0,1,\cdots,m)$$

确定的 m 次多项式.

在图 20 中我们概略地描画出函数 $f(x)$ 与其四次拉格朗日内插多项式的图形,后者在区间 $[a,b]$ 的五个等距点上与 $f(x)$ 相合.

为了得到对于 m 次多项式为精确的求积公式,可以利用拉格朗日内插多项式. 其实,作为函数 $f(x)$ 在区间 $[a,b]$ 上的定积分的近似表达式,

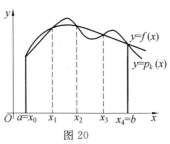

图 20

可以取为函数 $f(x)$ 的内插多项式 $P_m(x)$ 在这个区间上的定积分. 结果得到

$$\int_a^b f(x)\,\mathrm{d}x \approx \int_a^b P_m(x)\,\mathrm{d}x = \sum_{k=0}^{m} f(x_k)\int_a^b Q_m^{(k)}(x)\,\mathrm{d}x$$

或

$$\int_a^b f(x)\,\mathrm{d}x \approx \sum_{k=0}^{m} p_k f(x_k) \tag{5}$$

其中

$$p_k = \int_a^b Q_m^{(k)}(x)\,\mathrm{d}x \quad (k=0,1,\cdots,m) \tag{6}$$

近似等式(5)确定了对于 m 次多项式为精确的求积公式.

很多古典的求积公式都是这样得出来的.

例如,若在式(5)与式(6)中,令 $m=2$, $x_0=a$, $x_1=\dfrac{a+b}{2}$, $x_2=b$, 我们便得到了辛浦生公式.

相反地,不难看出,若利用区间 $[a,b]$ 上彼此不同的已知点 x_k 以及数 $p'_k(k=0,1,\cdots,m)$ 所得到的求积公式

$$\int_a^b f(x)\mathrm{d}x \approx \sum_{k=0}^m p'_k f(x_k) \qquad (7)$$

对于一切 m 次多项式都精确,则如上面所指出的,这个公式可由按基点 x_k 所作的拉格朗日内插公式

$$f(x) \approx \sum_{k=0}^m Q_m^{(k)}(x) f(x_k)$$

推出来.

其实,我们同时来考虑公式(5)与公式(7),那里数 p_k 由等式(6)确定. 两个公式采用了同一的基点 x_k $(k=0,1,\cdots,m)$, 且它们都对不高于 m 次的多项式是精确的,特别地对于函数 $x^l(l=0,1,\cdots,m)$ 也是精确的. 从而推得,应当满足等式

$$\sum_{k=0}^m (p_k-p'_k)x_k^l=0 \quad (l=0,1,\cdots,m) \qquad (8)$$

方程组(8)的行列式

$$\begin{vmatrix} 1 & \cdots & 1 \\ x_0 & \cdots & x_m \\ \vdots & & \vdots \\ x_0^m & \cdots & x_m^m \end{vmatrix}$$

为对于彼此不同的点 $x_k(k=0,1,\cdots,m)$ 的范德蒙德行

列式,它不为零,而这只有当
$$p_k = p'_k \quad (k=0,1,\cdots,m)$$
时才是可能的.

对于一切 m 次多项式为精确的公式(5),实际上还可能对高于 m 次的多项式也精确,这正如在辛浦生公式情形下所成立的一样.在这种意义下,最佳求积公式便是熟知的高斯求积公式,这个公式的基点是这样分布的,使得对于一切 $2m+1$ 次多项式都精确.至于基点的这样分布的可能性,将到本章§16再来证明.

还要提出切比雪夫求积公式,它是由下列条件得到的:在 m 个基点 $x_1,\cdots,x_m$ 下,要求公式对于 m 次多项式为精确且带有相同的纵标因子.对于区间[-1,1]上的切比雪夫求积公式的一般形式可以写成
$$\int_{-1}^{1} f(x)\mathrm{d}x \approx \frac{2}{m}\sum_{k=1}^{m}f(x_k) \tag{9}$$
其中基点按上面所指出的条件选择.那么必然地,求积公式右边的因子等于 $\dfrac{2}{m}$,这是从公式对于 $f(x)\equiv 1$ 为精确而推出的.

П. Л. 切比雪夫曾证明,这样的求积公式在 $m=1,2,\cdots,7$ 时是存在的.可以证明,在 $m=8$ 时公式(9)已不存在.说得确切些,这时使等式(9)对于一切 m 次多项式都成立的基点 x_k 是一些复数(不是实数).在 $m=9$ 时它又存在.然而,如 C. H. 伯恩斯坦所证明的,对于一切 $m \geqslant 10$ 它不存在(复数基点).

显然,公式(5)可能是只对较低于 m 次的多项式是精确或者对于不论怎样的多项式都不精确.

如果选[a,b]上等距的点 $x_k = a + \dfrac{b-a}{m}k\,(k=0,$

$1, \cdots, m$）作为基点,则相应的对于 m 次多项式为精确的公式(5)称为(带有 $m+1$ 个基点的)柯特斯求积公式[①].

今后我们形式上约定任何形如

$$L(f) = \sum_{k=0}^{m-1} p_k f(x_k) \qquad (10)$$

的表达公式,其中 p_k 为任意数且 x_k 为属于区间 $[a,b]$ 上的任意点,不论数 p_k 与 x_k 的来源如何,都当作是函数 $f(x)$ 在区间 $[a,b]$ 上的定积分的近似表达式,并且依此称近似等式

$$\int_a^b f(x)\mathrm{d}x \approx L(x) \qquad (11)$$

为由权 p_k 与基点 x_k 所确定的求积公式.

我们指出,定积分满足可加性与齐次性条件

$$\int_a^b [f(x) + \varphi(x)]\mathrm{d}x = \int_a^b f(x)\mathrm{d}x + \int_a^b \varphi(x)\mathrm{d}x$$

$$C\int_a^b f(x)\mathrm{d}x = \int_a^b Cf(x)\mathrm{d}x$$

其中 $f(x)$ 与 $\varphi(x)$ 为在区间 $[a,b]$ 上的可积函数,而 C 为常数. 这些可加性与齐次性也为泛函数[②](10)所满足

$$L(f+\varphi) = L(f) + L(\varphi), \quad CL(f) = L(Cf)$$

---

　　①　关于所述以及其他求积公式的类似性质,读者可以在 B. Л. 冈查罗夫与 Ш. E. 米凯拉杰的书中找到.

　　②　若对于某个函数类中每一函数 f 按一定的规则引进了对应的函数 $L(f)$,则 $L(f)$ 称为定义在这函数类上的泛函数(为了很好地了解这里的线性泛函数以及今后的需要,读者可以参看 A. H. 柯尔莫哥洛夫与 C. B. 佛明著的函数论与泛函数分析初步,卷一,第 3 章(有中译本)).

§2 函 数 类

可积函数的种类是多种多样的. 若考虑函数的近似积分的某个完全确定的方法,则不可能对所有一般可积函数预先指出逼近的估值. 这种估值显然等于无穷大.

例如,回到梯形法上来. 显然,可以构造在区间[a, b]端点处等于零的函数而使它在这个区间上的定积分大于任何预先给定的数. 按梯形法逼近这样函数的定积分所产生的误差就等于这个积分本身,从而可以任意的大.

出路便在于要对这种或那种足够狭小的可积函数类去求逼近的估值. 首先,在现代分析中最流行的这种函数类便是可微函数类以及满足利普希兹条件的函数类.

例如,我们可以考虑定义在区间[a, b]上且在这个区间上有满足不等式

$$|f'(x)| \leqslant M$$

的逐段连续导数[①] $f'(x)$ 的函数类,我们把它记成 $W^{(1)}(M; a, b)$.

类 $W^{(2)}(M; a, b)$ 具有更好的微分性质,其中它的

---

① 若区间[a, b]可以用点 $a < x_1 < x_2 < \cdots < x_n < b$ 分成有限个区间,在每个这样的区间上函数 $f(x)$ 都有连续的导数,则说 $f(x)$ 在区间[a, b]上有逐段连续的导数. 这里应当考虑到,在分点 $x_1, x_2, \cdots, x_n$ 处只假定单方导数(右导数或左导数)的存在.

函数与其一阶导数在区间上均连续,且在区间上有满足不等式

$$|f''(x)| \leqslant M$$

的逐段连续的二阶导数.

推广这些类,我们引进类 $W^{(r)}(M;a,b)$,其中 r 为正整数. 类 $W^{(r)}(M;a,b)$ 由在区间 $[a,b]$ 上有直到 $r-1$ 阶连续导数且在这区间上有满足不等式

$$|f^{(r)}(x)| \leqslant M \qquad\qquad (1)$$

的逐段连续的 r 阶导数的函数所构成.

还可以引进中间的类. 例如,若 $0 < \alpha \leqslant 1$,则认为

$$H^\alpha(M;a,b) = W^{(0)} H^\alpha(M;a,b)$$

表示定义在区间 $[a,b]$ 上且对这个区间上的任意两点 x 与 x' 满足不等式

$$|f(x) - f(x')| \leqslant M|x-x'|^\alpha$$

的函数 $f(x)$ 所成的类.

一般地,若 r 为正整数且 $0 < \alpha \leqslant 1$,我们可以定义类[①] $W^{(r)} H^{(\alpha)}(M;a,b)$,其中的函数 $f(x)$ 定义在区间 $[a,b]$ 上,对于 $[a,b]$ 上具有任意两点 x 与 x' 满足不等式

$$|f^{(r)}(x) - f^{(r)}(x')| \leqslant M|x-x'|^\alpha$$

的 r 阶连续导数.

我们还用 $W^{(r)} H^{(\alpha)}(a,b)$(省去记号 M)表示一切这样的函数所成的类,其中每个函数属于某个 M 的类

[①] 类 $W^{(r)} H^{(\alpha)}(M;a,b)$ 就是满足利普希兹条件的函数类,当 $r=0$ 时最为常见. 若函数 $\varphi(x)$ 定义于区间 $[a,b]$ 上,x,x' 为这个区间中的任意两点. 如果不等式

$$|\varphi(x) - \varphi(x')| \leqslant M|x-x'|^\alpha \qquad (0 < \alpha \leqslant 1, M \text{ 为常数})$$

恒成立,则说函数 $\varphi(x)$ 满足带有系数 M 的 α 阶利普希兹条件.

$W^{(r)}H^{(a)}(M;a,b).$

这样,引进的类 $W^{(r)}H^{(a)}(a,b)$ 便构成了连续与可微函数的极其详尽的分类. 当增大 $r+\alpha$ 时,属于 $W^{(r)}H^{(a)}(a,b)$ 的函数的可微性质便改善些.若

$$r_1+\alpha_1<r_2=\alpha_2$$

则类 $W^{(r_2)}H^{(\alpha_2)}(a,b)$ 构成了类 $W^{(r_1)}H^{(\alpha_1)}(a,b)$ 的一部分.

把类 $W^{(r)}H^{(a)}(a,b)$ 依下列方式推广是有用的.

我们引进区间 $[a,b]$ 上的连续函数 $\omega(x)$,它对于适合 $a\leqslant x_1\leqslant x_2\leqslant b$ 的一切点 x_1,x_2 都满足不等式

$$0<\omega(x_2)-\omega(x_1)\leqslant\omega(x_2-x_1) \qquad (2)$$

若定义于区间 $[a,b]$ 上的函数 $f(x)$ 有满足不等式

$$|f^{(r)}(x_2)-f^{(r)}(x_1)|\leqslant\omega(|x_2-x_1|) \quad (a\leqslant x_1\leqslant x_2\leqslant b)$$
$$\qquad (3)$$

的 r 阶导数,则说 $f(x)$ 属于类 $W^{(r)}H_\omega(a,b)$.

若

$$\omega(x)=Mx^\alpha$$

则类 $W^{(r)}H^{(a)}(M;a,b)$ 合于类 $W^{(r)}H_\omega(a,b)$.

关于函数 Mx^α 的不等式(2)可由本节例 3 的结果推出.

若在区间 $[a,b]$ 上给定了任意连续函数 $\varphi(x)$,则由等式

$$\omega(\delta)=\max_{|x''-x'|\leqslant\delta}|\varphi(x'')-\varphi(x')|$$

(其中 $a\leqslant x',x''\leqslant b$)定义的 $\omega(\delta)$ 叫作 $\varphi(x)$ 在区间 $[a,b]$ 上的相应于已知正数 δ 的连续模.

这样,$\omega(\delta)$ 是对应于区间 $[a,b]$ 的点偶 x' 与 x'' 的量 $|\varphi(x'')-\varphi(x')|$ 之中的最大值.$\omega(\delta)$ 是 δ 的单调不减函数,因为若 $0\leqslant\delta'\leqslant\delta''$,则

$$\omega(\delta') = \max_{|x''-x'|\leqslant\delta'} |\varphi(x'')-\varphi(x')| \leqslant$$
$$\max_{|x''-x'|\leqslant\delta''} |\varphi(x'')-\varphi(x')| = \omega(\delta'')$$

从 $\varphi(x)$ 在闭区间上的连续性推出它在 $[a,b]$ 上的一致连续性,易见这等价于下面的关系式

$$\lim_{\delta\to 0}\omega(\delta)=0=\omega(0) \tag{4}$$

其次,若 $\delta=\delta_1+\delta_2$,这里 $\delta_1\geqslant 0$,$\delta_2\geqslant 0$,并且若 x' 与 x'' 为区间 $[a,b]$ 上适合 $|x''-x'|\leqslant\delta$ 的点,则显然在区间 $[a,b]$ 上可找到这样的点 x_0,使得对于它同时有

$$|x'-x_0|\leqslant\delta_1,\ |x''-x_0|\leqslant\delta_2$$

从而

$$\omega(\delta) = \max_{|x''-x'|\leqslant\delta} |\varphi(x'')-\varphi(x')| \leqslant$$
$$\max_{\substack{|x'-x_0|\leqslant\delta_1\\|x''-x_0|\leqslant\delta_2}} \{|\varphi(x')-\varphi(x_0)|+$$
$$|\varphi(x'')-\varphi(x_0)|\} \leqslant$$
$$\max_{|x'-x_0|\leqslant\delta_1} |\varphi(x')-\varphi(x_0)|+$$
$$\max_{|x''-x_0|\leqslant\delta_2} |\varphi(x'')-\varphi(x_0)| =$$
$$\omega(\delta_1)+\omega(\delta_2) \tag{5}$$

函数 $\omega(\delta)$ 的单调性、关系式(4)与(5)显然可用下面两个不等式

$$0\leqslant\omega(\delta'')-\omega(\delta')\leqslant\omega(\delta''-\delta') \tag{6}$$

连贯起来.它们应对于满足不等式 $0\leqslant\delta'\leqslant\delta''$ 的任何 δ' 与 δ'' 都成立.

显然,从式(4)与(6)推出 $\omega(\delta)$ 对于一切 $\delta\geqslant 0$ 的连续性.

我们指出,若区间 $[a,b]$ 上的连续函数 $\varphi(x)$ 有连续模 $\omega(\delta)$,则显然它属于上面所确定的类

$$H_\omega(a,b)=W^{(0)}H_\omega(a,b)$$

解析函数还具有较函数类 $W^{(r)}H_{\omega}(a,b)$ 更好的性质.

所述分类的某些变形也是可能的. 可以引进类 $W^{(r)}_{L_p}(M;a,b)$, 其中的函数定义在 $[a,b]$ 上, 有绝对连续的 $r-1$ 阶导数且 r 阶导数 $f^{(r)}(x)$ 满足

$$\left(\int_a^b \mid f^{(r)}(x)\mid^p \mathrm{d}x\right)^{\frac{1}{p}} \leqslant M \quad (p \geqslant 1)$$

关于这些类的某些性质, 以后我们将用小字引进, 于此情形我们假定读者已具有勒贝格 p 次可积函数 (可和函数) 的简单知识.

我们指出, 若函数 $\varphi(x)$ 在区间 $[a,b]$ 上为可测的与有界的, 则等式

$$\lim_{p\to\infty}\left(\int_a^b \mid \varphi(x)\mid^p \mathrm{d}x\right)^{\frac{1}{p}} = \sup_{a\leqslant x\leqslant b}\mathrm{vrai} \mid \varphi(x)\mid = M$$

$$(7)$$

成立, 它的右边是所谓 $\mid\varphi(x)\mid$ 在区间 $[a,b]$ 上的本性极大值.

其实

$$\parallel \varphi \parallel_{L_p} = \left(\int_a^b \mid \varphi \mid^p \mathrm{d}x\right)^{\frac{1}{p}} \leqslant M(b-a)^{\frac{1}{p}}$$

从而

$$\varlimsup_{p\to\infty}\parallel \varphi \parallel_{L_p} \leqslant M \tag{8}$$

另一方面, 若用 E 表示区间 $[a,b]$ 中满足

$$\mid \varphi(x)\mid > M-\varepsilon$$

的点所成的点集 (这里 $\varepsilon > 0$), 而 mE 为 E 的测度, 则

$$\parallel \varphi \parallel_{L_p} \geqslant \left(\int_E (M-\varepsilon)^p \mathrm{d}x\right)^{\frac{1}{p}} = (M-\varepsilon)(mE)^{\frac{1}{p}}$$

从而

$$\lim_{p \to \infty} \| \varphi \|_{L_p} \geqslant M - \varepsilon$$

由于 ε 是任意的,故

$$\lim_{p \to \infty} \| \varphi \|_{L_p} \geqslant M \qquad (9)$$

从式(8)与式(9)推出式(7).因而自然认为

$$W^{(r)}(M;a,b) = W_{L_\infty}^{(r)}(M;a,b)$$

在 $p=1$ 时,将写 $W_L^{(r)}(M;a,b)$ 以代替 $W_{L_1}^{(r)}(M;a,b)$.

例 1　我们考虑在区间 $[-1,1]$ 上的函数 $y=|x|$. 它的图形如图 21 所示.

它在区间 $[-1,1]$ 上连续且有逐段连续的导数.其实,在区间 $[-1,0]$ 上函数 $y=|x|$ 的导数连续且处处

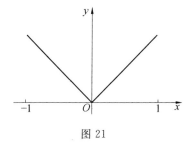

图 21

等于 -1,如通常一样,自然在 $x=0$ 处的导数算作由左边取的,而在 $x=-1$ 处算作由右边取的.在区间 $[0,1]$ 上导数也处处连续且等于 1.函数 $y=|x|$ 的导数绝对值在整个区间 $[-1,1]$ 上均等于 1.从而推得,函数 $y=|x|$ 属于类 $W^\omega(1;-1,1)$.

然而对于任何值 M 我们的函数不属于类 $W^{(2)}(M;a,b)$,这是由于它在区间 $[-1,1]$ 上处处有一阶连续导数.但显然这个函数的一阶导数在 $x=0$ 处间断.

例 2　我们考虑函数 $\varphi(x)$,其图形如图 22 所示.

为了使它在点 x_0,x_1,x_2 处为单值,可以在这些点处取它为任意一值,例如,取图形纵坐标的左、右极限

57

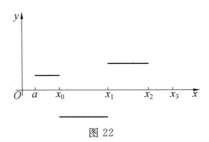

图 22

的算术平均值.

令

$$\varphi_1(x) = \int_a^x \varphi(u)\mathrm{d}u + C_1$$

这个函数的图形如图 23 所示. 它属于类 $W^{(1)}(M;a,b)$,这里

$$M \geqslant |\varphi(x)| \quad (a \leqslant x \leqslant b)$$

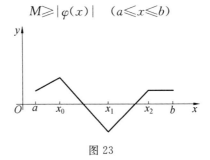

图 23

其次,如果令

$$\varphi_2(x) = \int_a^x \varphi_1(u)\mathrm{d}u + C_2$$

则我们得到如图 24 所示的函数属于类 $W^{(2)}(M;a,b)$,但显然不属于类 $W^{(3)}(M;a,b)$.

重复这种步骤积分 r 次,我们就可得到类 $W^{(r)}(M;a,b)$ 中的函数,这里 r 是预先给定的整数.

例 3 我们考虑在半直线 $[0,\infty)$ 上的函数 $x^\alpha(0 < \alpha \leqslant 1)$,其图形(当 $\alpha < 1$ 时)如图 25 所示.

58

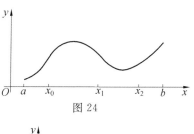

图 24

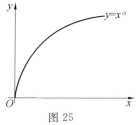

图 25

我们证明,它在半直线 $[0,\infty)$ 上满足带常数 $M=1$ 的 α 次利普希兹条件,换句话说,将证明对于适合 $0\leqslant x\leqslant x_1<\infty$ 的一切点偶 x 与 x_1,有

$$x_1^\alpha - x^\alpha \leqslant (x_1 - x)^\alpha \qquad (10)$$

其实,在 $x=0$ 与 $x=x_1$ 时这是显然的. 设 $0<x<x_1$. 我们考察比值

$$\frac{x_1^\alpha - x^\alpha}{(x_1 - x)^\alpha} = \frac{\left(\dfrac{x_1}{x}\right)^\alpha - 1}{\left(\dfrac{x_1}{x} - 1\right)^\alpha} = \frac{u^\alpha - 1}{(u-1)^\alpha} = \psi(u)$$

这里 $u = \dfrac{x_1}{x}$,从而 $1<u<\infty$. 容易验证,函数 $\psi(u)$ 具有下列性质

$$\lim_{u\to\infty} \psi(u) = 1, \psi'(u) > 0 \quad (1<u<\infty)$$

从而推得

$$\frac{x_1^\alpha - x^\alpha}{(x_1 - x)^\alpha} = \psi(u) < 1 \quad (1<u<\infty)$$

故不等式(10)获证. 这样, 函数 x^a 属于类

$$H^{(a)}(1;0,1)=W^{(10)}H^{(a)}(1;0,1)$$

如果把这函数乘上数 M 且带着任选的常数积分 r 次, 则得到的函数属于类 $W^{(r)}H^{(a)}(M;0,1)$.

§3 泰 勒 公 式

我们考虑定义在区间$[a,b]$上且有直到 $r-1$ 阶连续导数[①]与逐段连续的 r 阶导数的函数. 如是, 它属于带着某个常数 M 的类 $W^{(r)}(M;a,b)$.

对于这样的函数逐次运用分部积分法则得到下面的等式

$$\frac{1}{(r-1)!}\int_a^x(x-t)^{r-1}f^{(r)}(t)\mathrm{d}t=$$

$$\frac{(x-t)^{r-1}}{(r-1)!}f^{(r-1)}(t)\bigg|_a^x+\frac{1}{(r-2)!}\int_a^x(x-t)^{r-2}f^{(r-1)}(t)\mathrm{d}t=$$

$$-\frac{(x-a)^{r-1}}{(r-1)!}f^{(r-1)}(a)+\frac{(x-t)^{r-2}}{(r-2)!}f^{(r-2)}(t)\bigg|_a^x+$$

$$\frac{1}{(r-3)!}\int_a^x(x-t)^{r-3}f^{(r-2)}(t)\mathrm{d}t=\cdots=$$

$$-\frac{(x-a)^{r-1}}{(r-1)!}f^{(r-1)}(a)-\frac{(x-a)^{r-2}}{(r-2)!}f^{(r-2)}(a)-\cdots-$$

$$f(a)+f(x)$$

从而得到, 对于类 $W^{(r)}(M;a,b)$ 中的任何函数

---

① 这里我们所得到的公式在更一般的条件下, 亦即在函数 $f(x)$ 有绝对连续的 $r-1$ 阶导数(因而几乎处处有可求和的 r 阶导数)的条件下也正确.

$f(x)$，泰勒（Taylor）公式

$$f(x) = f(a) + \frac{(x-a)}{1} f'(a) + \cdots +$$

$$\frac{(x-a)^{r-1}}{(r-1)!} f^{(r-1)}(a) + R_r(x) \qquad (1)$$

成立，且余项有积分的形式

$$R_r(x) = \frac{1}{(r-1)!} \int_a^x (x-t)^{r-1} f^{(r)}(t) \mathrm{d}t \qquad (2)$$

如果我们引进由等式

$$K_r(u) = \begin{cases} u^{r-1}, & \text{对于 } u \geqslant 0 \\ 0, & \text{对于 } u < 0 \end{cases} \qquad (3)$$

定义的函数 $K_r(u)$. 那么余项 $R_r(x)$ 的表达式还可以写成

$$R_r(x) = \frac{1}{(r-1)!} \int_a^b K_r(x-t) f^{(r)}(t) \mathrm{d}t \qquad (4)$$

的形式，这是由于函数 $K_r(x-t)$ 对任何固定的 x，当 t 由 x 变到 b 时等于零之故.

§4　求积公式逼近的精确估值

我们来考虑任一由已知的数 p_k（$k = 0, 1, \cdots, m-1$）与基点 $a \leqslant x_0 < x_1 < \cdots < x_{m-1} \leqslant b$ 确定的求积公式

$$\int_a^b f(x) \mathrm{d}x \approx L(f) \qquad (1)$$

$$L(f) = \sum_{k=0}^{n-1} p_k f(x_k) \qquad (2)$$

假定这个公式对于一切 $r-1$（$r \geqslant 1$）次多项式

$$P_{r-1}(x) = a_0 + a_1 x + \cdots + a_{r-1} x^{r-1}$$

是精确的,亦即对于这样的多项式适合等式

$$\int_a^b P_{r-1}(x)\mathrm{d}x = L(P_{r-1})$$

对于函数类 $W^{(r)}(M;a,b)$ 用这种求积公式时,我们给出逼近的估值的精确表达式.

为此,我们给出属于类 $W^{(r)}(M;a,b)$ 的任一函数 $f(x)$. 这样,它定义在区间 $[a,b]$ 上且在这区间上有直到 $r-1$ 阶的连续导数,并且有满足不等式

$$|f^{(r)}(x)|\leqslant M \qquad (3)$$

的逐段连续的 r 阶导数.

把这个函数依 $x-a(a\leqslant x\leqslant b)$ 的乘幂并用 §3 的式(4)按泰勒公式(参看 §3)展开

$$\begin{cases} f(x) = P_{r-1}(x) + R_r(x) \\ P_{r-1}(x) = \sum_{k=0}^{r-1} \dfrac{(x-a)^k}{k!} f^{(k)}(a) \\ R_r(x) = \dfrac{1}{(r-1)!} \int_a^b K_r(x-t)f^{(r)}(t)\mathrm{d}t \end{cases} \qquad (4)$$

由于我们的求积公式对 $r-1$ 次多项式是精确的,便有

$$\int_a^b f(x)\mathrm{d}x - L(f) =$$

$$\int_a^b P_{r-1}(x)\mathrm{d}x - L(P_{r-1}) + \int_a^b R_r(x)\mathrm{d}x - L(R_r) =$$

$$\int_a^b R_r(x)\mathrm{d}x - L(R_r) =$$

$$\frac{1}{(r-1)!}\int_a^b\int_a^b K_r(x-t)f^{(r)}(t)\mathrm{d}t\mathrm{d}x -$$

$$\frac{1}{(r-1)!}\sum_{k=0}^{m-1}p_k\int_a^b K_r(x_k-t)f^{(r)}(t)\mathrm{d}t =$$

$$\frac{1}{(r-1)!}\left\{\int_a^b f^{(r)}(t)\int_a^b K_r(x-t)\mathrm{d}x\mathrm{d}t -\right.$$

$$\int_a^b \sum_{k=0}^{m-1} p_k f^{(r)}(t) K_r(x_k - t) dt \Big\} =$$

$$\frac{1}{(r-1)!} \int_a^b \Big\{ \int_t^b (x-t)^{r-1} dx - \sum_{k=0}^{m-1} p_k K_r(x_k - t) \Big\} f^{(r)}(t) dt =$$

$$\frac{1}{(r-1)!} \int_a^b \Big\{ \frac{(b-t)^r}{r} - \sum_{k=0}^{m-1} p_k K_r(x_k - t) \Big\} f^{(r)}(t) dt$$

$$(5)$$

这样，若引进函数

$$F_r(t) = \frac{1}{(r-1)!} \Big\{ \frac{(b-t)^r}{r} - \sum_{k=0}^{m-1} p_k K_r(x_k - t) \Big\}$$

$$(6)$$

则对于类 $W^{(r)}(M; a, b)$ 我们得到，已知函数 $f(x)$ 用所述求积公式时，逼近的误差的精确表达式

$$\int_a^b f(x) dx - L(f) = \int_a^b F_r(t) f^{(r)}(t) dt \qquad (7)$$

以后值得留意的是函数 $F_r(t)$ 不依赖于类 $W^{(r)}(a, b)$ 的个别函数 f，特别地，不依赖于 M. 同时函数 $F_r(t)$ 可以由整个的类 $W^{(r)}(a, b)$（数 r 与区间 $[a, b]$）确定.

公式 (7) 通过函数 $f(x)$ 的 r 阶导数给出了求积公式 (1) 的逼近的精确表达式. 以后为了得到与求积公式的逼近有关的各种估值，这个公式可以作为出发点.

如果注意到类 $W^{(r)}(M; a, b)$ 中的函数 f 应满足不等式 (3)，则有

$$\Big| \int_a^b f(x) dx - L(f) \Big| \leqslant M \int_a^b |F_r(t)| dt = Mc_r$$

$$(8)$$

同时所得的不等式的右边不可再减小了，因为在类 $W^{(r)}(M; a, b)$ 中存在使这函数 f 不等式变成等式的函

数. 就是, 这种情况对于其 r 阶导数为[①]

$$f^{(r)}(x) = M\mathrm{sign}\, F_r(x) \qquad (9)$$

的任何函数都成立.

为了切实地得到任何这样的函数, 应当把式(9)右边积分 r 次且每次都取一个积分常数.

从而推得, 对函数类 $W^{(r)}(M;a,b)$ 用求积公式(1)时逼近的精确估值为

$$\mathcal{E}W^{(r)}(M;a,b) = \max_{f \in W^{(r)}(M;a,b)} \left| \int_a^b f(x)\mathrm{d}x - L(f) \right| =$$

$$M\int_a^b | F_r(t) | \,\mathrm{d}t = Mc_r \qquad (10)$$

其中 $F_r(t)$ 是由公式(6)确定的函数.

我们一点也不知道函数的定积分的近似算法如何, 而只知道它属于类 $W^{(r)}(M;a,b)$ 的假定下所得估值是精确的.

因为对每一具体公式, 常数 c_r 都由权 p_k 及基点 x_k 所给出, 所以它可以精确地或者带有任意精确度近似地算出. 困难在于必须要确定区间 (a,b) 中使函数 $F_r(t)$ 变号的那些点.

若函数 f 属于类 $W_{L_p}^{(r)}(M;a,b)$, 即它在区间 $[a,b]$ 上有绝对连续的 $r-1$ 阶导数且 r 阶导数满足不等式

$$\| f^{(r)} \|_{L_p} = \left(\int_a^b | f^{(r)}(x) |^p \mathrm{d}x \right)^{\frac{1}{p}} \leqslant M \quad (p > 1)$$

$$(11)$$

则容易验明, 对于它本节所引进的直到等式(7)为止的

---

① $\mathrm{sign}\, \varphi(x) = \begin{cases} 1, & \text{对于适合 } \varphi(x) > 0 \text{ 的一切 } x \\ 0, & \text{对于适合 } \varphi(x) = 0 \text{ 的一切 } x. \\ -1, & \text{对于适合 } \varphi(x) < 0 \text{ 的一切 } x \end{cases}$

一切计算仍正确.

其次代替不等式(8),根据赫尔德不等式可以写出

$$\left| \int_a^b f(x)\mathrm{d}x - L(f) \right| \leqslant \| f^{(r)} \|_{L_p} \| F_r \|_{L_q} \leqslant$$

$$M \| F_r \| L_q \quad \left(\frac{1}{p} + \frac{1}{q} = 1 \right)$$

(12)

其中

$$\| F_r \|_{L_q} = \left(\int_a^b | F_r(t) |^q \mathrm{d}t \right)^{\frac{1}{q}} \quad (13)$$

同时对于函数类 $W_{L_q}^{(r)}(M;a,b)$,式(12)右边的常数不可再减小了,这是由于赫尔德不等式的已知性质,式(12)的右边对于满足条件式(11)的某个函数 $F^{(r)}(t)$ 能够达到. 因此,式(12)的右边对属于类 $W_{L_p}^{(r)}(M;a,b)$ 的某个函数可以达到.

在 $p=1$ 情形,亦即若函数 $f(x)$ 属于类 $W_L^{(r)}(M;a,b)$,有不等式

$$\left| \int_a^b f \mathrm{d}x - L(f) \right| = \left| \int_a^b F_r(t) f^{(r)}(t) \mathrm{d}t \right| \leqslant$$

$$\max_{0 \leqslant t \leqslant 1} | F_r(t) | \int_a^b | f^{(r)}(t) | \mathrm{d}t \leqslant$$

$$M \max_{0 \leqslant t \leqslant 1} | F_r(t) |$$

同时这个不等式的右边是使不等式对所述类中一切函数都满足的最小数. 联合所得两个结果,我们得到下列等式

$$\sup_{f \in W_{Lp}^{(r)}(M;a,b)} \left| \int_a^b f \mathrm{d}x - L(f) \right| = M \| F_r \|_{L_q} \quad \left(\frac{1}{p} + \frac{1}{q} = 1 \right)$$

(14)

其中当 $p>1$ 时,$\| F_r \|_{L_q}$ 由等式(13)定义且当 $p=1$

时

$$\| F_r \|_{L_\infty} = \max_{0 \leqslant t \leqslant 1} | F_r(t) | \qquad (15)$$

§5 关于特殊求积公式的数值常数

在 $a=0, b=1$ 的情形，我们有

$$\int_0^1 f \, dx - L(f) = \int_0^1 F_r(t) f^{(r)}(t) \, dt \qquad (1)$$

其中

$$F_r(t) = \frac{1}{(r-1)!} \left\{ \frac{(1-t)^r}{r} - \sum_{k=0}^{m-1} p_k K_r(x_k - t) \right\}$$
$$\qquad (2)$$

我们令

$$c_r = \int_0^1 | F_r(t) | \, dt = \max_{f \in W^{(r)}(1;0,1)} \left\{ \int_0^1 f \, dx - L(f) \right\}$$
$$\qquad (3)$$

据此应当有

$$\max_{f \in W^{(r)}(M;1,0)} \left\{ \int_0^1 f \, dx - L(f) \right\} = M c_r$$

矩形公式. 这时 $m=1, p_0=1, x_0=\frac{1}{2}$. 它对于线性

函数——一次多项式是精确的，因而所述定理可以对 $r=1$ 与 $r=2$ 情形应用.

对于它

$$c_1 = \int_0^1 \left| (1-t) - K_1\left(\frac{1}{2} - t\right) \right| \, dt =$$
$$\int_0^{\frac{1}{2}} | (1-t) - 1 | \, dt + \int_{\frac{1}{2}}^1 (1-t) \, dt = \frac{1}{4}$$

$$c_2 = \int_0^1 \left| \frac{(1-t)^2}{2} - K_2\left(\frac{1}{2} - t\right) \right| \, dt =$$

66

$$\int_0^{\frac{1}{2}}\left|\frac{(1-t)^2}{2}-\left(\frac{1}{2}-t\right)\right|\mathrm{d}t+\int_{\frac{1}{2}}^1\frac{(1-t)^2}{2}\mathrm{d}t=$$

$$\frac{1}{24}$$

梯形公式. 在这一情形

$$m=2,p_0=p_1=\frac{1}{2},x_0=0,x_1=1$$

公式对于一次多项式是精确的,因此,这时定理可以对于 $r=1$ 与 $r=2$ 应用

$$c_1=\int_0^1\left|(1-t)-\frac{1}{2}K_1(-t)-\frac{1}{2}K_1(1-t)\right|\mathrm{d}t=$$

$$\int_0^1\left|1-t-\frac{1}{2}\right|\mathrm{d}t=\int_0^1\left|\frac{1}{2}-t\right|\mathrm{d}t=$$

$$\int_0^{\frac{1}{2}}\left(\frac{1}{2}-t\right)\mathrm{d}t+\int_{\frac{1}{2}}^1\left(t-\frac{1}{2}\right)\mathrm{d}t=\frac{1}{4}$$

$$c_2=\int_0^1\left|\frac{(1-t)^2}{2}-\frac{1}{2}K_2(-t)-\frac{1}{2}K_2(1-t)\right|\mathrm{d}t=$$

$$\int_0^1\left|\frac{(1-t)^2}{2}-\frac{1-t}{2}\right|\mathrm{d}t=\frac{1}{2}\int_0^1(1-t)t\mathrm{d}t=\frac{1}{12}$$

辛浦生公式. 这时

$$m=3,p_0=p_2=\frac{1}{6},p_1=\frac{2}{3},x_0=0,x_1=\frac{1}{2},x_2=1$$

对于它可以计算 c_1,c_2,c_3 与 c_4.

　　计算结果表明,在这一情形下

$$c_1=\frac{5}{36},c_2=\frac{1}{81},c_3=\frac{1}{576},c_4=\frac{1}{2\,880}$$

　　关于辛浦生公式的数值常数 c_4 在文献中已为大家所熟知了.

　　四基点(等距的)的柯特斯公式. 这时

$$p_0=p_3=\frac{1}{8},p_1=p_2=\frac{3}{8},x_k=\frac{k}{3}\quad(k=0,1,2,3)$$

公式对于三次多项式是精确的,因而常数 c_k 对 $k=1,\cdots,4$ 可以计算,在这一情形下,$c_4=\dfrac{1}{6\,480}$.

五基点的柯特斯公式. 这时

$$p_0=p_4=\frac{7}{90},p_1=p_3=\frac{32}{90},p_2=\frac{12}{90},x_k=\frac{k}{4}$$

$$(k=0,1,\cdots,4)$$

(公式对于四次多项式为精确). 对于它

$$c_5=\frac{1}{345\,600}$$

这个常数曾为 P. 皮利克求得.

我们还令

$$\left(\int_0^1 |\,F_r(t)\,|^q \mathrm{d}t\right)^{\frac{1}{q}}=c_r^{(q)} \qquad (4)$$

这里

$$c_r^{(1)}=c_r$$

下面我们引进上述矩形、梯形与辛浦生公式中所定的常数 $c_r^{(2)}$ 的数值. 这些常数曾被 Ю. Я. 多罗宁算过.

矩形公式

$$c_1^{(2)}=\frac{1}{2\sqrt{3}}=0.289$$

梯形公式

$$c_1^{(2)}=\frac{1}{2\sqrt{3}}=0.289,c_2^{(2)}=\frac{1}{2\sqrt{30}}=0.091\,4$$

辛浦生公式

$$c_1^{(2)}=\frac{1}{6}=0.167,c_3^{(2)}=\frac{1}{48\sqrt{105}}=0.002\,03$$

$$c_2^{(2)}=\frac{1}{12\sqrt{30}}=0.015\,2,c_4^{(2)}=\frac{1}{576\sqrt{14}}=0.000\,464$$

作为例子，我们对三基点的高斯求积公式来计算上限 $\mathscr{E}W^{(2)}(1;-1,1)$，当 $r=2$ 时，基点及权分别为

$$x_0=-a=-\sqrt{0.6}, x_1=0, x_2=a=\sqrt{0.6}$$

$$p_0=\frac{5}{9}, p_1=\frac{8}{9}, p_2=\frac{5}{9}$$

首先我们计算函数

$$\sum_{k=0}^{2} p_k K_2(x_k-t)$$

从它的定义出发，有

$$\sum_{k=0}^{2} p_k K_2(x_k-t)=\frac{5}{9}(-a-t)+\frac{8}{9}(0-t)+$$

$$\frac{5}{9}(a-t) \quad (-1\leqslant t\leqslant-a)$$

$$\sum_{k=0}^{2} p_k K_2(x_k-t)=\frac{8}{9}(0-t)+\frac{5}{9}(a-t)$$

$$(-a\leqslant t\leqslant 0)$$

$$\sum_{k=0}^{2} p_k K_2(x_k-t)=\frac{5}{9}(a-t) \quad (0\leqslant t\leqslant a)$$

$$\sum_{k=0}^{2} p_k K_2(x_k-t)=0 \quad (a\leqslant t\leqslant 1)$$

相应于此我们把 §4 的式(10)(在 $M=1, a=-1$，$b=1, r=2$ 情形)中的积分基本区间用分点 $x_0=-a$，$x_1=0, x_2=a$ 分成四部分，那么得到

$$\mathscr{E}W^{(2)}(1;-1,1)=\frac{1}{1!}\left\{\int_{-1}^{-a}\left|\frac{(1-t)^2}{2}-\frac{5}{9}(-a-t)-\right.\right.$$

$$\frac{8}{9}(0-t)-\frac{5}{9}(a-t)\left|\mathrm{d}t+\right.$$

$$\int_{-a}^{0}\left|\frac{(1-t)^2}{2}-\right.$$

$$\frac{8}{9}(0-t)-\frac{5}{9}(a-t)\Big|^2 \mathrm{d}t +$$

$$\int_0^a \frac{(1-t)^2}{2} -$$

$$\frac{5}{9}(a-t)\Big|\mathrm{d}t + \int_a^1 \frac{(1-t)^2}{2}\mathrm{d}t\Big\} =$$

$$\int_{-1}^{-a} \Big|\frac{(1-t)^2}{2}+2t\Big|\mathrm{d}t +$$

$$\int_{-a}^0 \Big|\frac{(1-t)^2}{2}+\frac{13}{9}t-\frac{5}{9}a\Big|\mathrm{d}t +$$

$$\int_0^a \Big|\frac{(1-t)^2}{2}+\frac{5}{9}t-\frac{5}{9}a\Big|\mathrm{d}t +$$

$$\int_a^1 \frac{(1-t)^2}{2}\mathrm{d}t =$$

$$I_1 + I_2 + I_3 + I_4$$

由于在我们的等式右边第一个与第四个积分内绝对值号下的那些函数在积分区间上不变号,故接下来我们只要研究位于项 I_2 与 I_3 内的绝对值号下的两个函数在积分区间上的性质.

我们考虑其中的第一个

$$f(t)=\frac{(1-t)^2}{2}+\frac{13}{9}t-\frac{5}{9}a=$$

$$\frac{1}{18}(9t^2+8t-10a+9)$$

使 $f(t)$ 为零的实值 t 为

$$c_{1,2}=\frac{-4\pm\sqrt{90a-65}}{9}=$$

$$\frac{-4\pm\sqrt{k}}{9} \quad (k=90a-65)$$

两根均含于区间 $(-a,0)$ 之中,于是 $f(t)$ 在这个区间

上变号两次：$f(t)$ 在区间 (c_1, c_2) 上是负的而在其外是正的.

其次指出，含于积分 I_3 内的函数

$$\varphi(t) = \frac{(1-t)^2}{2} + \frac{5}{9}t - \frac{5}{9}a =$$

$$\frac{1}{18}(9t^2 - 8t - 10a + 9) = f(-t)$$

这样

$$I_1 = \int_{-1}^{a} \frac{(1+t)^2}{2}dt = \frac{(1-a)^3}{6}$$

$$I_2 = \int_{-a}^{c_1} \left\{ \frac{(1-t)^2}{2} + \frac{13}{9}t - \frac{5}{9}a \right\}dt + \int_{c_1}^{c_2} \left\{ \frac{5}{9}a - \frac{13}{9}t - \right.$$

$$\left. \frac{(1-t)^2}{2} \right\}dt + \int_{c_2}^{0} \left\{ \frac{(1-t)^2}{2} + \frac{13}{9}t - \frac{5}{9}a \right\}dt =$$

$$\frac{4k}{81 \times 27}(90a - 65) + \frac{3a^3 - 4a^2 + 9}{18}$$

$$I_3 = \int_{0}^{a} \mid \varphi(t) \mid dt =$$

$$\int_{-a}^{0} \mid \varphi(-u) \mid du =$$

$$\int_{-a}^{0} \mid f(u) \mid du = I_2$$

$$I_4 = \int_{a}^{1} \frac{(1-t)^2}{2}dt = \frac{(1-a)^3}{6}$$

注意到 $3 - 5a^2 = 0$，最终得到在附表 Ⅱ 中所引出的精确估值

$$\mathscr{E}W^{(2)}(1; -1, +1) = \frac{8}{2\,187}\left(90\sqrt{\frac{3}{5}} - 65\right)^{\frac{3}{2}}$$

§6 复杂化求积公式——对函数类逼近的上限的估值

在区间$[0,1]$上给出点组(基点)

$$0 \leqslant x_0 < x_1 < \cdots < x_{m-1} \leqslant 1 \qquad (1)$$

与数(权)

$$p_0, p_1, \cdots, p_{m-1} \qquad (2)$$

且构成线性泛函数

$$L(f) = L(0,1;f) = \sum_{k=0}^{m-1} p_k f(x_k) \qquad (3)$$

其中 f 为区间$[0,1]$上的任意连续函数.

我们将认为 $L(f)$ 是 $f(x)$ 在区间$[0,1]$上的积分的近似表达式

$$\int_0^1 f(x)\mathrm{d}x \approx L(f) \qquad (4)$$

这样,式(4)便是由基点(1)与权(2)所确定的(近似的)求积公式.

现在假设给出任意一个区间$[\alpha,\beta]$. 求积公式

$$\int_\alpha^\beta f(x)\mathrm{d}x \approx L(\alpha,\beta;f) \qquad (5)$$

为式(4)的相似公式,这里

$$L(\alpha,\beta;f) = \sum_{k=0}^{m-1} p_k' f(x_k')$$

而称泛函数 $L(\alpha,\beta;f)$ 为 $L(f)$ 的相似泛函数. 如果点组 $\alpha, x_0', x_1', \cdots, x_m', \beta$ 与点组 $0, x_0, x_1, \cdots, x_m, 1$ 为几何相似,而权 p_k' 与对应权 p_k 之比就如区间$[\alpha,\beta]$的长与 1 之比一样,换句话说,如果满足关系式

$$x'_k = \alpha + x_k(\beta - \alpha), \ p'_k = p_k(\beta - \alpha) \quad (k = 0, 1, \cdots, m-1)$$

的话.

实际上,如果要近似地计算定积分

$$\int_a^b f(x)\,\mathrm{d}x$$

通常照下列方式进行:选择某种求积公式作为式(4),例如辛浦生公式,用点

$$\xi_k = a + \frac{b-a}{n}k \tag{6}$$

把区间 $[a, b]$ 分成 n 个等分且对每个个别的小区间 $(\xi_k, \xi_{k+1})(k = 0, 1, \cdots, n-1)$ 应用对应于区间 (ξ_k, ξ_{k+1}) 的式(4)的相似公式

$$\int_{\xi_k}^{\xi_{k+1}} f(x)\,\mathrm{d}x \approx L(\xi_k, \xi_{k+1}; f)$$

以求积公式(4)为基础所得的结果,我们将称之为典则的,于是得到复杂化求积公式

$$\int_a^b f(x)\,\mathrm{d}x \approx \sum_{k=0}^{n-1} L(\xi_k, \xi_{k+1}; f) \tag{7}$$

例如,把矩形求积公式复杂化,便得

$$\int_a^b f(x)\,\mathrm{d}x \approx \frac{b-a}{n}\sum_{k=0}^{n-1} f(x'_k)$$

其中

$$x'_k = a + \frac{(2k+1)(b-a)}{2n} \quad (k = 0, 1, \cdots, n-1)$$

使梯形公式复杂化有这样的形式

$$\int_a^b f(x)\,\mathrm{d}x \approx \frac{b-a}{2n}\{f(\xi_0) + 2f(\xi_1) +$$
$$2f(\xi_2) + \cdots +$$
$$2f(\xi_{n-1}) + f(\xi_n)\}$$

其中数 ξ_k 由等式(6)确定.

使辛浦生公式复杂化有这样的形式

$$\int_a^b f(x)\mathrm{d}x \approx \frac{b-a}{6n}\{f(x_0)+4f(x_1)+2f(x_2)+$$
$$4f(x_3)+\cdots+4f(x_{2n-1})+$$
$$f(x_{2n})\}$$

其中

$$x_i = a+i\frac{b-a}{2n}\quad(i=0,1,\cdots,2n)$$

容易看出,若求积公式(4)对一切 ρ 次多项式 $P_\rho(x)$ 为精确,亦即若对于一切 $P_\rho(x)$ 等式

$$\int_0^1 P_\rho(x)\mathrm{d}x = L(P_\rho) \tag{8}$$

满足,则它对于相应的复杂化公式(7)也成立.

据 §4 的式(7)有

$$\int_0^1 f\mathrm{d}x - L(f) = \int_0^1 F_r(t)f^{(r)}(t)\mathrm{d}t \tag{9}$$

其中

$$F_r(t) = \frac{1}{(r-1)!}\left\{\frac{(1-t)^r}{r} - \sum_{k=0}^m p_k K_r(x_k-t)\right\} \tag{10}$$

如同 §5 一样,令

$$c_r = \max_{f\in W^{(r)}(1;0,1)}\left\{\int_0^1 f\mathrm{d}x - L(f)\right\} = \int_0^1 |F_r(t)|\mathrm{d}t \tag{11}$$

定理 1 若求积公式(4)对于一切 $r-1$ 次多项式为精确,则对于属于类 $W^{(r)}(M;a,b)$ 的任何函数 f,不等式

$$\left|\int_a^b f(x)\mathrm{d}x - \sum_{k=0}^{n-1} L(\xi_k,\xi_{k+1};f)\right| \leqslant \frac{(b-a)^{r+1}c_r M}{n^r} \tag{12}$$

成立.

存在依赖于 n 的函数 $f_* \in W^{(r)}(M; a, b)$，对于它，不等式(12)成为等式.

证明　根据泛函数 $L(\xi_k, \xi_{k+1}; f)$ 相似于泛函数 $L(f)$ 的性质以及等式(9)有

$$\int_a^b f(x)\mathrm{d}x - \sum_{k=0}^{n-1} L(\xi_k, \xi_{k+1}; f) =$$

$$\sum_{k=0}^{n-1}\left\{\int_{\xi_k}^{\xi_{k+1}} f\,\mathrm{d}x - L(\xi_k, \xi_{k+1}; f)\right\} =$$

$$h\sum_{k=0}^{n-1}\left\{\int_0^1 f(\xi_k + hu)\mathrm{d}u - L[f(\xi_k + hu)]\right\} =$$

$$h^{r+1}\sum_{k=0}^{n-1}\int_0^1 F_r(u) f^{(r)}(\xi_k + hu)\mathrm{d}u \quad \left(h = \frac{b-a}{n}\right) \quad (13)$$

现在若函数 f 属于类 $W^{(r)}(M; a, b)$，则

$$\left|\int_a^b f\,\mathrm{d}x - \sum_{k=0}^{n-1} L(\xi_k, \xi_{k+1}; f)\right| \leqslant h^{r+1}\sum_{k=0}^{n-1} M\int_0^1 |F_r(t)|\,\mathrm{d}t = \frac{(b-a)^{r+1} c_r M}{n^r} \quad (14)$$

这就证明了不等式(12).

接下来要证明构造使不等式(12)成为等式的函数 $f_* \in W^{(r)}(M; a, b)$ 的可能性. 设 $f_k(x)$ 为确定在区间 $[\xi_k, \xi_{k+1}]$ 上且有逐段连续的 r 阶导数，并且满足条件

$$f_k^{(r)}(\xi_k + hu) = M\,\mathrm{sign}\, F_r(u) \quad (0 < u < 1, k = 0, \cdots, n-1) \quad (15)$$

的某个函数.

在区间 $[\xi_0, \xi_1]$ 上令

$$f_*(x) = f_0(x)$$

若函数 $f_*(x)$ 已在区间 $[\xi_k, \xi_{k+1}]$ 上有了定义且它在端点 ξ_k 处又等于

$$f_*(\xi_k) = \alpha_0, f'_*(\xi_k) = \alpha_1, \cdots, f_*^{(r-1)}(\xi_k) = \alpha_{r-1}$$

的诸导数[①],则在区间$[\xi_k, \xi_{k+1}]$上令

$$f_*(x) = f_k(x) + P_{r-1,k}(x) \qquad (16)$$

其中 $P_{r-1,k}(x)$ 为这样选择的 $r-1$ 次多项式,使得式 (16) 右边直到 $r-1$ 阶诸导数在点 ξ_k 处分别等于数 $\alpha_0, \alpha_1, \cdots, \alpha_{r-1}$.

函数 $f_*(x)$ 在区间 $[a,b]$ 上完全有了定义(按归纳法). 显然,它属于类 $W^{(r)}(M;a,b)$. 把它代入式(13) 中且注意到

$$\frac{\mathrm{d}^r}{\mathrm{d}x^r} P_{r-1,k}(x) \equiv 0$$

那么根据式(15)得到

$$\int_a^b f_* \, \mathrm{d}x - \sum_{k=0}^{n-1} L(\xi_k, \xi_{k+1}; f_*) =$$

$$h^{r+1} \sum_{k=0}^{n-1} \int_0^1 F_r(u) M \mathrm{sign}\, F_r(u) \mathrm{d}u =$$

$$M h^{r+1} n \int_0^1 |F_r(u)| \, \mathrm{d}u =$$

$$\frac{(b-a)^{r+1} c_r M}{n^r}$$

定理完全获证.

当计算函数 $f(x)$ 的定积分时,若能够估计这个函数的若干阶导数,亦即能够指出若干个常数 M_1, $M_2, \cdots$,对于它们的不等式

$$|f'(x)| \leqslant M_1, \quad |f''(x)| \leqslant M_2, \cdots$$

在区间 $[a,b]$ 上成立,则知道了常数 c_r 之后,我们便能利用估值(12)在相应的求积公式中,选出一个给出较

---

① 这里及以后都认为零阶导数就是函数本身.

佳逼近的求积公式来.

这定理可以如下地转移到类 $W_{Lp}^{(r)}(M;a,b)$ 上来.

定理 1′　对于类 $W_{Lp}^{(r)}(M;a,b)$ 中任何函数 f,其中 $1<p<\infty$,不等式

$$\left|\int_a^b f\,\mathrm{d}x-\sum_{k=0}^{n-1}L(\xi_k,\xi_{k+1};f)\right|\leqslant\frac{(b-a)^{r+1-\frac{1}{p}}c_r^{(q)}M}{n^r}\quad\left(\frac{1}{p}+\frac{1}{q}=1\right)$$

$$c_r^{(q)}=\left(\int_0^1|F_r(t)|^q\mathrm{d}t\right)^{\frac{1}{q}}\tag{17}$$

成立,在这样的意义下是精确的,即存在属于所述类的函数 f_*,使得不等式成为等式.

证明　从式(13),根据赫尔德不等式推得

$$\left|\int_a^b f\,\mathrm{d}x-\sum_{k=0}^{n-1}L(\xi_k,\xi_{k+1};f)\right|=$$

$$h^{r+1}\left|\sum_{k=0}^{n-1}\int_0^1 F_r(u)f^{(r)}(\xi_k+hu)\,\mathrm{d}u\right|\leqslant$$

$$h^{r+1}\sum_{k=0}^{n-1}\left(\int_0^1|F_r|^q\mathrm{d}t\right)^{\frac{1}{q}}\left(\int_0^1|f^{(r)}(\xi_k+hu)|^p\mathrm{d}u\right)^{\frac{1}{p}}=$$

$$h^{r+1-\frac{1}{p}}c_r^{(q)}\sum_{k=0}^{n-1}\left(\int_{\xi_k}^{\xi_{k+1}}|f^{(r)}(x)|^p\mathrm{d}x\right)^{\frac{1}{p}}\leqslant$$

$$h^{r+1-\frac{1}{p}}c_r^{(q)}\left(\sum_{k=0}^{n-1}\int_{\xi_k}^{\xi_{k+1}}|f^{(r)}|^p\mathrm{d}x\right)^{\frac{1}{p}}\left(\sum_{k=0}^{n-1}1^q\right)^{\frac{1}{q}}=$$

$$h^{r+1-\frac{1}{p}}n^{\frac{1}{q}}c_r^{(q)}\left(\int_a^b|f^{(r)}|^p\mathrm{d}x\right)^{\frac{1}{p}}\leqslant$$

$$\frac{(b-a)^{r+1-\frac{1}{p}}c_r^{(q)}M}{n^r}\quad\left(\frac{1}{p}+\frac{1}{q}=1\right)\tag{18}$$

另一方面,若定义在区间 $[\xi_k,\xi_{k+1}]$ 上的函数 $f_k(x)$ 是这样的,使得它的 r 阶导数满足等式

$$f_k^{(r)}(\xi_k+hu)=\frac{M|F_r(u)|^{q-1}\operatorname{sign}F_r(u)}{(b-a)^{\frac{1}{p}}\left(\int_0^1|F_r|^q\mathrm{d}u\right)^{\frac{1}{p}}}$$

$$(k = 0, 1, \cdots, h-1)$$

然后如前面所做过的一样,利用函数 $f_k(x)$ 构造函数 $f_*(x)$,即不难验证,得到的函数 $f_*(x)$ 属于类 $W_{Lp}^{(r)}(M; a, b)$ 且对它,不等式(17)成为等式.

定理 1″ 对于类 $W_L^{(r)}(M; a, b)$ 中任何函数 f,不等式(17)成立,这里

$$c_r^{(\infty)} = \max_{0 \leqslant t \leqslant 1} |F_r(t)| \tag{19}$$

并且不等式右边不能减小.

证明 如果认为 $c_r^{(\infty)}$ 由等式(19)规定,关系式(18)仍然保留正确.但现在已不能断定类 $W_L^{(r)}(M; a, b)$ 中有使不等式成为等式的函数存在.

然而总可以在区间 (ξ_k, ξ_{k+1}) 上构造类 $W_L^{(r)}\left(\dfrac{M}{n}; \xi_k, \xi_{k+1}\right)$ 中的函数 $f_k(x)$,使得不等式

$$\left| \int_{\xi_k}^{\xi_{k+1}} f_k \mathrm{d}x - L(\xi_k, \xi_{k+1}; f_k) \right| \leqslant \left(\frac{b-a}{n}\right)^{r+1} c_r^{(\infty)} M$$

的左边与右边随意接近.其次,如以上利用函数 $f_k(x)$ 构造函数 $f_*(x)$ 一样,对于后者可使(17)左边与右边相差随意的小.

定理 2 若求积公式(4)对一切常数(零次多项式)为精确,则对属于类 $H_\omega(a, b) = W^{(0)} H_w(a, b)$ 的任何函数 $f(x)$,不等式

$$\left| \int_a^b f \mathrm{d}x - \sum_{k=0}^{n-1} L(\xi_k, \xi_{k+1}; f) \right| \leqslant$$

$$\left(1 + \sum_{k=0}^{m-1} |p_k|\right)(b-a)\omega\left(\frac{b-a}{n}\right)$$

成立.

证明 暂时假定函数 f 属于类 $H_\omega(0, 1)$ 且设

$$f(x) = f(0) + \varphi(x)$$

那么(参看§2的式(3))

$$|\varphi(x)| = |f(x) - f(0)| \leqslant \omega(1)$$

且根据在所给条件下求积公式(4)对常数为精确,便有

$$\left| \int_0^1 f \mathrm{d}x - L(f) \right| = \left| \int_0^1 \varphi \mathrm{d}x - \sum_{k=0}^{m-1} p_k \varphi(x_k) \right| \leqslant$$

$$\omega(1)\left(1 + \sum_{k=0}^{m-1} |p_k|\right)$$

现在若函数 f 属于类 $H_\omega(a,b)$,则注意到关系式(13)并顾及

$$|f(\xi_k + hu'') - f(\xi_k + hu')| \leqslant \omega(h(u''-u')) \leqslant \omega(h)$$
$$(0 \leqslant u' < u'' \leqslant 1)$$

可得

$$\left| \int_a^b f \mathrm{d}x - \sum_{k=0}^{n-1} L(\xi_k, \xi_{k+1}; f) \right| \leqslant$$

$$h \sum_{k=0}^{n-1} \left| \int_0^1 f(\xi_k + hu) \mathrm{d}u - L[f(\xi_k + hu)] \right| \leqslant$$

$$h \sum_{k=0}^{n-1} \omega(h)\left(1 + \sum_{k=0}^{m-1} |p_k|\right) =$$

$$\left(1 + \sum_{k=0}^{m-1} |p_k|\right)(b-a)\omega\left(\frac{b-a}{n}\right) \quad \left(h = \frac{b-a}{n}\right)$$

定理 3　若求积公式(4)对于 r 次多项式为精确,则对属于类 $W^{(r)} H_\omega(a,b)$ 的一切函数 f,这里 $r \geqslant 1$,不等式

$$\left| \int_a^b f \mathrm{d}x - \sum_{k=0}^{n-1} L(\xi_k, \xi_{k+1}; f) \right| \leqslant (b-a)^{r+1} c_r \frac{\omega\left(\dfrac{b-a}{n}\right)}{n^r}$$

$$(20)$$

成立,其中 c_r 由公式(11)定义.

证明 如果在等式

$$\int_0^1 f \mathrm{d}x - L(f) = \int_0^1 F_r(t) f^{(r)}(t) \mathrm{d}t$$

(参看 §5 的式(1)与 §4,这个等式曾在求积公式(4)对 $r-1$ 次多项式为精确这一条件下引进过)中把 $f(x)$ 换成 x^r,则由于本定理要求求积公式对 r 次多项式为精确的,我们得到

$$\int_0^1 F_r(t) \mathrm{d}t = 0 \tag{21}$$

现在设函数 f 属于类 $W^{(r)} H_\omega(a,b)$,我们对它应用变换式(13).那么,顾及式(21)可得

$$\left| \int_a^b f \mathrm{d}x - \sum_{k=0}^{n-1} L(\xi_k, \xi_{k+1}; f) \right| =$$

$$h^{r+1} \left| \sum_{k=0}^{n-1} \int_0^1 F_r(u) f^{(r)}(\xi_k + hu) \mathrm{d}u \right| =$$

$$h^{r+1} \left| \sum_{k=0}^{n-1} \int_0^1 F_r(u) [f^{(r)}(\xi_k + hu) - f^{(r)}(\xi_k)] \mathrm{d}u \right| \leqslant$$

$$h^{r+1} \sum_{k=0}^{n-1} \int_0^1 |F_r(u)| |f^{(r)}(\xi_k + hu) - f^{(r)}(\xi_k)| \mathrm{d}u \leqslant$$

$$h^{r+1} \sum_{k=0}^{n-1} \int_0^1 |F_r(u)| \omega(h) \mathrm{d}u = (b-a)^{r+1} c_r \frac{\omega\left(\dfrac{b-a}{n}\right)}{n^r}$$

定理获证.

我们指出,在定理 1(定理 $1'$ 与 $1''$ 亦然)中所得的估值是绝对精确的且不可以改进,而在定理 2 与 3 中所得估值却不具有这种性质,它还可以改进.然而,已经证明,就阶的意义而言,两个估值均不能改进.这表明,若在不等式(20)中把数 r 换成较大的 r_1 或把函数

$\omega(x)$换成另一个满足条件

$$\lim_{x\to k=0}\frac{\omega_1(x)}{\omega(x)}=0$$

的 $\omega_1(x)$，则对一切 $f\in W^{(r)}H_\omega(a,b)$ 以及 $n=1,2,\cdots$，

式（20）左边不能小于 $A\,\dfrac{\omega\left(\dfrac{b-a}{n}\right)}{n^{r_1}}$ 或相应地小于

$A\,\dfrac{\omega_1\left(\dfrac{b-a}{n}\right)}{n^r}$，这里常数 $A=c_r(b-a)^{r+1}$.

对于满足利普希兹条件的函数类的某些精确估值曾为图列茨基所获得.

§7　对于个别的函数的估值、求积公式的选择

根据上节定理 1，若对属于类 $W^{(r)}(M;a,b)$ 的函数 f，应用对于 $r-1$ 次多项式为精确的复杂化求积公式

$$\int_a^b f\,\mathrm{d}x\approx\sum_{k=0}^{n-1}L(\xi_k,\xi_{k+1};f)\qquad(1)$$

则借用这个公式所得逼近的阶[①]为 $O(n^{-r})$，这个结果

---

① 我们说量 $\varepsilon_n(n=1,2,\cdots)$ 的阶是 $O(n^{-r})$ 并写成 $\varepsilon_n=O(n^{-r})$，如果存在这样的不依赖于 n 的正的常数 C，对于一切 $n=1,2,\cdots$，有

$$|\varepsilon_n|<\frac{C}{n^r}$$

量 ε_n 有严格为 $O(n^{-r})$ 的阶，如果存在这样的两个正的常数 C_1 与 C_2，对于一切 $n=1,2,\cdots$，有

$$\frac{C_1}{n^r}<|\varepsilon_n|<\frac{C_2}{n^r}$$

给出了对于函数类 $W^{(r)}(M;a,b)$ 的上限的估值.

定理 1 还断定了在类 $W^{(r)}(M;a,b)$ 中有这样的函数(依赖于 n)存在,对于它,公式(1)所给逼近的阶可以达到.本节将证明,这一现象在熟知意义下对于类 $W^{(r)}(M;a,b)$ 中每一函数(不依赖于 n)都成立,只要它不是 $r-1$ 次多项式且求积公式对于 r 次多项式不精确.对于类 $W^{(r)}(M;a,b)$ 中的任一函数 f,若它不是 $r-1$ 次多项式,则按求积公式(1)所给逼近的阶,在熟知意义下严格地为 $O(n^{-r})$.

我们从证明下列定理开始.

定理 4 设函数 $f(x)$ 在区间 $[a,b]$ 上有连续的 r 阶导数 $f^{(r)}(x)$,$\xi_k = a + \dfrac{b-a}{n}k(k=0,1,\cdots,n)$,$l$ 是满足 $0 < l \leqslant n$ 的自然数,$\omega(h)$ 为函数 $f^{(r)}(x)$ 在区间 $[a,b]$ 上的连续模.

其次设求积公式(1)对于 $r-1$ 次多项式是精确的,且 κ 为等式

$$\kappa = \int_0^1 F_r(t)\,\mathrm{d}t \tag{2}$$

所确定的常数.

那么下列渐近等式

$$\int_a^{\xi_l} f\,\mathrm{d}x - \sum_{k=0}^{l-1} L(\xi_k,\xi_{k+1};f) = \left(\frac{b-a}{n}\right)^r \left\{ \kappa \int_a^{\xi_l} f^{(r)}(x)\,\mathrm{d}x + O[\omega(h)] \right\} \quad \left(h = \frac{b-a}{n} \right) \tag{3}$$

成立,在这里含于估值式 $O[\omega(h)] \leqslant c\omega(h)$ 中的常数 c 可以取得不依赖于 l 与函数 $f^{(r)}(x)$ 的连续模 ω.

证明 类似于 §6 的式(13)有

$$\int_a^{\xi_l} f\,\mathrm{d}x - \sum_{k=0}^{l-1} L(\xi_k,\xi_{k+1};f) =$$

$$\sum_{k=0}^{l-1} \left\{ \int_{\xi_k}^{\xi_{k+1}} f\,\mathrm{d}x - L(\xi_k,\xi_{k+1};f) \right\} =$$

$$h \sum_{k=0}^{l-1} \left\{ \int_0^1 f(\xi_k + hu)\,\mathrm{d}u - L[f(\xi_k + hu)] \right\} =$$

$$h^{r+1} \sum_{k=0}^{l-1} \int_0^1 F_r(u) f^{(r)}(\xi_k + hu)\,\mathrm{d}u =$$

$$h^r(\sigma_1 + \sigma_2) \quad \left(h = \frac{b-a}{n} \right) \tag{4}$$

这里

$$\begin{cases} \sigma_1 = h \displaystyle\sum_{k=0}^{l-1} \int_0^1 F_r(u) f^{(r)}(\xi_k)\,\mathrm{d}u = h\kappa \sum_{k=0}^{l-1} f^{(r)}(\xi_k) \\[2mm] \sigma_2 = h \displaystyle\sum_{k=0}^{l-1} \int_0^1 F_r(u) \big[f^{(r)}(\xi_k + hu) - f^{(r)}(\xi_k) \big]\,\mathrm{d}u \end{cases}$$

$$\tag{5}$$

但

$$\left| \int_0^{\xi_l} f^{(r)}\,\mathrm{d}x - h \sum_{k=0}^{l-1} f^{(r)}(\xi_k) \right| \leqslant$$

$$\sum_{k=0}^{l-1} \int_{\xi_k}^{\xi_{k+1}} \big| f^{(r)}(x) - f^{(r)}(\xi_k) \big|\,\mathrm{d}x \leqslant$$

$$\sum_{k=0}^{l-1} h\omega(h) \leqslant \frac{l(b-a)}{n}\omega(h) \leqslant$$

$$(b-a)\omega(h) \tag{6}$$

因而

$$\sigma_1 = \kappa \int_0^{\xi_l} f^{(r)}(x)\,\mathrm{d}x + O[\omega(h)] \tag{7}$$

并且含于估值 $O[\omega(h)]$ 中的常数可以取为数 $|\kappa|(b-a)$，亦即为不依赖于 l 与 $f^{(r)}$ 的量.

　　其次

$$\mid \sigma_2 \mid \leqslant h \sum_{k=0}^{l-1} \int_0^1 \mid F_r(u) \mid \omega(h) \mathrm{d}u \leqslant$$

$$(b-a) \int_0^1 \mid F_r(u) \mid \mathrm{d}u\, \omega(h) =$$

$$(b-a)c_r\omega(h) = O[\omega(h)] \qquad (8)$$

在这里含于估值 $O[\omega(h)]$ 中的常数也不依赖于 l 及 $f^{(r)}$.

从式(4)(5)(7)与式(8)立即推出式(3),并且含于量 $O[\omega(h)]$ 中的常数不依赖于 l 与 $f^{(r)}$,这是由于等式(7)与(8)右边的对应常数具有这些性质之故.

注 1 在已证明的定理中我们曾假定,导数 $f^{(r)}(x)$ 在 $[a,b]$ 上连续. 如果只假定导数 $f^{(r)}(x)$ 在 $[a,b]$ 上为黎曼可积,则等式(3)保持下列形式

$$\int_0^{\xi_l} f\mathrm{d}x - \sum_{k=0}^{l-1} L(\xi_k,\xi_{k+1};f) = \left(\frac{b-a}{n}\right)^r \left\{x \int_0^{\xi_l} f^{(r)}(x)\mathrm{d}x + \varepsilon_h\right\}$$

$$(9)$$

其中当 $h \rightarrow 0$ 时,关于 l 一致有 $\varepsilon_h \rightarrow 0$.

其实,用 ω_h 表示函数 $f^{(r)}(x)$ 在区间 $[\xi_k,\xi_{k+1}]$ 上的振幅,亦即在这个区间上的上、下确界之差,则代替式(6)而有

$$\left|\int_0^{\xi_l} f^{(r)}\mathrm{d}x - h \sum_{k=0}^{l-1} f^{(r)}(\xi_k)\right| \leqslant$$

$$\sum_{k=0}^{l-1} \int_{\xi_k}^{\xi_{k+1}} \mid f^{(r)}(x) - f^{(r)}(\xi_k) \mid \mathrm{d}x \leqslant$$

$$\sum_{k=0}^{l-1} (\xi_{k+1} - \xi_k)\omega_k \leqslant$$

$$\sum_{k=0}^{n-1} (\xi_{k+1} - \xi_k)\omega_k \rightarrow 0 \quad (当\ h \rightarrow 0\ 时)$$

且代替式(8),注意到 $\xi_{k+1} - \xi_k = h$,有

$$| \sigma_2 | \leqslant h \sum_{k=0}^{l-1} \int_0^1 | F_r(u) | \omega_k \mathrm{d}u \leqslant$$

$$c_r \sum_{k=0}^{n-1} (\xi_{k+1} - \xi_k) \omega_k \to 0 \quad (\text{当 } h \to 0 \text{ 时})$$

这个注是属于 K. M. 卡尔达什夫斯基的.

重新分析所得的公式(3). 在它的右边含有由等式(2)定义的常数 κ. 若我们所论的求积公式对于 $r-1$ 次多项式精确而对于 r 次多项式不精确,则它必然对于函数 x^r 不精确. 因而根据 §6 的式(9)得到

$$\kappa = \int_0^1 F_r(t) \mathrm{d}t = \frac{1}{r!} \int_0^1 F_r(t) \frac{\mathrm{d}^r t^r}{\mathrm{d}t^r} \mathrm{d}t =$$

$$\frac{1}{r!} \left\{ \int_0^1 t^r \mathrm{d}t - L(t^r) \right\} \neq 0$$

现在假设已给的任意函数 f 有连续的 r 阶导数且不是一个 $r-1$ 次多项式. 显然,导数 $f^{(r)}(x)$ 不恒等于零. 因而积分

$$\Phi(x) = \int_a^x f^{(r)}(t) \mathrm{d}t$$

在区间 $[a,b]$ 上也不恒等于零. 设 x_0 为区间 $[a,b]$ 上适合 $\Phi(x_0) \neq 0$ 的点,且设 l 为满足不等式

$$\xi_l \leqslant x_0 \leqslant \xi_{l+1}$$

的自然数. 这样,l 为 n 的函数,并且 $\lim_{n \to \infty} \xi_l = x_0$. 其次

$$\int_0^{\xi_l} f^{(r)}(x) \mathrm{d}x = \Phi(x_0) - \int_{\xi_l}^{x_0} f^{(r)}(x) \mathrm{d}x = \Phi(x_0) + O(h) \tag{10}$$

这是由于

$$\left| \int_{\xi_l}^{x_0} f^{(r)}(x) \mathrm{d}x \right| \leqslant M | x_0 - \xi_l | \leqslant Mh$$

然后把式(10)代入公式(3)中,得到

$$\int_0^{\xi_l} f \, \mathrm{d}x - \sum_{k=0}^{l-1} L(\xi_k, \xi_{k+1}; f) =$$

$$\left(\frac{b-a}{n}\right)^r \{\kappa \, \Phi(x_0) + O(h) + O[\omega(h)]\} =$$

$$\left(\frac{b-a}{n}\right)^r \{\kappa \, \Phi(x_0) + \varepsilon_h\} \quad (当 \ h \to 0 \ 时 \ \varepsilon_h \to 0)$$

(11)

花括弧中的和的第一项显然不为零,而第二项 ε_h 当 $n \to \infty$ 时趋于零. 从而推出,式(3)左边有严格等于 $O(n^{-r})$ 的阶.

由所得结果导出下列论断.

定理 5 若函数有连续的且不恒等于零的 r 阶导数并且求积公式(4)对于 $r-1$ 次多项式为精确的,但对 r 次多项式不精确,则存在这样的正的常数 c 以及区间 $[a, b]$ 上的点 x_0,使不等式

$$\left| \int_a^{\xi_l} f \, \mathrm{d}x - \sum_{k=0}^{l-1} L(\xi_{k-1}, \xi_k; f) \right| > \frac{c}{n^r} \quad (12)$$

对于一切 $n = 1, 2, \cdots$ 都成立,这里 l 为适合 $\xi_l \leqslant x_0$ 的最大自然数.

特别地,若

$$\int_a^b f^{(r)}(x) \, \mathrm{d}x \neq 0$$

则可以算作 $l = n$,因此 $\xi_n = b$.

若

$$\int_a^b f^{(r)}(x) \, \mathrm{d}x = 0$$

则 $x_0 < b$.

定理 5 是对定理 1 的若干补充.

所述定理 1 可以加强. 就有下列定理成立.

定理 6　若求积公式(1)对一切 $r-1$ 次多项式为精确的,则对属于类 $W^{(r)}(M;a,b)$ 的任何函数 f,不等式

$$\sum_{k=0}^{n-1}\left|\int_{\xi_k}^{\xi_{k+1}}f\,\mathrm{d}x-L(\xi_k,\xi_{k+1};f)\right|\leqslant\frac{(b-a)^{r+1}c_rM}{n^r}$$

(13)

成立.

为了肯定这一论断的正确性,还需要把曾在定理 1 的证明中引进的计算式(§6 的式(13)与 §6 的式(14)再考察一次.

相应地类似于定理 5,同时也是定理 5 的推论,有:

定理 7　若函数 f 有连续的不恒等于零的 r 阶导数,且求积公式对于 $r-1$ 次多项式为精确的,而对 r 次多项式不精确,则存在这样的正的常数 c 使不等式

$$\sum_{k=0}^{n-1}\left|\int_{\xi_k}^{\xi_{k+1}}f\,\mathrm{d}x-L(\xi_k,\xi_{k+1};f)\right|>\frac{c}{n^r}$$

对于一切 $n=1,2,\cdots$ 都成立.

注 2　在定理 5 与 7 中可以假设 $f^{(r)}(x)$ 为黎曼可积以代替 $f^{(r)}(x)$ 的连续性(参看本节注 1).

这样,便证明了,对于在 $[a,b]$ 上有连续的(或甚至是黎曼可积的)r 阶导数的一切函数,只是除了 $r-1$ 次多项式以外,当借用求积公式(1)时,所给的逼近的阶严格地等于 $O(n^{-r})$. 于是,若函数 $f(x)$ 有比 r 更高阶的导数——甚至假设它是解析的——在应用对于 $r-1$ 次(而非 r 次)多项式为精确的求积公式(1)计算定积分时都一样,显然,与有间断的 r 阶导数的函数比较时,就逼近的阶而言,我们不能得到更好的效果. 例

如,对于不论怎样的函数,如果它不是三次多项式,则它的积分用辛浦生公式逼近时,明显地不能得到比 $O(n^{-4})$ 更佳的阶.

若函数 $f(x)$ 在区间 $[a,b]$ 上,例如说,有五阶导数,则欲使函数的这种微分性质在求积公式的逼近的阶的意义下给出完美的效果,就必须取对于一切四次多项式为精确的那样的求积公式,例如五基点柯特斯公式以及三基点高斯公式(参看 §5).

我们已考虑了类 $W^{(r)}(a,b)$ 中,函数的定积分在用对于 $r-1$ 次多项式为精确的复杂化求积公式来近似计算的情形.但也可能发生函数属于类 $W^{(r)}(a,b)$,而求积公式对于 $\rho-1$ 次多项式为精确,并且 r 与 ρ 彼此无关的情形.若 $r\geqslant\rho$,则如我们已阐明的,用求积公式(1)时逼近的阶为 $O(n^{-\rho})$,并且对于一切函数 $f\in W^{(r)}(a,b)$,除了 $\rho-1$ 次多项式以外,这个阶是不能改善了.

我们试图了解 $r<\rho$ 的情形.从求积公式对于 $\rho-1$ 次多项式为精确推出,它对于 $r-1$ 次多项式也精确.这样,据定理6可以断定,对于类 $W^{(r)}(M;a,b)$ 中一切函数给出求积公式逼近的阶 $O(n^{-r})$ 的估值式(13)是成立的,然而对于类 $W^{(r)}(M;a,b)$ 中每一个别的函数 f,这个阶多少可以改善些.显然,把公式(3)应用于所述情形,便可看出这一点.在这个公式中常数

$$\kappa = \int_0^1 F_r(t)\,\mathrm{d}t = \frac{1}{r!}\int_0^1 F_r(t)\,\frac{\mathrm{d}^r t^r}{\mathrm{d}t^r}\mathrm{d}t$$

为零,这可以从基本等式(9)(§6)以及按我们的求积公式对于 $\rho>r-1$ 次多项式为精确这一条件推出来.因而对于类 $W^{(r)}(a,b)$ 中每一个别的函数,等式

$$\int_0^{\xi_l} f \mathrm{d}x - \sum_{k=0}^{l-1} L(\xi_k, \xi_{k+1}; f) = \left(\frac{b-a}{n}\right)^r \varepsilon_n = O(n^{-r})$$

成立,其中关于 $l(0 \leqslant l \leqslant n)$ 一致有 $\varepsilon_n \to 0$.

在某些情形下这个估值可以加强. 例如,若类 $W^{(r)}(M;a,b)$ 中的函数只有在属于点集 ξ_k 中的某些点 $a_1, a_2, \cdots, a_N$ 处间断的导数 $f^{(r)}$,而在区间 $[a, a_1]$, $[a_1, a_2], \cdots, [a_N, b]$ 上它有逐段连续的 ρ 阶导数,则求积公式(1)所给逼近的阶将为 $O(n^{-\rho})$. 这一情况可直接从不等式(13)推出,这时应当对有限个区间 $[a, a_1]$, $[a_1, a_2], \cdots, [a_N, b]$ 中的每一个应用式(13).

若 $f^{(r)}(x)$ 的间断点 a_k 是严格地在区间 $[\xi_k, \xi_{k+1}]$ 的内部,则一般地说,对于给定的函数由求积公式(1)所给出的逼近的阶将为 $O(n^{-r})$.

当我们需近似地计算已知具体函数的定积分而欲决定用哪一个求积公式时,应当考虑到上述情形.

此外,必须考虑到这里所说的逼近的阶. 阶本身(若不知参与它的常数)所示的意义只在于当 n 无限增大时,由之看出本身的逼近状况. 但在实际计算中只能用某些固定的值 n. 当 n 固定而对逼近作实际估值时起决定作用的不仅是阶而且还有参与其内的常数. 我们举例说明这个意思.

如果知道了所考虑的两个求积公式分别给出逼近的阶为 $O(n^{-2})$ 与 $O(n^{-4})$,则其意义只在于,存在这样的两个正常数 C_1 与 C_2,使得所述的逼近分别不超过 $C_1 n^{-2}$ 与 $C_2 n^{-4}$. 显然,当 n 充分大时,第二个估值较第一个为佳,亦即存在这样的 n_0,使得对于一切 $n > n_0$ 有

$$C_1 n^{-2} > C_2 n^{-4} \tag{14}$$

但对于小的 n, 由所述的两个量中怎样取较小者还需考虑到 C_1 与 C_2. 例如, 若 $C_1 = 0.001$ 与 $C_2 = 1$, 则当 $n \leqslant 10$ 时, 第一个估值较第二个为佳. 我们指出, 就是数 n_0 本身(n_0 开始使不等式(14)成立)也依赖于常量 C_1 与 C_2.

由上所述推得, 若我们要知道已给的求积公式的逼近的确切数值估值, 则我们不能丢开逼近的常数不管. 从前面(参看 §6 的式(12))我们知道, 在所论情形下这个问题可以化为计算由 §6 的式(11)定义的常数 c_r.

所述情形在实际上还有另外的颇为重要的情况. 求积公式愈精确则常常是愈复杂, 愈烦琐. 这样, 用它来计算就要花费更多的时间. 还需要注意, 在多数情形下, 实际上我们所已知的也并不精确, 而计算函数 $f(x)$ 的近似值 $f(x_k)$ 带有某些误差. 如所已知, 这情况就引出和

$$L(f) = \sum_{k=0}^{m-1} p_k f(x_k)$$

或类似于它的复杂化求积公式的和也只是精确到某种误差, 自然, 在取愈烦琐的求积公式时, 这种误差将愈大.

§8 常数 κ——求积公式的改进

在上一节中已经说明了常数

$$\kappa = \int_0^1 F_r(t) \, \mathrm{d}t$$

在求积公式逼近的理论问题中所起的作用如何. 下面我们看到, 常数 κ 也可以在构造求积公式本身时起着重大作用.

借用对于一切 $r-1$ 次多项式为精确的复杂化求积公式, 我们把某一函数 $f(x)$ 在区间 $[a,b]$ 上的定积分的计算表示成

$$\int_a^b f(x)\mathrm{d}x \approx \sum_{k=0}^{n-1} L(\xi_k, \xi_{k+1}; f) \qquad (1)$$

若函数有有界的 r 阶导数, 则如我们所知, 公式 (1) 的逼近的阶为 $O(n^{-r})$. 我们还知道, 事实上若函数有 $r+1$ 阶导数, 则在公式对 r 次多项式为不精确的情形下, 它也不能使逼近的阶得到改善. 然而我们即将看到, 可能对近似等式 (1) 的右边加上不复杂的式子, 使它成为对于有连续导数 $f^{(r+1)}(x)$ 的函数给出逼近的阶为 $O(n^{-r-1})$ 的新的求积公式.

为了讨论方便起见, 将认为我们的函数 $f(x)$ 在区间 $[a,c]$ 上定义且有连续的 $r+1$ 阶导数, 这里 $c>b$. 不失一般性, 因为在区间 $[a,b]$ 上有连续导数 $f^{(r+1)}(x)$ 的函数总可以延拓到区间 $[a,c]$ 上面保留同样性质.

令

$$\Delta_k f = f(\xi_{k+1}) - f(\xi_k)$$
$$\Delta_k^2 f = \Delta_{k+1} f - \Delta_k f$$
$$\Delta_k^2 f = \Delta_{k+1}^2 f - \Delta_k^2 f$$
$$\vdots$$

并且证明, 求积公式对于一切有 $r+1$ 阶连续导数的函数 $f(x)$

$$\int_a^b f(x)\mathrm{d}x \approx \sum_{k=0}^{n-1} L(\xi_k, \xi_{k+1}; f) +$$
$$h\kappa(\Delta_n^{r-1} f - \Delta_0^{r-1} f) \quad \left(h = \frac{b-a}{n}\right) \qquad (2)$$

给出逼近的阶为 $O(n^{-r-1})$.

其实, 我们指出

Simpson 原理

$$\sum_{k=0}^{n-1} \Delta_k^r f = \sum_{k=0}^{n-1} (\Delta_{k+1}^{r-1} f - \Delta_k^{r-1} f) = \Delta_n^{r-1} f - \Delta_0^{r-1} f$$

此外,根据中值定理有不等式[1]

$$\frac{\Delta_k^r f}{h^r} = f^{(r)}(\xi_k + rh\theta_k)$$

其中 θ_k 满足不等式 $0 < \theta_k < 1$.

因而据 §6 的式(13)

$$\left| \int_a^b f \, dx - \sum_{k=0}^{n-1} L(\xi_k, \xi_{k+1}; f) - h\kappa(\Delta_n^{r-1} f - \Delta_0^{r-1} f) \right| =$$

$$\left| h^{r+1} \sum_{k=0}^{n-1} \int_0^1 F_r(u) f^{(r)}(\xi_k + hu) \, du - \right.$$

$$\left. h^{r+1} \sum_{k=0}^{n-1} \int_0^1 F_r(u) \frac{\Delta_k^r f}{h^r} \, du \right| \leqslant$$

$$h^{r+1} \sum_{k=0}^{n-1} \int_0^1 |F_r(u)| \left| f^{(r)}(\xi_k + hu) - \frac{\Delta_k^r f}{h^r} \right| du =$$

$$h^{r+1} \sum_{k=0}^{n-1} \int_0^1 |F_r(u)| |f^{(r)}(\xi_k + hu) - f^{(r)}(\xi_k + rh\theta_k)| \, du \leqslant$$

$$h^{r+1} rhnc_r K_{r+1} = K_{r+1} r(b-a)c_r h^{r+1} = O(n^{-r-1})$$

其中

$$c_r = \int_0^1 |F_r(t)| \, dt$$

$$K_{r+1} = \max_{a \leqslant x \leqslant b} |f^{(r+1)}(x)|$$

----

[1] 在 $r=1$ 时这就是通常的中值定理. 我们假设,它对 $r-1$ 为正确的,那么

$$\frac{\Delta_k^r f}{h^r} = \frac{\Delta_k^{r-1}[f(x+h) - f(x)]}{h^r} =$$

$$\frac{f^{(r-1)}(\xi_k + (r-1)h\theta' + h) - f^{(r-1)}(\xi_k + (r-1)h\theta')}{h} =$$

$$f^{(r)}(\xi_k + (r-1)h\theta' + h\theta'') = f^{(r)}(\xi_k + rh\theta_k)$$

其中 $0 < \theta', \theta'', \theta_k < 1$.

我们的论断获证.

按公式(1)所得的结果在某些情形下可借用公式(2)加以改进.例如按公式(1)计算后发现,依 $\Delta_k^r f$ 变化的特性看出所考虑的函数有很小的 $r+1$ 阶导数.在这种情形下把式(1)右边加上式子

$$h\kappa(\Delta_n^{r-1} f - \Delta_0^{r-1} f)$$

或实际上更方便的(与它相差量 $O(n^{-r-1})$)式子

$$h\kappa(\Delta_{n-r+1}^{r-1} f - \Delta_0^{r-1} f) \tag{3}$$

可以引致所得近似结果的进一步改进.

计算精确的值 κ 没有什么困难,它可以化为在区间 $[0,1]$ 的各个部分上为已知 r 次代数多项式的函数 $F_r(t)$ 的简单积分.

例　对于 $r=4$ 时的辛浦生公式常数

$$\kappa = \frac{1}{3}\int_0^1 \left\{ \frac{(1-t)^4}{4} - \frac{2}{3}K_4\left(\frac{1}{2} - t\right) - \frac{1}{6}K_4(1-t) \right\} \mathrm{d}t =$$

$$\frac{1}{6}\left\{ \frac{1}{20} - \frac{2}{3}\int_0^{\frac{1}{2}} \left(\frac{1}{2} - t\right)^3 \mathrm{d}t - \frac{1}{6}\int_0^1 (1-t)^3 \mathrm{d}t \right\} = \frac{1}{240}$$

这样,增加的项(3)在这种情形下便是

$$\frac{h}{240}(\Delta_{n-3}^3 f - \Delta_0^3 f)$$

§9　对于多维求积公式的估值

当近似计算形如

$$\int_a^b \int_c^d f(x,y)\,\mathrm{d}x\,\mathrm{d}y$$

的重积分时,往往应用从一维相当的复杂化求积公式而得的求积公式.

例如,我们从某两个形如 §4 的式(1)的求积公式出发

$$\int_0^1 f \mathrm{d}x \approx L(f), \int_0^1 f \mathrm{d}y \approx L_1(f) \tag{1}$$

其中

$$L(f) = \sum_{k=0}^m p_k f(x_k) \quad (0 \leqslant x_0 < x_1 < \cdots < x_m \leqslant 1)$$

$$L_1(f) = \sum_{k=0}^{m_1} p_k' f(y_k) \quad (0 \leqslant y_0 < y_1 < \cdots < y_{m_1} \leqslant 1)$$

并且在任何情形下,我们都假定公式(1)对于常数为精确的,亦即满足条件

$$\sum_{k=0}^m p_k = \sum_{k=0}^{m_1} p_k' = 1 \tag{2}$$

如果在正方形 $0 \leqslant x, y \leqslant 1$ 上给定连续函数 $f(x, y)$,则为了近似计算它在所述正方形上的重积分,我们可以应用求积公式

$$\int_0^1 \int_0^1 f(x, y) \mathrm{d}x \mathrm{d}y \approx \sum_{k=0}^m \sum_{l=0}^{m_1} p_k p_l' f(x_k, y_l) =$$
$$L(0, 1; 0, 1; f) \tag{3}$$

现在假设我们有两个定义在区间 $[0, 1]$ 上的连续函数 $\varphi = \varphi(x)$ 类: $\mathfrak{M}'$ 与 $\mathfrak{M}''$.

用 c' 表示遍历类 $\mathfrak{M}'$ 中的一切函数 φ 的上确界

$$c' = \sup_{\varphi \in \mathfrak{M}'} \left| \int_0^1 \varphi \mathrm{d}x - L(\varphi) \right| \tag{4}$$

换句话说,常数 c' 是使一切不等式

$$\left| \int_0^1 \varphi \mathrm{d}x - L(\varphi) \right| \leqslant \lambda \tag{5}$$

对于类 $\mathfrak{M}'$ 的所有函数都成立的 λ 中的最小数. 我们假

定,对于已知的函数集,这样的常数 c' 是存在的[①].

类似地,令

$$c'' = \sup_{\varphi \in \mathfrak{M}''} \left| \int_0^1 \varphi \, \mathrm{d}y - L_1(\varphi) \right| \tag{6}$$

若定义在矩形 $-1 \leqslant x, y \leqslant 1$ 上的函数 $f(x, y)$ 有这样的性质,对于任何固定的 y 视为 x 的函数时,它属于类 $\mathfrak{M}'$ 且对于任何固定的 x 视为 y 的函数时,它属于类 $\mathfrak{M}''$,则据式(2),(4)与(6)借用我们的二维公式(3)所得逼近将满足不等式

$$\left| \int_0^1 \int_0^1 f(x, y) \, \mathrm{d}x \, \mathrm{d}y - \sum_{k=0}^m \sum_{l=0}^{m_1} p_k p'_l f(x_k, y_l) \right| =$$

$$\left| \int_0^1 \int_0^1 f(x, y) \, \mathrm{d}x \, \mathrm{d}y - \int_0^1 \sum_{k=0}^m p_k f(x_k, y) \, \mathrm{d}y + \right.$$

$$\left. \sum_{k=0}^m p_k \int_0^1 f(x_k, y) \, \mathrm{d}y - \sum_{k=0}^m \sum_{l=0}^{m_1} p_k p'_l f(x_k, y_l) \right| \leqslant$$

$$\int_0^1 \left| \int_0^1 f(x, y) \, \mathrm{d}x - \sum_{k=0}^m p_k f(x_k, y) \right| \mathrm{d}y +$$

$$\sum_{k=0}^m | p_k | \left| \int_0^1 f(x_k, y) \, \mathrm{d}y - \sum_{l=0}^{m_1} p'_l f(x_k, y_l) \right| \leqslant$$

$$c' + c'' \sum_{k=0}^m | p_k | \tag{7}$$

或不等式

$$\left| \int_0^1 \int_0^1 f(x, y) \, \mathrm{d}x \, \mathrm{d}y - \sum_{k=0}^m \sum_{l=0}^{m_1} p_k p'_l f(x_k, y_l) \right| \leqslant$$

---

① 由分析中关于上确界的存在性的一般定理推出,若至少存在一个数 λ_0,对于它,不等式(5)对属于类 $\mathfrak{M}'$ 的一切函数 φ 都满足的话,则上确界 c' 是存在的.

$$c' \sum_{l=0}^{m_1} \mid p'_l \mid + c'' \qquad (8)$$

它可以由类似的办法得到.

由公式(3)出发，可以对任意矩形 $a \leqslant x \leqslant b, c \leqslant y \leqslant d$ 构造求积公式

$$\int_a^b \int_c^d f(x,y)\mathrm{d}x\mathrm{d}y \approx L(a,b;c,d;f) =$$

$$(b-a)(d-c) \sum_{k=0}^{m} \sum_{l=0}^{m_1} p_k p'_l f(a+(b-a)x_k, c+$$

$$(d-c)y_l)$$

称它与原始公式相似.

最后，我们可以把已知矩形分成 μv 个相等的小矩形 $\sigma_{ij}(\xi_i \leqslant x \leqslant \xi_{i+1}; \eta_j \leqslant y \leqslant \eta_{j+1})(i=0,1,\cdots,\mu-1; j=0,1,\cdots,v-1)$，这里点 ξ_i 与 η_j 分别为区间 $[a,b]$ 与 $[c,d]$ 中的等距分点，然后对每一个这样的小矩形应用相应的相似公式. 从式(3)出发，结果我们得到相应于矩形 $a \leqslant x \leqslant b, c \leqslant y \leqslant d$ 上的复杂化求积公式

$$\int_a^b \int_c^d f(x,y)\mathrm{d}x\mathrm{d}y \approx \sum_{i=0}^{u-1} \sum_{j=0}^{v-1} L_{ij}(f)$$

$$L_{ij}(f) = (\xi_{i+1} - \xi_k)(\eta_{k+1} - \eta_k) \sum_{k=0}^{m} \sum_{l=0}^{m_1} p_k p'_l f(\xi_i +$$

$$(\xi_{i+1} - \xi_i)x_k, \eta_j + (\eta_{j+1} - \eta_j)y_l)$$

下面我们引进几个定理，它们给出为此建立的求积公式的逼近的估值.

定理 1‴ 设函数 $f(x,y)$ 有对 x 的 r 阶与对 y 的 s 阶偏导数，在矩形 $a \leqslant x \leqslant b, c \leqslant y \leqslant d$ 上，它们满足不等式

$$\left| \frac{\partial^r f}{\partial x^r} \right| \leqslant M, \quad \left| \frac{\partial^s f}{\partial y^s} \right| \leqslant N$$

其次,假设由泛函数 $L(f)$ 与 $L_1(f)$ 所定义的求积公式(1)分别对于 $r-1$ 次多项式与 $s-1$ 次多项式是精确的.那么

$$\left| \int_a^b \int_c^d f \, dx \, dy - \sum_{i=0}^{\mu-1} \sum_{j=0}^{v-1} L_{ij}(f) \right| \leqslant$$

$$(b-a)(d-c) \left\{ c_r M \left(\frac{b-a}{\mu} \right)^r + \right.$$

$$\left. Nc_s \sum_{k=0}^m | p_k | \left(\frac{d-c}{v} \right)^s \right\}$$

其中 c_r 与 c_s 为由 §5 的式(3)分别对于 $L(f)$ 与 $L_1(f)$ 所定义的常数.

证明　令 $h = \dfrac{b-a}{\mu}, g = \dfrac{d-c}{v}$. 那么有

$$\int_a^b \int_c^d f \, dx \, dy - \sum_{i=0}^{\mu-1} \sum_{j=0}^{v-1} L_{ij}(f) =$$

$$\sum_{i=0}^{\mu-1} \sum_{j=0}^{v-1} \left\{ \int_{\xi_i}^{\xi_{i+1}} \int_{\eta_j}^{\eta_{j+1}} f \, dx \, dy - L_{ij}(f) \right\} =$$

$$hg \sum_{i=0}^{\mu-1} \sum_{j=0}^{v-1} \left\{ \int_0^1 \int_0^1 f(\xi_i + hu, \eta_j + gv) \, du \, dv - \right.$$

$$\left. L(0,1;0,1; f(\xi_i + hu, \eta_j + gv)) \right\} \qquad (9)$$

在正方形 $0 \leqslant u, v \leqslant 1$ 上函数 $f(\xi_i + hu, \eta_j + gv)$ 有对 u 的 r 阶偏导数,其绝对值不超过 Mh^r,又有对 v 的 s 阶偏导数,其绝对值不超过 Ng^s.这样,对于任何固定的 v 视为 u 的函数时,它属于类 $W^{(r)}(Mh^r; 0,1)$,且对于任何固定的 u 视为 v 的函数时,属于类 $W^{(s)}(Ng^s; 0,1)$.因而据 §4 的式(8)有

$$\left| \int_0^1 f(\xi_i + hu, \eta_k + gv) \, du - L_u(f(\xi_i + hu, \eta_k + gv)) \right| \leqslant$$

$$c_r M h^r \qquad (10)$$

其中 $L_u(\varphi)$ 表示运算 L,它是作用于视 u 为变元而视 v 为固定的函数 φ 的.

类似地

$$\left|\int_0^1 f(\xi_i+hu,\eta_k+gv)\mathrm{d}v-L_v(f(\xi_i+hu,\eta_k+gv))\right|\leqslant$$
$$c_sNg^s \tag{11}$$

应当注意,仅当公式(1)分别对于 $r-1$ 与 $s-1$ 次多项式为精确的条件下应用 §5 的式(3)才是合理的.

从式(9)(10)与(11)推出不等式(7),那里应当算作 $c'=c_rMh^r$,$c''=c_sNg^s$,我们得到

$$\left|\int_a^b\int_c^d f\mathrm{d}x\mathrm{d}y-\sum_{i=0}^{\mu-1}\sum_{j=0}^{v-1}L_{ij}(f)\right|\leqslant$$

$$hg\sum_{i=0}^{\mu-1}\sum_{j=0}^{v-1}\left|\int_0^1\int_0^1 f(\xi_i+hu,\eta_j+gv)\mathrm{d}u\mathrm{d}v-\right.$$

$$\left.L(0,1;0,1;f(\xi_i+hu,\eta_j+gv))\right|\leqslant$$

$$\mu vhg\left\{c_rMh^r+c_sNg^s\sum_{k=0}^m|p_k|\right\}=$$

$$(b-a)(d-c)\left\{c_rM\left(\frac{b-a}{\mu}\right)^r+c_s\sum_{k=0}^m|p_k|N\left(\frac{d-c}{v}\right)^s\right\}$$

于是定理获证.

定理 $2'$ 设函数 $f(x,y)$ 在矩形 $a\leqslant x\leqslant b,c\leqslant y\leqslant d$ 上满足条件

$$\begin{cases}|f(x',y)-f(x,y)|\leqslant\omega_1(|x'-x|)\\|f(x,y')-f(x,y)|\leqslant\omega_2(|y'-y|)\end{cases} \tag{12}$$

其中 ω_1 与 ω_2 为满足 §2 的式(2)的函数,此外,设求积公式(1)对于任意常数为精确的.

那么不等式

$$\left|\int_a^b\int_c^d f\mathrm{d}x\mathrm{d}y-\sum_{i=0}^{\mu-1}\sum_{j=0}^{v-1}L_{ij}(f)\right|\leqslant$$

$$A\boldsymbol{\omega}_1\left(\frac{b-a}{\mu}\right)+B\boldsymbol{\omega}_2\left(\frac{d-c}{v}\right) \tag{13}$$

成立,其中 A 与 B 为常数(参看下面式(14)).

证明　从不等式(12)推得,变元 u 与 v 的函数 $f(\xi_i+hu,\eta_j+gv)$ 在矩形 $0{\leqslant}u,v{\leqslant}1$ 上满足不等式

$$|f(\xi_i+hu',\eta_j+gv)-f(\xi_i+hu,\eta_j+gv)|{\leqslant}$$
$$\omega_1(h|u'-u|)=\omega_{1h}(|u'-u|)$$
$$|f(\xi_i+hu,\eta_j+gv')-f(\xi_i+hu,\eta_j+gv)|{\leqslant}$$
$$\omega_2(g|v'-v|)=\omega_{2g}(|v'-v|)$$

这样,这个函数对于任何固定的 v 视为变元 u 的函数时属于类 $H_{\omega_{1h}}(0,1)$,而对于任何固定的 u 视为 v 的函数时属于类 $H_{\omega_{2g}}(0,1)$. 因而据定理 2(§6),应算作 $a=0,b=1,n=1$,不等式

$$\left|\int_0^1 f(\xi_i+hu,\eta_j+gv)\mathrm{d}u-L_u(f(\xi_i+hu,\eta_j+gv))\right|{\leqslant}$$

$$\left(1+\sum_{k=0}^m |p_k|\right)\omega_1(h)$$

$$\left|\int_0^1 f(\xi_i+hu,\eta_j+gv)\mathrm{d}v-L_v(f(\xi_i+hu,\eta_j+gv))\right|{\leqslant}$$

$$\left(1+\sum_{l=0}^{m_1} |p_l'|\right)\omega_2(g)$$

成立,于是由式(9),根据不等式(7),在那里应认为

$$c'=\left(1+\sum_{k=0}^m |p_k|\right)\omega_1(h),c''=\left(1+\sum_{l=0}^{m_1} |p_l'|\right)\omega_2(g)$$

我们得到

$$\left|\int_a^b\int_c^d f\mathrm{d}x\mathrm{d}y-\sum_{i=0}^{\mu-1}\sum_{j=0}^{v-1}L_{ij}(f)\right|{\leqslant}$$
$$\mu v h g[A_1\omega_1(h)+B_1\omega_2(g)]=$$
$$A\boldsymbol{\omega}_1(h)+B\boldsymbol{\omega}_2(g)$$

其中

$$\begin{cases} A = (b-a)(d-c)\left(1 + \sum_{k=0}^{m} |p_k|\right) \\ B = (b-a)(d-c)\left(1 + \sum_{l=0}^{m_1} |p_l'|\right)\left(\sum_{k=0}^{m} |p_k|\right) \end{cases}$$

(14)

定理 3′ 设函数 $f(x,y)$ 在矩形 $a \leqslant x \leqslant b, c \leqslant y \leqslant d$ 上分别有满足不等式

$$|f_x^{(r)}(x',y) - f_x^{(r)}(x,y)| \leqslant \omega_1(|x'-x|)$$
$$|f_y^{(s)}(x,y') - f_y^{(s)}(x,y)| \leqslant \omega_2(|y'-y|)$$

的对 x 的 r 阶 $(r \geqslant 1)$ 与对 y 的 s 阶 $(s \geqslant 1)$ 偏导数,其中 ω_1 与 ω_2 为适合 §2 的式(2)的函数.此外,设求积公式(1)分别对于 r 次与 s 次多项式为精确的.那么

$$\left|\int_a^b\int_c^d f\,\mathrm{d}x\,\mathrm{d}y - \sum_{i=0}^{\mu-1}\sum_{j=0}^{v-1} L_{ij}(f)\right| \leqslant$$

$$(b-a)(d-c)\left\{c_r\left(\frac{b-a}{\mu}\right)^r\omega_1\left(\frac{b-a}{\mu}\right) + \right.$$

$$\left. c_s\sum_{k=0}^{m}|p_k|\left(\frac{d-c}{v}\right)^s\omega_2\left(\frac{d-c}{v}\right)\right\}$$

(15)

证明 从函数 $f(x,y)$ 所具有的条件推出,当 v 固定时函数 $f(\xi_i + hu, \eta_j + gv)$ 在正方形 $0 \leqslant u, v \leqslant 1$ 上是属于类 $W^{(r)}H_{h^r}\omega_{1h}(a,b)$ 的变元 u 的函数,这里 $\omega_{1h}(u) = \omega_1(hu)$,并且当 u 固定时是属于类 $W^{(s)}H_{g^s}\omega_{2g}(c,d)$ 的变元 v 的函数.这样,按 §6 定理 3,那里应当算作 $a=0, b=1, n=1$,且把 $\omega_1(x)$ 换为 $h^r\omega_1(hx)$,就有

$$\left|\int_0^1 f(\xi_i + hu, \eta_j + gv)\,\mathrm{d}u - L_u(f(\xi_i + hu, \eta_j + gv))\right| \leqslant$$

$$c_r h^r \omega_1(h)$$

类似地

$$\left| \int_0^1 f(\xi_i + hu, \eta_j + gv) dv - L_v(f(\xi_i + hu, \eta_j + gv)) \right| \leqslant$$

$$c_s g^s \omega_2(g)$$

于是,从式(9)并据不等式(7),设 $c' = c_r h^r \omega_1(h)$ 与 $c'' = c_s g^s \omega_2(g)$,我们得到

$$\left| \int_a^b \int_c^d f dx dy - \sum_{i=0}^{\mu-1} \sum_{j=0}^{v-1} L_{ij}(f) \right| \leqslant$$

$$hg \sum_{i=0}^{\mu-1} \sum_{j=0}^{v-1} \left| \int_0^1 \int_0^1 f(\xi_i + hu, \eta_j + gv) du dv - \right.$$

$$L(0,1;0,1;f(\xi_i + hu, \eta_j + gv)) \Big| \leqslant$$

$$\mu vhg \left(c_r h^r \omega_1(h) + c_s g^s \omega_2(g) \sum_{k=0}^{m} |p_k| \right) =$$

$$(b-a)(d-c) \left\{ c_r \left(\frac{b-a}{\mu} \right)^r \omega_1 \left(\frac{b-a}{\mu} \right) + \right.$$

$$c_s \sum_{k=0}^{m} |p_k| \left(\frac{d-c}{v} \right)^s \omega_2 \left(\frac{d-c}{v} \right) \Big\}$$

定理获证.

不难把所述结果推广到三个或更多变元的情形,例如,在三个变元情形下,除了原先的两个求积公式(1)以外,必须出现第三个

$$\int_0^1 f dx \approx L_2(f)$$

$$L_2(f) = \sum_{k=0}^{m_2} p_k'' f(z_k) \quad (0 \leqslant z_0 < z_1 < \cdots < z_{m_2} \leqslant 1)$$

那么所求的三重公式便是这样

$$\int_0^1 \int_0^1 \int_0^1 f(x, y, z) dx dy dz \approx$$

$$\sum_{k=0}^{m} \sum_{l=0}^{m_1} \sum_{t=0}^{m_2} p_k p'_l p''_t f(x_k, y_l, z_t) =$$

$$L(0,1;0,1;0,1;f)$$

为了得到类似于(7)的不等式,现在应从函数 $f(x,y,z)$ 按每一变元 x,y,z 分别属于类 $\mathfrak{M}',\mathfrak{M}''$ 与 $\mathfrak{M}'''$ 的条件出发.

有下面的不等式成立

$$\left| \int_0^1 \int_0^1 \int_0^1 f(x,y,z) \mathrm{d}x \mathrm{d}y \mathrm{d}z - \sum_{k=0}^m \sum_{l=0}^{m_1} \sum_{t=0}^{m_2} p_k p'_l p''_t f(x_k, y_l, z_t) \right| \leqslant$$

$$\int_0^1 \left| \int_0^1 \int_0^1 f(x,y,z) \mathrm{d}x \mathrm{d}y - \sum_{k=0}^m \sum_{l=0}^{m_1} p_k p'_l f(x_k, y_l, z) \right| \mathrm{d}z +$$

$$\sum_{k=0}^m \sum_{l=0}^{m_1} | p_k p'_l | \left| \int_0^1 f(x_k, y_l, z) \mathrm{d}z - \sum_{t=0}^{m_2} p''_t f(x_k, y_l, z_t) \right| \leqslant$$

$$c' + c'' \sum_{k=0}^m | p_k | + c''' \sum_{k=0}^m \sum_{l=0}^{m_1} | p_k p'_l |$$

其中常数 c' 与 c'' 像以前一样由等式(4)与(6)定义并且

$$c'' = \sup_{\varphi \in \mathfrak{M}''} \left| \int_0^1 \varphi \mathrm{d}x - L_2(\varphi) \right|$$

§10 极 值 问 题

各种不同求积公式的多样性是无限多的.同时与近似计算定积分的方法所提出的要求以及可用这种方法的函数类有关,某种求积公式比另一些可能有或多或少的优越性.

本节我们将解一个极值问题,它在某些情况下引出最佳逼近的求积公式.

包括这个问题作为特例的一般命题可以叙述如下.

给出了在区间 $[0,1]$ 上定义的函数类 H 及自然数 m. 要在一切求积公式

$$\int_0^1 f \mathrm{d}x \approx L(f) \tag{1}$$

$$L(f) = \sum_{k=0}^{m-1} p_k f(x_k) \quad (0 \leqslant x_0 < x_1 < \cdots < x_{m-1} \leqslant 1) \tag{2}$$

中确定这样一个求积公式, 它使对于遍历类 H 的一切函数 f 的上确界

$$\sup_{f \in H} \left| \int_0^1 f \mathrm{d}x - L(f) \right| \tag{3}$$

为最小.

这样, 问题在于怎样去选择区间中的基点 $x_0, \cdots, x_{m-1}$ 与权 $p_0, \cdots, p_{m-1}$, 使对整个函数类 H 而言, 求积公式所给出的逼近在一切可能的逼近中为最佳.

下面我们对于在所述区间上有有界的二阶导数的函数类来解这个问题. 如果在指定意义下基点与权不是任意的, 而是受制于从事先确定的某种关系的那些求积公式中去寻求最佳求积公式, 我们可以得到所提问题的各种变形.

在讨论中我们从引进函数类 $W_a^{(r)}(M; a, b)$ 开始, 它是由类 $W^{(r)}(M; a, b)$ 中满足补充条件

$$f(\alpha) = f'(\alpha) = \cdots = f^{(r-1)}(\alpha) = 0 \quad (a \leqslant \alpha \leqslant b)$$

的一切函数所组成.

属于类 $W_0^{(r)}(M; 0, 1)$ 中的任何函数 $f(x)$, 可以写成积分的形式 (参看 §3)

$$f(x) = \frac{1}{(r-1)!} \int_0^1 K_r(x - t) f^{(r)}(t) \mathrm{d}t$$

其中

Simpson 原理

$$K_r(u) = \begin{cases} u^{r-1}, & \text{对于 } u \geqslant 0 \\ 0, & \text{对于 } u < 0 \end{cases} \qquad (4)$$

因而与求积公式(1)对这样的或那样的次数的多项式精确与否无关,这如同得到 §4 的式(5)时的讨论一样,那里应令 $p_{r-1}(x) \equiv 0$,我们得到等式

$$\int_0^1 f\,\mathrm{d}x - L(f) = \int_0^1 F_r(t)f^{(r)}(t)\,\mathrm{d}t$$

它对于类 $W_0^{(r)}(M;0,1)$ 中一切函数均正确,这里

$$F_r(t) = \frac{1}{(r-1)!}\left\{\frac{(1-t)^r}{r} - \sum_{k=0}^{m-1} p_k K_r(x_k - t)\right\}$$

从而

$$\sup_{f \in W_0^{(r)}(M;0,1)} \left|\int_0^1 f\,\mathrm{d}x - L(f)\right| =$$

$$\frac{M}{(r-1)!}\int_0^1 \left|\frac{(1-t)^r}{r} - \sum_{k=0}^{m-1} p_k K_r(x_k - t)\right|\,\mathrm{d}t =$$

$$\frac{M}{(r-1)!}\int_0^1 \left|\frac{u^r}{r} - \sum_{k=0}^{m-1} \lambda_k K_r(u - u_k)\right|\,\mathrm{d}u \qquad (5)$$

其中假定

$$\lambda_k = p_{m-k-1}, u_k = 1 - x_{m-k-1} \quad (u_k < u_{k+1}) \qquad (6)$$

对于类 $W_0^{(r)}(M;a,b)$,上面所提出的极值问题便归结为在一切可能的数组 λ_k 与 $u_k(k=0,1,\cdots,m-1)$ 之中求积公式(5)的极小值,这里 $0 \leqslant u_0 < u_1 < \cdots < u_{m-1} \leqslant 1$,且 m 为固定的.

令

$$\sigma_m^{(r)}(u) = \sum_{k=0}^{m-1} \lambda_k K_r(u - u_k)$$

且集中注意 $r=2$ 的情形. 在这种情形下,由等式(4)推出,函数 $K_2(u-u_k)$ 的图形乃是如图 26 所示具有角 $\varphi = \dfrac{\pi}{4}$ 的折线. 函数 $\lambda_k K_2(u-u_k)$ 也是类似的折线,那

104

里 $\tan \varphi = \lambda_k$. 其次,容易看出,函数 $\sigma_m^{(2)}(u)$ 的图形是顶点的横坐标为 $u_0, u_1, \cdots, u_{m-1}$ 的折线(图 27). 值得指出的是,当 u 在区间 $[0, u_0]$ 上变化时,相应的折线在 u 轴上,且 λ_k 乃是在折线上经过以 u_k 为横标的顶点时,角系数的跃度(改变量).

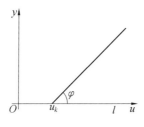

图 26

我们的折线其他部分是任意的:每一预先给定的的线(图 27),都单值地对应着确定的数组 λ_k 以及它的位于区间 $[0,1]$ 上顶点的横坐标 $u_k(k=0,1,\cdots,m-1)$.

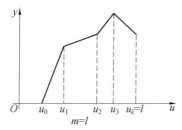

图 27

从所讲的便推得,在 $r=2$ 情形下我们的极值问题归结为,在形如 $\sigma_m^{(2)}(u)$ 的折线中,寻求使积分(5)在 $r=2$ 时,达到最小值的折线. 用逼近论的话,可以说,我们的问题化为,去求抛物线 $y = \dfrac{u^2}{2}$ 借用具有预先指定的顶点数目的折线 $\sigma_m^{(2)}(u)$ 的最佳平均逼近(依可积函

数空间 $L(0,1)$ 度量).

我们指出,积分

$$\int_{a-h}^{a+h} \left| \frac{x^2}{2} - Ax - B \right| \mathrm{d}x \quad (h>0)$$

在 x^2 的系数为 $\frac{1}{2}$,而线性式的系数为任意的这样的二次多项式中的最小值可以为唯一的多项式

$$\frac{1}{2}h^2 Q_2\left(\frac{x-a}{h}\right) = \frac{x^2}{2} - ax - \left(\frac{h^2}{8} - \frac{a^2}{2}\right), Q_2(x) = x^2 - \frac{1}{4}$$

$$(7)$$

达到(证明参看 § 14).这样,这个最小值等于

$$\frac{h^2}{2}\int_{a-h}^{a+h} \left| Q_2\left(\frac{x-a}{h}\right) \right| \mathrm{d}x = \frac{h^3}{2}\int_{-1}^{+1} \left| x^2 - \frac{1}{4} \right| \mathrm{d}x = \frac{h^3}{4} \quad (8)$$

我们说,多项式 $\frac{1}{2}h^2 Q_2\left(\frac{x-a}{h}\right)$ 在 x^2 的系数为 $\frac{1}{2}$ 的二次多项式中,于区间 $(a-h,a+h)$ 上,在平均意义下与零有最小偏差.

还说,多项式 $\frac{1}{2}h^2 Q_2\left(\frac{x-a}{h}\right)$ 的线性部分

$$ax + \left(\frac{h^2}{8} - \frac{a^2}{2}\right) \quad (9)$$

是于区间 $[a-h,a+h]$ 上,在平均意义下用线性函数(一次多项式)对函数 $\frac{x^2}{2}$ 的最佳逼近式.称量 $\frac{h^3}{4}$ 为函数 $\frac{x^2}{2}$ 在区间 $[a-h,a+h]$ 上用线性函数所得的最佳平均逼近.

我们来考虑相应于区间 $(a-h,a+h)$ 与 $(b-h_1, b+h_1)$ 上,与零有最小偏差的两个多项式,这里 $a+h=b-h_1$.当 $x=a+h=b-h_1$ 时,它们分别取值

$$\frac{1}{2}h^2 Q_2(1) \text{ 与 } \frac{1}{2}h_1^2 Q_2(-1)$$

由于

$$Q_2(1)=Q_2(-1)$$

故这些值当且仅当 $h=h_1$ 时相合. 在这种情形下,两个多项式的线性部分的角系数相差量

$$b-a=2h \qquad (10)$$

现在我们给出某个正数 u_0 且设 $a-h=u_0$,这里 $h>0$. 我们选择这样的 h,使得线性函数 $A_0 u+B_0$ 为在区间 $(a-h,a+h)$ 上对抛物线 $y=\dfrac{u^2}{2}$ 所作的最佳平均逼近式且在 $u=u_0$ 时取值为零. 如我们所知,由于这个函数应当有式(9)的形式,故所求的数 h 应当满足方程

$$(u_0+h)u_0+\frac{h^2}{8}-\frac{(u_0+h)^2}{2}=\frac{u_0^2}{2}-\frac{3}{8}h^2=0$$

从而

$$h=\frac{2}{\sqrt{3}}u_0, a=u_0+h=\frac{\sqrt{3}+2}{\sqrt{3}}u_0$$

且对应的最佳线性函数等于

$$A_0 u+B_0=\frac{\sqrt{3}+2}{\sqrt{3}}u_0(u-u_0) \qquad (11)$$

设

$$u_k=u_0+2kh \quad (k=0,1,\cdots,m)$$

在每一个区间 (u_k,u_{k+1}) 上我们定出函数 $y=\dfrac{u^2}{2}$ 的最佳平均逼近线性函数

$$A_k u+B_k$$

据上面所述,函数 $A_0 u+B_0$ 在 $u=u_0$ 时为零. 此

外，$A_k u + B_k$ 的图形（$k=0,1,\cdots,m-1$）是一个一个在点 $u_1,\cdots,u_{m-1}$ 连续地延拓着. 这样，它们与 u 轴上的线段 $[0,u_0]$ 一起构成连续的折线.

我们取这样的 $u_0 = u_0^*$，使得 $u_m = 1$，从而求得

$$\begin{cases} u_0^* = \sqrt{3}\,\omega_m, \quad \omega_m = (\sqrt{3}+4m)^{-1} \\ u_k^* = (\sqrt{3}+4k)\omega_m, \quad k=0,1,\cdots,m; h^* = 2\omega_m \end{cases} \tag{12}$$

这样，所得到的折线 $\sigma_{m*}^{(2)}(u)$ 确定于区间 $[0,1]$ 上，为了求出积分（5）当 $r=2$ 时的最小值，我们应当使之变动. 下面我们证明，正是这个折线 $\sigma_{m*}^{(2)}(u)$ 使积分（5）成为最小. 并且它是具有这种情质的唯一折线.

把 $\sigma_{m*}^{(2)}(u)$ 代入我们的积分中，从式（8）与式（12）推出

$$\int_0^1 \left| \frac{u^2}{2} - \sigma_{m*}^{(2)}(u) \right| \mathrm{d}u =$$

$$\int_0^{u_0^*} \frac{u^2}{2}\mathrm{d}u + \sum_{k=0}^{m-1} \int_{u_k^*}^{u_{k+1}^*} \left| \frac{u^2}{2} - A_k^* u - B_k^* \right| \mathrm{d}u =$$

$$\frac{u_0^{*\,3}}{6} + 2m\omega_m^3 = \frac{\omega_m^2}{2}$$

其中 $y_k = A_k^* u + B_k^*$ 为折线 $\sigma_{m*}^{(2)}(u)$ 对应于区间 (u_k^*, u_{k+1}^*) 上那一段的方程.

另一方面，设 $\sigma_m^{(2)}(u)$ 是其顶点的横坐标为 u_k 的任意折线，这里

$$0 \leqslant u_0 < u_1 < \cdots < u_{m-1} \leqslant u_m = 1$$

且设 $y = A_k u + B_k$ 为在区间 (u_k, u_{k+1}) 上对函数 $y = \dfrac{u^2}{2}$ 所作的最佳平均逼近式的方程. 那么，注意到式（8），有

$$\int_0^1 \left| \frac{u^2}{2} - \sigma_m^{(2)}(u) \right| \mathrm{d}u =$$

$$\int_0^{u_0} \frac{u^2}{2}\mathrm{d}u + \sum_{k=0}^{m-1}\int_{u_k}^{u_{k+1}} \left| \frac{u^2}{2} - \sigma_m^{(2)}(u) \right| \mathrm{d}u \geqslant$$

$$\frac{u_0^3}{6} + \sum_{k=0}^{m-1}\int_{u_k}^{u_{k+1}} \left| \frac{u^2}{2} - A_k u - B_k \right| \mathrm{d}u =$$

$$\frac{u_0^3}{6} + \frac{1}{4}\sum_{k=0}^{m-1}\left(\frac{u_{k+1}-u_k}{2} \right)^3 =$$

$$\frac{u_0^3}{6} + \frac{1}{32}\sum_{k=0}^{m-1}(u_{k+1}-u_k)^3 \tag{13}$$

同时不等式只当折线 $\sigma_m^{(2)}(u)$ 在每一区间（u_k,

u_{k+1}）上分别为抛物线 $y=\frac{u^2}{2}$ 的最佳平均逼近式时，才

成为严格的等式.

为了估计式（13）右边的下限，我们应当在满足等
式

$$u_0 + \sum_{k=0}^{m-1}(u_{k+1}-u_k) = 1 \tag{14}$$

的一切可能的 $u_0, u_1-u_0, \cdots, u_m-u_{m-1}$ 中求它的最小
数.

应用通常的求相对极值的方法，经过没有多大困
难的计算，便证明了，式（13）的右边在条件（14）下对于
由等式（12）确定的唯一的一组值 $u_k = u_k^*$，达到了它的
极小值.

这样，我们便证明了

$$\sigma_{m*}^{(2)}(u) = \sum_{k=0}^{m-1}\lambda_k^* K_2(u-u_k^*)$$

为在一切折线 $\sigma_m^{(2)}(u)$ 中，使积分（5）成为最小的唯一
折线. 同时据式（10）与式（11）

$$\lambda_k^* = A_k^* - A_{k-1}^* = 2h^* = 4\omega_m \quad (k=1,2,\cdots,m-1)$$

$$\lambda_k^* = A_0 = \frac{\sqrt{3}+2}{\sqrt{3}}u_0^* = (2+\sqrt{3})\omega_m$$

Simpson 原理

最后,如果注意到变换式(6),则得到下列结果.

在形如式(1)的求积公式中,这里 m 为给定的自然数,公式

$$\int_0^1 f\mathrm{d}x \approx L_*(f) = \sum_{k=0}^{m-1} p_k^* f(x_k^*)$$

为对于函数类 $W_0^{(r)}(M;0,1)$ 的唯一最佳者,式中基点及权由

$$\begin{cases} x_k^* = 4(k+1)\omega_m, & k=0,1,\cdots,m-1 \\ \omega_m = (\sqrt{3}+4m)^{-1} \\ p_k^* = 4\omega_m, & k=0,1,\cdots,m-2 \\ p_{m-1}^* = (2+\sqrt{3})\omega_m \end{cases} \tag{15}$$

确定. 换句话说,等式

$$\min_{L(f)} \max_{f\in W_0^{(r)}(M;0,1)} \left| \int_0^1 f\mathrm{d}x - L(f) \right| =$$

$$\max_{f\in W_0^{(2)}(M;0,1)} \left| \int_0^1 f\mathrm{d}x - L_*(f) \right| = \frac{M\omega_m^2}{2} \tag{16}$$

成立.

关于区间 $[0,1]$ 上的结果,我们已得到了. 显然,当变换区间 $[0,1]$ 到任意区间 $[\alpha,\beta]$ 上时,基点 x_k^* 可以类似地构造出来,权 p_k^* 增加了 $l=\beta-\alpha$ 倍,而对于函数类逼近的精确估值应为

$$\max_{f\in W_0^{(2)}(M;\alpha,\beta)} \left| \int_\alpha^\beta f\mathrm{d}x - L_*(f) \right| = \frac{Ml^3\omega_m^2}{2} \tag{17}$$

亦即增加了 l^3 倍(请与 §6 的式(12)比较).

所得的最佳求积公式显然有这样的不足之处,它不是对于所有具有有界二阶导数的函数,而只是对于其中满足初始条件

$$f(0) = f'(0) = 0 \tag{18}$$

110

那些函数才保证有上述估值 $\dfrac{M\omega_m^2}{2}$.

这样,如果我们想把所得公式应用到不满足条件 (18) 的函数的情形,就应当预先把函数 $f(x)$ 在 $x=0$ 时按泰勒公式展开

$$f(x)=f(0)+xf'(0)+\varphi(x)$$

单独地去计算 $f(0)+xf'(0)$ 的定积分,然后再对 $\varphi(x)$ 应用我们的最佳求积公式. 那么只可以保证具有上述估值 $\dfrac{1}{2}M\omega_m^2$ 的逼近.

所得的求积公式的某种变形将寻求新的公式,它免除了所指出的不足之处且同时在一定的意义下对于整个函数类 $W^{(2)}(M;0,1)$ 而言为最佳的.

考虑求积公式

$$\int_{-1}^{1}f\mathrm{d}x \approx \sum_{-m}^{m}\mu_k f(\xi_k) \tag{19}$$

其中据式 (15) 假定

$$\mu_k=\mu_{-k}=p_{k-1}^{*},-\xi_{-k}=\xi_k=x_{k-1}^{*} \quad (k=1,\cdots,m)$$
$$\mu_0=4\omega_m,\xi_0=0$$

这样,这个用对称于旧的并增加一个基点 $\xi_0=0$ 的方法所得到的新的求积公式,现在已对于区间 $[-1,1]$ 有了定义. 同时选取 μ_0,使

$$\sum_{k=-m}^{m}\mu_k=2$$

由于这一点以及对称性公式 (19) 对于函数 1 与 x 为精确,从而对于任何线性函数亦然. 此外,它还有下面绝妙的性质.

Simpson 原理

在带有 $2m+1$ 个基点[①]

$$-1 \leqslant x_{-m} < \cdots < x_0 < \cdots < x_m \leqslant 1$$

以及权 p_k 的一切求积公式

$$\int_{-1}^{1} f \mathrm{d}x \approx \sum_{k=-m}^{m} p_k f(x_k) \qquad (20)$$

中,这里 m 为固定的公式(19)对于函数类 $W^{(2)}(M;-1,1)$ 是最佳的.

并且

$$\sup_{f \in W^{(2)}(M;-1,1)} \left| \int_{-1}^{1} f \mathrm{d}x - \sum_{k=-m}^{m} \mu_k f(\xi_k) \right| = M \omega_m^2$$

其实,我们来考虑任意的求积公式(20). 设函数 $f(x)$ 属于类 $W_{x_0}^{(2)}(M;-1,1)$,那么函数

$$f_1(x) = f(x) \quad (-1 \leqslant x \leqslant x_0)$$

$$f_2(x) = f(x) \quad (x_0 \leqslant x \leqslant 1)$$

分别属于类 $W_{x_0}^{(2)}(M;-1,x_0)$ 与 $W_{x_0}^{(2)}(M;x_0,1)$,且由于 $f(x_0)=0$,故

$$\left| \int_{-1}^{1} f \mathrm{d}x - \sum_{k=-m}^{m} p_k f(x_k) \right| \leqslant$$

$$\left| \int_{-1}^{x_0} f_1 \mathrm{d}x - \sum_{k=-m}^{-1} p_k f_1(x_k) \right| +$$

$$\left| \int_{x_0}^{1} f_2 \mathrm{d}x - \sum_{k=1}^{m} p_k f_2(x_k) \right|$$

从而

$$\sup_{f \in W_{x_0}^{(2)}(M;-1,1)} \left| \int_{-1}^{1} f \mathrm{d}x - \sum_{k=-m}^{m} p_k f(x_k) \right| \leqslant$$

[①] T. A. 沙尹德也夫推广这个结果到不必为奇数个的任意基点情形.

112

$$\sup_{f \in W^{(2)}_{x_0}(M; -1, x_0)} \left| \int_{-1}^{x_0} f \mathrm{d}x - \sum_{k=-m}^{-1} p_k f(x_k) \right| +$$

$$\sup_{f \in W^{(2)}_{x_0}(M; x_0, 1)} \left| \int_{x_0}^{1} f \mathrm{d}x - \sum_{k=1}^{m} p_k f(x_k) \right| \qquad (21)$$

另一方面,若 f_1 与 f_2 为分别属于类 $W^{(2)}_{x_0}(M; -1, x_0)$ 与 $W^{(2)}_{x_0}(M; x_0, 1)$ 的任何函数,且

$$f(x) = \begin{cases} \varepsilon_1 f_1(x), & -1 \leqslant x \leqslant x_0 \\ \varepsilon_2 f_2(x), & x_0 \leqslant x \leqslant 1 \end{cases}$$

其中

$$\varepsilon_1 = \mathrm{sign} \left\{ \int_{-1}^{x_0} f_1 \mathrm{d}x - \sum_{k=-m}^{-1} p_k f_1(x_k) \right\}$$

$$\varepsilon_2 = \mathrm{sign} \left\{ \int_{x_0}^{1} f_2 \mathrm{d}x - \sum_{k=1}^{m} p_k f_2(x_k) \right\}$$

则

$$\left| \int_{-1}^{x_0} f_1 \mathrm{d}x - \sum_{k=-m}^{-1} p_k f_1(x_k) \right| + \left| \int_{x_0}^{1} f_2 \mathrm{d}x - \sum_{k=1}^{m} p_k f_2(x_k) \right| =$$

$$\int_{-1}^{1} f \mathrm{d}x - \sum_{k=-m}^{m} p_k f(x_k)$$

且由于函数 $f(x)$ 显然属于类 $W^{(2)}_{x_0}(M; -1, 1)$,所以不等式(21)右边不超过左边. 由此我们就证明了,右边实际上等于左边

$$\sup_{f \in W^{(2)}_{x_0}(M; -1, 1)} \left| \int_{-1}^{1} f \mathrm{d}x - \sum_{k=-m}^{m} p_k f(x_k) \right| =$$

$$\sup_{f \in W^{(2)}_{x_0}(M; -1, x_0)} \left| \int_{-1}^{x_0} f \mathrm{d}x - \sum_{k=-m}^{-1} p_k f(x_k) \right| +$$

$$\sup_{f \in W^{(2)}_{x_0}(M; x_0, 1)} \left| \int_{x_0}^{1} f \mathrm{d}x - \sum_{k=1}^{m} p_k f(x_k) \right|$$

从而,注意到式(17),求得

$$\sup_{f \in W^{(2)}_{x_0}(M_i-1,1)} \left| \int_{-1}^1 f \mathrm{d}x - \sum_{k=-m}^m p_k f(x_k) \right| \geqslant$$

$$\sup_{f \in W^{(2)}_{x_0}(M_i-1,1)} \left| \int_{-1}^1 - \sum_{k=-m}^m \right| = \sup_{f \in W^{(2)}_{x_0}(M_i-1,x_0)} \left| \int_{-1}^{x_0} + \sum_{k=-m}^{-1} \right| +$$

$$\sup_{f \in W^{(2)}_{x_0}(M_i x_0,1)} \left| \int_{x_0}^1 - \sum_{k=1}^m \right| \geqslant$$

$$\frac{(x_0+1)^3 + (1-x_0)^3}{2} M\omega_m^2 \geqslant M\omega_m^2$$

另一方面,由于求积公式(19)对线性函数为精确的,从而由式(17)推出

$$\sup_{f \in W^{(2)}(M_i-1,1)} \left| \int_{-1}^1 f \mathrm{d}x - \sum_{k=-m}^m \mu_k f(\xi_k) \right| =$$

$$\sup_{f \in W^{(2)}_0(M_i-1,1)} \left| \int_{-1}^1 f \mathrm{d}x - \sum_{k=-m}^m \mu_k f(\xi_k) \right| \leqslant$$

$$\sup_{f \in W^{(2)}_0(M_i-1,0)} \left| \int_{-1}^0 f \mathrm{d}x - \sum_{k=-m}^{-1} \mu_k f(\xi_k) \right| +$$

$$\sup_{f \in W^{(2)}_0(M_i 0,1)} \left| \int_0^1 f \mathrm{d}x - \sum_{k=1}^{k=m} \mu_k f(\xi_k) \right| = \omega_m^2 M$$

于此我们的论断获证.

例 在 $m=1$ 时所得的对称求积公式有下列形式

$$\int_{-1}^1 f \mathrm{d}x \approx \omega_1 \{ (2+\sqrt{3}) f(-4\omega_1) + 4f(0) +$$

$$(2+\sqrt{3}) f(4\omega_1) \}$$

同时对于类 $W^{(2)}(M;-1,1)$ 这个公式的逼近度量为

$$M\omega_1^2 = \frac{M}{(\sqrt{3}+4)^2} \approx 0.045M$$

为了比较起见,我们指出对同一函数类 $W^{(2)}(M;-1,$
$1)$相应于区间$[-1,1]$上辛浦生公式

$$\int_{-1}^{1} f \mathrm{d}x \approx \frac{1}{3}\{f(-1) + 4f(0) + f(1)\}$$

的逼近度量为

$$\frac{8}{81} \approx 0.10M$$

（相应于区间$[0,1]$上的常数 $c_2 = \frac{1}{81}$（参看§5）应当乘
上 2^3）.

把所得结果再与三基点的复杂化梯形公式

$$\int_{-1}^{1} f \mathrm{d}x \approx \frac{1}{2}\{f(-1) + 2f(0) + f(1)\}$$

加以比较是有趣的. 它对于类 $W^{(2)}(M; -1, 1)$ 给出逼
近度量为 $\frac{1}{6}$（对于最简单的梯形公式常数 $c_2 = \frac{1}{12}$（参
看§5）应当加倍）.

所考虑的（当 $r=2$ 时）问题在任何 $r>2$ 的情形下
都无解.

在 $r=1$ 时问题便化为求积分

$$\int_0^1 \Big| u - \sum_0^{m-1} \lambda_k K_1(u - u_k) \Big| \mathrm{d}u = \int_0^1 | u - \sigma_m^{(1)}(u) | \mathrm{d}u$$

的最小值, 其中

$$K_1(u) = \begin{cases} 1, & u > 0 \\ 0, & u < 0 \end{cases}$$

这样, 所说的是关于函数在区间$[0,1]$上借用带任
意间断点 $u_0, u_1, \cdots, u_{m-1}$ 的阶梯函数 $\sigma_m^{(1)}(u)$ 的最佳平
均逼近, 这阶梯函数就是这样的, 它在区间 $(0, u_0)$,
$(u_0, u_1), \cdots, (u_{m-1}, 1)$ 中的每一个上都分别取常数值.
并且在区间 $(0, u_0)$ 上, 这个常数等于零. 于是

$$\sigma_m^{(1)}(u) = \begin{cases} 0, & 0 < u < u_0 \\ c_k, & u_k < u < u_{k+1} \end{cases}$$

$$(k=0,1,\cdots,m-1,u_m=1)$$

其中 c_k 与 u_k $(0\leqslant u_k \leqslant 1)$ 为任意的常数.

显然

$$\int_0^1 \mid u-\sigma_m^{(1)}(u)\mid \mathrm{d}u = \int_0^{u_0} u\mathrm{d}u + \sum_{k=0}^{m-1}\int_{u_k}^{u_{k+1}} \mid u-c_k\mid \mathrm{d}u \geqslant$$

$$\frac{u_0^2}{2} + \sum_{k=0}^{m-1}\int_{u_k}^{u_{k+1}} \left| u-\frac{u_k+u_{k+1}}{2}\right| \mathrm{d}u =$$

$$\frac{u_0^2}{2} + \sum_{k=0}^{m-1}\frac{(u_{k+1}-u_k)^2}{4} \geqslant$$

$$\frac{1}{2(2m+1)}$$

上面的不等式是由解函数

$$\frac{u_0^2}{2} + \sum_{k=0}^{m-1}\frac{(u_{k+1}-u_k)^2}{4}$$

在条件

$$u_0 + \sum_{k=0}^{m-1}(u_{k+1}-u_k) = 1$$

之下的相对极小值而推出的.

极小值对应于值

$$u_k^* = \frac{2k+1}{2m+1} \quad (k=0,1,\cdots,m-1)$$

且极值阶形函数就是

$$\sigma_{m*}^{(1)}(u) = \begin{cases} 0, & 0\leqslant u < \dfrac{1}{2m+1} \\[2mm] \dfrac{2(k+1)}{2m+1}, & u_k^* \leqslant u < u_{k+1}^*, k=0,1,\cdots,m-1 \\[2mm] \dfrac{2m}{2m+1}, & u_m^* \leqslant u \leqslant 1 \end{cases}$$

从而

$$\lambda_k^* = \frac{2}{2m+1} \quad (k=0,1,2,\cdots,m-1)$$

最后

$$p_k^* = \frac{2}{2m+2} \quad (k=0,1,\cdots,m-2,m-1)$$

$$x_k^* = \frac{2k+2}{2m+1} \quad (k=0,1,\cdots,m-1)$$

这样,我们已经得到求积公式

$$\int_0^1 f \mathrm{d}x \approx \frac{2}{2m+1} \sum_{k=0}^{m-1} f\left(\frac{2k+2}{2m+1}\right) \tag{22}$$

它具有这样的性质,对于给定的自然数 m 对函数类 $W_0^{(1)}(M;0,1)$ 为最佳. 对整个类而言,它的逼近度量等于

$$\frac{M}{2(2m+1)} \tag{23}$$

如前面的情形一样,从这个公式可以得到对称求积公式

$$\int_{-1}^1 f \mathrm{d}x \approx \sum_{k=-m}^m v_k f(\xi_k) \tag{24}$$

于是假设

$$v_k = v_{-k} = p_{k-1}^*, \ -\xi_{-k} = \xi_k = x_{k-1}^* \quad (k=1,2,\cdots,m)$$

$$v_0 = \frac{4}{2m+1}, \xi_0 = 0$$

并且这个量 v_0 应选择成这样,使得

$$\sum_{k=-m}^m v_k = 2$$

这样,求积公式(24)对于一切线性函数是精确的. 它具有下列极小性质.

在任意的求积公式

$$\int_{-1}^1 f \mathrm{d}x \approx \sum_{k=-m}^m p_k f(x_k)$$

中,这里 m 为给定的自然数,且 $-1 \leqslant x_{-m} < \cdots <$

$x_0 < \cdots < x_m \leqslant 1$，公式（24）对函数类 $W^{(1)}(M; -1, 1)$ 给出了等于 $\dfrac{M}{2m+1}$ 的最佳逼近.

其实

$$\sup_{f \in W^{(1)}(M; -1, 1)} \left| \int_{-1}^{1} f \mathrm{d}x - \sum_{k=-m}^{m} p_k f(x_k) \right| \geqslant$$

$$\sup_{f \in W^{(1)}_{x_0}(M; -1, 1)} \left| \int_{-1}^{1} f \mathrm{d}x - \sum_{k=-m}^{m} \right| =$$

$$\sup_{f \in W^{(1)}_{x_0}(M; -1, x_0)} \left| \int_{-1}^{x_0} f \mathrm{d}x - \sum_{k=-m}^{-1} \right| +$$

$$\sup_{f \in W^{(1)}_{x_0}(M; x_0, 1)} \left| \int_{x_0}^{1} f \mathrm{d}x - \sum_{k=1}^{m} \right| \geqslant$$

$$\frac{M}{2(2m+1)} \{ (x_0 + 1)^2 + (1 - x_0)^2 \} \geqslant \frac{M}{2m+1}$$

另一方面，据式（23）对于求积公式（24）有

$$\sup_{f \in W^{(1)}(M; -1, 1)} \left| \int_{-1}^{1} f \mathrm{d}x - \sum_{k=-m}^{m} v_k f(\xi_k) \right| =$$

$$\sup_{f \in W^{(1)}_{0}(M; -1, 1)} \left| \int_{-1}^{1} f \mathrm{d}x - \sum_{k=-m}^{m} v_k f(\xi_k) \right| =$$

$$\sup_{f \in W^{(1)}_{0}(M; -1, 0)} \left| \int_{-1}^{0} f \mathrm{d}x - \sum_{k=-m}^{-1} \right| +$$

$$\sup_{f \in W^{(1)}_{0}(M; 0, 1)} \left| \int_{0}^{1} f \mathrm{d}x - \sum_{k=1}^{m} \right| = \frac{M}{2m+1}$$

所考虑的问题可以在 L_p 的度量下提出. 我们提出关于这个问题的 T. A. 沙伊德也夫的结果，他得到形如式（1）的求积公式，这一公式使得在对所有线性函数为精确的一切求积公式中，对于函数类 $W^{(2)}_{L_p}(M; 0, 1)$ 为最佳. 这样，注意到 §4 中的叙述，我们得知这一问题的解相当于求积分

$$\int_0^1 \left| \frac{(1-t)^2}{2} - \sum_{k=0}^{m-1} p_k K_r(x_k - t) \right|^q dt \quad \left(\frac{1}{p} + \frac{1}{q} = 1 \right)$$

在变动满足条件 $\sum_{k=0}^{m-1} p_k = 1$ 与 $\sum_{k=0}^{m-1} p_k x_k = \frac{1}{2}$ 的 p_k 以及固定区间中基点 x_k 的个数 m 的条件下的最小值. 现在这个问题的解决是以(参看 §15) 多项式与零在 L_p 的度量下有最小偏差(在所给情形为二次的)的那个性质为基础的.

在度量 L_2 中类似的问题为 Ю.Я.多罗宁所解决.

§11　对于类 $W_2^{(n+1)}(M;0,m)$ 的带等距基点的最佳求积公式

对于给定的自然数 m,我们来考虑带有区间[0, m]的等分基点 $x_k = k(k=0,1,\cdots,m)$ 的求积公式

$$\int_0^m f(x) dx \approx \sum_{k=0}^m p_k f(k) \tag{1}$$

这一回将假定函数 $f(x)$ 属于类 $W_{L_2}^{(n+1)}(M;0,m)$ (参看 §4).

若求积公式(1)对于 n 次多项式为精确的,则据 §4 的式(14)下列精确估值成立

$$\sup_{f \in W_{L_2}^{(n+1)}(M;0,m)} \left| \int_0^m f dx - L(f) \right| =$$

$$M \| F_{n+1} \|_{L_2(0,m)} =$$

$$M \left(\int_0^m | F_{n+1}(t) |^2 dt \right)^{\frac{1}{2}} \tag{2}$$

其中

$$F_{n+1}(t) = \frac{1}{n!}\left\{\frac{(m-t)^{n+1}}{n+1} - \sum_0^m p_k K_{n+1}(k-t)\right\}$$

且函数 $K_{n+1}(u)$ 由 §3 的式(3)定义.

撒尔达曾研究过关于当变动权 p_k 时,如何寻求式(2)右边积分的最小值问题. 这个问题与 §10 所述极值问题的不同地方在于,后者基点个数是给定的,而前者则为等距的基点且只变动权 p_k,它们满足下列关系,使对应的变动求积公式对于 n 次多项式 $p_n(x)$ 为精确的

$$\frac{m^{s+1}}{s+1} = \sum_{k=0}^m p_k k^s \quad (s=0,1,\cdots,n) \tag{3}$$

撒尔达曾证明,对于那些使组(3)有解的(关于 p_k)已知的自然数 m 与 n,所述极值问题有唯一的解.

这样,在所指的情形下于满足方程(3)的一切数组 $p_k(k=0,1,\cdots,m)$ 中存在使式(2)右边达到极小的唯一的组. 自然说,这个组确定了当固定等距基点(分区间 $[0,m]$ 为 m 等分)时,对于类 $W_{L_2}^{(n+1)}(M;0,m)$ 的最佳求积公式(1).

此外,撒尔达探讨了对应于极值问题的解的数 p_k 的求法,这一方法对每一使对应的问题有解的已知具体数偶 (m,n),可以有效地计算这些数的精确值.

我们只限于引进撒尔达的最终数值结果的综合表,并给以相应的说明[①].

当利用表 1(对于类 $W_{L_2}^{(n+1)}(M;0,m)$ 带有区间 $[0,m]$ 上等距基点的最佳公式的量 $J_{mn} = \mathscr{E}W_{L_2}^{(n+1)}(1;0,m) = \sup\limits_{\|f^{(n+1)}\|_{L_2(0,m)} \leqslant 1}\left|\int_0^m f\mathrm{d}x - \sum_{k=0}^m p_k f(k)\right|$, $p_0 = c_0$, $p_1 =$

---

① 表 1 与表 2 均摘自撒尔达的论文.

$c_1, \cdots, p_m = c_m$)与表 2(对于类 $W_{L_2}^{(n+1)}(M; 0, m)$ 带有区间 $[0, m]$ 上等距基点的近似公式(表 1 中给出近似的公式)$\tilde{J}_{mn} \approx J_{mn}$ 时应当注意,数 $p_k(k = 0, 1, \cdots, m)$ 满足对称性

$$p_k = p_{m-k}$$

这可以在一般情形下证明. 因而在表 1 中对于每一已知数偶 (m, n) 所引进的,当 m 为奇数时,只是值 p_0, $p_1, \cdots, p_{\frac{m+1}{2}}$,当 m 为偶数时,只是值 $p_0, p_1, \cdots, p_{\frac{m+1}{2}}$.

表 1

m	$c_0 \Delta$	$c_1 \Delta$	$c_2 \Delta$	$c_3 \Delta$	Δ	J_{mn}
$n = 0$						
1	1				2	$\frac{1}{12} = 0.083\,333$
2	1	2			2	$\frac{2}{12} = 0.166\,667$
3	1	2			2	$\frac{3}{12} = 0.25$
4	1	2	2		2	$\frac{4}{12} = 0.333\,333$
5	1	2	2		2	$\frac{5}{12} = 0.416\,667$
6	1	2	2	2	2	$\frac{6}{12} = 0.5$
$n = 1$						
1	1				2	$\frac{1}{120} = 0.008\,333$
2	3	10			8	$\frac{1}{160} = 0.006\,25$
3	4	11			10	$\frac{1}{120} = 0.008\,333$
4	11	32	26		28	$\frac{1}{105} = 0.009\,524$
5	15	43	37		38	$\frac{5}{456} = 0.010\,965$
6	41	118	100	106	104	$\frac{77}{6\,420} = 0.011\,994$

续表 1

			$n=2$			
2	1	4			3	$\dfrac{1}{1\,890}=0.000\,529$
3	3	9			8	$\dfrac{11}{8\,960}=0.001\,228$
4	21	76	46		60	$\dfrac{11}{12\,600}=0.000\,873$
5	112	379	289		312	$\dfrac{73}{69\,888}=0.001\,045$
6	55	192	132	172	155	$\dfrac{11}{10\,850}=0.001\,014$
			$n=3$			
2	1	4			3	$\dfrac{1}{9\,072}=0.000\,110$
3	3	9			8	$\dfrac{13}{17\,920}=0.000\,725$
4	2\,349	9\,932	4\,430		7\,248	$\dfrac{6\,557}{36\,529\,920}=0.000\,180$
5	29\,392	110\,209	76\,819		86\,568	$\dfrac{61\,633}{193\,912\,320}=0.000\,318$
6	1\,082\,811	4\,409\,946	2\,225\,043	4\,304\,484	3\,290\,014	$\dfrac{210\,047}{921\,203\,920}=0.000\,228$

所考虑的值 p_k 是有理数,但一般地说,不是整数. 为了不使分数把表占满了,对于每一数偶 (m,n) 可以取整数 Δ——对应于这数偶的数 p_k 的最小公分母,并代替分数 p_k 而引进整数 $p_k\Delta$. 由表中可见,所述求积公式给出逼近的上确界也是有理数.

在表 2 中所给出的数值结果(不是全部)是为了得到更便利的实际公式,而与表 1 有某些不同(权改变了).表 2 的最后一行表明逼近所生误差的百分比.在两种情形下表 1 中都引进了改变求积公式的两种可能变动法.

122

表 2

m	$c_0\Delta$	$c_1\Delta$	$c_2\Delta$	$c_3\Delta$	Δ	J	J 与 J_{mn} 的百分误差
$n=1$							
4	39	115	92		100	$\dfrac{143}{15\times10^3}=0.009\,533$	0.10
5	40	112	98		100	$\dfrac{11}{10^3}=0.011$	0.32
6	40	112	98	100	100	$\dfrac{31}{25\times10^2}=0.012\,4$	0.49
$n=2$							
5	43	146	111		120	$\dfrac{79}{756\times10^2}=0.001\,045$	0.04
6	355	1\,238	853	1\,108	1\,000	$\dfrac{7\,097}{7\times10^6}=0.001\,014$	0.003
$n=3$							
4	97	412	182		300	$\dfrac{10\,193}{567\times10^5}=0.000\,180$	0.15
5	407	1\,529	1\,064		1\,200	$\dfrac{1\,154\,043}{36\,288\times10^5}=0.000\,318$	0.06
6	329	1\,341	675	1\,310	1\,000	$\dfrac{31\,923}{14\times10^7}=0.000\,228$	0.003
5	81	307	212		240	$\dfrac{46\,987}{145\,152\times10^3}=0.000\,324$	1.85
6	33	134	67	132	100	$\dfrac{1\,487}{63\times10^5}=0.000\,236$	3.52

应用表 1 与表 2 的例子,在 $m=4$ 时,试写出对于类 $W_{L_2}^{(2)}(M;0,4)$ 的带等距基点的最佳求积公式. 在给定情形 $n=1$ 之时,从表 1 我们求得,所求公式有下面的形式

$$\int_0^4 f(x)\mathrm{d}x \approx \frac{11}{28}[f(0)+f(4)]+\frac{32}{28}[f(1)+f(3)]+$$

$$\frac{26}{28}f(2) \qquad\qquad (4)$$

并且对于在区间 $[0,4]$ 上有满足不等式

$$\left(\int_0^4 |f''(x)|^2\mathrm{d}x\right)^{\frac{1}{2}} \leqslant M \qquad (5)$$

Simpson 原理

的二阶导数的函数,逼近的误差不超过

$$\frac{M}{105}=M\cdot 0.009\,524 \qquad (6)$$

代替精确的最佳公式(对于类 $W_{L_2}^{(2)}(M;0,4)$),式(4)可以借用表 2 写出接近最佳求积公式(对所指的类)的公式. 它具有这样的形式

$$\int_0^4 f(x)\mathrm{d}x \approx 0.39[f(0)+f(4)]+1.15[f(1)+ \\ f(3)]+0.92f(2) \qquad (7)$$

对于在区间 $[0,4]$ 上有满足不等式(5)的二阶导数 $f''(x)$ 的函数,公式(7)所给的逼近误差已是用稍大一些的量 $M\cdot 0.009\,533$ 来估值,然而,与量(6)相差不过 0.1%.

引进的表 1 与表 2 是对于区间 $[0,m]$ 给出的. 把它转化到任何其他区间上去并无困难. 容易看出,若公式(1)是对于类 $W_{L_2}^{(n+1)}(M;0,m)$ 在具有固定的基点 $x_k=k(k=0,1,\cdots,m)$ 的求积公式中的最佳者,则相似公式

$$\int_a^b f(x)\mathrm{d}x \approx \sum_{k=0}^m c'_k f(x'_k)=L_1(f)$$

式中

$$c'_k=\frac{(b-a)}{m}c_k,\ x'_k=a+\frac{b-a}{m}k \quad (k=0,1,\cdots,m)$$

为相应于类 $W_{L_2}^{(n+1)}(M;a,b)$ 带固定基点 x'_k 的最佳公式. 同时据 §6 的式(17),那里应当令 $n=1$(n 有另外的意义),估值

$$\sup_{f\in W_{L_2}^{(n+1)}(M;a,b)}\left|\int_a^b f\mathrm{d}x-L_1(f)\right|=M\parallel F_{n+1}\parallel_{L_2(a,b)}$$

与估值(2)是依下列样式相联系的

124

$$\| F_{n+1} \|_{L_2(a,b)} = \left(\frac{b-a}{m} \right)^{n+2-\frac{1}{2}} \| F_{n+1} \|_{L_2(0,m)}$$

§12　含导数值的求积公式

迄今为止,我们已考虑了一些求积公式,当函数在个别的一些点——求积公式的基点,其值为已知时,借用它们去近似计算这些函数的定积分. 可是还可能有更一般的求积公式,其中既含有函数的值也含有函数的某些阶数的导数值.

若我们不仅知道了函数 $f(x)$ 在区间 $[0,1]$ 上的点 $x_0, x_1, \cdots, x_m$ 的值,且也知道它的某些阶数的导数值,那自然,当合理的利用所有这些条件时,我们可以期望只利用函数值的情形获得更精确的结果.

含有在点 $x_0, x_1, \cdots, x_m$ 处的函数值以及它的直到 ρ 阶导数的值的求积公式,一般的样式是这样

$$\int_0^1 f \mathrm{d}x \approx \sum_{k=0}^{m-1} \sum_{l=0}^{\rho} p_{kl} f^{(l)}(x_k) = L(f) \tag{1}$$

这里 p_{kl} 为已知的权数,且 x_k 为满足条件

$$0 \leqslant x_0 < x_1 < \cdots < x_{m-1} \leqslant 1$$

的已知点.

若公式(1)对于 $r-1$ 次多项式 $P_{r-1}(x)$ 为精确的,亦即对于它当用任意多项式代替 f 时,近似的等式成为等式,那么这时可能得到用 $r > \rho$ 阶导数 $f^{(r)}(x)$ 表达误差的精确值.

为此目的,把我们的公式写成下列形式是比较便利的

$$\int_0^1 f \mathrm{d}x \approx \frac{1}{r!} \sum_{k=0}^{m-1} \sum_{l=0}^{\rho} \lambda_k (r-l-1)!\ f^{(l)}(x_k) = L(f)$$

$$(2)$$

其中设

$$p_{kl} = \frac{(r-l-1)!}{r!} \lambda_k$$

设给定的函数 $f(x)$ 在区间 $[0,1]$ 有逐段连续导数 $f^{(r)}(x)$. 我们把它按泰勒公式展开

$$f(x) = \sum_{l=0}^{r-1} \frac{x^l}{l!} f^{(l)}(0) + R_r(x) = P_{r-1}(x) + R_r(x)$$

其中(参看 §3 的式(4))

$$R_r(x) = \frac{1}{(r-1)!} \int_0^1 K_r(x-t) f^{(r)}(t) \mathrm{d}t$$

我们指出,余项的 l 阶导数可以写成下列形式

$$R_r^{(l)}(x) = \frac{1}{(r-l-1)!} \int_0^1 K_{r-l}(x-t) f^{(r)}(t) \mathrm{d}t$$

因而,根据公式(2)对 P_{r-1} 是精确的,有

$$\int_0^1 f \mathrm{d}x - L(f) = \int_0^1 R_r \mathrm{d}x - L(R_r) =$$

$$\frac{1}{(r-1)!} \int_0^1 \int_0^1 K_r(x-t) f^{(r)}(t) \mathrm{d}t \mathrm{d}x -$$

$$\frac{1}{r!} \sum_{k=0}^{m-1} \sum_{l=0}^{\rho} \lambda_k^{(l)} \int_0^1 K_{r-l}(x_k-t) f^{(r)}(t) \mathrm{d}t =$$

$$\frac{1}{(r-1)!} \int_0^1 \int_t^1 (x-t)^{r-1} \mathrm{d}x f^{(r-1)}(t) \mathrm{d}t -$$

$$\frac{1}{r!} \int_0^1 \sum_{k=0}^{m-1} \sum_{l=0}^{\rho} \lambda_k^{(l)} K_{r-l}(x_k-t) f^{(r)}(t) \mathrm{d}t =$$

$$\int_0^1 F_r(t) f^{(r)}(t) \mathrm{d}t$$

$$(3)$$

这里

$$F_r(t) = \frac{1}{r!} \left\{ (1-t)^r - \sum_{k=0}^{m-1} \sum_{l=0}^{\rho} \lambda_k^{(l)} K_{r-l}(x_k - t) \right\}$$

$$(4)$$

我们得到了表达求积公式对于在区间 $[0,1]$ 上有 r 阶导数的已给函数的逼近估值的精确等式,它完全类似于对应的 §4 的式(7)且如果注意到 $rp_{k_0} = \lambda_k$ 的话,还把后者作为 $\rho = 0$ 时的特殊情形. 这种情况告诉我们,对于所说的更一般的求积公式可以得到类似于已在 §7 讲过的那些结果.

与公式(1)相似的对应于区间 $[a,b]$ 的求积公式

$$\int_a^b f \, dx \approx \sum_{k=0}^{m-1} \sum_{l=0}^{\rho} p_{kl}' f^{(l)}(x_k') = L(a,b;f)$$

有这样的基点 x_k',这些基点 x_k' 在 $[a,b]$ 上的位置与公式(1)的基点在 $[0,1]$ 上的位置为几何相似. 至于权 p_{kl}',则与 p_{kl} 的关系为

$$p_{kl}' = h^{l+1} p_{kl}$$

其中 $h = b - a$ 为区间 $[a,b]$ 的长,这个关系给出引进复杂化求积公式

$$\int_a^b f \, dx \approx \sum_{k=0}^{m-1} L(\xi_k, \xi_{k+1}; t) \quad \left(\xi_k = a + \frac{b-a}{n} k \right) \quad (5)$$

的概念的可能性,其详情就如在 §6,对于 §6 的式(7)所做的一样.

对于由式(2)所得的公式(5),定理 1 仍完全正确,这只需注意到函数 $F_r(t)$ 是由等式(4)定义的. 显然,对于由式(2)所得的公式(5),定理 4,5,6 与 7 以及 §7 中由它们推出的所有结论仍完全保持成立.

§13　埃尔米特内插公式

像拉格朗日内插公式为平常的 §1 的式(11)型求积分的来源一样,埃尔米特内插公式可以看成 §12 的式(1)型求积公式的来源,这种求积公式含有内插函数的估值以及它的某些阶数的导数的值.

我们给出区间 $[a,b]$ 上的点

$$x_0,x_1,\cdots,x_{m-1}$$

以及与它们相应的数组

$$y_0,y_0^{(1)},\cdots,y_0^{(\rho_0)}$$
$$y_1,y_1^{(1)},\cdots,y_1^{(\rho_1)}$$
$$\vdots$$
$$y_{m-1},y_{m-1}^{(1)},\cdots,y_{m-1}^{(\rho_{m-1})}$$

其中 $\rho_0,\cdots,\rho_{m-1}$ 为给定的自然数.

提出问题:构造次数为 $n=\rho_0+\cdots+\rho_{m-1}+m-1$ 的多项式 $P(x)$ 使它满足

$$P^{(l)}(x_k)=y_k^{(l)} \quad (k=0,1,\cdots,m-1;l=0,1,\cdots,\rho_k)$$

所求的多项式是唯一的,这是由于若假定存在两个这样的多项式的话,则其差,记作 $Q(x)$,应满足等式

$$Q^{(l)}(x_k)=0 \quad (k=0,1,\cdots,m-1;l=0,1,\cdots,\rho_k)$$

于是点 x_k 就应当为 $Q(x)$ 的 ρ_k+1 重零点,从而 n 次多项式 $Q(x)$ 将能被 $n+1$ 次多项式

$$\prod_{k=0}^{m-1}(x-x_k)^{\rho_k+1}$$

整除,这只有在 $Q(x)\equiv0$ 时才行.

直接验证可以断定,解决所提问题的多项式 $P(x)$ 可以写成下列形式

$$P(x) = \sum_{k=0}^{m-1} \sum_{l=0}^{\rho_k} y_k^{(l)} P_{kl}(x) \tag{1}$$

其中

$$P_{kl}(x) = \frac{A(x)}{l!} \frac{1}{(x-x_k)^{\rho_k+1-l}} \left\{ \frac{(x-x_k)^{\rho_k+1}}{A(x)} \right\}_{(x_k)}^{(\rho_k-l)} \tag{2}$$

$$A(x) = \prod_{k=0}^{m-1} (x-x_k)^{\rho_k+1}$$

$$(k=0,1,\cdots,m-1; l=0,1,\cdots,\rho_k)$$

并且表达式 $\{F(x)\}_{(a)}^{(\lambda)}$ 表示 $F(x)$ 在 $x=a$ 处的泰勒级数的部分和,其中 $x-a$ 的乘幂不超过自然数 λ.

为了断定这一点,必须注意到多项式 $P_{kl}(x)$ 是这样选择的,它的次数为 n 且满足下列条件

$$P_{kl}^{(i)}(x_s) = \begin{cases} 1, & \text{若同时有 } k=s, l=i \\ 0, & \text{对其余情形} \end{cases}$$

$$(k=0,1,\cdots,m-1; l=0,1,\cdots,\rho_k) \tag{3}$$

这是由

$$\varphi(x) \left\{ \frac{1}{\varphi(x)} \right\}_{(a)}^{(\mu)} = 1 + K(x-a)^{\mu+1} + \cdots \tag{4}$$

推得的,因为函数(4)的泰勒展开式的 μ 次截断显然与

$$1 = \varphi(x) \frac{1}{\varphi(x)}$$

的相应展式的 μ 次截断一致.

公式(1)对应着一般逼近的埃尔米特内插公式

$$f(x) \sim \sum_{k=0}^{m-1} \sum_{l=0}^{\rho_k} f^{(l)}(x_k) P_{kl}(x) = P(x) \tag{5}$$

它引出对应于给定函数 $f(x)$ 满足条件

$$f^{(l)}(x_k) = P^{(l)}(x_k)$$

$$(k=0,1,\cdots,m-1; l=0,1,\cdots,\rho_k)$$

的 n 次多项式 $P(x)$.

Simpson 原理

如果把近似等式(5)的左边与右边积分,则得到(近似的)求积公式①

$$\int_a^b f(x)\mathrm{d}x \sim L(f) \qquad (6)$$

其中

$$L(f) = \sum_{k=0}^{m-1} \sum_{l=0}^{\rho_k} p_k^{(l)} f^{(l)}(x_k) \qquad (7)$$

且

$$p_k^{(l)} = \int_a^b P_{kl}(x)\mathrm{d}x \qquad (8)$$

由于对于任何 $n = \rho_0 + \cdots + \rho_{m-1} + m - 1$ 次多项式,埃尔米特内插公式(5)成为恒等式,故求积公式(6)对于一切 n 次多项式是精确的.

相反地,容易看出,设已知求积公式

$$\int_a^b f\mathrm{d}x \sim L_1(f)$$

其中

$$L_1(f) = \sum_{k=0}^{m-1} \sum_{l=0}^{\rho_k} p_k'^{(l)} f^{(l)}(x_k)$$

若它对一切 n 次多项式为精确,即由之确定的系数 $p_k'^{(l)}$ 与上述由积分(8)定义的相应的数 $p_k^{(l)}$ 相合.其实,对于任何 $n_k \leqslant n$ 次多项式 $P(x)$,有

$$L(P) = L_1(P)$$

特别地,如果取形如式(2)的多项式 $P_{kl}(x)$ 作为 $P(x)$,则由式(3)推得

$$p_k^{(l)} = L(P_{kl}) = L_1(P_{kl}) = p_k'^{(l)}$$

---

① 这公式比上一节所考虑的公式(其中 $\rho_0 = \cdots = \rho_{m-1} = \rho$)有若干个更一般的性质.

$$(k=0,1,\cdots,m-1;l=0,1,\cdots,\rho_k)$$

这就是所要证明的.

§ 12 的式(1)为求积公式(7)在 $\rho_1=\cdots=\rho_m=\rho$ 情形下的特例.

§14　一般极值问题

本节我们解决形如

$$\int_0^1 f\mathrm{d}x \approx \frac{1}{r!}\sum_{k=0}^{m-1}\sum_{l=0}^{r-2}\lambda_k^{(l)}(r-l-1)!\,f^{(l)}(x_k)=L(f)$$

$$(1)$$

的求积公式问题,它是在 § 10 中所讲过的极值问题的推广.

我们从下面的问题开始,在带有一切可能的权 $\lambda_k^{(l)}$ 与满足不等式

$$0\leqslant x_0<\cdots<x_{m-1}\leqslant 1$$

的基点 x_k 的求积公式(1)中去求对于函数类 $W_0^{(r)}(M;0,1)$ 给出最佳逼近者,这里假定 r 与 m 均为已知的自然数,并且 r 为偶数.

考虑类 $W_0^{(r)}(M;0,1)$ 中的任意函数 $f(x)$. 那么,它满足条件

$$f(0)=f'(0)=\cdots=f^{(r-1)}(0)=0$$

且对于它,当 $\rho=r-2$ 时,不论公式(1)对 $r-1$ 次多项式是否精确,总有

$$\int_0^1 f\mathrm{d}x-L(f)=$$

$$\frac{1}{r!}\int_0^1\Big\{(1-t)^r-\sum_{k=0}^{m-1}\sum_{l=0}^{r-2}\lambda_k^{(l)}K_{r-l}(x_k-t)\Big\}f^{(r)}(t)\mathrm{d}t$$

$$(2)$$

Simpson 原理

从而任意的求积公式对于类 $W_0^{(r)}(M;0,1)$ 的逼近度量等于

$$\mathscr{E}_m^{(r)} = \sup\left\{\int_0^1 f\,\mathrm{d}x - L(f)\right\} =$$

$$\frac{M}{r!}\int_0^1 \left|(1-t)^r - \sum_{k=0}^{m-1}\sum_{l=0}^{r-2}\lambda_k^{(l)}K_{r-l}(x_k-t)\right|\mathrm{d}t \tag{3}$$

其中 $f\in W_0^{(r)}(M;0,1)$.

设

$$1-t=u, \theta_k=1-x_{m-k-1}, \lambda_k^{(l)}=\mu_{m-k-1}^{(r-l-1)} \tag{4}$$

得到

$$\mathscr{E}_m^{(r)} = \frac{M}{r!}\int_0^1 \left|u^r - \sum_{k=0}^{m-1}\sum_{l=1}^{r-1}\mu_k^{(l)}K_{l+1}(u-\theta_k)\right|\mathrm{d}u \tag{5}$$

对于任意的数 $\mu_k^{(l)}$ 和 $\sum_{l=1}^{r-1}\mu_k^{(l)}K_{l+1}(u-\theta_k)$ 在区间 (θ_k,θ_{k+1}) 上为使 $u=\theta_k(k=1,2,\cdots,m-1;\theta_m=1)$ 为零的任意 $r-1$ 次多项式.

这样,注意到对于 $u<\theta_k$,有 $K_s(u-\theta_k)=0$,我们得到,双重和

$$\sigma_m^{(r)}(u) = \sum_{k=0}^{m-1}\sum_{l=1}^{r-1}\mu_k^{(l)}K_{l+1}(u-\theta_k) \tag{6}$$

乃是在区间 $[0,1]$ 上的连续函数,它于区间 $[0,\theta_0]$ 上恒为零且于区间 $[\theta_k,\theta_{k+1}](k=1,\cdots,m-1)$ 上为任意 $r-1$ 次多项式.

我们的问题已化为,对于固定的 m,当变动满足不等式

$$0\leqslant\theta_0<\theta_1<\cdots<\theta_{m-1}\leqslant 1$$

的基点 θ_k 与数 $\mu_k^{(l)}$ 时,去求积分(5)的最小值,或者,

换句话说,在变动具有上面所指性质的函数 $\sigma_m^{(r)}(u)$ 时,去求积分(5)的最小值.

在讨论中,我们引进在区间 $[a-h,a+h]$ 上定义的函数

$$h^r Q_r\left(\frac{x-a}{h}\right) \tag{7}$$

其中

$$Q_r(x)=\frac{\sin[(r+1)\arccos x]}{2^r\sqrt{1-x^2}} \quad (-1\leqslant x\leqslant 1)$$

在 §15 与 §16 将给出这个函数的下列性质的全部证明.

函数(7)为么首(首项的系数为一)的 r 次代数多项式

$$h^r Q_r\left(\frac{x-a}{h}\right)=x^r+a_{r-1}x^{r-1}+a_{r-2}x^{r-2}+\cdots+a_0$$

它是在一切么首 r 次多项式中使积分

$$\int_{a-h}^{a+h}|P_r(x)|\,\mathrm{d}x$$

达到其极小值的唯一的多项式.

由于所指出的性质,我们便称多项式(7)为在区间 $[a-h,a+h]$ 上依平均与零有最小偏差的 r 次多项式,这性质还可以照下面那样来解释.

积分

$$\int_{a-h}^{a+h}|x^r-P_{r-1}(x)|\,\mathrm{d}x$$

其中 $P_{r-1}(x)$ 为任意的 $r-1$ 次多项式,对于由式子

$$h^r Q_r\left(\frac{x-a}{h}\right)=x^r-P_{r-1}^*(x) \tag{8}$$

确定的唯一的多项式 $P_{r-1}^*(x)$ 达到其最小值.

多项式 $P_{r-1}^*(x)$ 称为函数 x^r 在区间 $[a-h,a+h]$

上的 $r-1$ 次最佳平均逼近多项式.

我们指出,如开始已假定的,若 r 为偶数,则要使分别在区间 $(a-h,a+h)$ 与 $(b-h_1,b+h_1)$ 上与零有最小偏差的形如式(7)的两个多项式在点 $a+h$ 处相合,这里 $a+h=b-h_1$,必须且只需满足条件 $h=h_1$,其实,它们在点 $a+h$ 处相等的那一情况化为等式

$$h^r Q_r(1) = h_1^r Q_r(-1)$$

它与等式 $h=h_1$ 等价,这是由于当 r 为偶数时

$$Q_r(-1) = Q_r(1)$$

(参看 §16 的式(16)).

现在给出正数 θ_0,且设 $a-h=\theta_0$,这里 $h>0$.取这样的 h,使得多项式 $P_{r-1}^{(0)}(u)$ 是函数 u^r 在区间 $[a-h,a+h]$ 上的最佳逼近,这里 $a-h=\theta_0$,且当 $u=\theta_0$ 时它成为零,那么,由式(8)推出

$$P_{r-1}^{(0)}(\theta_0) = \theta_0^r - h^r Q_r(-1) = \theta_0^r - h^r Q_r(1) = 0$$

从而

$$\theta_0 = \sqrt[r]{Q_r(1)}\, h \tag{9}$$

且由于

$$Q_r(1) = \frac{r+1}{2^r}$$

故

$$\theta_0 = \frac{\sqrt[r]{r+1}}{2} h$$

现在设

$$\theta_k = \theta_0 + 2kh = \theta_0 \frac{\sqrt[r]{r+1} + 4k}{\sqrt[r]{r+1}} \quad (k=0,1,\cdots,m)$$

那么,若我们在每个区间 (θ_k,θ_{k+1}) 上分别定义函数 u^r 在这区间上的最佳平均逼近多项式 $P_{r-1}^{(k)}(u)$,则这些

多项式的图形与 u 轴上的线段 $(0, u_0)$ 一起在区间 $[0, \theta_m]$ 上构成连续曲线. 选这样的 θ_0, 以致 $\theta_m = 1$, 那么

$$\begin{cases} \theta_k^* = \dfrac{4k + \sqrt[r]{r+1}}{4m + \sqrt[r]{r+1}}, & k = 0, 1, \cdots, m-1 \\[3mm] h_* = \dfrac{2}{4m + \sqrt[r]{r+1}} \end{cases} \tag{10}$$

并且对应于所得点组 θ_k^* 的曲线为上面所定义的曲线 $\sigma_m^{(r)}(u)$ 之一. 把这曲线记成 $\sigma_{m*}^{(r)}(u)$, 我们证明, 正是对于它且只对于它, 积分 (5) 达到其极小值.

设

$$\bar{\theta}_k = \frac{\theta_k^* + \theta_{k+1}^*}{2} \quad (k = 0, 1, \cdots, m-1)$$

当把 $\sigma_{m*}^{(r)}(u)$ 代入时, 我们的积分的值等于

$$\frac{1}{r!} \int_0^1 |\, u^r - \sigma_{m*}^{(r)}(u) \,|\, \mathrm{d}u =$$

$$\frac{1}{r!} \left\{ \int_0^{\theta_0^*} u^r \mathrm{d}u + \sum_{k=0}^{m-1} \int_{\bar{\theta}_k - h_*}^{\bar{\theta}_k + h_*} \left|\, h_*^r Q_r \left(\frac{u - \bar{\theta}_k}{h_*} \right) \,\right| \mathrm{d}u \right\} =$$

$$\frac{1}{r!} \left\{ \frac{(\theta_0^*)^{r+1}}{r+1} + m h_*^{r+1} \int_{-1}^1 |\, Q_r(x) \,|\, \mathrm{d}x \right\} =$$

$$\frac{1}{r!} \left\{ \frac{(\theta_0^*)^{r+1}}{r+1} + \frac{m h_*^{r+1}}{2^{r-1}} \right\} =$$

$$\frac{1}{r! \, (4m + \sqrt[r]{r+1})^r} \tag{11}$$

另一方面, 若 $\sigma_m^{(r)}(u)$ 为上面的任一确定的函数, 则它有形式

$$\sigma_m^{(r)}(u) = \begin{cases} 0, & 0 \leqslant u \leqslant \theta_0 \\ P_{r-1,k}(u), & \theta_k \leqslant u \leqslant \theta_{k+1}; k = 0, 1, \cdots, m-1 \end{cases} \tag{12}$$

其中 $P_{r-1,k}(u)$ 为 $r-1$ 次多项式. 因而, 设

$$2\theta_k' = \theta_k + \theta_{k+1}$$

就有

$$\frac{1}{r!}\int_0^1 |u^r - \sigma_m^{(r)}(u)|\, du =$$

$$\frac{1}{r!}\left\{\int_0^{\theta_0} u^r\, du + \sum_{k=0}^{m-1}\int_{\theta_k}^{\theta_{k+1}} |u^r - P_{r-1,k}(u)|\, du\right\} \geqslant$$

$$\frac{1}{r!}\left\{\frac{\theta_0^{r+1}}{r+1} + \sum_{k=0}^{m-1}\int_{\theta_k}^{\theta_{k+1}}\left(\frac{\theta_{k+1}-\theta_k}{2}\right)^r \left|Q_r\left(\frac{2(u-\theta_k')}{\theta_{k+1}-\theta_k}\right)\right| du\right\} =$$

$$\frac{1}{r!}\left\{\frac{\theta_0^{r+1}}{r+1} + \frac{1}{2^{r-1}}\sum_{k=0}^{m-1}\left(\frac{\theta_{k+1}-\theta_k}{2}\right)^{r+1}\right\} =$$

$$\frac{1}{r!}\left\{\frac{\theta_0^{r+1}}{r+1} + \frac{1}{2^{2r}}\sum_{k=0}^{m-1}(\theta_{k+1}-\theta_k)^{r+1}\right\} \tag{13}$$

同时这些关系中的不等式只当下述情形才化成严格的等式,即当曲线 $\sigma_m^{(r)}(u)$ 关于变元 u 在各个区间 (θ_k,θ_{k+1}) 上的一段为抛物线 u^r 的最佳平均逼近 $r-1$ 次多项式之时.

为了估计式(13)右边的下限,我们应当在满足关系式

$$\theta_0 + \sum_{k=0}^{m-1}(\theta_{k+1}-\theta_k) = 1 \tag{14}$$

的一切可能的 $\theta_0,\theta_1-\theta_0,\cdots,\theta_m-\theta_{m-1}$ 中求它的极小值.

关于这个相对极小问题的解引出式(13)右边在条件(14)下对于由等式(10)确定的唯一一组值 $\theta_k = \theta_k^*$ 达到最小.

现在转向对应于积分(5)的极小值的系数 $\mu_{k*}^{(l)}$ 的计算.

在区间 (θ_0^*,θ_1^*) 上,于积分(5)中绝对值号下的函数为

$$u^r - \sum_{l=1}^{r-1} \mu_{0*}^{(l)} (u - \theta_0^*)^l =$$

$$h_*^r Q_r \left(-1 + \frac{u - \theta_0^*}{h_*} \right) =$$

$$h_*^r \left\{ Q_r(-1) + \frac{u - \theta_0^*}{h_*} Q_r'(-1) + \cdots + \right.$$

$$\left. \frac{(u - \theta_0^*)^r}{h_*^r r!} Q_r^{(r)}(-1) \right\}$$

从而,把 u^r 按 $u - \theta_0^*$ 乘幂展开并比较同次幂的系数,注意到式(9)则得到

$$\mu_{0*}^{(l)} = \frac{h_*^{r-1}}{l!} \left\{ \frac{r!}{(r-l)!} \left[Q_r(1) \right]^{\frac{r-l}{r}} - Q_r^{(l)}(-1) \right\} \tag{15}$$

$$(l = 1, \cdots, r-1)$$

把 $Q_r(1)$ 的值代入时,得到

$$\mu_{0*}^{(l)} = \frac{1}{l! \ (4m + \sqrt[r]{r+1})^{r-1}} \left[\frac{r!}{(r-l)!} (r+1)^{\frac{r-l}{r}} - \right.$$

$$\left. 2^{r-1} Q_r^{(l)}(-1) \right] \quad (l = 1, \cdots, r-1) \tag{16}$$

如果估计到函数 $K_{l+1}(u - \theta_k)$ 的性质,则不难看出,在区间 $(\theta_k^*, \theta_{k+1}^*)$ 上,积分(5)中,绝对值号下的函数 $\mu_k^{(l)} = \mu_{k*}^{(l)}$ 等于

$$h_*^r Q_r \left(-1 + \frac{u - \theta_k^*}{h_*} \right) = h_*^r \theta_r \left(-1 + \frac{u - \theta_{k-1}^*}{h_*} \right) -$$

$$\sum_{l=1}^{r-1} \mu_{k*}^{(l)} (u - \theta_k)^l$$

若现在注意到对于偶数 r,函数 $\theta_r(x)$ 是偶性的以及

$$Q_r^{(l)}(-1) = (-1)^l Q_r^{(l)}(1)$$

那么

Simpson 原理

$$\sum_{l=1}^{r-1} \mu_{k*}^{(l)} (u - \theta_k^*)^l =$$

$$h_*^r \left\{ Q_r \left(-1 + \frac{u - \theta_{k-1}^*}{h_*} \right) - Q_r \left(-1 + \frac{u - \theta_k^*}{h_*} \right) \right\} =$$

$$h_*^r \left\{ Q_r \left(1 + \frac{u - \theta_k^*}{h_*} \right) - Q_r \left(-1 + \frac{u - \theta_k^*}{h_*} \right) \right\} =$$

$$2 h_*^r \left\{ \frac{u - \theta_k^*}{h_*} Q_r'(1) + \frac{(u - \theta_k^*)^3}{3! \, h_*^3} Q_r'''(1) + \cdots + \right.$$

$$\left. \frac{(u - \theta_k^*)^{r-1}}{(r-1)! \, h_*^{r-1}} Q_r^{(r-1)}(1) \right\}$$

这样,对于 $k = 1, \cdots, m-1$,有

$$\mu_{k*}^{(2i)} = 0 \quad \left(i = 1, \cdots, \frac{r-2}{2} \right)$$

$$\mu_{k*}^{(2i+1)} = \frac{2 h_*^{r-2i-1}}{(2i+1)!} Q_r^{(2i+1)}(1) \quad \left(i = 0, 1, \cdots, \frac{r-2}{2} \right)$$

当计算原来的基点 x_k^* 与系数 $\lambda_{k*}^{(l)}$(参看式(4))时,则得下列结果

$$\left\{ \begin{array}{l}
x_k^* = 2(k+1) h_*, \quad k = 0, 1, \cdots, m-1 \\[2mm]
\lambda_{k*}^{(2i+1)} = 0, \quad i = 0, 1, \cdots, \frac{r-4}{2}; k = 0, 1, \cdots, m-2 \\[2mm]
\lambda_{k*}^{(2i)} = \frac{2 h_*^{2i+1}}{(r-2i-1)!} Q_r^{(r-2i-1)}(1) \\[2mm]
\qquad i = 0, 1, \cdots, \frac{r-2}{2}; k = 0, 1, \cdots, m-2 \\[2mm]
\lambda_{m-1*}^{(l)} = \frac{h_*^{l+1}}{(r-l-1)!} \left\{ \frac{r!}{(l+1)!} \left[Q_r(1) \right]^{\frac{l+1}{r}} - Q_r^{(r-l-1)}(-1) \right. \\[2mm]
\qquad l = 0, 1, \cdots, r-2
\end{array} \right.$$

$$(17)$$

其中

$$h_* = \frac{2}{4m + \sqrt[r]{r+1}} = 2 \omega_m \qquad (18)$$

138

我们得到下列结果.

对于固定的 m 与 r 在由任意的系数 $\lambda_k^{(l)}$ 与适合 $0 \leqslant x_0 < x_1 < \cdots < x_{m-1} \leqslant 1$ 的任意基点 x_k 所确定的式 (1) 型求积公式中,对于函数类 $W_0^{(r)}(M; 0, 1)$,其最佳者为唯一的公式

$$\int_0^1 f \mathrm{d}x \approx L_*(f)$$

它的系数 λ_{k*} 与基点 x_k^* 由等式 (17),(18) 表达,并且误差的度量为

$$\sup_{f \in W_0^{(r)}(M; 0, 1)} \left\{ \int_0^1 f \mathrm{d}x - L_*(f) \right\} = M \frac{\omega_m^r}{r!} \qquad (19)$$

考虑所得的结果当 $r = 4$ 时的特例,在这情形,最佳求积公式有这样的形式

$$\int_0^1 f \mathrm{d}x \approx \sum_{k=0}^{m-1} \left[\alpha_k f(x_k) + \beta_k f''(x_k) \right] + \gamma f'(x_{m-1}) \tag{20}$$

其中

$$x_k = 4(k+1)\omega_m (k = 0, 1, \cdots, m-1); \omega_m = (4m + \sqrt[4]{5})^{-1}$$

$$\alpha_k = 4\omega_m, \beta_m = \frac{5\omega_m^3}{3} (k = 0, 1, \cdots, m-2); \gamma = \frac{2\sqrt{5} - 7}{4} \omega_m^2$$

$$\alpha_{m-1} = (2 + \sqrt[4]{5})\omega_m, \beta_{m-1} = \frac{5}{6}(1 + \sqrt[4]{5})\omega_m^3, \mathscr{E}_m^{(4)} = \frac{M\omega_m^4}{24}$$

对于公式 (2),可以引进相应的对称求积公式

$$\int_{-1}^1 f \mathrm{d}x \approx \sum_{k=-m}^{m} \left[\alpha_k f(\xi_k) + b_k f''(\xi_k) \right] + \gamma \left[f'(\xi_m) + f'(\xi_{-m}) \right] + \gamma_0 f'(0) + \delta_0 f'''(0) \tag{21}$$

其中

$$-\xi_{-k} = \xi_k = x_{k-1}, a_{-k} = a_k = \alpha_{k-1}, b_{-k} = b_k = \beta_{k-1}, \xi_0 = 0$$
$$(k = 1, 2, \cdots, m)$$

而 $a_0,b_0,\gamma_0,\delta_0$ 是这样选择的,使所得公式对三次多项式为精确.

公式(21)绝妙之处在于对于区间 $[-1,1]$ 有适合不等式 $|f^{(4)}(x)|\leqslant M$ 的四阶导数的函数类,亦即对于类 $W^{(4)}(M;-1,1)$ 而言,在

$$\int_{-1}^{1} f\mathrm{d}x \approx \sum_{k=-m}^{m}\big[\alpha_k f(x_k)+\beta_k f'(x_k)+\gamma_k f''(x_k)\big]+$$
$$\delta f'''(x_0) \tag{22}$$
$$(-1\leqslant x_{-m}<\cdots<x_0<\cdots<x_m\leqslant 1)$$

型的求积公式中,它是最佳的,这里 m 为固定的,而参数 $(\alpha_k,\beta_k,\gamma_k,\delta,x_k)$ 是任意的.

其实,如从前一样,若用 $W_a^{(4)}(M;c,d)$ 表示属于 $W^{(4)}(M;c,d)$ 且适合 $f(\alpha)=f'(\alpha)=f''(\alpha)=f'''(\alpha)=0$ 的函数类,则有

$$\sup_{f\in W^{(4)}(M;-1,1)}\left|\int_{-1}^{1}f\mathrm{d}x-\sum_{k=-m}^{m}\big[\alpha_k f(x_k)+\beta_k f'(x_k)+\right.$$
$$\left.\gamma_k f''(x_k)\big]-\delta f'''(x_0)\right|\geqslant$$

$$\sup_{f\in W_{x_0}^{(4)}(M;-1,1)}\left|\int_{-1}^{1}f\mathrm{d}x-\sum_{k=-m}^{m}\right|=$$

$$\sup_{f\in W_{x_0}^{(4)}(M;-1,x_0)}\left|\int_{-1}^{x_0}-\int_{-m}^{-1}\right|+\sup_{f\in W_{x_0}^{(4)}(M;x_0,1)}\left|\int_{x_0}^{1}-\sum_{k=1}^{m}\right|\geqslant$$

$$\frac{\omega_m^4}{4!}\big[(x_0+1)^5+(1-x_0)^5\big]\geqslant\frac{\omega_m^4}{12}$$

另一方面,我们所确定的求积公式(21)对于一切三次多项式是精确的,因而相应于它的关于类 $W^{(4)}(M;-1,1)$ 的上确界就与关于类 $W_0^{(4)}(M;-1,1)$ 的上确界相合.但这时计算这后面的上确界显然可以在公式(21)右边中弃去含 a_0,b_0,γ_0 与 δ_0 的项,因而问

题便归结为去求上确界的和

$$\sup_{f \in W_0^{(4)}(M;0,1)} \left| \int_0^1 f \mathrm{d}x - \sum_{k=1}^{m-1} [\alpha_k f(x_k) + \beta_k f''(x_k)] - \right.$$

$$\left. \gamma f'(x_{m-1}) \right| + \sup_{f \in W_0^{(4)}(M;-1,0)} \left| \int_{-1}^0 f \mathrm{d}x - \sum_{k=1}^{m-1} [\alpha_k f(x_{-k}) + \right.$$

$$\left. \beta_k f''(x_{-k})] - \gamma f'(x_{-(m-1)}) \right| = \frac{\omega_m^4}{24} + \frac{\omega_m^4}{24} = \frac{\omega_m^4}{12}$$

这个等式是从式(19)以及据对称性 $-x_{-k} = x_k$,第二个上确界合于第一个这一显然情况而推出的.

依公式(21)给出逼近的精确性是很高的,例如,在 $m=1$ 时

$$M \frac{\omega_1^4}{24} < \frac{M}{24 \cdot 5^4} = \frac{M}{15\,000}$$

在这情形下公式(21)有这样的形式

$$\int_{-1}^1 f \mathrm{d}x = \alpha [f(x_1) + f(x_{-1})] + a_0 f(0) + b[f''(x_1) + f''(x_{-1})] + b_0 f''(0) + \gamma [f'(x_1) + f'(x_{-1})] + \gamma_0 f'(0) + \delta_0 f'''(0)$$

$$x_1 = -x_{-1} = 4\omega_1, a = (2 + \sqrt[4]{5})\omega_1, a_0 = 4\omega_1$$

$$b = \frac{5}{6}(1 + \sqrt[4]{5^{-1}})\omega_1^3$$

$$b_0 = \frac{1}{3} - 2\omega_1^3 \left[8(2 + \sqrt[4]{5}) + \frac{5}{6}(1 + \sqrt[4]{5^{-1}}) \right]$$

$$\gamma = \frac{2\sqrt{5} - 7}{4}\omega_1^2, \gamma_0 = \frac{7 - 2\sqrt{5}}{2}\omega_1^2$$

$$\delta_0 = 8(7 - 2\sqrt{5})\omega_1^4, \omega_1 = (4 + \sqrt[4]{5})^{-1}$$

其次,对于 $m=2$,有

$$M \frac{\omega_2^4}{24} < \frac{M}{24 \cdot 9^4} = \frac{M}{157\,464}$$

所述结果的理论意义在于它们给出对于任何式(1)型求积公式逼近下限的精确估值.

值得注意的是对于偶数 r,式(1)型最佳求积公式只有极端基点才含奇阶导数的值,当我们选择这种或那种求积公式时,应注意到这一情况,它可以使公式更加简化.

所引进的公式直接应用于实际计算中的困难在于它们的基点与权都是用无理数来表示的.

然而引进的极性公式可以作为寻求更简单的有理公式的指示.

下面我们谈谈 А. И. 基色列夫的一些结果,这些结果推广了上述对函数类 $W_L^{(r)}(M;0,1)$ 所作的研究(参看 §2).

我们用 $W_{0L}^{(r)}(M;0,1)$ 表示函数类 $W_L^{(r)}(M;0,1)$ 中满足条件

$$f(\alpha) = f'(\alpha) = \cdots = f^{(r-1)}(\alpha) = 0$$

的所有函数的集合.

对于属于 $W_{0L}^{(r)}(M;0,1)$ 中的任何函数,等式(2)成立,这里 $L(f)$ 仍然由公式(1)定义,从而据 §4 的式(14)与 §4 的式(15)得到

$$\mathscr{E}_{mL}^{(r)} = \sup_{f \in W_{0L}^{(r)}(M;0,1)} \left\{ \int_0^1 f \mathrm{d}x - L(f) \right\} =$$

$$\frac{M}{r!} \max_{0 \leqslant u \leqslant 1} | u^r - \sigma_m^{(r)}(u) | \tag{23}$$

其中 $\sigma_m^{(r)}(u)$ 仍然由等式(6)确定.

对于类 $W_{0L}^{(r)}(M;0,1)$,式(1)型最佳求积公式对应着这样的函数 $\sigma_{m*}^{(r)}(u)$,对于它量 $\mathscr{E}_{mL}^{(r)}$ 达到其极小.

在定义这函数时,这一回起重大作用的是在区间 $[-1,1]$ 上依连续函数度量与零有最小偏差的 r 次切

比雪夫多项式(参看 §15)

$$T_r(x) = \frac{1}{2^{r-1}} \cos(\text{rarccos } x)$$

与此相应,在区间 $[a-h, a+h]$ 上与零有最小偏差的多项式有这样的形式

$$h^r T_r\left(\frac{u-a}{h}\right)$$

给定 θ_0 且选择这样的 $h > 0$,使得多项式 $P_{r-1}^{(0)}(u)$ 为 u^r 在区间 $[a-h, a+h]$ 上,依连续函数度量的最佳式逼近,这里 $a-h=\theta_0$,同时于 $u=\theta_0$ 处取零值. 那么(参看 §15)

$$0 = P_{r-1}^{(0)}(\theta_0) = \theta_0^r - h^r T_r(-1) = \theta_0^r - h^r \frac{1}{2^{r-1}}$$

从而

$$h = 2^{\frac{r-1}{r}} \theta_0$$

现在令

$$\theta_k = \theta_0 + 2kh \quad (k = 0, 1, \cdots, m)$$

且选择这样的 $\theta_0 = \theta_0^*$,使得 $\theta_m = \theta_m^* = 1$,那么

$$\theta_k^* = \frac{1 + 2^{\frac{2r-1}{r}} k}{1 + 2^{\frac{2r-1}{r}} m} \quad (k = 0, 1, \cdots m-1)$$

现在我们借用等式

$$u^r - \sigma_{m*}^{(r)}(u) = \begin{cases} u^r, & 0 \leqslant u \leqslant \theta_0^* \\ h_*^r T_r\left(\dfrac{u - \bar{\theta}_k}{h_*}\right), & \theta_k^* \leqslant u \leqslant \theta_{k+1}^* \\ k = 0, 1, \cdots, m-1 \end{cases}$$

以确定函数 $\sigma_{m*}^{(r)}$,这里

$$\bar{\theta}_k = \frac{\theta_k^* + \theta_{k+1}^*}{2}, h_* = \frac{2^{\frac{r-1}{r}}}{1 + 2^{\frac{2r-1}{r}} m}$$

与上述讨论相似,只是应把 Q_r 换成 T_r,我们便可证

明,函数 $\sigma_{m*}^{(r)}(u)$ 是在区间 $[0,\theta_0^*]$ 上为零且在每个区间 $[\theta_k,\theta_{k+1}]$ 上为 $r-1$ 次多项式的区间 $[0,1]$ 上的连续函数.换句话说,这个函数是式(6)型的函数之一.对于函数 $\sigma_{m*}^{(r)}(u)$,有

$$\mathscr{E}_{mL}^{*(r)} = \frac{M}{r!}\max_{0\leqslant u\leqslant 1}|u^r - \sigma_{m*}^{(r)}(u)| =$$

$$\frac{M}{r!}\theta_0^{*r} = \frac{M}{r!\,(1+2^{\frac{2r-1}{r}}m)^r} \qquad (24)$$

另一方面,若 $\sigma_m^{(r)}(u)$ 为式(6)型的任一函数,则如我们所知,它由等式(12)确定,那里 $\theta_k(k=0,1,\cdots,m-1)$ 为区间 $[0,1]$ 中的任意点.

若 $\theta_0 > \theta_0^*$,则

$$\frac{M}{r!}\max_{0\leqslant u\leqslant 1}|u^r - \sigma_m^{(r)}(u)| \geqslant \frac{M}{r!}\theta_0^r > \frac{M}{r!}\theta^{*r} = \mathscr{E}_{mL}^{*(r)}$$

若 $\theta_0 \leqslant \theta_0^*$,则设区间 $[\theta_{k_0},\theta_{k_0+1}]$ 为 m 个区间 $[\theta_k,\theta_{k+1}]$ 中的最长者.显然有

$$2h_0 = \theta_{k_0+1} - \theta_{k_0} \geqslant \theta_{k+1}^* - \theta_k^* = 2h_*$$

并且等式只当对一切 $k=0,1,\cdots,m-1$,有 $\theta_k = \theta_k^*$ 时才成立.那么有

$$\frac{M}{r!}\max_{0\leqslant u\leqslant 1}|u^r - \sigma_m^{(r)}(u)| \geqslant \frac{M}{r!}\max_{\theta_{k_0}\leqslant u\leqslant \theta_{k_0+1}}|u^r - P_{r-1,k_0}(u)| \geqslant$$

$$\frac{M}{r!}\max h_0^r\left|T_r\left(\frac{x-\bar{\theta}_{k_0}}{h_0}\right)\right| =$$

$$\frac{Mh_0^r}{r!\,2^{r-1}} \geqslant \frac{M}{r!}\frac{h^r}{2^{r-1}} = \mathscr{E}_{mL}^{*(r)}$$

并且不等式只当

$$\sigma_m^{(r)}(u) \equiv \sigma_{m*}^{(r)}(u)$$

时才处处成为等式.

这便证明,$\sigma_{m*}^{(r)}(u)$ 为使量 $\mathscr{E}_{mL}^{(r)}$ 达到其最小值的唯

一的函数.

在给定场合下计算式(1)型最佳求积公式的系数 $\lambda_{k*}^{(l)}$,可以如上述在类 $W_0^{(r)}(M;0,1)$ 的场合那样进行. 只需在讨论中处处把多项式 $Q_r(x)$ 换成 $T_r(x)$. 结果我们又导出公式(17),那里应把 $Q_r(x)$ 换成 $T_r(x)$ 且令

$$h_* = \frac{2^{\frac{r-1}{r}}}{1 + 2^{\frac{2r-1}{r}} m} \tag{25}$$

我们得到下面的结果.

对于固定的 m 与 r,由任意的系数 $\lambda_k^{(l)}$ 与适合 $0 \leqslant x_0 < x_1 < \cdots < x_{m-1} \leqslant 1$ 的基点 x_k 所确定的形如式(1)型求积公式中,对于类 $W_{0L}^{(r)}(M;0,1)$ 的最佳者为唯一的公式

$$\int_0^1 f \mathrm{d}x \approx L_*(f)$$

它的系数与基点由等式(17)表示,那里应把 $Q_r(x)$ 换成切比雪夫多项式 $T_r(x)$ 且 h_* 依公式(25)确定.

这个最佳公式的逼近度量 $\mathscr{E}_{mL}^{*(r)}$ 由等式(24)给出.

所得的极性求积公式容许有对称的形式,这正与相应于类 $W_0^{(r)}(M;0,1)$ 的极性公式情形相似.

§15 与零有最小偏差的切比雪夫多项式

我们考察在区间 $[-1,1]$ 上定义的两个函数[①]

---

① 关于两类切比雪夫多项式,详见 И. П. 纳唐松的《函数构造论》(中译本,1958),上册第二章 §3,§4 与中册第六章 §4.

Simpson 原理

$$T_n(x) = \frac{1}{2^{n-1}} \cos(n \arccos x) \qquad (1)$$

$$Q_n(x) = \frac{\sin[(n+1)\arccos x]}{2^n \sqrt{1-x^2}} \qquad (2)$$

它们之中的第一个称为依连续函数度量与零有最小偏差的 n 次切比雪夫多项式,而第二个,如下面所见的,自然称为在平均意义下与零有最小偏差的 n 次多项式.

如果常数因子不计函数 $Q_n(x)$ 是切比雪夫多项式 $T_{n+1}(x)$ 的导数.

首先我们来断定,$T_n(x)$ 与 $Q_n(x)$ 确定是么首 n 次代数多项式,就是说,它们可以表示

$$T_n(x) = x^n + a_{n-1} x^{n-1} + \cdots + a_0$$
$$Q_n(x) = x^n + b_{n-1} x^{n-1} + \cdots + b_0$$

的形式,其中 a_k 与 b_k 是某些数,这种情况总可以简单地由 n 到 $n+1$ 按归纳法而得到.

其实,我们的论断在 $n=1$ 时是正确的,这是由于,显然

$$Q_1(x) = T_1(x) = x$$

若现在假设论断对于 $n-1$ 为正确,则

$$T_n(x) = \frac{x \cos(n-1)\arccos x}{2^{n-1}} - \frac{\sqrt{1-x^2}\,\sin(n-1)\arccos x}{2^{n-1}} =$$

$$\left(\frac{x^n}{2} + \cdots\right) - \frac{(1-x^2)\sin(n-1)\arccos x}{2^{n-1}\sqrt{1-x^2}} =$$

$$\left(\frac{x^n}{2} + \cdots\right) + \left(\frac{x^n}{2} + \cdots\right) =$$

$$x^n + a_{n-1} x^{n-1} + \cdots$$

$$Q_n(x) = \frac{x \sin n \arccos x}{2^n \sqrt{1-x^2}} + \frac{\cos n \arccos x}{2^n} =$$

$$\left(\frac{x^n}{2}+\cdots\right)+\left(\frac{x^n}{2}+\cdots\right)=$$

$$x^n+b_{n-1}x^{n-1}+\cdots$$

所以,它对于 n 也正确.

我们提出,切比雪夫多项式 $T_n(x)$ 具有下列显明的性质

$$\max_{-1\leqslant x\leqslant 1}|T_n(x)|=\frac{1}{2^{n-1}}$$

同时最大值在区间 $[-1,1]$ 中的 $n+1$ 个点

$$x_k=\cos\frac{k\pi}{n}\quad(k=0,1,\cdots,n)\qquad(3)$$

处达到且多项式在这些点处的值 $T_n(x_k)$ 对于 $k=0$,$1,\cdots,n$ 交错地为 $\frac{1}{2^{n-1}}$ 与 $-\frac{1}{2^{n-1}}$,亦即,它们逐次变号.

从上所述立即推出切比雪夫多项式的下列重要性质.

在一切么首 n 次多项式

$$P_n(x)=x^n+\alpha_{n-1}x^{n-1}+\alpha_{n-2}x^{n-2}+\cdots+\alpha_0$$

中,使 $P_n(x)$ 在区间 $[-1,1]$ 上的最大模达到最小者为唯一的切比雪夫多项式 $T_n(x)$,亦即

$$\max_{-1\leqslant x\leqslant 1}|P_n(x)|\geqslant\max_{-1\leqslant x\leqslant 1}|T_n(x)|=\frac{1}{2^{n-1}}$$

其实,若么首 n 次代数多项式 $P_n(x)$ 异于 $T_n(x)$,则必有

$$\max_{-1\leqslant x\leqslant 1}|P_n(x)|>\max_{-1\leqslant x\leqslant 1}|T_n(x)|$$

如果不是这样,则把 $P_n(x)$ 表成形如

$$P_n(x)=T_n(x)+P_{n-1}(x)$$

的和时,我们已经得知,$P_{n-1}(x)$ 为 $n-1$ 次多项式,对于它在由等式(3)定义的 $(n+1)$ 个点 x_k 处满足不等式

$$(-1)^{k+1} P_{n-1}(x_k) \geqslant 0 \quad (k=0,1,\cdots,n)$$

但这时应用罗尔定理,我们推知,$n-1$ 次多项式 $P_{n-1}(x)$ 在 n 个点处成为零,从而它恒等于零,就是,$P_n(x) \equiv T_n(x)$,这将同 P_n 与 T_n 相异的假定相矛盾,已证明的多项式 $T_n(x)$ 的性质就给出了它之所以称为依连续函数度量①于区间 $[-1,1]$ 上与零有最小偏差的根据.

现在我们来证明多项式 $Q_n(x)$ 的类似性质,就是:在一切么首 n 次多项式中,多项式 $Q_n(x)$ 是使积分

$$\int_{-1}^{1} | P_n(x) | \, dx$$

达到其最小值的唯一的多项式,就是②

$$\int_{-1}^{1} | P_n(x) | \, dx \geqslant \int_{-1}^{1} | Q_n(x) | \, dx =$$
$$\frac{1}{2^n} \int_{0}^{\pi} | \sin(n+1)\theta | \, d\theta =$$
$$\frac{1}{2^{n-1}}$$

---

① 所谓依连续函数度量(对于区间 $[-1,1]$),说得完全些,就是依连续函数度量空间 $C([-1,1])$ 中所规定的范数

$$\| f \| = \max_{-1 \leqslant x \leqslant 1} | f(x) |$$

作为衡量的标准. 类似地,依 L 度量是指依 L 可积函数度量空间 $L([-1,1])$ 中的范数 $\| f \| L = \int_{-1}^{1} | f(x) | \, dx$ 作为衡量的标准.两个函数 f_1 与 f_2 之间的距离用 $\| f_1 - f_2 \|$ 定义.

② 末一等式可如下建立

$$\int_{0}^{\pi} | \sin(n+1)\theta | \, d\theta = \sum_{k=0}^{n} (-1)^k \int_{\frac{k\pi}{n+1}}^{\frac{k+1}{n+1}\pi} \sin(n+1)\theta d\theta =$$
$$\frac{1}{n+1} \sum_{k=0}^{n} (-1)^{k+1} \cos(n+1)\theta \Big|_{\frac{k\pi}{n+1}}^{\frac{k+1}{n+1}\pi} =$$
$$\frac{1}{n+1} \sum_{k=0}^{n} (-1)^{k+1} \{(-1)^{k+1} - (-1)^k\} = 2$$

多项式 $Q_n(x)$ 的这个性质全然可以根据那样的事实来建立,即函数

$$q(x) = \text{sign } Q_n(x) = \text{sign sin}(n+1)\arccos x$$

在区间 $[-1,1]$ 上与一切 $n-1$ 次多项式成直交,换句话说,对于一切 $n-1$ 次多项式 $P_{n-1}(x)$ 有

$$\int_{-1}^{1} q(x) P_{n-1}(x) \mathrm{d}x = 0 \tag{4}$$

其实,设 $P_n(x)$ 是么首且异于 $Q_n(x)$ 的 n 次多项式,那么如果当作

$$Q_n(x) = x^n + q_{n-1}(x), \quad P_n(x) = x^n + p_{n-1}(x)$$

其中 q_{n-1} 与 p_{n-1} 为某些 $n-1$ 次多项式,则据式(4)

$$\int_{-1}^{1} |Q_n(x)| \mathrm{d}x = \int_{-1}^{1} Q_n(x) q(x) \mathrm{d}x =$$

$$\int_{-1}^{1} x^n q(x) \mathrm{d}x =$$

$$\int_{-1}^{1} P_n(x) q(x) \mathrm{d}x <$$

$$\int_{-1}^{1} |P_n(x)| \mathrm{d}x$$

式中之所以出现严格不等号是由下面事实推出的:首先,除了有限个点以外,对一切 x 有

$$|q(x)| = 1$$

其次,据假设同么首的两个相异的多项式 $P_n(x)$ 与 $Q_n(x)$,它们的符号在区间 $[-1,1]$ 上不能处处相符[1].

下面只需证明式(4).

函数 $q(\cos\theta)$ 的傅立叶级数有下列形式

---

① 若 $P_n(x)$ 与 $Q_n(x)$ 的符号相合,则两个多项式就应有同一的 n 个零点,且由于它们的 x^n 的系数相同,故显然将有 $P_n(x) \equiv Q_n(x)$.

$$q(\cos\theta) = \text{sign}\sin(n+1)\theta =$$

$$\frac{4}{\pi}\sum_0^\infty \frac{\sin(2k+1)(n+1)\theta}{2k+1}$$

从而对于 $k=0,1,\cdots,n-1$,有

$$\int_{-1}^1 x^k q(x)\,\mathrm{d}x = -\int_0^\pi \cos^k\theta\,\text{sign}\sin(n+1)\theta\,\sin\theta\mathrm{d}\theta = 0$$

$$(5)$$

这是由于函数 $\cos^k\theta\,\sin\theta$ 为 $k+1\leqslant n$ 阶的奇三角多项式,亦即它可以表成

$$\cos^k\theta\,\sin\theta = \sum_{l=1}^{k+1}\alpha_l\sin l\theta \quad (k+1\leqslant n)$$

的样式,而函数 $\text{sign}\sin(n+1)\theta$ 的傅立叶展式只包含角的 $l>n$ 倍的正弦,还应当注意到对于自然数 l_1 与 l_2,有

$$\int_0^\pi \sin l_1\theta\,\sin l_2\theta\mathrm{d}\theta = 0 \quad (l_1 \neq l_2)$$

从对于 $k=0,1,\cdots n-1$ 均正确的等式(5)推出了对于一切 $n-1$ 次多项式的等式(4).

下面对于不太大的 n 引进在区间 $[-1,1]$ 上与零有最小偏差(分别依 C 与 L 度量)的切比雪夫多项式 $T_n(x)$ 与 $Q_n(x)$.

切比雪夫多项式 $T_n(x)$,有

$$T_0(x)=1$$

$$T_1(x)=\cos\arccos x = x$$

$$T_2(x)=\frac{1}{2}\cos 2\arccos x = \frac{1}{2}(2x^2-1)$$

$$T_3(x)=\frac{1}{2^2}\cos 3\arccos x = \frac{1}{4}(4x^3-3x)$$

$$T_4(x)=\frac{1}{2^3}\cos 4\arccos x = \frac{1}{8}(8x^4-8x^2+1)$$

$$T_5(x) = \frac{1}{2^4}\cos 5 \arccos x = \frac{1}{16}(16x^5 - 20x^3 + 5x)$$

切比雪夫多项式 $Q_n(x)$,有

$$Q_0(x) = 1$$

$$Q_1(x) = x$$

$$Q_2(x) = \frac{1}{4}(4x^2 - 1)$$

$$Q_3(x) = \frac{1}{2}(2x^3 - x)$$

$$Q_4(x) = \frac{1}{16}(16x^4 - 12x^2 + 1)$$

$$Q_5(x) = \frac{1}{16}(16x^5 - 16x^3 + 3x)$$

在讨论依 L_p 度量[①]与零有最小偏差的多项式的下一节中还要讲到关于切比雪夫多项式的某些性质.

§16   依 L_p 度量与零有最小偏差的多项式

更一般的情形是在区间 $[-1,1]$ 上依 L_p 度量 $(p \geqslant 1)$ 与零有最小偏差的 n 次多项式,这是这样的多项式

$$R_n(x) = x^n + \alpha_{n-1}x^{n-1} + \cdots + \alpha_0$$

使积分

---

① 相应于函数空间 L_p 的范数(对于在 $[-1,1]$ 上的元 f)用式子

$$\|f\|_{L_p} = \left\{ \int_{-1}^{1} |f|^p \mathrm{d}x \right\}^{\frac{1}{p}}$$

给定.

$$\int_{-1}^{1} |P_n(x)|^p \mathrm{d}x$$

在任意么首 n 次多项式中对于它达到最小. 可以证明，依 L_p 度量与零有最小偏差的多项式是存在的且是唯一的，但我们将不去讲它们，在 $p=1$ 情形我们在上面已经建立过了[①].

对于偶数 n 与零有最小偏差的多项式 $R_n(x)$ 为偶性的，亦即只包含 x 的偶次方，其实，若在积分

$$\int_{-1}^{1} |R_n(x)|^p \mathrm{d}x = \int_{-1}^{1} |x^n + \alpha_{n-1}x^{n-1} + \cdots + \alpha_0|^p \mathrm{d}x \tag{1}$$

中把 x 换为 $-x$，则得到

$$\int_{-1}^{1} |x^n - \alpha_{n-1}x^{n-1} + \cdots + \alpha_0|^p \mathrm{d}x = \int_{-1}^{1} |R_{1n}(x)|^p \mathrm{d}x$$

同时 $R_{1n}(x)$ 是所有异于 $R_n(x)$ 的 n 次多项式. 它的奇次项与 $R_n(x)$ 的对应项符号相反.

由于

$$\int_{-1}^{1} |R_n(x)|^p \mathrm{d}x = \int_{-1}^{1} |R_{1n}(x)|^p \mathrm{d}x$$

且 $R_{1n}(x)$ 也同 $R_n(x)$ 一样是么首的，故和 $R_n(x)$ 一样，$R_{1n}(x)$ 也是与零有最小偏差的多项式. 由这样的多项式的唯一性推出

$$R_n(x) \equiv R_{1n}(x)$$

这只有当它的一切奇次项的系数为零才是可能的.

类似的可以证明，对于奇数 n，与零有最小偏差的 n 次多项式是奇性的，亦即只包含 x 的奇次方.

---

① 当 $p>1$ 时与零有最小偏差的多项式不仅存在而且还是唯一的可由函数空间 L_p 的一般性质推得.

对于 $Q_n(x)$ 这些性质可直接由下列等式推得

$$\sin(n+1)\arccos(-x)=\sin(n+1)(\pi-\arccos x)=$$
$$(-1)^n\sin(n+1)\arccos x$$

$T_n(x)$ 也具有类似的性质

$$\cos n\arccos(-x)=\cos n(\pi-\arccos x)=$$
$$(-1)^n\cos n\arccos x$$

我们还要指出与零有最小偏差的多项式的下列重要性质.

与零有最小偏差的 n 次多项式有严格地分布于区间 $[-1,1]$ 的内部的 n 个实的零点 $x_k(k=1,\cdots,n)$. 这样

$$-1<x_1<\cdots<x_n<1$$

其实,若这论断不正确,则在区间 $[-1,1]$ 的内部,我们的多项式 $R_n(x)$ 取零的值组不能多于 m 个点,这里 $m<n$. 设这些点是

$$x_1,x_2,\cdots,x_m$$

构造多项式

$$\lambda(x)=\pm(x-x_1)\cdots(x-x_m)$$

(当 $m=0$ 时,$\lambda(x)=\pm1$)这里符号(+或-)选得使在区间 $[-1,1]$ 上,$\lambda(x)$ 与 $R_n(x)$ 的符号一致.

我们来考虑函数

$$I(\varepsilon)=\int_{-1}^{1}\mid R_n(x)+\varepsilon\lambda(x)\mid^p\mathrm{d}x$$

由于 $R_n(x)$ 是与零有最小偏差的多项式,故

$$\min_{\varepsilon}I(\varepsilon)=I(0)$$

且，从而[①]

$$I'(0) = p \int_{-1}^{1} \mid R_n(x) \mid^{p-1} \operatorname{sign} R_n(x) \lambda(x) \mathrm{d}x =$$

$$p \int_{-1}^{1} \mid R_n(x) \mid^{p-1} \mid \lambda(x) \mid \mathrm{d}x = 0$$

但这个等式是不可能的，这是由于作为么首多项式，$R_n(x)$ 只在有限个点处为零，且显然，$\lambda(x)$ 也具有相同的性质.

在 $p=1$ 情形，已证明的性质直接可由 $Q_n(x)$ 的实际表达式（§15 的式(2)）看出来. 显然，它也为 $T_n(x)$ 所具有.

我们指出，线性函数

$$\frac{y-a}{h} = x$$

表示把区间 $[-1,1]$ 中的点 x 换成 $[a-h,a+h]$ 中的点 y. 从而不难看出，依 L_p 度量在区间 $[a-h,a+h]$ 上与零有最小偏差的么首 n 次多项式 $S(x)$ 有形式

$$S(x) = h^n R_n\left(\frac{x-a}{h}\right) \tag{2}$$

设 $R^{(p)}(x)$ 与 $T(x)$ 分别是依 $L_p(1 \leqslant p < \infty)$ 度量与依连续函数 C 度量在区间 $[-1,1]$ 上与零有最小偏差的么首 n 次多项式.

令

$$\| f \|_{L_p} = \left(\int_{-1}^{1} \mid f(x) \mid^p \mathrm{d}x\right)^{\frac{1}{p}} \quad (1 \leqslant p < \infty)$$

---

① 应当指出，$\dfrac{\mathrm{d}}{\mathrm{d}u} \mid u \mid = \operatorname{sign} u$. 在给定情形下绝对值号下的量是在区间 $[-1,1]$ 上只有有限个零点的函数. 可以证明，在这条件下，在积分号下与对绝对值求导数是合理的.

$$\| f \|_c = \| f \|_{L_\infty} = \max_{-1 \leqslant x \leqslant 1} | f(x) |$$

下列定理成立.

定理 8　若在区间 $[-1,1]$ 上等式

$$\lim_{p \to p_0} R^{(p)}(x) = R^{(p_0)}(x) \quad (1 \leqslant p, p_0 \leqslant \infty) \tag{3}$$

一致成立,则必有等式

$$\lim_{p \to p_0} \| R^{(p)} \|_{L_p} = \| R^{(p_0)} \|_{L_{p_0}} \tag{4}$$

定理 8 的证明以下列一般引理为基础.

引理　设给出了 n(给定的)次多项式序列

$$\varphi_k(x) = a_0^{(k)} + a_1^{(k)} x + \cdots + a_n^{(k)} x^n \quad (k=1,2,\cdots)$$

依 L_{p_k} 度量,这序列的范数以不依赖于 k 的常数 M 为界

$$\| \varphi \|_{L_{p_k}} \leqslant M \quad (1 \leqslant p_k \leqslant \infty) \tag{5}$$

那么,从这个序列可以选出一个子序列 $\langle \varphi_{kl}(x) \rangle$ 来,使在区间 $[-1,1]$ 上一致收敛,或者完全同样的,这样的子序列存在极限

$$\lim_{l \to \infty} a_s^{(k_l)} = a_s \quad (s=0,1,\cdots,n) \tag{6}$$

这里 a_s 为某些常数.

证明　设 l 为满足不等式 $1 \leqslant l \leqslant n$ 的自然数. 那么从式(5),根据函数 x^l 在区间 $[-1,1]$ 上不超过 1,以及根据赫尔德不等式便得到

$$\left| \sum_{s=0}^n \frac{a_s^{(k)}}{1+s+l} \right| = \left| \int_0^1 \sum_{s=0}^n a_s^{(k)} x^{s+l} \, dx \right| =$$

$$\left| \int_0^1 \varphi_k(x) x^l \, dx \right| \leqslant$$

$$\int_{-1}^1 | \varphi_k(x) | \, dx \leqslant$$

$$\left\{ \int_{-1}^1 | \varphi_k(x) |^{p_k} \, dx \right\}^{\frac{1}{p_k}} \cdot 2^{\frac{1}{q_k}} \leqslant$$

$$2 \, \| \, \varphi_k \, \|_{L_{p_k}} \leqslant 2M$$

$$\left(k=1,2,\cdots; \frac{1}{p_k}+\frac{1}{q_k}=1 \right)$$

从而对于每一 k 以 $a_s^{(k)} (s=0,1,\cdots,n)$ 为未知数的方程组

$$\sum_{s=0}^{n} \frac{a_s^{(k)}}{1+s+l} = \lambda_l^{(k)} \quad (l=0,1,\cdots,n)$$

有满足不等式

$$|\lambda_l^{(k)}| \leqslant 2M$$

的右端,并且由于这个组的行列式

$$\Delta = \begin{vmatrix} 1 & \dfrac{1}{2} & \cdots & \dfrac{1}{n+1} \\[2mm] \dfrac{1}{2} & \dfrac{1}{3} & \cdots & \dfrac{1}{n+2} \\[2mm] \vdots & \vdots & & \vdots \\[2mm] \dfrac{1}{n+1} & \dfrac{1}{n+2} & \cdots & \dfrac{1}{2n+1} \end{vmatrix}$$

不为零[1]且不依赖于 k,故显然存在与 n 有关但不依赖于 k 的常数 c,使得不等式

$$|a_s^{(k)}| \leqslant cM \quad (s=0,1,\cdots,n; k=1,2,\cdots) \quad (7)$$

成立.

现在我们考虑序列

$$a_0^{(1)}, a_0^{(2)}, a_0^{(3)}, \cdots$$

由式(7)推知它是有界的,因而从其中可选出序列

$$a_0^{(n_1^{(0)})}, a_0^{(n_2^{(0)})}, \cdots, a_0^{(n_s^{(0)})}, \cdots$$

---

[1] 根据 Cauchy 定理(参看 И. П. 纳唐松的《函数构造论》(中译本,1958),中册,第 37 页)可以证明 $\Delta = \dfrac{(1! \ 2! \ \cdots n!)^3}{(n+1)! \ (n+2)! \ \cdots (2n+1)!}$,因而它不为零.

使它收敛于某个数,我们把这个数记为 a_0.

子序列

$$a_1^{(n_1^{(0)})}, a_1^{(n_2^{(0)})}, a_1^{(n_3^{(0)})}, \cdots$$

据式(7)也是有界的,从而可由其中选出序列

$$a_1^{(n_1^{(1)})}, a_1^{(n_2^{(1)})}, a_1^{(n_3^{(1)})}, \cdots$$

使它收敛于某个数,我们把这个数记为 a_1. 继续这一程序 n 次,最后便得出自然数序列

$$k_1 = n_1^{(n)}, k_2 = n_2^{(n)}, \cdots$$

对于它的所有 $n+1$ 个等式(6)同时成立,而这完全相当于,在区间 $[-1,1]$ 上等式

$$\lim_{l \to \infty} \varphi_{k_l}(x) = \varphi(x)$$

一致成立,其中

$$\varphi(x) = a_0 + a_1 x + \cdots + a_n x^n$$

我们转来证明等式(3). 设

$$\lim_{k \to \infty} p_k = p_0, 1 \leqslant p_k < \infty$$

显然

$$\| R^{(p_k)} \|_{L_{p_k}} \leqslant \| x^n \|_{L_{p_k}} = \left\{ \int_{-1}^{1} | x |^{n p_k} \mathrm{d}x \right\}^{\frac{1}{p_k}} \leqslant M$$

其中 M 为常数,不依赖于 $k=1,2,\cdots$.

根据已证明的引理从所选的数列 $\{p_k\}$ 可以分出这样一个子序列,我们把它仍记为 $\{p_k\}$,使得

$$\lim_{p_k \to p_0} R^{(p_k)}(x) = R(x) \tag{8}$$

在 $[-1,1]$ 上一致收敛,这里 $R(x)$ 为某个么首 n 次多项式,因而

$$\lim_{p_k \to p_0} \| R^{(p_k)} \|_{L_{p_k}} = | R \|_{L_{p_0}} \geqslant \| R^{(p_0)} |_{L_{p_0}} \tag{9}$$

注意,当 $f(x)$ 为区间 $[-1,1]$ 上的连续函数时,作为 p 的函数

$$\Phi(p) = \left\{ \int_{-1}^{1} \mid f \mid^{p} \mathrm{d}x \right\}^{\frac{1}{p}}$$

对 $1 \leqslant p \leqslant \infty$ 中的 p 是连续的. 当 $p = \infty$ 时,这事实由 §2 的式(7)推得,那么对于适合 $1 \leqslant p_0 < \infty$ 的任何 p_0 以及 $\varepsilon > 0$ 可以指出这样的 $\delta > 0$,只要

$$\mid p - p_0 \mid < \delta \qquad (10)$$

就有

$$\parallel R^{(p_0)} \parallel_{L_p} \leqslant \parallel R^{(p_0)} \parallel_{L_{p_0}} + \varepsilon \qquad (11)$$

当 $p = \infty$ 时,如果代替条件(10)而算作 p 充分大,那么不等式(11)也正确. 从而对于充分大的 k,有

$$\parallel R^{(p_k)} \parallel_{L_{p_k}} \leqslant \parallel R^{(p_0)} \parallel_{L_{p_k}} \leqslant \parallel R^{(p_0)} \parallel_{L_{p_0}} + \varepsilon$$

且当 $k \to \infty$ 时取极限,得到

$$\parallel R \parallel_{L_{p_0}} \leqslant \parallel R^{(p_0)} \parallel_{L_{p_0}} + \varepsilon$$

或由于 ε 为任意的

$$\parallel R \parallel_{L_{p_0}} \leqslant \parallel R^{(p_0)} \parallel_{L_{p_0}} \qquad (12)$$

从式(9)与式(12)推出

$$\lim_{p_k \to p_0} \parallel R^{(p_k)} \parallel_{L_{p_0}} = \parallel R \parallel_{L_{p_0}} = \parallel R^{(p_0)} \parallel_{L_{p_0}} \qquad (13)$$

并且如我们所知,由于依 L_{p_0} $(1 \leqslant p_0 \leqslant \infty)$ 度量与零有最小偏差的多项式是唯一的,故

$$R(x) \equiv R^{(p_0)}(x) \qquad (14)$$

我们已证明了,任何收敛于 p_0 的数列可以分出使得等式(8)与(14)都成立的子数列 $\{p_k\}$. 由于式(8)的右边对任何原始序列都是同样的,故等式(3)与(4)完全获证.

我们指出,当 $p_0 = \infty$ 时,等式(3)与(4)再一次证实了连续函数度量空间(C)自然宜看作度量空间 L_p 的物例.

依 $L_p(1 \leqslant p \leqslant \infty)$ 度量在区间 $[-1,1]$ 上与零有最小偏差的么首 n 次多项式 $R^{(p)}(x)$ 具有这样的性质

$$|R^{(p)}(-1)| = |R^{(p)}(1)| = R^{(p)}(1) > 0 \qquad (15)$$

这是由下面推得的

$$R^{(r)}(x) = (x-x_1)(x-x_2)\cdots(x-x_n)$$

其中 $x_1,\cdots,x_n$ 为 $R^{(p)}(x)$ 的零点,且我们知道,它们满足不等式

$$-1 < x_1 < x_2 < \cdots < x_n < 1$$

把这些性质由区间 $[-1,1]$ 转化到区间 $[a,b]$ 上,容易从公式(2)看出来,那里通过在区间 $[-1,1]$ 上与零有最小偏差的多项式 R_n,给出了在区间 $[a-h,a+h]$ 上与零有最小偏差的多项式 $R^{(p)}$ 的表达式,在我们的情形下应当把 a 与 h 分别换成 $\dfrac{a+b}{2}$ 与 $\dfrac{b-a}{2}$.

§17　勒让德多项式、高斯求积公式

$p=2$ 的情形是度量空间 L_p 的最重要特例. 关于依 L_2 度量与零有最小偏差的多项式,我们说,它是在均方意义下与零有最小偏差者,这是数学中众所周知的 n 次勒让德多项式[①],把它记成 $l_n(x)$. 那么

---

① 通常所谓 n 次勒让德多项式是指函数 $cl_n(x)$,这里 c 为这样选择的常数,使

$$\int_{-1}^{1} [cl_n(x)]^2 \mathrm{d}x = 1$$

或使 $cl_n(1) = 1$.

$$\int_{-1}^{1} l_n^2(x)\mathrm{d}x = \min_{a_k}\int_{-1}^{1}\left[x^n + a_{n-1}x^{n-1} + \cdots + a_n\right]^2\mathrm{d}x$$

（1）

式中极小对遍历一切可能的系数 $a_k(k=0,1,\cdots,$ $n-1)$而言.

由等式（1）推出，它的右边积分对系数 a_k 的偏导数等于零，从而得到

$$\int_{-1}^{1} x^k l_n(x)\mathrm{d}x = 0 \quad (k=0,1,\cdots,n-1)$$

这就是熟知的 n 次勒让德多项式与较低次数多项式的直交性质.

我们证明，$m+1$ 次勒让德多项式 $l_{m+1}(x)$ 具有这样的美妙的性质，即若

$$x_0 < x_1 < \cdots < x_m \tag{2}$$

为它的零点，则求积公式

$$\int_{-1}^{1} f\mathrm{d}x \approx \sum_{0}^{m} p_k f(x_k)$$

实际上将对于一切 $2m+1$ 次多项式为精确，这里权 p_k 选得使它对于一切 m 次多项式为精确，这就是对应于 $m+1$ 个基点的高斯求积公式.

从 §1 的式（6）可知，我们的求积公式中的权 p_k 可以由等式

$$p_k = \int_{-1}^{1} Q_m^{(k)}(x)\mathrm{d}x$$

来计算，这里 $Q_m^{(k)}(x)$ 可以写成

$$Q_m^{(k)}(x) = \frac{l_{m+1}(x)}{(x-x_k)l'_{m+1}(x_k)} = \frac{l_{m+1}(x) - l_{m+1}(x_k)}{(x-x_k)l'_{m+1}(x_k)}$$
$$(k=0,1,\cdots,m)$$

若 $f(x)$ 为 $2m+1$ 次多项式，则有

$$f(x) - \sum_{k=0}^{m} f(x_k) \frac{l_{m+1}(x) - l_{m+1}(x_k)}{(x - x_k) l'_{m+1}(x_k)} = l_{m+1}(x) S(x)$$

$$(3)$$

其中 $S(x)$ 为次数不高于 m 的多项式.

其实,式(3)的左边在点(2)处成为零且是次数不高于 $2m+1$ 的多项式,因此,式(3)的左边可以被 $l_{m+1}(x)$ 整除且商为次数不高于 m 的多项式,如果我们现在把等式(3)在区间 $[-1,1]$ 上逐项积分,则左边化成

$$\int_{-1}^{1} f \mathrm{d}x - \sum_{0}^{m} p_k f(x_k)$$

而右边将等于零,这是由于勒让德多项式 $l_{m+1}(x)$ 在区间 $[-1,1]$ 上与一切较低次多项式成直交的缘故.

下面对于不太大的 n 来引进勒让德多项式的例子

$$l_0(x) = 1$$

$$l_1(x) = x$$

$$l_2(x) = \frac{1}{3}(3x^2 - 1)$$

$$l_3(x) = \frac{1}{5}(5x^3 - 3x)$$

$$l_4(x) = \frac{1}{35}(35x^4 - 30x^2 + 3)$$

$$l_5(x) = \frac{1}{63}(63x^5 - 70x^3 + 25x)$$

勒让德多项式 $l_n(x)$ 的零点就是相应的高斯求积公式(具有 n 个基点者)的基点.

几种类型的积分

第 3 章

§1 数值积分

我们现在研究微分法的反问题即数值积分.已知函数 f 在有限区间 $[a,b]$ 上确定,我们要计算定积分

$$\int_a^b f(x)\mathrm{d}x \qquad (1)$$

假设 f 是可积的,设在 $[a,b]$ 上 $f(x) \geqslant 0$,积分(1)是曲线 $y = f(x)$ 与 x 轴和 $x = a$,$x = b$ 的纵坐标线围成的面积.如果能求函数 F 使 $F' = f$,那么,可用下面关系式计算这个积分

$$\int_a^b f(x)\mathrm{d}x = F(b) - F(a)$$

要得到 F,有时需要一些技巧,如作变量代换或分部积分.即使可以找到,在当计算 F 需做大量计算时,用数值方法估计(1)可能会更方便些.如果不能求出 F 或 f 仅在 x 的某些值为已知时我们就用数值方法计算(1).

明显的途径是在(1)中用逼近多项式代替被积函数 f,并对多项式进行积分. 我们将不用 Taylor 多项式,因为它需要计算 f 的导数. 首先,我们用在等距离点,$x_r = x_0 + rh, 0 \leqslant r \leqslant n$ 构造插值多项式. 如果 $f^{(n+1)}$ 在 $[x_0, x_n]$ 上连续,有

$$f(x_0 + sh) = f_0 + \binom{s}{1}\Delta f_0 + \cdots + \binom{s}{n}\Delta^n f_0 +$$

$$h^{n+1}\binom{s}{n+1}f^{(n+1)}(\xi_s) \qquad (2)$$

其中 $\xi_s \in (x_0, x_n)$(如果 s 是在区间 $0 \leqslant s \leqslant n$ 之外就需要用适当大的区间代替 $[x_0, x_n]$). 在(2)中选择不同的 n 值,可以构造不同积分规则. 于是当 $n = 0$ 时

$$f(x_0 + sh) = f_0 + h\binom{s}{1}f'(\xi_s)$$

在 $[x_0, x_1]$ 上积分 $f(x)$,就是在 $[0, 1]$ 上对 s 进行积分,得到

$$\int_{x_0}^{x_1} f(x)\mathrm{d}x = hf_0 + h^2\int_0^1 sf'(\xi_s)\mathrm{d}s \qquad (3)$$

由于 $x = x_0 + sh$,我们用 $h\mathrm{d}s$ 代替 $\mathrm{d}x$,对(3)右端的被积函数来说,在 $[0, 1]$ 上 s 是不变号的,又 $f'(\xi_s)$ 是 s 的连续函数. 于是由积分中值定理知,存在一个数 $s = \bar{s}$ 使 $\xi_{\bar{s}} \in (x_0, x_1)$,因此

$$\int_{x_0}^{x_1} f(x)\mathrm{d}x = hf_0 + h^2 f'(\xi_{\bar{s}})\int_0^1 s\mathrm{d}s$$

把 $\xi_{\bar{s}}$ 写成 ξ,我们有

$$\int_{x_0}^{x_1} f(x)\mathrm{d}x = hf_0 + \frac{1}{2}h^2 f'(\xi) \qquad (4)$$

式(4)右边的第一项,给出一个积分规则(也叫求积规则),第二项是误差项. 这叫矩形积分规则. 因为积分

（即图 28 中曲线 $y = f(x)$ 下面的面积）是用以 $h = x_1 - x_0$ 为宽和以 f_0 为高的矩形的近似.

令 $n = 1$ 并在 $[x_0, x_1]$ 上积分 $f(x)$，我们同样有

$$\int_{x_0}^{x_1} f(x) \mathrm{d}x = hf_0 + \frac{1}{2}h\Delta f_0 + h^3 f''(\xi) \int_0^1 \binom{s}{2} \mathrm{d}s$$

其中假定 f'' 在 $[x_0, x_1]$ 上连续. 因为 $\binom{s}{2}$ 在 $[0, 1]$ 上不变号，我们可以再一次应用积分中值定理得出

$$\int_{x_0}^{x_1} f(x) \mathrm{d}x = \frac{h}{2}(f_0 + f_1) - \frac{h^3}{12} f''(\xi) \qquad (5)$$

其中 $\xi \in (x_0, x_1)$，但是通常与出现在（4）中的 ξ 不同，这是带误差项的梯形规则. 这里积分被近似地表为 $\frac{1}{2}h(f_0 + f_1)$，而梯形面积是图 29 的阴影部分.

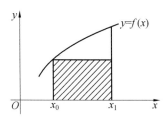

图 28　矩形求积规则

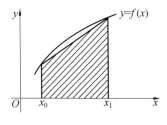

图 29　梯形规则

梯形规则通常用其复化的形式. 要求 $[a, b]$ 上 f 的

164

积分值,我们把 $[a,b]$ 分成具有等长度 $h = (b-a)/N$ 的子区间.子区间的端点为 $x_i = a + ih$,$i = 0, 1, 2, \cdots,$ N,因此 $x_0 = a$ 和 $x_N = b$. 我们现在在每个子区间 $[x_{i-1}, x_i]$,$i = 1, 2, \cdots, N$,使用梯形规则(图 30). 于是我们从 (5) 并把误差项中出现的 ξ 加以区别后,有

$$\int_{x_0}^{x_N} f(x)\,\mathrm{d}x = \frac{h}{2}(f_0 + f_1) - \frac{h^3}{12}f'(\xi_1) + \cdots +$$

$$\frac{h}{2}(f_{N-1} + f_N) - \frac{h^3}{12}f''(\xi_N)$$

仍然假设 f'' 是在 $[a,b]$ 上连续,我们可以把误差项合并起来,给出

$$\int_a^b f(x)\,\mathrm{d}x = \frac{h}{2}(f_0 + 2f_1 + \cdots +$$

$$2f_{N-1} + f_N) - \frac{Nh^3}{12}f''(\xi) \quad (6)$$

其中 $\xi \in (a,b)$.

由于 $x_N - x_0 = Nh$,上式可重写为

$$\int_a^b f(x)\,\mathrm{d}x = h(f_0 + f_1 + \cdots + f_{N-1}) +$$

$$\frac{h}{2}(f_N - f_0) - (x_N - x_0)\frac{h^2}{12}f''(\xi)$$

$$(7)$$

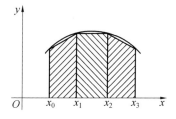

图 30　梯形规则的复化形式

顺便指出,从式(7)可见复化梯形规则是由复化矩形规则加上一个校正项 $h(f_N - f_0)/2$ 组成的. 注意:在(7)中误差是 $O(h^2)$ 可以等价的说这个公式对于属于 P_1 的每个多项式都是准确地成立的.(在误差项中上述多项式的二次导数是零.)

现在假定 f_i 的舍入误差至多为 $\frac{1}{2} \cdot 10^{-k}$. 我们从(6)看到梯形规则中由于舍入误差而产生的误差不大于

$$\frac{h}{2}(1 + 2 + 2 + \cdots + 2 + 1) \cdot \frac{1}{2} \cdot 10^{-k} =$$

$$Nh \cdot \frac{1}{2} \cdot 10^{-k} = (b - a) \cdot \frac{1}{2} \cdot 10^{-k}$$

所以,舍入误差对求积规则精度的影响是不严重的.这一点对一般的数值积分来说也是对的,它不同于数值微分.复化梯形规则有一种推广的形式叫 Gregory 公式

$$\int_{x_0}^{x_N} f(x)\mathrm{d}x \approx h(f_0 + \cdots + f_N) +$$

$$h \sum_{j=0}^{m} c_{j+1}(\nabla^j f_N + (-1)^j \Delta^j f_0)$$

$$(8)$$

其中

$$c_j = (-1)^j \int_{-1}^{0} \binom{-s}{j} \mathrm{d}s \qquad (9)$$

如果 $m \leqslant N$,规则要用到 $x_i \in [x_0, x_N]$ 的每个 $f(x_i)$ 值. $m = 0$ 时由于 $c_1 = -\frac{1}{2}$,(8)成为简单的梯形规则.(后面的一些 c_j 的值为 $-\frac{1}{12}, -\frac{1}{24}, -\frac{19}{720}$,我们

从 (9) 看到对所有 j 均有 $c_j < 0$.) 我们不加证明地指出,如果 $m = 2k$ 或 $m = 2k + 1$,则规则 (8) 的误差是 $O(h^{2k+1})$,且对每个属于 P_{2k+1} 的多项式积分公式是精确成立的. 今在 (8) 中令 m 是偶数. 例如 $m = 2$ 且 $N \geqslant 2$,有积分规则

$$\int_{x_0}^{x_N} f(x) \mathrm{d}x \approx h(f_0 + \cdots + f_N) - \frac{5h}{8}(f_0 + f_N) + \frac{h}{6}(f_1 + f_{N-1}) - \frac{h}{24}(f_2 + f_{N-2})$$

$$(10)$$

该式对 $f \in P_3$ 是精确成立的. 关于 Gregory 公式的推导参看 Ralston.

回到 (2),我们选择 $n = 3$,并在 $[x_0, x_2]$ 上积分 $f(x)$. 这时误差项包含二项式系数 $\binom{s}{3}$,它在 $[x_0, x_2]$ 上将变号. 但是,如果把误差项写成

$$h^4 \int_0^2 s(s-1)(s-2) f[x_0 + sh, x_0, x_1, x_2] \mathrm{d}s$$

利用分部积分,可得余项形式为

$$\frac{h^5 f^{(4)}(\xi)}{4} \int_0^2 s \binom{s}{3} \mathrm{d}s = -\frac{h^5}{90} f^{(4)}(\xi)$$

(参看 Isaacson 和 Keller),于是有

$$\int_{x_0}^{x_2} f(x) \mathrm{d}x = \frac{h}{3}(f_0 + 4f_1 + f_2) - \frac{h^5}{90} f^{(4)}(\xi)$$

$$(11)$$

其中 $\xi \in (x_0, x_2)$. 这叫作 Simpson 规则. 同梯形规则一样,Simpson 规则也往往用其复化形式. 像在梯形规则那样合并误差项我们有

$$\int_{x_0}^{x_{2N}} f(x) \mathrm{d}x = \frac{h}{3}(f_0 + 4f_1 + 2f_2 + 4f_3 + \cdots +$$

$$2f_{2N-2} + 4f_{2N-1} + 2f_{2N}) -$$

$$(x_{2N} - x_0) \frac{h^4}{180} f^{(4)}(\xi) \qquad (12)$$

其中 $\xi \in (x_0, x_{2N})$.

注 Simpson 规则的复化形式需要把区间分成偶数个子区间. 而 Gregory 公式(10) 是一个允许有奇数个子区间的可比较精度的一个求积规则.

注 (10) 和(12) 两者在当被积函数 $f \in P_3$ 时都是准确成立的. 基本的梯形和 Simpson 规则(7) 和(11) 都是下列形式

$$\int_{x_0}^{x_n} f(x)\mathrm{d}x \approx \sum_{i=0}^{n} w_i f(x_0 + ih) \qquad (13)$$

的特殊情况, 其中 w_i 在 $f \in P_n$ 时将使求积规则精确地成立. 这些称为闭型 Newton-Cotes 公式. 对于 $n=3$ 我们有 $w_0 = w_3 = 3h/8$ 和 $w_1 = w_2 = 9h/8$. 当 n 为偶数时, 则规则 $f \in P_{n+1}$ 是精确成立的(例如 Simpson 规则中 $n=2$). 积分规则例如(17) 中的数 w_i 叫作权, 于是积分规则将是函数值的加权和. 也是开型的 Newton-Cotes 公式, 其形式是

$$\int_{x_0}^{x_n} f(x)\mathrm{d}x \approx \sum_{i=1}^{n-1} w_i f(x_0 + ih)$$

开型或是闭型是针对端点 x_0 和 x_n 点是否全属于公式之中来说的.

为了得出最简单的开型 Newton-Cotes 规则, 当 $n=1$ 时在 $[x_0 - h, x_0 + h]$ 上积分(2), 给出

$$\int_{x_0-h}^{x_0+h} f(x)\mathrm{d}x = 2hf_0 + h^3 \int_{-1}^{1} \binom{s}{2} f''(\xi_s)\mathrm{d}s$$

和推导 Simpson 规则一样, 这里的误差项计算将有一

点麻烦.由于 $\binom{s}{2}$ 在 $[-1,1]$ 上变号,积分中值定理不能用,但是略加推导误差仍可写成

$$h^3 f''(\xi)\int_{-1}^{1}\binom{s}{2}\mathrm{d}s = \frac{1}{3}h^3 f''(\xi)$$

今在区间 $[x_0,x_1]$ 上应用这一规则,我们有

$$\int_{x_0}^{x_1}f(x)\mathrm{d}x = hf\left(x_0+\frac{1}{2}h\right)+\frac{h^3}{24}f''(\xi) \quad (14)$$

其中 $\xi\in(x_0,x_1)$.这叫作中点规则,乍看起来这规则好像比在 $[x_0,x_1]$ 上的梯形规则节省一些.因为二者都有 h^3 精度,但(14)仅要求计算 f 的一个值,它代替梯形规则中的两个函数值的计算.这是一个误解,因为(14)的复化形式是

$$\int_{x_0}^{x_N}f(x)\mathrm{d}x = h\sum_{r=0}^{N-1}f\left(x_r+\frac{1}{2}h\right)+(x_N-x_0)\frac{h^2}{24}f''(\xi)$$

$$(15)$$

其中 $\xi\in(x_0,x_n)$.这需要对 f 计算 N 个值它只比复化梯形规则(7)的 $N+1$ 个计算少一个.注意,在(7)和(15)误差项中的符号是相反的.如果 f'' 在 $[x_0,x_n]$ 上符号不变,则积分值必将介于用中点和梯形规则的估计之间.

令 T_N[①] 和 M_N 表示 $\int_{a}^{b}f(x)\mathrm{d}x$ 在 N 个子区间上分别用梯形和中点规则的逼近.如果 f'' 是常数,我们可消去问题(7)和(15)的误差项,并得出求积规则

$$\int_{a}^{b}f(x)\mathrm{d}x \approx \frac{2M_N+T_N}{3} \quad (16)$$

────────

① 不要与用在别处的表示 Chebyshev 多项式的 T_N 发生混淆.

169

从(7)和(15)我们看到这规则包含 $f(x)$ 的 $2N+1$ 个等距点 $x=x_0+\dfrac{1}{2}rh$，$r=0,1,\cdots,2N$ 处的值. 其实

$$\frac{2M_N+T_N}{3}=S_{2N} \tag{17}$$

其中 S_{2N} 是在 $[a,b]$ 上有 $2N$ 个子区间时应用 Simpson 规则的结果.

例1 表1列出在不同的子区间个数 N 情况下用梯形、中点和 Simpson 规则对 $\displaystyle\int_0^1(1+x)^{-1}\mathrm{d}x$ 的逼近. 在 $[0,1]$ 上 $(1+x)^{-1}$ 的二次导数是正的，表中第1和第2列数给出了积分的界，取四位数字的积分值是 $\ln 2=0.693\,1$.

表1 对 $\displaystyle\int_0^1(1+x)^{-1}\mathrm{d}x$ 的逼近

N	梯形规则	中点规则	Simpson 规则
1	0.750 0	0.666 7	—
2	0.708 3	0.685 7	0.694 4
3	0.700 0	0.689 8	—
4	0.697 0	0.691 2	0.693 3

我们知道微分规则中的截断误差可以用 Taylor 级数来估计. 这对用于积分规则也是对的. 例如，如果 $F'(x)=f(x)$，令 $u=x_0+\dfrac{1}{2}h$，我们有

$$\int_{x_0}^{x_1}f(x)\mathrm{d}x=F\left(u+\frac{1}{2}h\right)-F\left(u-\frac{1}{2}h\right)=$$

$$F(u)+\frac{1}{2}hF'(u)+\frac{1}{8}h^2F''(u)+$$

$$\frac{1}{48}h^3 F^{(3)}(\xi_1) - \left[F(u) - \frac{1}{2}hF'(u) + \right.$$

$$\left. \frac{1}{8}h^2 F''(u) - \frac{1}{48}h^3 F^{(3)}(\xi_0) \right] \quad (18)$$

其中 ξ_0 和 $\xi_1 \in (x_0, x_1)$. 合并两个误差项, 可见(18)就是中点规则加一个如(14)所示的误差项.

我们研究过的每个求积规则都是 $f(x_i)$ 值的加权和, 而横坐标 x_i 都在积分域内. 但并不总是用这样的规则. 例如, 假定要在 $[x_n, x_{n+1}]$ 上积分函数 f, 其中 $x_n = x_0 + nh$, 但只知 f 在 $0 \leqslant i \leqslant n$ 的值为 $f(x_i)$. 在常微分方程数值解中将遇到这种类型的问题, 这时用向后形式的差分, 构造在 $x = x_n, x_{n-1}, \cdots, x_{n-m}, m \leqslant n$ 处的插值多项式是较方便的. 对于任何 $s > 0$, 我们有

$$f(x_n + sh) = \sum_{j=0}^{m} (-1)^j \binom{-s}{j} \nabla^j f_n +$$

$$(-1)^{m+1} h^{m+1} \binom{-s}{m+1} f^{(m+1)}(\xi_s)$$

$$(19)$$

在(19)中, $\xi_s \in (x_{n-m}, x_n + sh)$, 假设 $f^{(m+1)}$ 在区间上连续. 今在区间 $x_n \leqslant x \leqslant x_{n+1}$ 上积分(19). 用变量置换 $x = x_n + sh$, 我们用 $h\,\mathrm{d}s$ 代替 $\mathrm{d}x$, 给出

$$\int_{x_n}^{x_{n+1}} f(x)\,\mathrm{d}x = h \sum_{j=0}^{m} (-1)^j \nabla^j f_n \int_0^1 \binom{-s}{j}\,\mathrm{d}s +$$

$$(-1)^{m+1} h^{m+2} \int_0^1 \binom{-s}{m+1} f^{(m+1)}(\xi_s)\,\mathrm{d}s$$

$$(20)$$

再次用积分中值定理, 我们有

$$\int_{x_n}^{x_{n+1}} f(x)\,\mathrm{d}x = h \sum_{j=0}^{m} b_j \nabla^j f_n + h^{m+2} b_{m+1} f^{(m+1)}(\xi_n)$$

$$(21)$$

其中

$$\xi_n \in (x_{n-m}, x_{n+1})$$

$$b_j = (-1)^j \int_0^1 \binom{-s}{j} \mathrm{d}s$$

常常也用 $f(x_{n+1})$，并在 $x = x_{n+1}, x_n, \cdots, x_{n-m}$ 构造插值多项式，我们有

$$f(x_{n+1} + sh) = \sum_{j=0}^{m+1} (-1)^j \binom{-s}{j} \nabla^j f_{n+1} +$$
$$(-1)^{m+2} h^{m+2} \binom{-s}{m+2} f^{(m+2)}(\xi'_s)$$

$$(22)$$

这恰好是(19)中 n 和 m 各增加 1 的情况，这时 $x_n \leqslant x \leqslant x_{n+1}$ 与 $-1 \leqslant s \leqslant 0$ 相对应. 应用积分中值定理得出

$$\int_{x_n}^{x_{n+1}} f(x) \mathrm{d}x = h \sum_{j=0}^{m+1} c_j \nabla^j f_{n+1} + h^{m+3} c_{m+2} f^{(m+2)}(\xi'_n)$$

$$(23)$$

其中 $\xi'_n \in (x_{n-m}, x_{n+1})$. c_j(参看(9)) 如 Gregory 公式中出现的数一样.

§2   龙贝格积分

在数值求积公式中误差项的消去，可以从极限外推法达到. 如果这过程可以进行，例如对梯形规则，我们需要把误差表示为 h 的偶次幂的级数. 幸好当 f 是充分可微时，这种级数就是存在的. 我们有 Euler-Maclaurin 公式

$$\int_{x_0}^{x_N} f(x)\mathrm{d}x - T_N = h^2 E_2 + h^4 E_4 + h^6 E_6 + \cdots \quad (1)$$

其中

$$E_{2r} = -\frac{B_{2r}}{(2r)!}(f^{(2r-1)}(x_N) - f^{(2r-1)}(x_0))$$

系数 B_{2r} 是 Bernoulli 数，可用

$$\frac{x}{\mathrm{e}^x - 1} = \sum_{r=0}^{\infty} \frac{B_r x^r}{r!}$$

确定.(1) 的推导参看 Ralston.（注意 §1 中 Gregory 公式 (8) 与 (1) 的相似性.(1) 中的第一个误差项可以化成梯形规则的误差项,而其余的误差项由导数的有限差分所组成.）在 (1) 中系数 E_{2r} 与 h 无关,这个性质是外推程序所需要的.累次地对梯形规则进行极限外推就得到 Romberg 积分.容易验证,第一次极限外推的结果是 Simpson 规则,即

$$S_{2N} = \frac{(4T_{2N} - T_N)}{3} \qquad (2)$$

例 1　在表 2 中给出对下列定积分应用龙贝格积分

$$\int_0^1 \frac{\mathrm{d}x}{1+x}$$

的结果.第一列给出 T_1, T_2, T_4 和 T_8,供比较的结果取到六位数字的数是 0.693 147.用 8 个子区间的 Simpson 规则给出 0.693 155.见表的第二列,该列是按 (2) 算出的.于是用龙贝格积分在区间上估计出的积分,其误差不大于 1.5×10^{-6},而这只需用 9 个函数值.利用梯形规则要达到同样的精度,需要的项数可以从 §1 中 (7) 的误差项去估计,此时,由于当 $0 \leqslant x \leqslant 1$ 时,$\frac{1}{4} \leqslant f''(x) \leqslant 2$,我们看到将要求做一百四十次计算.

表 2 以子区间数为 $N = 1, 2, 4$ 和 8 对 $\int_0^1 \dfrac{\mathrm{d}x}{1+x}$ 应用

龙贝格积分的结果(例 1)

0.750 000			
	0.694 444		
0.708 333		0.693 175	
	0.693 254		0.693 148
0.697 024		0.693 148	
	0.693 155		
0.694 122			

如果由于 f 在积分域上某些点的导数不存在,因而形如(1)的幂级数不存在,用此公式的结果可能是错误的,下例可以说明.

例 2 我们试图对积分

$$\int_0^{0.8} x^{1/2}\,\mathrm{d}x$$

累次地使用极限外推法.被积函数在 $x = 0$ 处不可微.表 3 是取 $N = 1, 2, 4, 8, 16$ 所得的结果.划了线的两个数是很不准确的,有五位数字的正确结果应当是 0.477 03.

表 3 关于错误应用龙贝格法于 $\int_0^{0.8} x^{1/2}\,\mathrm{d}x$ 的表

0.357 77				
	0.456 57			
0.431 87		0.470 66		
	0.469 78		0.474 84	
0.460 30		0.474 77		0.476 26
	0.474 46		0.476 25	
0.470 92		0.476 23		
	0.476 12			
0.474 82				

看外推结果的表中当我们把每一列都做完后,将能看出一种收敛趋势,但在例 2 中看到的各列的最后一数却是一个假象.

§3　高斯积分

我们现在研究下列形式的求积公式

$$\int_a^b f(x)\mathrm{d}x \approx \sum_{i=0}^n w_i f(x_i) \qquad (1)$$

这里横坐标不一定是等距的. 我们再用 p_n 代替 f, 而 p_n 仍是在 $x=x_0, x_1, \cdots, x_n$ 上构造的插值多项式. 我们写 p_n 为 Lagrange 形式

$$p_n(x) = L_0(x)f(x_0) + \cdots + L_n(x)f(x_n)$$

在区间 $[a,b]$ 上积分 p_n, 从而导出 (1) 的右边. 于是权系数为

$$w_i = \int_a^b L_i(x)\mathrm{d}x \quad (0 \leqslant i \leqslant n) \qquad (2)$$

如果我们在 $[a,b]$ 上所取的 x_i 是等距的, 如在 §1 中讨论的那样, 我们便可推出 Newton-Cotes 规则. 我们现在研究对于任意分布的 $x_i \in [a,b]$ 求积规则 (1) 的误差. 对于积分插值多项式的误差, 我们有

$$\int_a^b f(x)\mathrm{d}x - \sum_{i=0}^n w_i f(x_i) =$$

$$\frac{1}{(n+1)!}\int_a^b \pi_{n+1}(x) f^{(n+1)}(\xi_x)\mathrm{d}x \qquad (3)$$

其中假定 $f^{(n+1)}$ 在 $[a,b]$ 上存在, 且

$$\pi_{n+1}(x) = (x-x_0)\cdots(x-x_n) \qquad (4)$$

于是当 $f \in P_n$ 时因为 $f^{(n+1)}(x) \equiv 0$, 此时积分规则精确成立, 所以 (3) 右边是零.

我们将用另一种形式研究 (1). 首先我们注意: 如果 (1) 对函数 f 和 g 是精确成立的, 则它对 $\alpha f + \beta g$ 也

是精确成立的,其中 α 和 β 为任意实数.因为

$$\int_a^b (\alpha f(x) + \beta g(x))\mathrm{d}x = \alpha \int_a^b f(x)\mathrm{d}x + \beta \int_a^b g(x)\mathrm{d}x =$$

$$\sum_{i=0}^n w_i(\alpha f(x_i) + \beta g(x_i))$$

因此,规则(1)对 $f \in P_n$ 精确成立,这就要求而且仅需要求单项式 $f(x) = 1, x, \cdots, x^n$ 对(1)精确成立.如果(1)对 $f(x) = x^j$ 精确成立,应有

$$\int_a^b x^j \mathrm{d}x = \sum_{i=0}^n w_i x_i^j \tag{5}$$

式(5)左边是已知的.这启发我们,如取 $j = 0, 1, \cdots, 2n+1$,就得到 $2n+2$ 个方程,需要解 $2n+2$ 个未知数 w_i 和 $x_i, i = 0, 1, \cdots, n$.如果这方程组有解,则积分规则对 $f \in P_{2n+1}$ 将是精确成立的.虽然,求解这个方程组这并不困难,我们也不用直接法去解它(参看 Davis 和 Rabinowitz).

回到(3).使用误差 $f - p_n$ 的均差形式是较方便的

$$f(x) - p_n(x) = \pi_{n+1}(x) f[x, x_0, \cdots, x_n]$$

于是我们有

$$\int_a^b f(x)\mathrm{d}x - \sum_{i=0}^n w_i f(x_i) = \\ \int_a^b \pi_{n+1}(x) f[x, x_0, \cdots, x_n]\mathrm{d}x \tag{6}$$

我们现在证明:

引理 如果 $f[x, x_0, \cdots, x_k]$ 是次数 $m > 0$ 的多项式(对 x 讲),则 $f[x, x_0, \cdots, x_{k+1}]$ 是 $m-1$ 次多项式.

证明 从

$$f[x, x_0, \cdots, x_{k+1}] =$$
$$\frac{f[x_0, x_1, \cdots, x_{k+1}] - f[x, x_0, \cdots, x_k]}{x_{k+1} - x} \tag{7}$$

现在 $x - x_{k+1}$ 是 §1 中(23)的分子中的一个因子,因为

$$f[x_0, \cdots, x_{k+1}] - f[x_{k+1}, x_0, \cdots, x_k] = 0$$

均差与其插值点的次序无关,由于在(7)右边的分子是 m 阶多项式,而 $x - x_{k+1}$ 是其一个因子,所以,$f[x, x_0, \cdots, x_{k+1}]$ 是 $m-1$ 阶多项式.

回到(6),如果 $f \in P_{2n+1}$,递推地使用引理,证得 $f[x, x_0, \cdots, x_n] \in P_n$,假设 $\{p_0, p_1, \cdots, p_{n+1}\}$ 是在 $[a, b]$ 上的正交多项式集合,即

$$\int_a^b p_r(x) p_s(x) \mathrm{d}x \begin{cases} = 0, r \neq s \\ \neq 0, r = s \end{cases}$$

其中 $p_r \in P_r, r = 0, 1, \cdots, n+1$. 可找到某些实数 $\alpha_0, \alpha_1, \cdots, \alpha_n$,使

$$f[x, x_0, \cdots, x_n] = \alpha_0 p_0(x) + \alpha_1 p_1(x) + \cdots + \alpha_n p_n(x)$$

并由正交关系,当 $\pi_{n+1}(x) = \alpha p_{n+1}(x)$ 时,式(6)右边对于某些实数 $\alpha \neq 0$ 将是零.

在 $[-1, 1]$ 上这些正交多项式 p_n 是 Legendre 多项式. 于是,如果 x_i 选为 $n+1$ 阶 Legendre 多项式的零点,而权系数 w_i 从(5)确定,其中把 $[a, b]$ 换为 $[-1, 1]$,则积分规则

$$\int_{-1}^1 f(x) \mathrm{d}x \approx \sum_{i=0}^n w_i f(x_i) \tag{8}$$

对 $f \in P_{2n+1}$ 是精确地成立. 这叫作高斯积分规则.

前几个 Legendre 多项式是 $1, x, (3x^2 - 1)/2$, $(5x^3 - 3x)/2$. 当 $n = 0$ 时,在(8)中我们得到只有一个

Simpson 原理

横坐标 $x = 0$ 的规则，即

$$\int_{-1}^{1} f(x)\,\mathrm{d}x \approx 2f(0) \tag{9}$$

当 $f \in P_1$ 时它是精确的，这是中点规则，我们曾在 §1 中 (14) 导出过. 当 $n = 1$ 时，所求横坐标是 $(3x^2 - 1)/2$ 的零点，它们是 $x = \pm 1/\sqrt{3}$. 权系数 w_0 和 w_1 按 (8) 是容易求出的，当 $n = 1$ 时，积分规则对单项式 1 和 x 应是精确成立的. 于是有高斯规则

$$\int_{-1}^{1} f(x)\,\mathrm{d}x \approx f(-1/\sqrt{3}) + f(1/\sqrt{3}) \tag{10}$$

对于 $f \in P_3$ 它将是准确的. 所以比 Simpson 规则为好. 当 $n = 2$ 时所求横坐标是 $(5x^3 - 3x)/2$ 的零点. 即 $x = 0, \pm\sqrt{3/5}$，由于，规则 (8) 在 $n = 2$ 时须使 $1, x$ 和 x^2 精确地成立，我们有

$$2 = w_0 + w_1 + w_2$$

$$0 = -\sqrt{\frac{3}{5}}\, w_0 + \sqrt{\frac{3}{5}}\, w_2$$

$$\frac{2}{3} = \frac{3}{5} w_0 + \frac{3}{5} w_2$$

因此积分规则为

$$\int_{-1}^{1} f(x)\,\mathrm{d}x \approx \left(5f\left(-\sqrt{\frac{3}{5}}\right) + 8f(0) + 5f\left(\sqrt{\frac{3}{5}}\right) \right) \Big/ 9 \tag{11}$$

它对 $f \in P_5$ 是精确成立的.

高斯规则也可用其类似于梯形、中点和 Simpson 的复化规则. 可以证明若 $f^{(2n+2)}$ 在 $[-1,1]$ 上连续，则具有 $n + 1$ 个点的高斯规则 (8) 的误差是 $d_{n+1} f^{(2n+2)}(\xi)$，其中 $\xi \in (-1, 1)$，而

$$d_n = \frac{2^{2n+1}(n!\ )^4}{(2n+1)\big[(2n)!\ \big]^3} \qquad (12)$$

当 n 增加时它下降得很快(参看 Ralston).应用高斯规则于积分

$$\int_a^{a+h} g(t)\,\mathrm{d}t \qquad (13)$$

我们做变量置换 $t = a + \dfrac{1}{2}h(x+1)$,它把 $a \leqslant t \leqslant a + h$,变成了 $-1 \leqslant x \leqslant 1$.令

$$g(t) = g\left(a + \frac{1}{2}h(x+1)\right) = f(x)$$

对它微分 k 次,则有

$$\frac{\mathrm{d}^k}{\mathrm{d}x^k} f(x) = \left(\frac{h}{2}\right)^k \frac{\mathrm{d}^k}{\mathrm{d}t^k} g(t)$$

于是用 $n+1$ 个点的高斯规则估计(13)的误差就是

$$\left(\frac{h}{2}\right)^{2n+2} d_{n+1} g^{(2n+2)}(\eta) \qquad (14)$$

其中 $\eta \in (a, a+h)$.在(14)中 $h/2$ 的高次幂使误差对某些 h 变得很小很小.

　　例　为了说明高斯规则的精度,我们用 3 点规则于

$$\int_0^1 \frac{\mathrm{d}x}{1+x}$$

得出 0.693 122.同样在 $\left[0, \dfrac{1}{2}\right]$,$\left[\dfrac{1}{2}, 1\right]$ 上应用其复化规则,将用到六个函数值,给出 0.693 146.最后一个的误差不大于 1.5×10^{-6}.而正确结果是 $\ln 2 = 0.693\ 147$,可见已精确到六位小数.和 §2 例 1 中龙贝格积分比较,达到同样精度要用九个函数值.

　　还有形如

$$\int_a^b \omega(x)f(x)\mathrm{d}x \approx \sum_{i=0}^n w_i f(x_i) \qquad (15)$$

的求积公式,其中 $\omega(x)$ 是固定权函数. 权 w_i 和横坐标 x_i 应在使(15)对所有 $f \in P_{2n+1}$ 精确成立的情况下求出. 类似的讨论可用于古典高斯规则的推导,证明在(15)中的 x_i 必定为 $n+1$ 次多项式的零点,这些多项式在 $[a,b]$ 上以 ω 为权互相正交. 形如(15)的公式统称为高斯规则. 特别如把 $[a,b]$ 取为 $[-1,1]$ 而 $\omega(x)=(1-x^2)^{-1/2}$,这种正交多项式就是 Chebyshev 多项式.(所得到公式也叫作 Chebyshev 求积规则.)此时,多项式是

$$p_n(x) = \sum_{i=0}^n L_i(x)f(x_i)$$

其中 x_i 是相应的插值多项式 T_{n+1} 的零点. 我们可写

$$L_i(x) = \frac{T_{n+1}(x)}{(x-x_i)T'_{n+1}(x_i)}$$

于是从(15)可知权系数是

$$w_i = \int_{-1}^1 \frac{(1-x^2)^{-1/2}T_{n+1}(x)}{(x-x_i)T'_{n+1}(x_i)}\mathrm{d}x \qquad (16)$$

我们现在用公式[①]

$$\frac{1}{2}(T_{n+1}(x)T_n(y) - T_{n+1}(y)T_n(x)) =$$

$$(x-y)\sum_{r=0}^n{}' T_r(x)T_r(y) \qquad (17)$$

这是 Christoffel-Darboux 公式的特殊情况. 它对任何正交多项式都成立. 参看 Davis,在式(17)中令 $y = x_i$,

---

① $\sum'$ 表示和中第一项只取一半.

我们有 $T_{n+1}(y)=0$，对式(17) 的两端用

$$\frac{1}{2}(x-x_i)T_n(x_i)T'_{n+1}(x_i)$$

去除，给出

$$w_i = \frac{2}{T_n(x_i)T'_{n+1}(x_i)} \sum_{r=0}^{n}{}' T_r(x_i) \int_{-1}^{1}(1-x^2)^{-1/2}T_r(x)\mathrm{d}x$$

根据 $T_0=1$ 和 $T_r, r \neq 0$ 的正交性在和式中仅有第一项不为零，所以

$$w_i = \frac{\pi}{T_n(x_i)T'_{n+1}(x)} \tag{18}$$

令 $x=\cos\theta$，我们有

$$T_n(x)T'_{n+1}(x) = (n+1)\sin(n+1)\theta\cos n\theta / \sin\theta \tag{19}$$

我们现在写 $x_i = \cos\theta_i$ 并由恒等式

$$\cos n\theta = \cos((n+1)\theta - \theta) =$$
$$\cos(n+1)\theta\cos\theta + \sin(n+1)\theta\sin\theta$$

由于 $\cos(n+1)\theta_i = 0$，我们有

$$\cos n\theta_i = \sin(n+1)\theta_i \sin\theta_i$$

而从(19)

$$T_n(x_i)T'_{n+1}(x_i) = (n+1)\sin^2(n+1)\theta_i =$$
$$(n+1)(1-\cos^2(n+1)\theta_i) =$$
$$n+1$$

再据(18)，便得

$$w_i = \pi/(n+1)$$

因此对于 Chebyshev 规则所有的权应是相等的.

　　注　带权的高斯规则可用于积分 $\int_{a}^{b}g(x)\mathrm{d}x$，写

$$g(x) = \omega(x) \cdot [g(x)/\omega(x)]$$

并用规则(15)于函数

$$f(x) = g(x)/\omega(x)$$

明显的不利条件是高斯规则的权和横坐标是个麻烦,因为需要把它们按一定精度求出,并把它在机器上存贮起来.龙贝格积分中其权系数和横坐标都很简单,它比高斯规则用得更经常.

§4 不 定 积 分

假定我们要计算的是不定积分

$$F(x) = \int_a^x f(t)\,\mathrm{d}t \qquad (1)$$

其中 $a < x \leqslant b$,而不是 §1 定积分(1).我们可选择适当的步长 h,并依次取 $x = a+h, a+2h, \cdots$ 使逼近于(1) 的右边.每个积分都可以用某些求积规则,例如梯形规则计算.而 $F(x)$ 的中间值则可用插值方法来估计.

另一方法,用某些逼近多项式 p 代替 f,而用 p 的积分逼近 F.如果当 $a \leqslant x \leqslant b$ 时 $|f(x) - p(x)| < \varepsilon$,则

$$\left| F(x) - \int_a^x p(t)\,\mathrm{d}t \right| < \int_a^x \varepsilon\,\mathrm{d}x \leqslant (b-a)\varepsilon$$

特别,取 $[a,b]$ 为 $[-1,1]$,适当选择 p 为 Chebyshev 级数

$$\sum_{r=0}^{n}{}' \alpha_r T_r(x) \qquad (2)$$

其中

$$\alpha_r = \frac{2}{N} \sum_{j=0}^{N}{}'' f(x_j) T_r(x_j) \qquad (3)$$

而 $x_j = \cos(\pi j/N), N > n.$ 要对 (2) 积分就要求积分 $T_r(x)$，它的不定积分显然是 $r+1$ 次多项式，它又可表为 $T_0, T_1, \cdots, T_{r+1}$ 的倍数的和. 事实上，求这种不定积分是十分简单的，令 $t = \cos\theta$，当 $r \neq 1$ 时，我们有

$$\int T_r(t)\mathrm{d}t = -\int \cos r\theta \sin\theta \mathrm{d}\theta =$$

$$\frac{1}{2}\int \big[\sin(r-1)\theta - \sin(r+1)\theta\big]\mathrm{d}\theta =$$

$$\frac{1}{2}\left(\frac{\cos(r+1)\theta}{r+1} - \frac{\cos(r-1)\theta}{r-1}\right) + C$$

C 是任意常数. 选择符合 $T_r(-1)=(-1)^r$ 条件的 C，我们推出

$$\int_{-1}^{x} T_r(t)\mathrm{d}t = \frac{1}{2}\left(\frac{T_{r+1}(x)}{r+1} - \frac{T_{r-1}(x)}{r-1}\right) + \frac{(-1)^{r+1}}{r^2-1} \tag{4}$$

其中 $r > 1$，再求出

$$\int_{-1}^{x} T_1(t)\mathrm{d}t = \frac{1}{4}T_2(x) - \frac{1}{4}$$

$$\int_{-1}^{x} T_0(t)\mathrm{d}t = T_1(x) + 1$$

对式 (2) 积分有

$$\int_{-1}^{x} \Big(\sum_{r=0}^{n}{}' \alpha_r T_r(t)\Big)\mathrm{d}t = \sum_{j=0}^{n+1} \beta_j T_j(x)$$

其中从 (4) 和下面关系，我们求得

$$\beta_j = \frac{1}{2j}(\alpha_{j-1} - \alpha_{j+1}) \quad (1 \leqslant j \leqslant n-1) \tag{5}$$

及

$$\beta_0 = \frac{1}{2}\alpha_0 - \frac{1}{4}\alpha_1 + \sum_{r=2}^{n}(-1)^{r+1}\alpha_r/(r^2-1)$$

如果定义 $\alpha_{n+1}=\alpha_{n+2}=0$，式 (5) 对 $j=n$ 和 $n+1$ 也成立.

§5 广 义 积 分

至此,我们仅限于讨论所谓常义积分. 它的积分界限是有限的,其被积函数是有界的. 我们现在研究下面的两个问题.

(i) 估计 $\int_a^b f(x)\mathrm{d}x$,其中 f 在 $x=b$ 处有奇点,但是它在任何区间 $[a,b-\varepsilon]$ 上有定义,其中 $0<\varepsilon<b-a$. 我们假定

$$\lim_{\varepsilon\to 0}\int_a^{b-\varepsilon} f(x)\mathrm{d}x$$

存在,用 $\int_a^b f(x)\mathrm{d}x$ 表示这个收敛的积分的极限. 例如 $\int_0^1 (1-x)^{-1/2}\mathrm{d}x$ 就是这样的积分.

(ii) 估计 $\int_a^\infty f(x)\mathrm{d}x$,其中 f 是在任何有限区间 $[a,b]$ 上有定义,并且

$$\lim_{b\to\infty}\int_a^b f(x)\mathrm{d}x$$

存在. 我们用 $\int_a^\infty f(x)\mathrm{d}x$ 去表示这个收敛的积分的极限. 例如 $\int_1^\infty x^{-2}\mathrm{d}x$,它类似前面的例子,其计算可以不依赖于数值方法.

一些有用技巧可用于(i) 和(ii) 两种情况下(亦可用于常义积分),这就是做适当的变量置换. 例如使用 $t=(1-x)^{1/2}$ 变换,就能把广义积分(上述情况(i)) $\int_0^1 (1-x)^{-1/2}$ ·

$\sin x \mathrm{d}x$ 变成常义积分 $2\displaystyle\int_0^1 \sin(1-t^2)\mathrm{d}t$,它可用一般求积规则来估计.

另一种有效方法是"去除奇点法".考虑广义积分

$$I = \int_0^1 x^{-p} \cos x \, \mathrm{d}x \quad (0 < p < 1)$$

它在 $x=0$ 处有奇点.用 $\cos x$ 在 $x=0$ 处的 Taylor 级数的第一项逼近 $\cos x$,给出

$$I = \int_0^1 x^{-p} \mathrm{d}x + \int_0^1 x^{-p}(\cos x - 1)\mathrm{d}x$$

第一个积分值是 $(1-p)^{-1}$.第二个积分可以用数值方法计算,由于 $\cos x - 1$ 在 $x=0$ 处类似于 $-\dfrac{1}{2}x^2$.因此第二个积分的被积函数就没有奇点了.但是 $x^{-p}(\cos x - 1)$ 近似于 $-\dfrac{1}{2}x^{2-p}$,它的二次或高次导数在 $x=0$ 处仍有奇点,因此,不能保证数值积分能得到很精确的结果,只能改进一点点,例如我们有

$$I = \int_0^1 x^{-p} p_4(x) \mathrm{d}x + \int_0^1 x^{-p}(\cos x - p_4(x))\mathrm{d}x$$

$$\tag{1}$$

其中

$$p_4(x) = 1 - \frac{x^2}{2!} + \frac{x^4}{4!}$$

在 $x=0$ 处,式(1)中的第二个被积函数是零,且其在 $[0,1]$ 上前五阶导数存在. 因此可以安全使用 Simpson 规则(误差项包含四次导数)估计第二个积分值.在式(1)中第一个积分值可以直接计算.

无限区间的积分,可以在适当点处,把区间截断后来估计.我们用 $\displaystyle\int_a^b f(x)\mathrm{d}x$ 代替 $\displaystyle\int_0^\infty f(x)\mathrm{d}x$,其中 b 应选

择充分大使能给出好的逼近值. 然后再用求积规则估计后一个积分, 例如

$$\left| \int_b^\infty \frac{\sin^2 x}{1 + e^x} dx \right| < \int_b^\infty e^{-x} dx = e^{-b}$$

而当 $b \geqslant 15$ 时, $e^{-b} < \frac{1}{2} \cdot 10^{-6}$, 于是我们可在区域 $[\theta, 15]$ 上用充分准确的逼近去估计积分 $\int_0^\infty \sin^2 x / (1 + e^x) dx$ 使能精确到六位小数.

有时用高斯规则去估计广义积分会方便一些. 例如, 计算 $\int_a^b \omega(x) f(x) dx$, 设 f 是在 $[a, b]$ 上性质很好, 但 $\omega(x) \geqslant 0$ 有奇点, 我们就可以用 $[a, b]$ 上的以 ω 为权的正交多项式的高斯规则去作. 有一个明显不利地方是必须计算横坐标和权. 关于无限广义积分我们有形如

$$\int_0^\infty \omega(x) f(x) dx \approx \sum_{i=0}^N w_i f(x_i) \qquad (2)$$

的高斯规则形式, 和

$$\int_{-\infty}^\infty \omega(x) f(x) dx \approx \sum_{i=0}^N w_i f(x_i) \qquad (3)$$

它对于 $f \in P_{2n+1}$ 是精确的. 在 (2) 中选 $\omega(x) = \exp(-x)$, 就给出 Gauss-Laguerre 规则, 在 (3) 中用 $\omega(x) = \exp(-x^2)$, 就给出 Gauss-Hermite 规则. Laguerre 和 Hermite 的命名是针对与这些公式相联系的正交多项式来说的. 权系数和横坐标的值在 Ralston 中已对 $2 \leqslant n \leqslant 5$ 的情形列出这两个公式的表.

§6　重　积　分

当积分区域的维数高于 1 时,问题变得更复杂一些.这里仅讨论在矩形域上的二重积分.对变量作线性变换把矩形变成正方形.今用任何一个一维的积分规则,我们写

$$\int_a^b \left(\int_a^b f(x,y) \mathrm{d}x \right) \mathrm{d}y \approx \int_a^b \left(\sum_{i=0}^N w_i f(x_i,y) \right) \mathrm{d}y =$$

$$\sum_{i=0}^N w_i \int_a^b f(x_i,y) \mathrm{d}y \approx$$

$$\sum_{i=0}^N w_i \left(\sum_{j=0}^N w_j f(x_i,y_j) \right)$$

在实用中,取 $x_i = y_i$,数 x_i 和 w_i 是一维求积规则中的横坐标和权.于是,我们有二重积分规则

$$\int_a^b \int_a^b f(x,y) \mathrm{d}x \mathrm{d}y \approx \sum_{i,j=0}^N w_i w_j f(x_i,y_j) \qquad (1)$$

这叫作乘积的积分规则.明显的可推广到在矩形域上的高维数值积分.对于二维复化 Simpson 规则的乘积,比如在每个方向上分 4 个子区间,相对权系数模型取为 $1,4,2,1$ 经自乘以后在表 4 中给出.在表里这些数的总和是 $(1+4+2+4+1)^2 = 144$.由于函数 $f(x,y) \equiv 1$,其在区域上积分后应有面积 $(b-a)^2$,因此,在表中每个数必须乘以 $(b-a)^2/144$,用作 (1) 中的适当权 $w_i w_j$.

表 4　Simpson 规则乘积的相对权系数

1	4	2	4	1
4	16	8	16	4
2	8	4	8	2
4	16	8	16	4
1	4	2	4	1

关于乘积形式的求积规则容易导出其误差估计，这种乘积形式规则的误差估计将以一维规则给出的误差估计为基础. 我们将对 Simpson 规则以 h 为步长得出关于(1)的误差界限. 令 R 表示正方形域 $a \leqslant x \leqslant b$，$a \leqslant y \leqslant b$，并应用 §1 中(12) 写

$$\int_a^b f(x, y) \mathrm{d}x = \sum_{i=0}^N w_i f(x_i, y) - (b-a)\frac{h^4}{180} f_{4x}(\xi_y, y) \quad (2)$$

这里 f_{4x} 代表在 R 上连续的 $\dfrac{\partial^4 f}{\partial x^4}$，于是

$$\int_a^b \left(\int_a^b f(x, y) \mathrm{d}x \right) \mathrm{d}y = \sum_{i=0}^N w_i \int_a^b f(x_i, y) \mathrm{d}y + E \quad (3)$$

其中

$$E = -(b-a)\frac{h^4}{180} \int_a^b f_{4x}(\xi_y, y) \mathrm{d}y$$

对每个 i 用带误差项的 Simpson 规则把 $\displaystyle\int_a^b f(x_i, y) \mathrm{d}y$ 进行代换，我们得出乘积规则中的总误差

$$-(b-a)\frac{h^4}{180} \sum_{i=0}^N w_i f_{4y}(x_i, \eta_i) + E \quad (4)$$

这里假设 $\dfrac{\partial^4 f}{\partial y^4}$ 在 R 上连续. 如果 f_{4x} 和 f_{4y} 的模是有界的,并用 M_x 和 M_y 表示,我们从(4)推出误差模将不大于

$$(b-a)^2 \, \frac{h^4}{180}(M_x + M_y) \qquad\qquad (5)$$

积分论简史[①]

第 4 章

积分论或与其密切相关的测度论之起源可以回溯到那些计算过许多简单的面积和少量体积的希腊人. 他们的方法在 Eudoxs(约公元前 408 — 前 335 年) 和 Archimedes(约公元前 287— 前 212 年) 的穷尽法中达到顶点. 这种原始的极限过程是用一系列非交叠的三角形来拟合面积, 而它们最终穷尽了该面积. 它们就这样发现了圆面积和抛物线截的面积, 但既没想到图也没有想到一般的非负多项式, 因而未能考虑较为一般的曲线之下的面积. 图是在那些希腊人以后两千年由 René Descartes(1596—1650) 引进的, 但从那时以后进展就变得迅速了. 曲线下的面积一般仍通过求已知函数之反微分来计算, 而微分法是由 I. Newton(1642—1727) 和 G. W. Leibnitz(1646—1716) 首先系统化了的,

---

① 引自 Ralph Henstock 原题：A short history of integration theory. 译自：Southeast Asian Bulletin of Mathematics，12；2(1988)，75-95.

可是能把这个记号论述得如今日所用的微积分书中那样详明却花了许多年时间.

给定实数区间 $a \leqslant x \leqslant b$,记为 $[a,b]$,设函数 f 和 g 在该区间中可微,记为 $Df = \dfrac{\mathrm{d}f}{\mathrm{d}x} = f'$,其中 D 为遵从下列规则的算子. 若 m 及 n 皆为常数,则:

(1) $D(mf + ng) = mDf + nDg$;

(2) $D(fg) = (Df)g + f(Dg)$;

(3) $D(f(g(x))) = \left(\dfrac{\mathrm{d}f}{\mathrm{d}g}\right) Dg$;

(4) $Dm = 0$.

函数 H 称为 $[a,b]$ 中有限函数 f 之不定 Newton 积分,若在 $[a,b]$ 中 $DH = f$,$H(b) - H(a)$ 为 f 在 $[a,b]$ 上之定 Newton 积分. 从已知的微分 f 及某些规则反过来求 H,并记 $H = D^{-1}f$. 由(1),有:

(5) $D^{-1}(mf + ng) = mD^{-1}f + nD^{-1}g$($m, n$ 皆为常数) 由(2)和(5)推出分部积分法公式;

(6) $D^{-1}(fDg) = fg - D^{-1}(gDf)$.

令 $D_* = \dfrac{\mathrm{d}}{\mathrm{d}g}$,$h = D_* f$,由(3)得到代换积分法公式;

(7) $D_*^{-1} h = D^{-1}(hDg)$.

更一般的积分仍在某种意义上遵从(5)(6)(7). Newton 积分没有标准的演算结构,但当其存在时,就按定义的特性承认它,因此称这种定义为描述性的.

由(4)知 $H = D^{-1}f$ 是不定的,因可加上任意常数,但在 $H(b) - H(a)$ 中这种常数消掉了. 此外,若 $DH = f = DH_1$,其中之 f 到处有限,则在 $[a,b]$ 中 $D(H - H_1) = f - f = 0$,且 $H - H_1$ 为连续. 由中值定理知

$H - H_1$ 为常数,从而 $H(b) - H(a)$ 由有限值之 f 唯一确定.

并非全部有限值之 f 皆为导数,J. G. Darboux(1842—1917) 曾证出:

(8) 若 DH 在 $[a,b]$ 中到处存在,且 $H'(a) \neq H'(b)$,又若 w 为 $H'(a)$ 与 $H'(b)$ 之间的数,则存在 c, $a < c < b$ 使 $H'(c) = w$.

其简单的证明是考虑 $H(x) - wx$. 由(8)知某些简单的函数没有 Newton 积分. 例如,若 $a < c < b$ 且在 $[a,c]$ 中 $f = 0$,在 (c,b)(即 $c < x \leqslant b$)中 $f = 1$,则 f 非为导数. 类似地,全体有理数之特征函数(或指示函数),即在全体有理数处皆为 1 而在全体无理数处皆为 0 之函数非为导数,从而这些函数没有 Newton 积分.

尽管导数具有连续函数的中间值性质,可是它们未必有界. 例如,函数

$$G(x) = x^2 \sin(1/x^2) \quad (x \neq 0)$$

$$G(0) = 0$$

当 x 趋于 0 时存在有限但无界的导数

$$G'(x) = 2x \sin(1/x^2) - (2/x)\cos(1/x^2) \quad (x \neq 0)$$

$$G'(0) = 0$$

因此某些无界函数有 Newton 积分. 还可以先造出连续函数的积分,然后求此结果的微分,通过这一途径来证明每个在 $[a,b]$ 中到处连续的函数也是导数,从而有 Newton 积分. 这导致积分的第一个构造性定义,它是由 Daniel Bernoulli(1700—1782),Euler(1707—1783),Poisson(1781—1840) 和 Cauchy(1789—1867) 的工作所发展的,Cauchy[37] 于 1821 年给出下述定义. 令 $[a, b]$ 之一分划 $\mathscr{D}$ 为:

$(9) a = u_0 < u_1 < \cdots < u_n = b$, 并令网格 $(\mathscr{D}) \equiv \sup_j (u_j - u_{j-1})$. 令 $x_j = u_j$ 并记：

$$(10) s = \sum_{j=1}^{n} f(x_j)(u_j - u_{j-1}).$$

数 I 称为 f 在 $[a,b]$ 中之 Cauchy 积分, 若给定 $\varepsilon > 0$ 时, 存在 $\delta > 0$ 使：

(11) 当网络 $(\mathscr{D}) < \delta$ 时 $|s - I| < \varepsilon$.

D. C. Gillespie[74] 研究 Cauchy 的定义. G. F. B. Riemann[212] (1826—1866) 用了 Cauchy 的定义, 但取 x_j 为 $[u_{j-1}, u_j]$ 中的任意点. 在 [212, art. 5] 中 Riemann 证明了：

(12) 有界函数在 $[a,b]$ 中存在 (Riemann 意义下的) 积分的充要条件是振荡大于任意给定之正数的子区间之总长为任意小.

这似乎是首次提到能由任意小测度之开集来覆盖的集合, 亦即零测度集, 甚至早于 Borel 与 Lebesgue.

当 f 为实值时, Darboux[49,第2节] 中用 f 在 $[u_{j-1}, u_j]$ 中之上确界 M_j 代替 $f(x_j)$, 得出上 Darboux 和 $\mathscr{U}$. 而下 Darboux 和 $\mathscr{L}$ 则是将 $f(x_j)$ 用 f 在 $[u_{j-1}, u_j]$ 中之下确界 m_j 来代替. 因此 $\mathscr{L} \leqslant \mathscr{U}$. 若当网格 $(\mathscr{D}) \to 0$ 时 $\mathscr{L}$ 与 $\mathscr{U}$ 有同一极限 $\mathscr{T}$, 则称 f 在 $[a,b]$ 上有 Riemann-Darboux 积分且其值为 $\mathscr{T}$. 此时对某些分划而言 $\mathscr{L}$ 与 $\mathscr{U}$ 皆为有限, 从而得出 (13).

(13) 若实值之 f 在 $[a,b]$ 上 Riemann-Darboux 可积, 则它在其上有界.

反过来不成立. 因在全体有理数之特征函数的情况, 每个 $M_j = 1$ 而每个 $m_j = 0$. 由此 $\mathscr{U} = b - a > 0$, $\mathscr{L} = 0$, $\mathscr{U} - \mathscr{L}$ 不趋于 0, 从而该特征函数在 $[a,b]$ 上非

Riemann-Darboux 可积.

还有,若 f 为 Riemann-Darboux 可积,且其值为 $\mathcal{T}$,则因 $\mathcal{L} \leqslant s \leqslant \mathcal{U}$,且当网格$(\mathcal{D}) \to 0$ 时 $\mathcal{L}$ 及 $\mathcal{U}$ 皆趋于 $\mathcal{T}$,此时 s 亦趋于 $\mathcal{T}$,从而 Riemann 积分存在且等于 $\mathcal{T}$. 反之,令分划(9)为固定. 若全部 M_j 皆有限,则可取 $x_1, \cdots, x_n$ 使对某个 $\varepsilon > 0$

$$M_j - \varepsilon < f(x_j) \leqslant M_j \quad (j = 1, 2, \cdots, n)$$
$$\mathcal{U} - \varepsilon(b-a) < s \leqslant \mathcal{U}$$

类似地,若 M_j 为 $+\infty$,则存在大于任何给定整数的 s.

对另外的 $x_1, \cdots, x_n$,或是存在小于任何给定整数的 s,或是

$$m_j \leqslant f(x_j) < m_j + \varepsilon \quad (j = 1, 2, \cdots, n)$$
$$\mathcal{L} \leqslant s < \mathcal{L} + \varepsilon(b-a)$$

若当网格$(\mathcal{D}) \to 0$ 时 $s \to \mathcal{T}$,则对小的网格$(\mathcal{D})$而言 s 为有界,且相应之 m_j, M_j 皆有限. 因 $\varepsilon > 0$ 为任意,故 $\mathcal{L}$ 及 $\mathcal{U}$ 皆趋于 $\mathcal{T}$. 从而得(14).

(14) 对实值之 f,Riemann 的定义与 Riemann-Darboux 的定义给出同样结果.

由(13)和(14),有:

(15) 若实值之 f 在 $[a, b]$ 上为 Riemann 可积,则它在 $[a, b]$ 上有界.

亦可参看 H. J. S. Smith[225].

Riemann-Darboux 的这一定义可用于格值函数;对复值函数必须分别求其实及虚部的积分. 但 Riemann 之定义可推广到取值于具加法及数乘法的拓扑空间或格的函数. 前者需要次序,而后者仅需要某种意义下的收敛性,以及代数性质等. 见 L. M. Graves[79].

(16) 在每个 Riemann 和(10) 中,可设每个 x_j 皆在 $[u_{j-1}, u_j]$ 之一端.

因若 $u_{j-1} < x_j < u_j$,则可以 $f(x_j)(x_j - u_{j-1}) + f(x_j)(u_j - x_j)$ 来代替 $f(x_j)(u_j - u_{j-1})$,这样并不改变和 s,而此时 x_j 为两个区间 $[u_{j-1}, x_j]$ 和 $[x_j, u_j]$ 之一端点.

因导数未必有界,且由(15) 及 $(c, b]$ 之特征函数为 Riemann 可积,知 Newton 积分与 Riemann 积分不全同.但由(12) 知用这两种方法皆为可积且有同一值之函数的共同族包含 $[a, b]$ 上的全部连续函数.

为处理在 $[a, b]$ 中(比如说在 a 处) 有渐近线的函数,它在 $[a, b]$ 上的积分定义为当 c 由上趋于 a 时在 $[c, b]$ 上之积分的极限,其中后一积分为 Riemann 积分,或其本身已由这种额外的极限过程所定义.现称之为 Cauchy 极限,见 Cauchy[38, Lec. 25],当渐近线在 b 处时的情况类似.如果有许多这样的渐近线,该过程变得困难起来.以上还曾暗中假设了积分区间为有限.若 a 换成 $-\infty$ 或 b 换成 $+\infty$,或二者都换,还可用 Cauchy 过程(见 Cauchy[38, Lec. 24]).若 a, b 皆有限,在 $(-\infty, b]$ 上之积分为当 $s \to -\infty$ 时在 $[a, b]$ 上之积分的极限(若其存在),在 $[a, +\infty)$ 上之积分为当 $b \to +\infty$ 时在 $[a, b]$ 上之积分的极限,而在 $(-\infty, +\infty)$ 上的积分为当 $-a$ 及 b 独立地趋于 $+\infty$ 时在 $[a, b]$ 上之积分的极限.(此后一定义与复变理论中 $-a = b \to +\infty$ 时之类似积分不同.) 略去复变积分,其他 Cauchy 极限曾由 de la Vallée Poussin[241,242] 在 1902 年以前研究过.

Riemann 积分的其他修改如下:

Simpson 原理

T. J. Stieltjes[229] (1856—1894) 曾用两个函数 f, g, 将 $f(x)(v-u)$ 换成 $f(x)\{g(v)-g(u)\}$, 所得积分现今称为 Riemann-Stieltjes 积分. 这是在全体连续函数 f 之空间上最一般的连续线性泛函之著名表示, 见 F. Riesz[213] (1880—1956). 亦可参看 G. A. Bliss[13], R. D. Carmichael[36], N. Dunford[64, 312 页] 和 G. Vanderlijn[243] (g 之值在线性赋范完备 (LNC) 或 Banach 空间中), 还有 B. Z. Vulikh[245] (1913—1978).

H. L. Smith[226] 用过包含 $\frac{1}{2}\{f(v)+f(u)\}\{g(v)-g(u)\}$ 的 Stieltjes 平均积分, 而 J. F. Steffensen[228] 曾用它们于保险数学. B. de Finetti 与 N. Jacob[67] 给出它们的分部积分法, 并进一步给出了至多有第一类间断的全体有界函数的空间上之最一般的连续线性泛函的表示. 亦可参看 M. R. Frèchet[69] (1878—1973), 及 H. S. Kaltenborn[125-126]. W. H. Young[253] (1863—1942) 处理了更为复杂的表示式. E. Hellinger[84,85], E. W. Hobson[113] 和 A. Kolmogoroff[133] 将 $f(x)(v-u)$ 换为
$$\{f(v)-f(u)\}^2/\{g(v)-g(u)\}$$
及
$$\{f(v)-f(u)\}\{h(v)-h(u)\}/\{g(v)-g(u)\}$$
得到 Hellinger 积分. M. Gowurin[78] 积出了 $f(x)$ 与 $\{g(v)-g(u)\}$ 的双线性函数.

J. C. Burkill[27-29] 用所谓区间函数 $h(u,v)$ 代替 $f(x)(v-u)$ 将较早的理论系统化, 得出 Burkill 积分. 亦可参看 S. Saks[217], R. C. Young[249], B. C. Getchell[73], 和 S. Kempisty[129].

Riemann 积分与以上的 Stieltjes 及其他修改可称之为网格极限,那些极限是当网格趋于 0 时取的. 当它们存在时,它们是可构成的积分,意即可对特殊的分划列(9)及特定之 x_j,例如 $x_j = u_j = a + (b-a)_j 2^{-n} (j = 0,1,\cdots,2^n; n = 1,2,\cdots)$ 来取和数的极限.

E. H. Moore[180],S. Pollard[197],H. L. Smith[226],J. Hyslop[114],Ben　Dushnik[65],B. C. Getchell[73],L. C. Young[248],和 V. Glivenko[75] 将 Stieltjes 积分法中的网格极限用加细极限或 σ - 极限来代替,其中用到子分划之加细,这曾由 R. Henstock[94-95] 应用于区间函数的积分法. H. Lebesgue[141](1875—1941) 和 J. Ridder[206] 给出了等价于加细积分的积分. 亦可参看 J. A. Shohat[222],M. R. Fréchet[69](1878—1973),A. H. Copeland[43],P. Dienes[55](1882—1952) 和 W. D. L. Appling[3-5](及许多其他的,特别是关于 Hellinger 积分的文章).

L. Cesari[39] 用了抽象定义的网格.

实与复数有两种代数运算,加法与乘法. 以上用的都是加法. 若将和换成积,即得称为乘积积分的不同种类的积分. N. Arley 与 V. Borchsenius[6] 给出乘积积分的一种特殊定义,而 T. H. Hildebranat[112](1888—1980)有一个等价于加细积分的特殊定义. G. Birkhoff[12,124页],J. A. Chatfield[40,41],B. W. Helton[86-89],J. C. Helton[90-92],J. C. Helton 与 S. Stackwisch[93],A. J. Kay[127],J. S. MacNerney[154],R. H. Martin[156],P. R. Masani[157,158],J. W. Neuberger[184],　和　A. T. Plant[196] 全都用加细定义,而 J. D. Dollard 与 C. N. Friedman[60] 的书之部分也用了这一定义.

所有这些积分都有网格极限的一大局限性,它们不能求积全体有限值导数(或其对乘积积分法之等价物),也不能求积有界区间上的可积函数之全体有界收敛序列的极限. Riemann 的条件(12)可能引起了 E. Borel(1871—1956)与 H. Lebesgue(1875—1941)(他们都是在 Riemann 死后出生的)去建立实直线上点集的测度论,跟着是 Lebesgue 积分,它排除了这些局限性中的第二个,见 Lebesgue[139]. W. H. Young[250-253](1863—1942)用单调序列推广了 Riemann 的积分.参考文献[250]是独立于 Lebesgue 的工作做出的,那是在 1903 年提出的,而他在 1904 年才见到 Lebesgue 1902 年的著名论文. 通常援引 P. J. Daniell[47](1889—1946)为用单调序列方法的原著,但此文发表于 1917/18,远在 W. H. Young 的文章以后.亦可参看 Daniell[48]. H. Hahn[81] 而后是 L. Tonelli[239](1885—1946)用了小测度开集,函数在其余集上连续,将此函数线性延拓到该开集上去,然后当这些开集收缩时取该函数之 Riemann 积分的极限. F. Riesz[214](1880—1956)用了阶梯函数的极限. S. Banach[7,8] 用了抽象线性泛函之"Hahn-Banach"处理法, 在 Banach[9] 中用了单调序列,H. H. Goldstine[76] 和 W. Matsuyama[159] 用此法接着做了下去. M. H. Stone[230] 及 E. J. McShane[174] 追随了 Young 和 Daniell. 所有这些方法都被用来造出一种绝对积分,对这种积分来说,当 f 可积时,$|f|$ 亦可积;且最终造出的积分是相同的.

　　Riemann 可积之 f 为 Lebesgue 可积,其逆不真,有理数之特征函数即为一例. 但 $x^2 \sin(1/x^2)$ 之导数

的模在[−1,1]上非 Lebesgue 可积,故 Newton 积分并不包括于 Lebesgue 积分之中.

被积函数之值可位于 LNC(Banach) 空间之中,见 T. H. Hildebrandt[111] 这篇未发表的文章之摘要,S. Banach[14] , I. M. Gelfand[71] , N. Dunford[62-63] , J. G. Mikusinski[178-179] . 函数之值亦可位于格中,见 S. Izumi 与 M. Nakamura[120] , M. Orihara 与 G. Sunouchi[186] , S. Izumi, N. Matuyama 与 M. Orihara[119] , S. Izumi[118] , H. Nakano[182,Ⅱ] . Izumi[118] 证出这些函数 f 的全体可用有(阶梯函数所成之)子格的线性 σ − 完备格来代替,这一推广用了 H. M. MacNeille[153] 给出的方法.

用 Lebesgue 型方法的乘积积分见 G. Birkhoff[12] J. D. Dollard 与 C. N. Friedman[58-60] .

在此领域中的 Stieltjes- 型积分由 J. Radon[199] (1887—1956) 开始,用到由有界变差之 n − 维实函数 g 得出的完全可加集函数(现称为 Radon 测度). 但当时 $n = 1$ 时,1 关于 [a,b] 中之 g 的 Riemann-Stieltjes 积分恒存在,且等于 g(b) − g(a),甚至当 g 非为有界变差时亦然. 若 f 关于有界变差之 g 的 Riemann-Stieltjes 积分存在,则对应之 Radon 积分存在,当 g 亦为连续时此二积分相等. 在有限区间上关于固定之积分函数 g 为 Radon 可积之函数的有界列之极限函数能用这种 Radon 积分求积. 在包含于有限或无穷区间 I 中之 Baire 集 M 上的 Lebesgue 及 Radon 积分即为被积函数乘以 M 之特征函数后在 I 上之积分. M. Fréchet[680] 注意到 W. H. Young 的上与下积分,将 Radon 的理论推广于一般集合中之 σ − 域. N.

Dunford[61] 用现在所谓的 L_1 —范定义了 LNC 空间中的积分,而 G. D. Birkhoff[11] 将 Fréchet 的理论推广于 LNC 空间,他的积分包括 Dunford 积分. 此处,通过利用由两个 LNC 空间到第三个中的双线性变换,测度之值亦可在一般的 LNC 空间中,见 S. Bochner 与 Taylor[16] 以及用了 Gowurin[78],W. H. Young,和 G. D. Birkhoff 的思想的 Price[198]. Pettis[189] 利用线性赋范空间中之弱连续线性泛函定义了一种"弱"积分,见 Brooks[21],Chatterji[42],Bourbaki[20],Uhl[240];而 Phillips[195] 考虑了值在线性局部凸拓扑空间的情况,Rickart[200,201] 推广了 Phillips[195],Gowurin[78] 和 Price[198]. S. Bochner 与 Fan[15] 给出了测度之值在某个有序空间中的 Daniell 型定义,其中之点函数为实值的. Carathéodory[35] 将测度函数在其上定义的那些子集之族换成了 Boole 代数,跟着做的有 Wecken[247],Freudenthal[70],Ridder[210-211],Olmsted[185],A. Pereira Gomes[77] 和 Kappos[260].

Izumi[117] 用抽象线性形式代替 Lebesgue 和,并用 Moore-Smith 极限. 还可参看 Bartle[10],Bogdanowicz[17],Dinculeanu[56],Brooks[22,23],Dobrakov[57] 推广了 Bartle[10],二者皆取 f 之值于一 Banach 空间 X 中,而测度之值为由 X 至另一 Banach 空间 Y 之有界线性算子,并使测度值作用于 f —值上.

以 Lebesgue 积分法为出发点,A. Denjoy[550,551] (1884—1974) 用 Cauchy 极限及 A. Harnack[83] 之一扩张,定义了总和过程,别人称之为特殊 Denjoy 积分;他还用一种修改了的 Harnack 扩

张,定义了一般 Denjoy 积分;见 Denjoy[258] 和独立的工作 A. Khintchine[130,132]. Denjoy[52] 给出了系统陈述. 特殊 Denjoy 积分的一种描述性定义是由 N. Lusin[152] 给出的.

　　Lebesgue 与 Newton 积分都包括在 Denjoy 之特殊积分中,而后者又包括在他的一般积分中. Denjoy 积分不是绝对的,当 f 可积时 $|f|$ 未必可积. 但当 f 与 $|f|$ 皆为 Denjoy 可积时,它们也都是 Lebesgue 可积的. Lebesgue 积分在某些方面像绝对收敛级数,而 Denjoy 积分则类似条件收敛级数,从而不仅要研究它们的深奥涵义,也应研究其实际应用. 因此有必要去寻求更为简单的定义. 首先,Denjoy 的过程是公理化的,见 S. Saks[218,219],И. П. 那松汤 [183], Solomon[227,262], 和 MacNeill[153]. 而后出现了 Perron 积分这种描述性积分链, 见 O. Perron[188](1880—1975). H. Hake[82] 曾证明若特殊 Denjoy 积分存在,则 Perron 积分存在,且有相同值,而 P. Alexandroff[1-2] 和 H. Looman[151] 各自独立地证出当 Perron 积分存在时,特殊 Denjoy 积分亦存在. 从而这两种积分等价,见 S. Saks[219]. G. Tolstov[238] 给出了等价于一般 Denjoy 积分的 Perron 型积分.

　　若积分函数 g 相当光滑,特别当 g 为连续且单调时, 可定义一种特殊 Denjoy-Stieltjes 积分. 见 R. Henstock[98]. 当 g 为严格增加时,亦可定义一种 Perron-Stieltjes 积分. 对其他情况的定义是困难的. 这使得 A. J. Ward[246] 将导数换成增量来定义他的 Ward 积分. 当 Perron-Stieltjes 积分和特殊 Denjoy-Stieltjes 积分能够定义时,Ward 积分与它们等价.

下一步是回到 Riemann 型积分，这是由 Kurzweil[136] 和 R. Henstock[96,101] 独立地进行的. 亦可参看 R. Henstock[99], 此文对一种公理系统给出了 Riemann 型积分，该系统在后来的一些论文中最终发展成一种分划空间，见 R. Henstock[102-109].

在 Denjoy[52], Khintchine[130-132], Izumi[115-116], Saks[216], Burkill[26], Ridder[202-205, 207, 208], Verblunski[244], Loman[150], Krzyzanski[134], Kempisty[128, 129], Jeffery[123], Ridder[209], Romanovski[215], Ellis[66] 中对 Denjoy 型积分使用了更为一般的导数，关于 Perron 型积分见 J. C. Burkill[30-34]. 这些积分中的某一些可求积收敛三角级数之全部和函数. J. Marcinkiewicz 与 A. Zygmund[155] 的 MZ-积分就能这样做，当 Burkill 的对称 Cesaro-Perron(SCP) 积分[34] 存在时，这种积分存在. 但当 SCP-积分不存在时，MZ-积分也可能存在，见和 P. S. Bullen 与 C. M. Lee[25] 矛盾的 V. A. Skvortsov[223]. 这些积分不能求积 Abel-收敛三角级数的全部 Abel 和，为此 S. J. Taylor[231] 构造了 A-bel-Poisson-Perron 积分. 这些积分法，以及用收敛因子使被积函数的振荡光滑，并以长度函数为积分函数的许多别的积分法，被 R. L. Jeffery 与 D. S. Miller[124] 置于一般的基础之上，而 P. S. Bullen 与 C. M. Lee[25] 则更进了一步. 在这两篇文章之间，R. Henstock[97] 推广了 Ward 和 Jeffery 与 Miller 的处理方法，从而给出 N-积分，在 Henstock[98] 中有与其等价的 N-变分积分. 作为 Stieltjes 型积分，Ward，N-，及 N-变分积分都不能包括在 Bullen 与 Lee 型积分之内.

几乎每一种在定义中不用收敛因子的积分都等价于分划空间或类似结构上的广义 Riemann 积分,Henstock[102] 给出几个例子. 惊人的进步是 G. Gross[45] 用广义 Riemann 积分法来求 Peano 导数的积分,可是这种积分法是收敛因子型的.

Lebesgue 积分法之 Riemann 定义最早尝试是由 Lebesgue[140],Borel[18,19],Hahn[90],Denjoy[53,54] 和 Levi[148] 作出的,但进展很小,仅在 1960 年代发展了成功的理论,那就是它至少包含了某些个"Lebesgue"能力的定理的证明. 在下列书籍和论文中发展了广义 Riemann 理论:S. I. Ahmed 与 W. F. Pfeffer[254],B. Benninghofen[255],D. C. Carrington 与 A. Pacquement[256],G. Cross[44,45],G. Cross 与 O. Shisha[46],R. O. Davies 与 Zeev Schuss[257],S. Foglio[259],R. Henstock[99-110],J. Jarnik 与 J. Kurzweil[121],J. Jarnik,J. Kurzweil 与 S. Schwabik[122],Y. Kubota[135],J. Kurzweil[136-138],P. Y. Lee[142],P. Y. Lee 与 T. S. Chew[144,145],T. W. Lee[146,147],J. T. Lewis 与 O. Shisha[149],J. Mawhin[160-163],P. McGill[164-171],J. J. McGrotty[172],R. M. McLeod[173],E. J. McShane[175-177],K. Ostaszewski[187],W. F. Pfeffer[190-194],J. Ridder[261],A. W. Schurle[220,221],E. S. Smith[224],和 B. S. Thomson[232-237].

这里列出的书籍与论文仅是作者收集的有关这一主题的全部文献中的一小部分. 因此读者有兴趣的一些文献可能被略去了,它们可能列在这一主题的其他综合报告中,例如 P. S. Bullen[24].

如果学生和他们的导师不被文献的数量与篇幅吓倒的话,那将是很明智的.所列文献说明积分论不是由少数几个人创造的,正好相反,它是由很多人在一个世纪中(参看所述年份)的共同努力的结果,而本文的读者仍有机会在积分论方面作出好的工作.很多老文章,比如说 1902 年以前的那一些,以及某些后来的文章,都可用广义 Riemann 积分法加以改进.这一工作可能并不容易,可是这是有好处和有鼓动性的,彻底完成积分论还需要很长的时间.

部分参考资料

[8] S. Banach. Théovie des Dpérations Lineaires, 1932.

[9] S. Banach. "The Lebesgue Integral in Abstract Spaces", in S. Saks, Theory of the Integral, 1937,pp. 320-330.

[35] C. Carathéodory. Entwurf fuer eine Algebraisierung des Integral-begriffs, S-B. Bayer, Akad. Wiss. (1938),27-69.

[39] L. Cesari. Quasi additive set functions and the concept of integral over a variety, Trans. AMS 102(1962),94-113.

[58] J. D. Dollard, C. N. Friedman. On Strong product integration, J. Funct. Anal. ,28(1978),309-354.

[59] J. D. Dollard, C. N. Friedman. Product integrals II :Contour integral,ibid,pp. 355-368.

[60] J. D. Dollard, C. N. Friedman. Froduct Integra-

tion, Encyclopedia of Math. 10, 1979.

[79] L. M. Graves. Riemann integration and Taylor's theorem in general analysis, Trans. AMS, 29 (1927), 163-177.

[100] R. Henstok. Theory of Integration, 1963.

[133] A. Kolmogoroff. Untersuchungen uber den Integralbegriffe, Math. Annalen, 103 (1930), 654-696.

[179] J. G. Mikusinski. An Introduction to the Theory of the Lebesgue and Bochner Integrals, 1964.

[183] И. П. 那汤松. 实变函数论(中译本下册), 1960.

[200] C. E. Rickart. Integration in a convex linear topological spaces, Trans. AMS, 52 (1942), 498-521.

[201] C. E. Rickart. An abstract Radon-Nikodym theorem, ibid. , 56 (1944), 50-66.

[219] S. Saks. Theory of the Integral, 1937.

[226] H. L. Smith. On the existence of the Stieltjes integral, Trans. AMS, 27 (1925), 491-515.

[227] D. W. Solomon. On a constructive definition of the restricted Denjoy integral, ibid. , 128 (1967), 248-256.

[228] J. F. Steffensen. On Stieltjes' integral and its applications to actuarial questions, J. Inst. Actuaries, 63 (1932), 443-483.

[231] S. J. Taylor. An integral of Perron's type defined with the help of trigonometric series, Quarterly J. Math Oxford, (2)6(1955), 255-274.

[238] G. Tolstov. La méthode de Perron pour l'intégrale de Denjoy，Mat Shornik N. S. 8(50)(1940)149-168.

[245] B. Z. Vulikh. Sur l'intégrale de Stieltjes des fonctions，dont les valeurs appartiennent a un espace semiordonné(Russian)，Leningrad State Univ. Ann. (Math. ser. 12),83(1941),3-29.

[262] D. W. Solomon. Denjoy Integration in Abstract Spaces，Memoirs AMS 85,1969.

近代理论介绍——关于高维求积公式的某些简单定理

在本章及下一章中,我们将概述 Hammer, Wymore, Stroud 等人的某些工作(它们全部发表在 1957 至 1960 年的美国"计算数学杂志"上).其中有些结果只是一些十分简单的命题,但由于有相当大的实用价值,所以值得在这里加以介绍.

§1 变换定理

设 R 是 n 维欧氏空间 E_n 中的一个 n 维区域,$x \equiv (x^{(1)}, \cdots, x^{(n)})$ 表示 E_n 的点向量.对于给定的权函数 $W(x)$ 和某一类函数 $\{f\}$ 而言,假如我们有如下形式的近似积分公式

$$\int_R W(x) f(x) \mathrm{d}x \approx \sum_{j=1}^{m} a_j f(x_j) \quad (1)$$

此处 $\mathrm{d}x$ 表 E_n 中的 n 维体积元素,a_j 是 m 个固定的"求积系数"(实值或复值),而 $x_1, \cdots, x_m$ 为属于 f 定义域中的固定的"计值点".特别地,R 可以是一个有界闭域,而

第 5 章

$W(x)$ 和 $f(x)$ 是区域上的连续函数.

对于每个给定的 f，下列的差称之为求积公式(1)所相应的"误差泛函"

$$E(f) = \sum_{j=1}^{m} a_j f(x_j) - \int_R W(x) f(x) \mathrm{d}x \qquad (2)$$

有时为了表明区域 R，我们记 $E(f) = E(R, f)$.

假设 S 是 E_n 中的另一区域，并设存在某个连续变换 $J: y = Jx (x \in R)$ 使得 S 由 R 变换而来，而 J 的 Jacobian 行列式为连续函数且具有正的绝对值

$$|J| = \left| \frac{\partial(y)}{\partial(x)} \right| > 0 \quad (x \in R)$$

在这样的情形下，J 是一个"一对一的变换"，因而存在逆变换 $J^{-1}: x = J^{-1}y (y \in S)$. 又设

$$W_1(y) = W_1(Jx) = W(x)$$

则对于 S 区域上的每一连续函数 $g(y)$ 显然有

$$\int_S W_1(y) g(y) \mathrm{d}y = \int_R W_1(y) g(y) |J| \mathrm{d}x \qquad (3)$$

记

$$y_j = J x_j \quad (j = 1, \cdots, m)$$
$$|J_j| = |J|_{x=x_j}$$

则于式(2)中取

$$f \equiv |J| \cdot g(y) \equiv |J| \cdot g(Jx)$$

时可知有

$$E(R, |J|g) = \sum a_j |J_j| g(y_j) - \int_R W(x) |J| g(y) \mathrm{d}x =$$
$$\sum b_j g(y_j) - \int_S W_1(y) g(y) \mathrm{d}y$$

此处 $b_j = a_j |J_j| (j = 1, \cdots, m)$. 显然上面的最后一式可以看作是 S 区域上某个求积公式的误差泛函. 这样一来，我们便总结出如下的简单命题

208

变换定理　设 S 区域上的求积公式

$$\int_S W_1(y)g(y)\mathrm{d}y \approx \sum_{j=1}^m b_j g(y_j) \tag{4}$$

所相应的误差泛函为

$$E(S,g) = \sum_{j=1}^m b_j g(y_j) - \int_S W_1(y)g(y)\mathrm{d}y \tag{5}$$

则有下列关系式

$$E(S,g) = E(R, |J|g) \tag{6}$$

这定理表明在区域 R 上的每个具有形式(1)的求积公式,都对应地存在一个具有形式(4)的求积公式(而后者的积分区域为 S),而且,两者的误差泛函之间成立着如式(6)所示的关系式.

推论 1　若 $|J|$ 在 R 上为一常数,则 $E(S,g)=|J| \cdot E(R,g)$. 此时若 $E(R,g)=0$,则 $E(S,g)$ 亦同时成为 0(注意:当 J 是一个非奇异线性变换——仿射变换时,$|J|$ 便是一常数).

推论 2　若在式(1)中令

$$W(x)=W_1(y)|J|$$
$$f(x)=g(y)$$

则得

$$E(S,g) = E(R,g) = \sum_{j=1}^m a_j g(y_j) - \int_S W_1(y)g(y)\mathrm{d}y \tag{7}$$

上述的变换定理及其推论可用以导出多种多样区域上的求积公式. 例如,取 J 为仿射变换时,便可把球域上的求积公式变换成椭球区域上的求积公式,而且根据推论 1,可以断言它们还具有同样的代数精确度. 亦即假如某球域上的求积公式对所有不高于 k 次的 n

元代数多项式为精确成立时(相当于 $E(R,g)=0$),那么经过变换后所得到的椭球域上的求积公式亦必对一切不高于 k 次的多项式为精确成立(相当于 $E(S,g\cdot|J|)=0$).事实上,既然 J 为仿射变换,故当 g 为多项式时,则 $g\cdot|J|$ 与 g 具有完全相同的次数,从而 $E(R,g)=0$ 与 $E(S,g\cdot|J|)=0$ 表征着完全相同的代数精确度.

§2 乘 积 定 理

设 R_1 与 R_2 为低于 n 维的空间 E_{r_1} 与 E_{r_2} 中的两个区域,而 $r_1+r_2=n$. 又设 $R=R_1\times R_2$ 为 R_1 与 R_2 的乘积区域.因而每一点 $x\in R$ 可记作

$$x\equiv(y,z)\quad(y\in R_1,z\in R_2)$$

相应的误差泛函可记作

$$E(R_1,f_1)=\sum a_i f_1(y_i)-\int_{R_1} W_1(y)f_1(y)\mathrm{d}y \quad(1)$$

$$E(R_2,f_2)=\sum b_j f_2(z_j)-\int_{R_2} W_2(z)f_2(z)\mathrm{d}z \quad(2)$$

对于定义在 $R=R_1\times R_2$ 上的连续函数

$$f(x)=f(y,z)$$

有误差泛函

$$
\begin{aligned}
E(R,f)=&\sum\sum a_i b_j f(y_i,z_j)-\\
&\int_{R_1}\int_{R_2} W_1(y)W_2(z)f(y,z)\mathrm{d}y\mathrm{d}z=\\
&\sum b_j \sum a_i f(y_i,z_j)-\\
&\sum b_j \int_{R_1} W_1(y)f(y,z_j)\mathrm{d}y+
\end{aligned}
$$

$$\sum b_j \int_{R_1} W_1(y) f(y, z_j) \mathrm{d}y -$$

$$\int_{R_1} \int_{R_2} W_1(y) W_2(z) f(y, z) \mathrm{d}y \mathrm{d}z =$$

$$\sum b_j E(R_1, f(y, z_j)) +$$

$$\int_{R_1} W_1(y) E(R_2, f(y, z)) \mathrm{d}y$$

由于对称性又可得

$$E(R, f) = \sum a_i E(R_2, f(y_i, z)) +$$

$$\int_{R_2} W_2(z) E(R_1, f(y, z)) \mathrm{d}z \qquad (3)$$

于是总结出如下的简单命题

乘积定理　误差泛函 $E(R_1 \times R_2, f(y, z))$ 可通过关于 $E(R_1, f)$ 与 $E(R_2, f)$ 的某种线性运算(线性组合或积分)来表示. 其具体形式如式(3)或其对称形式所示.

下面两个简单而有用的推论值得注意:

推论 1　若 $E(R_1, f(y, z)) = 0$(对每个 $z \in R_2$),且 $E(R_2, f(y, z)) = 0$($y \in R_1$),则 $E(R, f) = 0$,而此时 R 区域上的求积公式对 f 为精确成立.

假如 F_1 是以 R_1 为定义域的函数类, F_2 是以 R_2 为定义域的函数类,那么 $F = F_1 \times F_2$ 便代表 $R_1 \times R_2$ 区域上的函数类. 换言之, F 中包含着所有这样的函数 $f(y, z)$,而对每个固定的 $z \in R_2$, $f(y, z) \in F_1$;对每个固定的 $y \in R_1$, $f(y, z) \in F_2$.

推论 2　若对 $f_1 \in F_1$ 恒有 $E(R_1, f_1) = 0$,对 $f_2 \in F_2$ 恒有 $E(R_2, f_2) = 0$,则必有

$$E(R_1 \times R_2, f) = 0 \quad (f \in F_1 \times F_2) \qquad (4)$$

事实上,这由乘积定理或式(3)即可得出. 显然这

推论的主要意思表明了这样一个事实:若式(1),(2)中的求积公式精确成立(即误差为 0),则在乘积区域 $R_1 \times R_2$ 上的求积公式

$$\iint_{R_1 \times R_2} W_1(y)W_2(z)f(y,z)\mathrm{d}y\mathrm{d}z \approx \sum\sum a_i b_j f(y_i, z_j)$$

(5)

亦必精确成立(亦即 $E(R_1 \times R_2, f) = 0$).

此外,如下的简单命题,有时也有参考价值:

命题 若函数类 F 和 G 分别以 R_1 和 R_2 为定义域,而且其中的函数都能分别以基底函数

$$f_1, \cdots, f_p$$
$$g_1, \cdots, g_q$$

的线性组合表示之,则 $F \times G$ 中的一切函数必是以 $f_i g_i$ 为基底的线性组合.

证明 若 $h = \sum_i \sum_j c_{ij} f_i g_i (c_{ij}$ 为常数系数),则自然有 $h \in F \times G$. 现在需要证明的是,如果 $h \in F \times G$,则 h 必是那些 $f_i g_i$ 的线性组合. 首先,固定 $z \in R_2$,则可知 $h = \sum_i a_i f_i$,其中 a_i 是含有参数 z 的唯一确定的数值(亦即为 z 的唯一确定的函数). 同理,可表 $h = \sum_j b_j g_j$,而 b_j 是参变量 y 的唯一确定的函数. 故有如下的等式

$$\sum_i a_i f_i(y) = \sum_j b_j g_j(z)$$

根据 $\{f_i\}$ 的线性无关性,自然可选取 R_1 中的 p 个定点 $y_1, y_2, \cdots, y_p$ 使得行列式

$$\det[f_i(y_j)] \neq 0$$

事实上,由线性无关性的定义可知

212

$$\lambda_1 f_1(y) + \cdots + \lambda_p f_p(y) \equiv 0 \Leftrightarrow \lambda_1 = \cdots = \lambda_p = 0$$

这表明只有零向量 $(\lambda_1, \cdots, \lambda_p) = (0, \cdots, 0)$ 才和一切向量 $(f_1(y), \cdots, f_p(y))$ 相正交. 换言之, 所有形如 $(f_1(y), \cdots, f_p(y))$ 的向量构成 p 维空间 E_p. 因此自然存在 p 个线性无关向量 $(f_1(y_j), \cdots, f_p(y_j))$, $(j = 1, \cdots, p)$ 使得 $\det[f_i(y_i)] \neq 0$. 于是代入得

$$\sum_i a_i(z) \cdot f_i(y_k) = \sum_j b_j(y_k) \cdot g_j(z), (k = 1, \cdots, p)$$

上式显然是 $z \in R_2$ 的恒等式, 故解出 a_i, 便得到

$$a_i = \sum_j c_{ij} g_j(z)$$

此处 c_{ij} 为唯一确定的常数. 因此可知

$$h = \sum_i a_i f_i = \sum_i \sum_j c_{ij} g_j(z) f_i(y)$$

例 1　高斯的四点公式对不超过七次的单变数代数多项式是精确成立的. 因此根据推论 2 或式 (4), 可见乘积区域上的十六点求积公式

$$\sum_1^4 \sum_1^4 a_i a_j f(x_i, x_j) \approx \iint_R f(x, y) \mathrm{d}x \mathrm{d}y \qquad (6)$$

对于一切形如 $f = \sum c_{ij} x^i y^j (0 \leqslant i \leqslant 7, 0 \leqslant j \leqslant 7)$ 的二元多项式必精确成立, 此处 R 为二维正方区域, a_i 为高斯求积系数, x_i 为 Legendre 多项式 $F_4(x)$ 的零点 (分布于 $(-1, 1)$ 内). 类似地可得出立方区域上的六十四点求积公式, 它对于一切三元多项式

$$f = \sum c_{ijk} x^i y^j z^k \qquad (0 \leqslant i, j, k \leqslant 7)$$

为精确成立.

例 2　Laguerre 的三点求积公式 (以 $(0, \infty)$ 为区间, 以 e^{-x} 为权函数) 对一切五次多项式为精确成立, 因而组合而成的九点求积公式

$$\sum_1^3 \sum_1^3 a_i a_j f(x_i, x_j) \approx \int_0^\infty \int_0^\infty e^{-(x+y)} f(x,y) dx dy \quad (7)$$

便对一切形如 $f = \sum\limits_{i \leqslant 5} \sum\limits_{j \leqslant 5} c_{ij} x^i y^j$ 的二元多项式为精确

成立,此处 x_i 为 Laguerre 多项式 $L_3(x)$ 的零点. 经过

仿射变换(非奇异线性变换)显然还可将公式(7)改换

成无穷平面扇形域上的求积公式.

　　显然易见,当 Gauss 求积公式与 Laguerre 求积公式

组合起来时,可获得无穷带形区域上的求积公式. 当

Laguerre 公式与 Hermite 求积公式相结合时,则可得出半

平面区域上的求积公式. 同理,一个平面有界区域上的求

积公式,可借助于乘积定理导出柱形域上的求积公式. 至

于它们以代数多项式次数来衡量的"代数精确程度",则

可按推论 2 或 3 来加以判断(例如像例 1 及例 2).

　　注　P. Davis 和 P. Rabinowitz 曾经做过一次关

于应用 Monte Carlo 方法计算多重积分的实验,他们

取 $f = \exp(x_1 x_2 x_3 x_4)$ 为例,用 Monte Carlo 方法计算

此函数展布于四维单位正方体上的积分值. 但是采用

$2^{15} = 32\ 768$ 个计值点所得的结果,其误差却要比

Hammer 等利用 Gauss 二点公式的四次乘积公式(即

十六点公式)所产生的误差大一倍. 由此看来,利用古

典求积公式有时是更为有效的. 正因为这里所遇到的

被积函数,恰好能展成 $x_1 x_2 x_3 x_4$ 的幂级数,因此利用

高斯公式自然是最为合适的.

§3　对称求积公式的构造原则

　　在 Hammer-Wymore 的工作中,曾首先指出过构

造对称区域上的近似求积公式的一个普遍原则. 他们也曾利用这个原则性的方法去构造了一系列具体公式.

　　设 R 是一个 n 维区域. 假如 R 包含一点 x 时, 它必同时包含 x 的一切"对称点"(亦即交换 x 的坐标分量并添加正负号后所得的一切异于 x 的点). 这样便称 R 为对称区域.

　　显然, 一般说来, 对称区域 R 中的每一个点及与其对称的点所构成的"对称点组"共包含 $2^n \cdot n!$ 个点. 例如在三维空间区域中, 通常每个对称点组便含四十八个点(在特殊情况下, 也可以少于四十八个点).

　　同理, 一个数值求积公式(求积和)中所用到的计值点, 假如能划分为若干对称点组, 且同一组内诸点所对应的求积系数都相等, 那么便称该公式为对称的求积公式.

　　令 $t_1, t_2, \cdots, t_n$ 表 E_n 中一点的 n 个坐标(变量), 则 $t_1^{\alpha_1} \cdots t_n^{\alpha_n}$ 便称为 n 元独项式, 而 $\alpha_1, \cdots, \alpha_n$ 称为相应的次数或方幂(非负整数). 根据对称区域的定义, 容易看出下列的定理为真:

　　定理 1　每一个包含奇次方幂的多元独项式在对称区域上的积分值恒为零. 凡只含偶次方幂的多元独项式在对称区域上的积分值只依赖于方幂的数值组, 而与它们的排列顺序无关.

　　事实上, 由于区域的对称性, 含奇次方幂的那个坐标(变量)在积分区域中有正有负, 故在整个区域上的积分值相互抵消为零. 至于定理中的第二句断语, 则由多重积分的定义方式即可知其为真.

　　定理 2　设 R 为对称区域, 而 $\displaystyle\int_R f(x)\,\mathrm{d}x \approx$

$\sum a_j f(x_j)$ 为对称的求积公式（右端为对称求积和），那么使得

$$\sum a_j f(x_j) - \int_R f(x)\,\mathrm{d}x = 0 \qquad (1)$$

对一切次数小于等于 $2k+1$ 的 n 元多项式恒成立的充分必要条件是,公式(1)对于所有如下形式的独项式

$$t_1^{2k_1} t_2^{2k_2} \cdots t_n^{2k_n} \begin{pmatrix} 0 \leqslant k_1 \leqslant k_2 \leqslant \cdots \leqslant k_n \\ k_1 + k_2 + \cdots + k_n \leqslant k \end{pmatrix}$$

都精确成立.

　　这里为什么不必考虑含奇次方幂的独项式呢? 原因是,当含有奇次方幂的独项式代入对称的求积和 $\sum a_j f(x_j)$ 时,其值必为零,因而式(1)恒成立.

　　上述的定理 2 可作为构造对称区域上的对称求积公式的指导原则. 首先是在对称区域 R 内,设定一批对称分布的计值点 x_j,使所有属于同一个对称点组的计值点所相应的权系数(求积系数)a_j 都相同. 然后将一切只含偶次方幂的独项式 $t_1^{2k_1} t_2^{2k_2} \cdots t_n^{2k_n}$ 代入式(1),而得出一组以 x_j 与 a_j 为未知元的代数方程式. 最后从这个方程组中确定 x_j 与权系数 a_j 的值,便造出一个对称的求积公式

$$\int_R f(x)\,\mathrm{d}x \approx \sum a_j f(x_j) \qquad (2)$$

　　例　设 R 是三维空间中以原点 $(0,0,0)$ 为中心的边长为 2 的正立方体. 假定我们的目标是要去构造一个对所有不高于七次的三元多项式恒精确成立的对称求积公式,那么根据定理 2,只需考虑该公式对如下的 7 个独项式

$$1, x^2, x^4, x^2 y^2, x^6, x^4 y^2, x^2 y^2 z^2$$

216

成为精确等式即可.让我们设定如下的对称点组及权系数

$$(x_1,0,0),a_1(6);(x_2,x_2,0),a_2(12)$$

$$(x_3,x_3,x_3),a_3(8);(x_4,x_4,x_4),a_4(8)$$

括号中的数字代表个数.例如,以 $(x_1,0,0)$ 为代表的对称点组包含

$$(\pm x_1,0,0),(0,\pm x_1,0),(0,0,\pm x_1)$$

故连正负号一并算在内,共有 6 个对称点,它们相应的权系数都是 a_1.

　　为简便计算,记 $u_1=x_1^2,u_2=x_2^2,u_3=x_3^2,u_4=x_4^2$,于是将 7 个独项式依次代入式(1),便得到如下的方程组

$$
\begin{cases}
6a_1+12a_2+8a_3+8a_4=8 \quad (f=1)\\[2mm]
2a_1u_1+8a_2u_2+8a_3u_3+8a_4u_4=\dfrac{8}{3} \quad (f=x^2)\\[2mm]
2a_1u_1^2+8a_2u_2^2+8a_3u_3^2+8a_4u_4^2=\dfrac{8}{5} \quad (f=x^4)\\[2mm]
4a_2u_2^2+8a_3u_3^2+8a_4u_4^2=\dfrac{8}{9} \quad (f=x^2y^2)\\[2mm]
2a_1u_1^3+8a_2u_2^3+8a_3u_3^3+8a_4u_4^3=\dfrac{8}{7} \quad (f=x^6)\\[2mm]
4a_2u_2^3+8a_3u_3^3+8a_4u_4^3=\dfrac{8}{15} \quad (f=x^4y^2)\\[2mm]
8a_3u_3^3+8a_4u_4^3=\dfrac{8}{27} \quad (f=x^2y^2z^2)
\end{cases}
\tag{3}
$$

　　注意在上列的 7 个方程中共有 8 个未知元.因此不妨令 $u_1=\lambda u_2$,甚至为简便计算可取 $\lambda=1$.于是通过初等的代数计算,便可将式(3)解出,而得到(详细步骤此处从略)

$$u_3 = \frac{960 - 3\sqrt{28\ 798}}{2\ 726}, u_4 = \frac{960 + 3\sqrt{28\ 798}}{2\ 726}$$

$$x_1 = x_2 = \sqrt{\frac{6}{7}}, x_3 = \sqrt{u_3}, x_3 = \sqrt{u_4}$$

$$a_1 = \frac{1\ 078}{3\ 645}, a_2 = \frac{343}{3\ 645}, a_3 = \frac{230 - 774u_3}{1\ 215(u_4 - u_3)}$$

$$a_4 = \frac{774u_4 - 230}{1\ 215(u_4 - u_3)}$$

容易看出,上列所有计值点都落入正立方体 R 中,且权系数皆为正值. 显然取另外的 λ 数值时,可得到另外的计值点组及权系数.

我们知道,只要给定一个点,便可产生包含该点在内的对称点组. 因此,组内每个点都可叫作对称点组的"生成者". 推广上述例子中的思考方法,让我们给出如下的 n 维区域中的对称点组生成者,以及相应的权系数

生成者	对称点的个数	权系数
$(0,0,0,0,\cdots,0)$	1	a_0
$(v,0,0,0,\cdots,0)$	$2n$	a_1
$(\xi_1,\xi_1,0,0,\cdots,0)$	$2n(n-1)$	b_1
$(\xi_2,\xi_2,0,0,\cdots,0)$	$2n(n-1)$	b_2
$(\eta_1,\eta_1,\eta_1,0,\cdots,0)$	$\frac{4}{3}n(n-1)(n-2)$	c_1
$(\eta_2,\eta_2,\eta_2,0,\cdots,0)$	$\frac{4}{3}n(n-1)(n-2)$	c_2

假定这些对称点组都含于对称区域 R 内,并简记 $L(f) = \int_R f(x)\mathrm{d}x$,则仿照式(3),可得出如下的方程组

$$\begin{cases} a_0 + 2na_1 + 2n(n-1)(b_1+b_2) + \\ \dfrac{4}{3}n(n-1)(n-2)(c_1+c_2) = I(1) \\ 2a_1v^2 + 4(n-1)(b_1\xi_1^2 + b_2\xi_2^2) + \\ 4(n-1)(n-2)(c_1\eta_1^2 + c_2\eta_2^2) = I(x_1^2) \\ 2a_1v^4 + 4(n-1)(b_1\xi_1^4 + b_2\xi_2^4) + \\ 4(n-1)(n-2)(c_1\eta_1^4 + c_2\eta_2^4) = I(x_1^4) \\ 4(b_1\xi_1^4 + b_2\xi_2^4) + 8(n-2)(c_1\eta_1^4 + c_2\eta_2^4) = I(x_1^2 x_2^2) \\ 2a_1v^6 + 4(n-1)(b_1\xi_1^6 + b_2\xi_2^6) + \\ 4(n-1)(n-2)(c_1\eta_1^6 + c_2\eta_2^6) = I(x_1^6) \\ 4(b_1\xi_1^6 + b_2\xi_2^6) + 8(n-2)(c_1\eta_1^6 + c_2\eta_2^6) = I(x_1^4 x_2^2) \\ 8(c_1\eta_1^6 + c_2\eta_2^6) = I(x_1^2 x_2^2 x_3^2) \end{cases} \tag{4}$$

显然只要从式(4)中确定 a_i, b_i, c_i 及 v, ξ_i, η_i 诸数值之后,便可造出 R 区域上的一个对称的求积公式,而它对于不高于七次的 n 元多项式恒精确成立.但需注意式(4)中的未知元共有 11 个,而方程的个数为 7.因此可适当地引进变量间的 4 个相关条件或固定 4 个未知元的数值,再去求解式(4).

根据式(4)可以造出一系列具体的求积公式.在Hammer-Stroud 的文章中曾刊出极详细的数值表(即关于计值点及权系数的表).例如,对 n 维正方体(边长为 2)R 而言,可得出 $2n^2 + 1$ 个点的对称求积公式,其中

$$\begin{cases} v = \sqrt{\dfrac{3}{5}}, \\ \xi_1 = \sqrt{\dfrac{3}{5}} \end{cases} \quad \begin{cases} a_0 = \dfrac{2^{n-1}}{81}(25n^2 - 115n + 162) \\ a_1 = \dfrac{2^{n-1}}{81}(70 - 25n) \\ b_1 = \dfrac{25 \times 2^{n-1}}{162} \end{cases}$$

§4 求积公式与插值多项式之间的关系

我们知道,对一元函数的定积分而言,内插型求积公式或高斯型公式,都可看成是被积函数的插值多项式的积分式.但是这样的观点并不直接适用于高维求积公式的情形.举例来说,比方我们有一个正方区域 R 上的 36 个点的求积公式,它对一切形如 $\sum\limits_{0\leqslant i+j\leqslant 7}\sum c_{ij}x^iy^j$ 的二元多项式恒精确成立.那么当这个公式应用于非多项式的被积函数 $f(x,y)$ 时,由求积和所给出的近似值通常并不能看作是 f 在 36 个计值点(固定点)上的七次插值多项式的积分值.事实上,一般说来,很可能根本不存在那样的实系数七次多项式,而它恰好能在 36 个定点处取 36 个预先指定的特殊数值,除非是这样的 36 个点 (x_k,y_k),$k=1,2,3,\cdots,36$.它们恰好使得诸向量

$$(x_1^iy_1^j,x_2^iy_2^j,\cdots,x_{36}^iy_{36}^j)$$

就排成一个非奇异的三十六阶矩阵,从而能对任意给定的数值 $f(x_k,y_k)$,从方程组

$$\sum_{0\leqslant i+j\leqslant 7}\sum c_{ij}x_k^iy_k^j=f(x_k,y_k)\quad(k=1,2,\cdots,36)$$

中一一地解出实系数 c_{ij} 来.

上面所讨论的问题,实质上是一个关于插值问题何时能有实解的问题.下面的命题可以认为是对此问题做了一般性的回答.

定理 3 设 $\mathfrak{G}$ 是以 n 元函数为元素的线性空间,

它具有 m 个线性无关的基底 $f_1(x),\cdots,f_m(x)$ $(x\in E_n)$. 令 $x_1,\cdots,x_m$ 为 E_n 中的 m 个定点, 而 $c_1,\cdots,c_m$ 为任意实数值. 那么能有插值函数 $p(x)\in\mathfrak{S}$ 使得

$$p(x_i)=c_i\,(i=1,\cdots,m)$$

的充分必要条件是, 不存在 $f\in\mathfrak{S}$ $(f\neq0)$, 满足 $f(x_i)=0\,(i=1,\cdots,m)$.

证明　凡 $\mathfrak{S}$ 中的函数均可表示成

$$p(x)=\lambda_1 f_1(x)+\cdots+\lambda_m f_m(x)$$

因而条件 $p(x_i)=c_i$ 等价于

$$\lambda_1 f_1(x_i)+\cdots+\lambda_m f_m(x_i)=c_i \quad (i=1,\cdots,m)$$

因此, 对任意给定的 c_i 都要有实值 $\lambda_1,\cdots,\lambda_m$ 存在的充要条件显然是

$$\begin{vmatrix} f_1(x_1) & \cdots & f_m(x_1) \\ \vdots & & \vdots \\ f_1(x_m) & \cdots & f_m(x_m) \end{vmatrix}\neq0$$

此条件显然又等价于

$$\lambda_1 f_1(x_i)+\cdots+\lambda_m f_m(x_i)=0\Leftrightarrow\lambda_1=\cdots=\lambda_m=0$$

亦即等价于

$$f\in\mathfrak{S},f(x_i)=0\Leftrightarrow f(x)\equiv0$$

由此定理得证.

简 单 总 结

在本章中我们讨论了三个主要问题.

第一个问题是:一个固定区域上的求积公式所对应的误差泛函在变量替换(或区域变换)之下将有怎样的变化. 分析的结果表明, 对应于变换后的新的求积公式的误差泛函与原先的误差泛函之间存在着某种相等

关系.这个结果的主要意义在于指明了这样一个事实:从一个固定区域上的求积公式出发,能够利用各种合适的变换(如仿射变换)去造出其他不同形式的区域上的求积公式.

第二个问题是:给定两个低维区域上的求积公式及其相应的误差泛函,问对应在乘积区域上的重叠而成的求积公式将有怎样的误差泛函.主要结果就是乘积定理与推论 1 及 2.它们的意义在于表明:人们可以从低维区域上的求积公式出发去构造高维乘积区域上的求积公式.

第三个问题是:怎样利用区域的对称性去构造对称形式的求积公式,并使之具有某种代数精度.所给出的定理 2 可以看作是构造对称求积公式的一个普遍原则.最后我们还分析说明了为什么高维求积公式通常并不能看成是插值多项式的积分式.

二次及三次的高维求积公式

假如想去构造一个 n 维区域 R 上的求积公式

$$\int_R w(x)f(x)\mathrm{d}x \approx \sum_i a_i f(v_i)$$

使它具有 k 次代数精确度,问至少需要多少个计值点 v_i? 这个问题不仅具有理论上的意义,也具有重要的实际意义. 举例来说,借助于求积公式去近似求解多元函数的线性积分方程时,则求积公式计值点的增加,即意味着计算过程中的线代数方程组的元数增多,而这会引起实际计算量的巨大增加.

但是对一般的 $k>3$ 来说,欲求上述问题的圆满解决,看来是非常困难的,至少目前尚未成功. 只是当 $k=2$ 或 3 的情形,Stroud 的研究工作做得比较出色. 因此在本章中特别来介绍他所获得的某些结果.

§1 对称区域上的"二次求积公式"

假设 R 是一个 n 维对称区域,求积公式中的权系数 a_i 规定都相等(简称"等权

223

公式"),那么只需 $n+1$ 个计值点便足以构成一个具有二次代数精确度的求积公式(简称"二次求积公式").事实上,Thacher 和 Stround 还证明了下面的一个十分有趣的定理(其中 $w(x)\equiv1$).

定理 1 使 $n+1$ 个计值点作为一个"等权二次求积公式"的充分必要条件是,这些点恰好构成一个正 n 单纯形(regular n-simplex)的顶点,该单纯形与对称域 R 的重心一致,且 $n+1$ 个顶点系分布在半径为 $r=\sqrt{\dfrac{nI_2}{I_0}}$ 的超越球面上,其中

$$I_0=\int_R \mathrm{d}x,\ I_2=\int_R x_1^2\,\mathrm{d}x=\cdots=\int_R x_n^2\,\mathrm{d}x$$

证明 既然

$$a_1=\cdots=a_{n+1}$$

故取 $f(x)\equiv1$ 代入求积公式(其中 $w(x)\equiv1$)的两端便得知 $a_i=\dfrac{I_0}{n+1}$. 又因 R 为对称域,故我们有

$$\int_R x_i\,\mathrm{d}x=\int_R x_ix_j\,\mathrm{d}x=0\quad(i,j=1,2,\cdots,n,i\neq j)$$

$$(1)$$

今假定如下的 $n+1$ 个点

$$v_j\equiv(v_{j1},v_{j2},\cdots,v_{jn})\quad j=0,1,\cdots,n\qquad(2)$$

恰好作成某一"等权二次求积公式"的计值点,则对应于式(1)可知有

$$v_{0i}+v_{1i}+\cdots+v_{ni}=0\quad(i=1,2,\cdots,n)\qquad(3)$$

$$v_{0i}v_{0j}+v_{1i}v_{1j}+\cdots+v_{ni}v_{nj}=\frac{(n+1)I_2}{I_0}\delta_{ij}\quad(i,j=1,\cdots,n)$$

$$(4)$$

此处 $\delta_{ij}=1(i=j);\delta_{ij}=0(i\neq j)$.

为证明诸点 v_i 必满足定理的条件(亦即为证明定理条件的必要性),可考察如下的矩阵

$$A = \begin{bmatrix} v_{01} & v_{11} & v_{21} & \cdots & v_{n1} \\ v_{02} & v_{12} & v_{22} & \cdots & v_{n2} \\ \vdots & \vdots & \vdots & \vdots & \vdots \\ v_{0n} & v_{1n} & v_{2n} & \cdots & v_{nn} \\ \sqrt{\dfrac{I_2}{I_0}} & \sqrt{\dfrac{I_2}{I_0}} & \sqrt{\dfrac{I_2}{I_0}} & \cdots & \sqrt{\dfrac{I_2}{I_0}} \end{bmatrix}$$

根据式(3)及式(4)易由矩阵乘法得知

$$AA' = \frac{(n+1)I_2}{I_0} I$$

此处 A' 表示 A 的转置矩阵,而 I 为 $n+1$ 阶单位矩阵. 于是有

$$A'A = \frac{(n+1)I_2}{I_0} I$$

显然这最后一式相当于下列方程组

$$v_{i1}v_{j1} + \cdots + v_{in}v_{jn} + \frac{I_2}{I_0} = \frac{(n+1)I_2}{I_0}\delta_{ij} \qquad (5)$$

$$(i,j = 0,1,\cdots,n)$$

特别,当 $i=j$ 时

$$v_{i1}^2 + \cdots + v_{in}^2 = \frac{nI_2}{I_0}$$

于是可知诸点 v_i 均位于半径为 $r = \sqrt{\dfrac{nI_2}{I_0}}$ 的超越球面上,又由式(5)容易算出诸点之间的距离 $d(v_i, v_j)$. 事实上

$$d^2(v_i, v_j) = v_{i1}^2 + \cdots + v_{in}^2 + v_{j1}^2 + \cdots +$$
$$v_{jn}^2 - 2(v_{i1}v_{j1} + \cdots + v_{in}v_{jn}) =$$
$$2(n+1)\frac{I_2}{I_0} = \text{const}$$

这表明 $n+1$ 个点 v_i 彼此为等距,因此它们恰好作成正 n 单纯形的顶点.定理条件的必要性于是获证.

又如果逆转上述的推理步骤,容易验证定理的条件亦是充分的.定理至此证完.

值得补充指出:上述定理中的条件对于正 n 单纯形区域 R 而言亦是充分的.假设 $v_i(i=1,\cdots,n+1)$ 彼此等距,分布于以原点为心,以 $r=a\sqrt{\dfrac{1}{n+2}}$ 为半径的 n 维球面上,则根据 Hammer-Stroud 另外一个工作中的结果,我们知道必存在一个正 n 单纯形 S_n(其顶点位于半径为 a 的球面上),而对 S_n 区域来说,诸 v_i 恰好作成一个等权二次求积公式的计值点.由于 a 可取任意正数值,故知定理 1 的条件对每一正单纯形区域 R 而言为充分.

令 P_n 代表以原点为心,以 a 为半径的 n 维超越球,S_n 代表顶点位于 P_n 球面的任意正 n 单纯形,C_n 代表以 $(\pm a,\pm a,\cdots,\pm a)$ 为角顶的 n 维正方形(或经过绕原点旋转后所得的结果),Q_n 表示由如下 2^n 个不等式

$$\pm x_1\pm x_2\pm\cdots\pm x_n\leqslant a$$

所定义的 n 维区域(或经过旋转后的结果).容易看出,Q_n 的任一角顶必与一最远的角顶有距离为 $2a$,而和其他 $2(n-1)$ 个角顶的距离都等于 $a\sqrt{2}$.下面给出的是关于 $\dfrac{I_2}{I_0}$ 的数值表:

区域	$\dfrac{I_2}{I_0}$
P_n	$\dfrac{a^2}{n+2}$
S_n	$\dfrac{a^2}{n(n+2)}$
C_n	$\dfrac{a^2}{3}$
Q_n	$\dfrac{2a^2}{(n+1)(n+2)}$

利用这些数值,自然立即能够具体地构造出关于区域 P_n,S_n,C_n,Q_n 的等权二次求积公式.

§2　对称区域上的"三次求积公式"

利用类似于 §1 中的方法,Stroud 还建立了如下的定理.

定理 2　使 $2n$ 个计值点 $v_1,\cdots,v_n,-v_1,\cdots,-v_n$ 作成一个"等权三次求积公式"的充分必要条件是,这些点恰好构成一个 Q_n 区域的顶点,该 Q_n 与对称区域 R 的重心一致,且 Q_n 的诸顶点系位于半径为 $r=\sqrt{\dfrac{nI_2}{I_0}}$ 的 n 维超越球面上.

证明　显然公式的权系数为 $\dfrac{I_0}{2n}$.仿定理 1 的证法,可知计值点

$$v_i=(v_{i1},\cdots,v_{in}),-v_i=(-v_{i1},\cdots,-v_{in})$$
$$(i=1,2,\cdots,n) \tag{1}$$

需满足条件(参考 §1 的式(4))

$$v_{1i}v_{1j}+\cdots+v_{ni}v_{nj}=\frac{nI_2}{I_0}\delta_{ij},(i,j=1,2,\cdots,n) \quad (2)$$

由于式(1)中的计值点正负各占一半(指$+v_i$ 与$-v_i$),故对应于§1的式(3)的条件自然满足,而无须写出.考虑矩阵

$$\mathbf{A}=\begin{bmatrix} v_{11} & v_{21} & \cdots & v_{n1} \\ v_{12} & v_{22} & \cdots & v_{n2} \\ \vdots & \vdots & \vdots & \vdots \\ v_{1n} & v_{2n} & \cdots & v_{nn} \end{bmatrix}$$

则仿定理1的证法便可获得定理2的证明.再者,易算出

$$d^2(\pm v_i,\pm v_j)=\frac{2nI_2}{I_0} \quad (i\neq j)$$

$$d^2(v_i,-v_i)=\frac{4nI_2}{I_0}$$

故定理证毕.

例 考虑§1中所定义的 n 维正方体 C_n 区域 $(a=1)$,其角顶为$(\pm 1,\pm 1,\cdots,\pm 1)$. 令 Γ_k 代表点 $(r_1,r_2,\cdots,r_n)$,其中

$$r_{2r-1}=\sqrt{\frac{2}{3}}\cos\frac{2rk\pi}{n+1},r_{2r}=\sqrt{\frac{2}{3}}\sin\frac{2rk\pi}{n+1}$$

$$r=1,2,\cdots,\left[\frac{n}{2}\right]$$

又当 n 为奇数时,则

$$r_n=\frac{(-1)^k}{\sqrt{3}}$$

于是易验知 $\Gamma_0,\Gamma_1,\cdots,\Gamma_n$ 恰好满足定理1的条件,故由它们作为计值点而构成的等权求积公式应具有二次代数精确度.

又令 $\Sigma_k = (\sigma_1, \sigma_2, \cdots, \sigma_n)$，其中

$$\sigma_{2r-1} = \sqrt{\frac{2}{3}} \cos \frac{(2r-1)k\pi}{n}, \sigma_{2r} = \sqrt{\frac{2}{3}} \sin \frac{(2r-1)k\pi}{n}$$

$$r = 1, 2, \cdots, \left[\frac{n}{2}\right]$$

又当 n 是奇数时

$$\sigma_n = \frac{(-1)^k}{\sqrt{3}}$$

于是 $\Sigma_1, \cdots, \Sigma_{2n}$ 恰好满足定理 2 的条件, 因此它们作成等权三次求积公式的计值点.

显然上述例子中的计值点都位于积分区域 C_n 的内部. 注意在 Tyler 的工作中, 也给出了关于 C_n 区域的类似的求积公式, 但当 $n > 3$ 时, Tyler 公式中的计值点并不完全位于区域 C_n 内.

§3　一般区域上的"二次求积公式"

在 §1 中我们已经证明, 就对称区域而言, 由 $n+1$ 个适当分布的计值点, 即可作成等权的二次求积公式. 但是我们并没有证明点数 $n+1$ 不能减少. 在本节中我们要讲述 Stroud 的一个结果, 它指明对某种更一般的权函数与区域而言, 为得到一类二次求积公式, 计值点的个数 $n+1$ 确实不能减少.

设 R 是一般的 n 维区域. 首先假定存在 $n+1$ 个计值点 $v_i = (v_{i1}, \cdots, v_{in}), i = 0, 1, \cdots, n$, 使得求积公式

$$\int_R w(x) f(x) \mathrm{d}x \approx \sum_{i=0}^{n} a_i f(v_i)$$

具有二次代数精确度. 于是如下的方程组

$$\begin{cases} a_0 + a_1 + \cdots + a_n = c_0 \\ a_0 v_{0j} + a_1 v_{1j} + \cdots + a_n v_{nj} = c_{0j} \\ a_0 v_{0j} v_{0k} + a_1 v_{1j} v_{1k} + \cdots + a_n v_{nj} v_{nk} = c_{jk} \quad (j,k=1,2,\cdots,n) \end{cases}$$

$$(1)$$

必须能对 a_i 及 v_i 进行求实解,此处 c_0, c_{ik} 均为如下定义的实数

$$c_0 = \int_R w(x)\mathrm{d}x , c_{0j} = \int_R x_j w(x)\mathrm{d}x$$

$$c_{jk} = \int_R x_j x_k w(x)\mathrm{d}x$$

为方便计算,可将方程组(1)书写成矩阵形式

$$U'AU = C \qquad (2)$$

此处

$$U = \begin{bmatrix} 1 & v_{01} & \cdots & v_{0n} \\ 1 & v_{11} & \cdots & v_{1n} \\ \vdots & \vdots & \vdots & \vdots \\ 1 & v_{n1} & \cdots & v_{nn} \end{bmatrix}, A = \begin{bmatrix} a_0 & 0 & \cdots & 0 \\ 0 & a_1 & \cdots & 0 \\ \vdots & \vdots & \vdots & \vdots \\ 0 & 0 & \cdots & a_n \end{bmatrix}$$

$$C = \begin{bmatrix} c_0 & c_{01} & \cdots & c_{0n} \\ c_{01} & c_{11} & \cdots & c_{1n} \\ \vdots & \vdots & \vdots & \vdots \\ c_{0n} & c_{1n} & \cdots & c_{nn} \end{bmatrix} \quad (0 < |\det C| < \infty)$$

在往下的讨论中,我们恒假定 C 为非奇异矩阵(即 $|\det C| > 0$),而且 $0 < c_0 < \infty$. 于是可找到一个矩阵 T(所谓相似变换)使得

$$T'U'AUT = T'CT = c_0 E \qquad (3)$$

此处 E 为 $n+1$ 阶对角线矩阵,其中的元素为 ± 1. 关于寻找 T 的具体方法,可从一般的《矩阵论》著作中找到(例如可参阅 Macduffee 的《矩阵论》,56 页,或其他熟知的矩阵论教本).

不失一般性地总可假定 E 的对角线形式中的元素排列顺序为 $[1,1,\cdots,1,-1,-1,\cdots,-1]$，这是因为关于 $+1,-1$ 的任何其他排列方式总可利用矩阵 $\boldsymbol{UT}$ 中的行与 $\boldsymbol{T}'\boldsymbol{U}'$ 中对应的列适当交换顺序后变为上述的排列方式. 特别，假如 C 为正定矩阵，则 E 的对角线元素便全为正 1.

以下我们记

$$\boldsymbol{UT}=\begin{bmatrix} 1 & \xi_{01} & \cdots & \xi_{0n} \\ 1 & \xi_{11} & \cdots & \xi_{1n} \\ \vdots & \vdots & \vdots & \vdots \\ 1 & \xi_{n1} & \cdots & \xi_{nn} \end{bmatrix}=$$

$$\begin{bmatrix} 1 & v_{01} & \cdots & v_{0n} \\ 1 & v_{11} & \cdots & v_{1n} \\ \vdots & \vdots & \vdots & \vdots \\ 1 & v_{n1} & \cdots & v_{nn} \end{bmatrix} \begin{bmatrix} 1 & \tau_{01} & \cdots & \tau_{0n} \\ 0 & \tau_{11} & \cdots & \tau_{1n} \\ \vdots & \vdots & \vdots & \vdots \\ 0 & \tau_{n1} & \cdots & \tau_{nn} \end{bmatrix}$$

由于 $\boldsymbol{UT}$ 非奇异，且 $\boldsymbol{E}^{-1}=\boldsymbol{E}$，故容易由式(3)得出

$$(\boldsymbol{UT})\boldsymbol{E}(\boldsymbol{UT})'=c_0\boldsymbol{A}^{-1} \tag{4}$$

事实上，这是因为在式(3)的两端取 -1 次方，可得

$$\boldsymbol{T}^{-1}\boldsymbol{U}^{-1}\boldsymbol{A}^{-1}\boldsymbol{U}'^{-1}\boldsymbol{T}'^{-1}=c_0^{-1}\boldsymbol{E}^{-1}=c_0^{-1}\boldsymbol{E}$$

亦即

$$(\boldsymbol{UT})^{-1}\boldsymbol{A}^{-1}(\boldsymbol{T}'\boldsymbol{U}')^{-1}=c_0^{-1}\boldsymbol{E}$$

或

$$c_0\boldsymbol{A}^{-1}=(\boldsymbol{UT})\boldsymbol{E}(\boldsymbol{UT})'$$

如将矩阵方程(11)按元素写出来，则得

$$1+\xi_{i1}\xi_{j1}+\cdots+\xi_{ip}\xi_{jp}-\xi_{i,p+1}\xi_{j,p+1}-\cdots-\xi_{in}\xi_{jn}=\frac{c_0}{a_i}\delta_{ij} \tag{5}$$

此处 $i,j=0,1,2,\cdots,n$. 又 $p+1(0\leqslant p\leqslant n)$ 代表 $\boldsymbol{E}$

中＋1的个数.

以下我们将讨论方程(5)的解. 事实上,原来所要求的计值点 v_i 可以从诸 ξ_i 得出来,原因是

$$v_{ij} = \tau'_{0j} + \xi_{i1}\tau'_{1j} + \cdots + \xi_{in}\tau'_{nj}$$
$$(i=0,1,\cdots,n; j=1,2,\cdots,n)$$

其中

$$\boldsymbol{T}^{-1} = \begin{bmatrix} 1 & \tau'_{01} & \cdots & \tau'_{0n} \\ 0 & \tau'_{11} & \cdots & \tau'_{1n} \\ \vdots & \vdots & \vdots & \vdots \\ 0 & \tau'_{n1} & \cdots & \tau'_{nn} \end{bmatrix}$$

为构造含 $n+1$ 个项的求积公式,我们的兴趣仅仅在于方程(1)的实数解. 而根据式(3)及 Sylvester 的"惯性律"可知,恰好有 $n-p$ 个权系数,a_i 必须取负值. 特别,若 $\boldsymbol{E}$ 为单位矩阵 $[1,1,\cdots,1]$,则 $p=n$,从而 $0 < a_i < c_0$(请参考方程(1)之第一式). 又若 $p < n$,则关于 a_i 的唯一条件便是要求它们异于 0.

一般说来,方程(5)的实解恒能求出,因此我们总能构造出一个具有 $n+1$ 个计值点 v_i 的二次求积公式(具体解法后面再讲).

注意在以上所述的公式构造过程中,是以假定 $\boldsymbol{C}$ 为非奇异的 $n+1$ 阶矩阵为前提. 现在设想在这样的前提下能够构造出一个只含 $m+1$ 个计值点 $v_i(i=0,1,\cdots,m)$ 的二次求积公式,而 $m < n$,那么方程(1)或(2)仍将成立,其中矩阵 $\boldsymbol{C}$ 的形式如旧,但 $\boldsymbol{U}$ 和 $\boldsymbol{A}$ 要改写成下列形式

$$\boldsymbol{U} = \begin{bmatrix} 1 & v_{01} & \cdots & v_{0n} \\ 1 & v_{11} & \cdots & v_{1n} \\ \vdots & \vdots & \vdots & \vdots \\ 1 & v_{m1} & \cdots & v_{mn} \end{bmatrix}, \boldsymbol{A} = \begin{bmatrix} a_0 & 0 & \cdots & 0 \\ 0 & a_1 & \cdots & 0 \\ \vdots & \vdots & \vdots & \vdots \\ 0 & 0 & \cdots & a_n \end{bmatrix}$$

注意 U 为长条形矩阵,而 U 与 A 的秩最大为 $m+1$. 因此 $U'AU$ 的秩最大不会超过 $m+1$,从而

$$\det(U'AU)=0$$

亦即 $n+1$ 阶矩阵 $U'AU$ 必为奇异矩阵. 但另一方面,由原来假定已知 C 为非奇异矩阵,故推知方程(2)不能成立. 换言之,方程(1)不存在关于 a_i 及 v_{ik} 的实数解. 这与原来的设想相矛盾. 总结起来我们便有如下的定理.

定理 3　设 C 为 $n+1$ 阶非奇异的实数矩阵,其中 $c_0>0$. 那么必存在含 $n+1$ 个计值点 v_i 的二次求积公式,而且计值点的个数不能减少. 又当 C 为正定矩阵时,则所得公式的全部求积系数 $a_0,\cdots,a_n$ 必皆为正.

Stroud 还给出了方程(12)的一组具体的特殊解(实解). 此记录如下(其中每一向量的前 p 个分量取复号 $\pm$ 或 $\mp$ 的上方符号,后 $n-p$ 个分量取复号中的下方符号)

$$\xi_0=\left(0,0,\cdots,0,\left[\frac{c_0-a_0}{\pm a_0}\right]^{\frac{1}{2}}\right)$$

$$\xi_1=\left(0,0,\cdots,0,\left[\frac{c_0(c_0-a_0-a_1)}{\pm(c_0-a_0)a_1}\right]^{\frac{1}{2}},\mp\left[\frac{\pm a_0}{c_0-a_0}\right]^{\frac{1}{2}}\right)$$

$$\xi_2=\left(0,0,\cdots,\left[\frac{c_0(c_0-a_0-a_1-a_2)}{\pm(c_0-a_0-a_1)a_2}\right]^{\frac{1}{2}},\right.$$
$$\left.\mp\left[\frac{\pm c_0a_1}{(c_0-a_0)(c_0-a_0-a_1)}\right]^{\frac{1}{2}},\mp\left[\frac{\pm a_0}{c_0-a_0}\right]^{\frac{1}{2}}\right)$$

$$\vdots$$

$$\xi_{n-1}=\left(\left[\frac{\pm c_0(c_0-a_0-\cdots-a_{n-1})}{(c_0-a_0-\cdots-a_{n-2})a_{n-1}}\right]^{\frac{1}{2}},\right.$$
$$\left.\mp\left[\frac{\pm c_0a_{n-2}}{(c_0-a_0-\cdots-a_{n-3})(c_0-a_0-\cdots-a_{n-2})}\right]^{\frac{1}{2}},\cdots,\right.$$

$$\mp\left[\frac{\pm c_0 a_1}{(c_0-a_0)(c_0-a_0-a_1)}\right]^{\frac{1}{2}},\mp\left[\frac{\pm a_0}{c_0-a_0}\right]^{\frac{1}{2}}\right)$$

$$\xi_n=\left(\mp\left[\frac{\pm c_0 a_{n-1}}{(c_0-a_0-\cdots-a_{n-2})a_n}\right]^{\frac{1}{2}},\right.$$

$$\mp\left[\frac{\pm c_0 a_{n-2}}{(c_0-a_0-\cdots-a_{n-3})(c_0-a_0-\cdots-a_{n-2})}\right]^{\frac{1}{2}},\cdots,$$

$$\mp\left[\frac{\pm c_0 a_1}{(c_0-a_0)(c_0-a_0-a_1)}\right]^{\frac{1}{2}},\mp\left[\frac{\pm a_0}{c_0-a_0}\right]^{\frac{1}{2}}\right)$$

读者不难自行验证这组解的正确性.

§4　中心对称区域上的"三次求积公式"

比对称区域更广泛的一类区域称之为"中心对称区域". 假设 R 是这样的一个 n 维区域, 当点 x 含于 R 时, $-x$ 亦同时含于 R, 那么就称 R 为以原点为心的"中心对称区域".

令权函数 $w(x)$ 为这样的偶函数, 即对于 R 中的一切 x 点都有 $w(x)=w(-x)$. 于是对"中心对称区域" R 而言, 显然会有

$$\int_R x_i w(x)\mathrm{d}x=\int_R x_i x_j x_k w(x)\mathrm{d}x=0$$
$$(i,j,k=1,\cdots,n)$$

利用完全平行于 §3 中所述的方法, Stroud 还指出了一个构造 $2n$ 个计值点的三次求积公式的步骤.

将计值点取为 $v_i,-v_i(i=1,\cdots,n)$, 并令 v_k 与 $-v_k$ 对应相同的权系数 a_k. 显而易见, 这样作成的求积公式对独项式 $x_i,x_i x_j x_k$ 恒精确成立 (因为左右两端的结果都是 0). 此外, 我们还必须求解下列方程组

$$a_1 + a_2 + \cdots + a_n = \frac{1}{2} c_0$$

$$a_1 v_{1j} v_{1k} + a_2 v_{2j} v_{2k} + \cdots + a_n v_{nj} v_{nk} = \frac{1}{2} c_{jk} \quad (j, k = 1, \cdots, n)$$

上列的第二个方程可以同样地写成矩阵方程(§3 的式(2))的形式

$$U'AU = C \tag{1}$$

但此处 U, A, C 为如下形状的矩阵

$$U = \begin{bmatrix} v_{11} & \cdots & v_{1n} \\ \vdots & \vdots & \vdots \\ v_{n1} & \cdots & v_{nn} \end{bmatrix}, A = \begin{bmatrix} a_1 & & & 0 \\ & a_2 & & \\ & & \ddots & \\ 0 & & & a_n \end{bmatrix}$$

$$C = \frac{1}{2} \begin{bmatrix} c_{11} & \cdots & c_{1n} \\ \vdots & \vdots & \vdots \\ c_{1n} & \cdots & c_{nn} \end{bmatrix}$$

而 C 为对称矩阵,亦即 $c_{jk} = c_{kj}$.

仿 §3 中所述,我们仍假定 $0 < |\det C| < \infty$ 而 $-\infty < c_0 < \infty$.现在再利用类似于 §3 中的方式来探求上述方程的解法.首先总能找到一个非奇异矩阵 T 使得

$$T'U'AUT = T'CT = E \tag{2}$$

此处 E 为含 ± 1 元素的对角线矩阵.不失一般性地可以假定 $E = [1, \cdots, 1, -1, \cdots, -1]$,此处前面 p 个元素为 $+1 (0 \leqslant p \leqslant n)$.记

$$UT = \begin{bmatrix} \xi_{11} & \cdots & \xi_{1n} \\ \vdots & \vdots & \vdots \\ \xi_{n1} & \cdots & \xi_{nn} \end{bmatrix} = \begin{bmatrix} v_{11} & \cdots & v_{1n} \\ \vdots & \vdots & \vdots \\ v_{n1} & \cdots & v_{nn} \end{bmatrix} \begin{bmatrix} \tau_{11} & \cdots & \tau_{1n} \\ \vdots & \vdots & \vdots \\ \tau_{n1} & \cdots & \tau_{nn} \end{bmatrix}$$

则由式(2)可知,从 $(UT)'A(UT) = E$ 中能通过 a_i 解出诸 ξ_{ij}.事实上,不难由式(2)得出

$$\xi_{i1}\xi_{j1}+\cdots+\xi_{ip}\xi_{jp}-\xi_{i,p+1}\xi_{j,p+1}-\cdots-\xi_{in}\xi_{jn}=\frac{1}{a_i}\xi_{ij} \quad (3)$$

此处 $i,j=1,\cdots,n$，而为使 ξ_i 取实数值，诸 a_i 中必恰有 $n-p$ 个为负数（根据惯性定律）.

式（3）和 §3 的式（5）完全相似，故不难加以解出. 然后再用逆矩阵 $\boldsymbol{T}^{-1}$ 右乘 $\boldsymbol{UT}$，便可解出 $\boldsymbol{U}$ 中的诸元素 v_{ij}，而终于定出所需的计值点 v_i（亦即 $\boldsymbol{U}$ 的行向量）.

若设 $a_1,\cdots,a_p$ 为正，而 $a_{p+1},\cdots,a_n$ 为负，则式（3）的一个特殊解可以表作（读者不难直接加以验证）

$$\xi_i=\left(0,\cdots,0,\frac{1}{\sqrt{|a_i|}},0,\cdots,0\right) \quad (i=1,\cdots,n) \quad (4)$$

此处向量点 ξ_i 的第 i 个分量为 $\dfrac{1}{\sqrt{|a_i|}}$.

由式（4）当然可以定出诸计值点 v_i，$-v_i$ 来，因而便终于能构造成 $2n$ 个点的三次求积公式.

简 单 总 结

本章内容主要分为两大部分，第一部分考虑了对称域上的二次及三次的等权求积公式. Stroud 的两个定理（定理 1 及定理 2）彻底解决了这类求积公式中的计值点的分布方式问题. 第二部分研究了一般 n 维区域上的二次求积公式的构造步骤，指出了只需且必须利用 $n+1$ 个计值点才能构造成某类二次求积公式. 最后还讨论了中心对称区域上的 $2n$ 个点的三次求积公式的构造方式和步骤.

本章中的全部结果是属于 Stroud 的，它们可以看作是 Georgiev 与 Thacher 等人的某些先驱工作的推广与改进. 本章中所利用的方法可以说是"代数方法".

构造数值积分公式的算子方法

第 7 章

19 世纪的一些数学家们就曾经广泛地应用符号算子的运算法则(特别是微分算子的级数形式运算)去推导求积理论与插值法理论中的许多公式.今日看来,利用符号算子的形式运算以求得某些数值积分公式的方法,仍具有深刻的启发性.这种方法的主要价值,在于它能帮助人们较简捷地去发现若干有用的公式.一言以蔽之,方法的主要意义是在于"发现"而不在于"论证".当然从数学的理论观点来看,这种方法是有缺陷的,因为一般地它只是给出结果(公式或方程),但却并不指出结果成立的条件.例如,用它来导出一些求积公式时,它并不给出公式中的余项或余项估计,因而无从知道所得公式的有效适用范围.总而言之,符号算子的方法一般地只能认为是研究数值积分公式的一项补充手段(或辅助工具).

在本章的最后部分,我们将讲述Люстерник-Диткин 关于构造多重求积公式的一个方法,这个方法实质上只是利用某种符号算子的运算法则，以简化求积和的权系数与计值点坐标的方程排演手续而已．

§1 几个常用的符号算子及其关系式

我们知道，每一个连续函数 $f(x)$ 在正规解析点的领域内的 Taylor 展开式都可用符号算子表现成紧缩的形式

$$f(x+t) = \sum_{n=0}^{\infty} \frac{t^n}{n!} f^{(n)}(x) =$$

$$\sum_{n=0}^{\infty} \frac{t^n D^n}{n!} f(x) =$$

$$\sum_{n=0}^{\infty} \frac{(tD)^n}{n!} f(x) =$$

$$\mathrm{e}^{tD} f(x) =$$

$$E^t f(x) =$$

$$(1+\Delta)^t f(x)$$

此处 D 为微分算子，E 为移位算子，Δ 为差分算子，而它们的原始定义分别为

$$D = \frac{\mathrm{d}}{\mathrm{d}x}, E f(x) = f(x+1), E^t f(x) = f(x+t)$$

$$\Delta f(x) = f(x+1) - f(x) = (E-1) f(x)$$

在有限差分学与插值法等理论中，有时也常常用到所谓逆差算子 ∇ 与均差算子 δ，其定义分别为

$$\nabla f(x) = f(x) - f(x-1) = (1 - E^{-1}) f(x)$$

$$\delta f(x) = f\left(x + \frac{1}{2}\right) - f\left(x - \frac{1}{2}\right) = (E^{\frac{1}{2}} - E^{-\frac{1}{2}}) f(x)$$

以上的某些恒等式表明了各种符号算子之间存在着某些等价关系．为简便计算，不妨把 $f(x)$ 略去，而将

它们简记成

$$e^D = E = 1 + \Delta \tag{1}$$

$$\Delta = E - 1, \nabla = 1 - E^{-1} \tag{2}$$

$$\delta = E^{\frac{1}{2}} - E^{-\frac{1}{2}} = E^{\frac{1}{2}} \nabla \tag{3}$$

在式(1)和(2)中出现的 1 可以理解为不动算子 I,其作用是 $If(x) = f(x)$. 又为了使指数律普遍成立起见,不妨规定

$$\Delta^0 = E^0 = \nabla^0 = D^0 = I \tag{4}$$

容易验证,以 Δ, E 等为变元(系数属于实数域或复数域)的代数多项式全体恰好构成一个交换环,其中零元素 0 的定义是

$$0 f(x) = 0 \quad (\text{对一切 } f(x)) \tag{5}$$

既然如此,故在一切算子多项式之间,凡加、减、乘等代数运算皆可畅行无阻,无所顾虑. 事实上,假如算子用以作用的对象 $f(x), g(x)$ 等本身限于多项式或其他初等函数时,则对算子亦可进行除法等运算.

例如 $D^{-1} = \dfrac{1}{D}$ 可以理解为积分算子,而 $(1 - \lambda D)^{-1}$ 可以展开为

$$\frac{1}{1 - \lambda D} = 1 + \lambda D + \lambda^2 D^2 + \cdots \tag{6}$$

这些都是在常系数线性微分方程算子解法中所熟知的东西. 但一般说来,由算子间的除法及幂级数的形式展开等解析运算所导出的各种算子等式,只能看作是探求其他有用公式的简便手段或辅助工具,而绝不能当作是论证工具. 当我们采用那些算子等式去获得某些在数学分析上可能有意义的公式之后,我们仍然需要独立地给予解析论证.

显然从式(1)及(2)可以导出如下的算子等式

$$D = \log E = \log(1 + \Delta) = \Delta - \frac{\Delta^2}{2} + \frac{\Delta^3}{3} - \frac{\Delta^4}{4} + \cdots \quad (7)$$

$$\log E = -\log(1 - \nabla) = \nabla + \frac{\nabla^2}{2} + \frac{\nabla^3}{3} + \frac{\nabla^4}{4} + \cdots \quad (8)$$

$$E = 1 + \Delta = (1 - \nabla)^{-1} = 1 + \nabla + \nabla^2 + \nabla^3 + \cdots \quad (9)$$

$$-\log \nabla = E^{-1} + \frac{E^{-2}}{2} + \frac{E^{-3}}{3} + \frac{E^{-4}}{4} + \cdots \quad (10)$$

$$D^{-1} = \frac{1}{\log E}, D^{-k} = \left(\frac{\mathrm{d}}{\mathrm{d}x}\right)^k = \left(\frac{1}{\log E}\right)^k \quad (11)$$

又从式(3)可以得出

$$\delta^2 = (E^{\frac{1}{2}} - E^{-\frac{1}{2}})^2 = E + E^{-1} - 2I$$

由此解二次方程

$$E^2 - (2 + \delta^2)E + I = 0$$

我们便得到

$$E = 1 + \frac{1}{2}\delta^2 + \delta\sqrt{1 + \frac{1}{4}\delta^2} \quad (12)$$

作为习题,读者还不难自行推导如下的一些恒等式

$$\Delta = \nabla(1 - \nabla)^{-1} = \delta\left(1 + \frac{1}{4}\delta^2\right)^{\frac{1}{2}} + \frac{1}{2}\delta^2 = e^D - 1 \quad (13)$$

$$\nabla = \Delta(1 + \Delta)^{-1} = \delta\left(1 + \frac{1}{4}\delta^2\right)^{\frac{1}{2}} - \frac{1}{2}\delta^2 = 1 - e^{-D} \quad (14)$$

$$\delta = \Delta(1 + \Delta)^{-\frac{1}{2}} = \nabla(1 - \nabla)^{-\frac{1}{2}} = 2\sin h\frac{1}{2}D \quad (15)$$

利用以上的某些算子恒等式,我们能够立即推出一些熟知的插值公式与数值微分公式. 例如,根据式(9)可以立即得到 Newton 的两个插值公式

$$f(x) = (1 + \Delta)^x f(0) =$$

$$\left\{1 + \binom{x}{1}\Delta + \binom{x}{2}\Delta^2 + \cdots\right\} f(0) \quad (16)$$

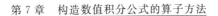

$$f(x) = (1 - \nabla)^{-x} f(0) =$$

$$\left\{ 1 + \binom{x}{1} \nabla + \binom{x+1}{2} \nabla^2 + \cdots \right\} f(0) \quad (17)$$

根据(7)及(8)可立即得到 Gregory－Markoff 的微分公式：

$$f'(x) = \left\{ \Delta - \frac{1}{2} \Delta^2 + \frac{1}{3} \Delta^3 - \frac{1}{4} \Delta^4 + \cdots \right\} f(x) \quad (18)$$

$$f'(x) = \left\{ \nabla + \frac{1}{2} \nabla^2 + \frac{1}{3} \nabla^3 + \frac{1}{4} \nabla^4 + \cdots \right\} f(x) \quad (19)$$

还可以验证，由式(12)的两边取 x 次方再展开为 δ 的幂级数，便能推导出 Stirling 的插值公式来.

§2　欧拉求和公式的导出

在数值积分理论与级数求和法中，Euler-Maclaurin 公式是一个极有用的工具，这里我们将根据算子运算的观点来推导这个公式.

设 $f(x)$ 是一个无穷可微分函数. 让我们考虑如下的算子 J 与 S，有

$$Jf(0) = \int_0^1 f(x)\mathrm{d}x, \quad Sf(0) = \sum_{i=1}^n c_i f(x_i)$$

此处 x_i 为固定的节点，c_i 为权系数，而

$$c_1 + c_2 + \cdots + c_n = 1$$

容易看出，算子 J 和 S 可通过算子 D 表现出来. 事实上，由 §1 的式(1)可知

$$Jf(0) = \int_0^1 \mathrm{e}^{xD} f(0)\mathrm{d}x = \int_0^1 \mathrm{e}^{xD} \mathrm{d}x f(0) = \frac{\mathrm{e}^D - 1}{D} f(0)$$

$$Sf(0) = \sum_{i=1}^n c_i E^{x_i} f(0) = \sum_{i=0}^n c_i \mathrm{e}^{x_i D} f(0)$$

Simpson 原理

因此，我们有

$$J = \frac{\mathrm{e}^D - 1}{D}, S = \sum_{i=1}^{n} c_i \mathrm{e}^{x_i D}$$

两者之差为

$$J - S = J(I - J^{-1}S) = J\left(I - \sum_{i=1}^{n} c_i \frac{D \mathrm{e}^{x_i D}}{\mathrm{e}^D - 1}\right) \quad (1)$$

我们知道，Bernoulli 多项式 $B_k(x)$ 是由如下的展开式（母函数）产生的（或定义的）

$$\frac{t \mathrm{e}^{xt}}{\mathrm{e}^t - 1} = \sum_{k=0}^{\infty} B_k(x) \frac{t^k}{k!}$$

因此式(1) 可以改写成

$$J - S = J\left[I - \sum_{i=1}^{n} c_i \left(\sum_{k=0}^{\infty} B_k(x_i) \frac{D^k}{k!}\right)\right] =$$
$$- J\left[\sum_{i=1}^{n} c_i \left(\sum_{k=1}^{\infty} B_k(x_i) \frac{D_k}{k!}\right)\right] \quad (2)$$

这里我们用到了简单事实

$$\sum_{i=1}^{n} c_i B_0(x_i) = \sum_{i=1}^{n} c_i = 1$$

注意

$$J[D^k f(0)] = \int_0^1 D^k f(x)\mathrm{d}x = f^{(k-1)}(1) - f^{(k-1)}(0)$$

由此代入(2)，我们便得到一般化的 Euler-Maclaurin 公式

$$\int_0^1 f(x)\mathrm{d}x = \sum_{i=1}^{n} c_i f(x_i) - \sum_{k=1}^{\infty} \left[\sum_{i=1}^{n} c_i \frac{B_k(x_i)}{k!}\right] \cdot$$
$$\left[f^{(k-1)}(1) - f^{(k-1)}(0)\right]$$

特别是，当 $n=2$，取 $c_1 = c_2 = \dfrac{1}{2}, x_1 = 0, x_2 = 1$ 时，由于

$$B_k(0) = (-1)^k B_k(1)$$

易见上式便简化成如下的熟知形式

$$\int_0^1 f(x)\,\mathrm{d}x = \frac{f(0)+f(1)}{2} -$$

$$\sum_{v=1}^{\infty} \frac{B_{2v}}{(2v)!}\left[f^{(2v-1)}(1)-f^{(2v-1)}(0)\right] \quad (3)$$

其中 $B_{2v}(0)$ 即通常所说的 Bernoulli 数.

§3　利用符号算子表出的
数值积分公式

在本节中我们将推导几个求积公式. 在推导的过程中遇有逐项积分时, 都假定那是行之有效的(事实上, 这在足够强的条件下总是能行的).

首先, 根据 §1 的式(1), 我们立即能得到

$$\int_0^1 f(x)\,\mathrm{d}x = \int_0^1 \mathrm{e}^{xD} f(0)\,\mathrm{d}x =$$

$$\int_0^1 (1+\Delta)^x f(0)\,\mathrm{d}x =$$

$$\int_0^1 \sum_{v=0}^{\infty} \binom{x}{v} \Delta^v f(0)\,\mathrm{d}x =$$

$$\sum_{v=0}^{\infty} \Delta^v f(0) \int_0^1 \binom{x}{v}\,\mathrm{d}x$$

记

$$A_v = \int_0^1 \binom{x}{v}\,\mathrm{d}x \quad (v=0,1,2,\cdots) \quad (1)$$

则

$$A_0 = 1, A_1 = \frac{1}{2}, A_2 = \frac{-1}{12}, A_3 = \frac{1}{24}, \cdots$$

于是上述公式可写作

$$\int_0^1 f(x)\mathrm{d}x = f(0) + \frac{1}{2}\Delta f(0) - \frac{1}{12}\Delta^2 f(0) +$$

$$\frac{1}{24}\Delta^3 f(0) + \cdots \qquad (2)$$

同理,对于多元函数 $f(x_1,\cdots,x_n)$ 而言,如引进偏微分算子

$$D_1 = \frac{\partial}{\partial x_1}, \cdots, D_n = \frac{\partial}{\partial x_n}$$

则根据多元函数的 Taylor 展开式或者反复利用 §1 的式(1)都容易立即得出

$$\mathrm{e}^{x_1 D_1 + \cdots + x_n D_n} f(0,\cdots,0) =$$
$$\mathrm{e}^{x_1 D_1} \cdots \mathrm{e}^{x_n D_n} f(0,\cdots,0) =$$
$$f(x_1,\cdots,x_n)$$

将算子函数全部展开,易得出如下的多重级数(仿第一段所述)

$$\sum_{v_i = 0}^{\infty} \binom{x_1}{v_1} \cdots \binom{x_n}{v_n} \Delta_1^{v_1} \cdots \Delta_n^{v_n} f(0,\cdots,0) = f(x_1,\cdots,x_n)$$

其中 Δ_k 为对变数 x_k 作用的差分算子. 于是将上式代入多重积分的被积函数的位置,现实行逐项积分,便得到如下的多重求积公式

$$\int_0^1 \cdots \int_0^1 f(x_1,\cdots,x_n)\mathrm{d}x_1\cdots\mathrm{d}x_n =$$

$$\sum_{v_i = 0}^{\infty} A_{v_1} \cdots A_{v_n} \Delta_1^{v_1} \cdots \Delta_n^{v_n} f(0,\cdots,0) \qquad (3)$$

当然,我们也可以采用另外的展开方式去导出别种形式的求积公式. 例如根据 §1 的式(9)我们有

$$E^x = (1 - \nabla)^{-x}$$

因此可得出

$$\int_0^1 f(x)\mathrm{d}x = \int_0^1 (1 - \nabla)^{-x}\mathrm{d}x f(0) =$$

$$-\frac{\nabla f(0)}{(1-\nabla)\log(1-\nabla)}=$$

$$\left\{1+\frac{1}{2}\nabla+\frac{5}{12}\nabla^2+\frac{3}{8}\nabla^3+\right.$$

$$\left.\frac{251}{720}\nabla^4+\cdots\right\}f(0) \tag{4}$$

类似地可得出

$$\int_0^1 f(x)\mathrm{d}x=E\int_{-1}^0 f(x)\mathrm{d}x=$$

$$\int_{-1}^0 (1-\nabla)^{-x}\mathrm{d}x \cdot Ef(0)=$$

$$-\frac{\nabla f(1)}{\log(1-\nabla)}=$$

$$\left\{1-\frac{1}{2}\nabla-\frac{1}{12}\nabla^2-\right.$$

$$\left.\frac{1}{24}\nabla^3-\frac{19}{720}\nabla^4-\cdots\right\}f(1) \tag{5}$$

显然式(5)中的展开式的系数要比式(4)中的下降得快
些. 此外,仿照式(3)的情形,自然也还立即可以将式
(3),式(5)扩充到多重累次积分的情形(这其实是一个
十分容易的习题).

　　按式(1)定义的数值系数 A_v,当 v 较小时是容易
直接算出的. 但当 v 非常大时,其计算即很麻烦. 在
H. Bilharz 的一个工作中,曾经求出如下的渐近式

$$A_v \sim \frac{(-1)^{v-1}}{v \cdot \log^2 v} \quad (v \rightarrow \infty) \tag{6}$$

这个结果表明展开式(2)中的系数下降于零并不太快.
又因为各级差分 $\Delta f(0),\Delta^2 f(0),\Delta^3 f(0),\cdots$ 的计算中需
用 $f(0),f(1),f(2),f(3),\cdots$ 诸值,而它们取值的位置
离积分的区间 $[0,1]$ 越来越远,因此可以想象到只有当
$f(x)$ 是 $(0,\infty)$ 上的无穷次可微分函数,而且当式(2)右

端的项数取得足够地多时,才有可能给出左端积分的一个较好的近似值,这点又多少能说明公式(2),(3)的实际应用价值是不大的.至于公式(4)及(5),那在微分方程 $y' = f(x,y)$ 的数值解法中却是有用的.关于此,可以参考 Z. Kopal 的数值分析,第四章.

§4 Willis 展开方法

在应用数学中会遇到下述类型的无穷积分

$$F(\lambda) = \int_0^\infty \Phi(\lambda x) f(x) \mathrm{d}x \qquad (1)$$

其中 Φ 是连续函数,f 为无穷次可微分函数,λ 常常是一个具有很大数值的参数(简称大参数).有时 $\Phi(\lambda x)$ 会是这样的函数,它随着 λ 的增大而有越来越激烈的振动.例如 $\Phi(\lambda x) = \sin \lambda x$ 就是这样.

在没有考虑任何收敛条件的情况下,H. F. Willis 曾指出了一个展开 $F(\lambda)$ 为 $\dfrac{1}{\lambda}$ 的幂级数的方法.他所给出的级数展开公式实际上很容易利用算子运算直接得出来.

设函数 $\Phi(\lambda x)$ 的 Laplace 变换能展成 s 的幂级数

$$\psi(s) = \int_0^\infty \Phi(\lambda x) \mathrm{e}^{-xs} \mathrm{d}x = \sum_{n=0}^\infty c_n s^n \qquad (2)$$

其中系数 $c_n = c_n(\lambda)$ 依赖于参数 λ.则立即便可得出

$$F(\lambda) = \int_0^\infty \Phi(\lambda x) \mathrm{e}^{xD} f(0) \mathrm{d}x =$$

$$\sum_{n=0}^\infty c_n (-D)^n f(0) =$$

$$\sum_{n=0}^{\infty} (-1)^n c_n(\lambda) f^{(n)}(0) \qquad (3)$$

这就是 Willis 所建议的计算公式.

关于上述公式的成立条件,我们还要在以后讨论到,这里我们只能指出一个主要条件,即通常总要假定函数 $\Phi(t)$ 的 Laplace 变换的收敛横坐标不大于零.

例　设 $\Phi(\lambda x) = J_0(\lambda x)$,此处 $J_0(x)$ 为零级的 Bessel 函数. 如所熟知,$J_0(\lambda x)$ 的 Laplace 变换是

$$\int_0^{\infty} J_0(\lambda x) \mathrm{e}^{-sx} \mathrm{d}x = \frac{1}{\sqrt{s^2 + \lambda^2}} =$$

$$\frac{1}{\lambda} - \frac{1}{2} \frac{s^2}{\lambda^3} + \frac{1 \times 3}{2^2 \times 2!} \frac{s^4}{\lambda^5} -$$

$$\frac{1 \times 3 \times 5}{2^3 \times 3!} \frac{s^6}{\lambda^7} + \cdots$$

而它的收敛横坐标是 $s_c = 0$. 于是应用式(3)我们便得到如下的展开式

$$\int_0^{\infty} J_0(\lambda x) f(x) \mathrm{d}x = \frac{f(0)}{\lambda} - \frac{1}{2} \frac{f''(0)}{\lambda^3} +$$

$$\frac{1 \times 3}{2^2 \times 2!} \frac{f^{(4)}(0)}{\lambda^5} - \cdots$$

显然当 λ 甚大时,只需取上式右端的两项或三项便可得到足够准确的近似值.

作为习题,读者不难自行导出如下四个展开式:

1. $\displaystyle\int_0^{\infty} f(x) \cos \lambda x \, \mathrm{d}x =$

$$-\frac{1}{\lambda} \left[\frac{f'(0)}{\lambda} - \frac{f'''(0)}{\lambda^3} + \frac{f^{(5)}(0)}{\lambda^5} - \cdots \right]$$

2. $\displaystyle\int_0^{\infty} f(x) \sin \lambda x \, \mathrm{d}x =$

$$\frac{1}{\lambda} \left[f(0) - \frac{f''(0)}{\lambda^2} + \frac{f^{(4)}(0)}{\lambda^4} - \cdots \right]$$

3. $\int_0^\infty f(x)\dfrac{\sin\lambda x}{x}\mathrm{d}x =$

$$\dfrac{\pi}{2}f(0) + \left[\dfrac{f'(0)}{\lambda} - \dfrac{f'''(0)}{3\lambda^3} + \dfrac{f^{(5)}(0)}{5\lambda^5} - \cdots\right]$$

4. $\int_0^\infty f(x)J_1(\lambda x)\mathrm{d}x =$

$$\dfrac{f(0)}{\lambda} + \dfrac{1}{\lambda}\left[\dfrac{f'(0)}{\lambda} - \dfrac{1}{2}\dfrac{f'''(0)}{\lambda^3} + \right.$$

$$\left. \dfrac{1\times 3}{2^2\times 2!}\dfrac{f^{(5)}(0)}{\lambda^5} - \cdots\right]$$

当 λ 甚大时,亦只要取展开式中的很少几个项便能获得很好的近似值.

§5　Люстерник-Диткин 方法

这里我们要来介绍 Люстерник-Диткин 关于构造求积公式的一般手续(或程序).他们的方法是以如下的简单事实为基础(参考 §3)

$$\mathrm{e}^{(x,D)}f(0,\cdots,0) = f(x_1,\cdots,x_n) \tag{1}$$

此处 $(x,D) = x_1 D_1 + \cdots + x_n D_n$.

设 Q 是欧氏空间 E_n 中的一个 n 维区域. E_n 中的点简记为 $x = (x_1,\cdots,x_n)$.设 $\varphi(x)$ 为给定在 Q 上的可积函数, $f(x)$ 为任意连续函数, $\mathrm{d}x = \mathrm{d}x_1\cdots\mathrm{d}x_n$ 表 n 维体积元素.现在我们来讨论下列形式的求积公式的构造步骤

$$J(f) = \int_Q f(x)\varphi(x)\mathrm{d}x \approx \sum_{i=1}^m c_i f(A_i) = \tilde{J}(f) \tag{2}$$

其中 c_i 为求积公式的权系数, A_i 为位于区域 Q 内的计值点.

假如对一切次数不超过 s 的 n 元多项式 f 而言，式(2)成为精确等式

$$J(f) = \tilde{J}(f)$$

那么就称求积公式(2)的代数精确度为 s. 显然式(2)的左右两端可分别表示成

$$J(f) = \int_Q \varphi(x) \mathrm{e}^{(x,D)} f(0) \mathrm{d}x =$$

$$\int_Q \varphi(x) \mathrm{e}^{(x,D)} \mathrm{d}x \cdot f(0)$$

$$\tilde{J}(f) = \sum_{i=1}^{m} c_i \mathrm{e}^{(A_i,D)} f(0)$$

因此所谓代数精确度为 s，意即指如下的微分算子

$$T = \int_Q \varphi(x) \mathrm{e}^{(x,D)} \mathrm{d}x - \sum_{i=1}^{m} c_i \mathrm{e}^{(A_i,D)}$$

必须把一切次数不高于 s 的多项式都变换成 0. 容易看出，使此一事实得以成立的充分必要条件是，当算子 T 展开成 $D_1, D_2, \cdots, D_n$ 的幂级数后，凡次数不高于 s 的一切项的系数全为 0. 将这个条件全部具体地表现出来，也就得出一组包含 c_i 与 A_i 的代数方程式. 最后，从代数方程组中解出 c_i 与 A_i 诸值，便构造成一个形如式(2)的求积公式，而其精确度至少为 s.

例　给定如下形式的二重积分

$$J(f) = \frac{1}{\pi} \int_{-\infty}^{\infty} \int_{-\infty}^{\infty} f(x,y) \mathrm{e}^{-x^2-y^2} \mathrm{d}x \mathrm{d}y$$

其中 $\varphi \equiv \mathrm{e}^{-x^2-y^2}$ 为权函数. 我们希望构造一个代数精确度等于 3 的求积公式. 首先，我们算出(其中用到了函数解析展开形式的唯一性)

$$\frac{1}{\pi} \int_{-\infty}^{\infty} \int_{-\infty}^{\infty} \mathrm{e}^{-x^2-y^2+xD_1+yD_2} \mathrm{d}x \mathrm{d}y =$$

Simpson 原理

$$\frac{1}{\pi}\int_{-\infty}^{\infty}\int_{-\infty}^{\infty}\mathrm{e}^{-\left(x-\frac{1}{2}D_1\right)^2-\left(y-\frac{1}{2}D_2\right)^2+\frac{1}{4}\left(D_1^2+D_2^2\right)}\,\mathrm{d}x\,\mathrm{d}y=$$

$$\mathrm{e}^{\frac{1}{4}\left(D_1^2+D_2^2\right)}\frac{1}{\pi}\left(\int_{-\infty}^{\infty}\mathrm{e}^{-u^2}\,\mathrm{d}u\right)^2=\mathrm{e}^{\frac{1}{4}\left(D_1^2+D_2^2\right)}=$$

$$1+\frac{1}{4}(D_1^2+D_2^2)+\frac{1}{32}(D_1^2+D_2^2)^2+\cdots$$

假定我们取四个对称的计值点($\rho>0$),有

$$A_1=(\rho,0),A_2=(-\rho,0)$$
$$A_3=(0,\rho),A_4=(0,-\rho)$$

而权系数为 c_1,c_2,c_3,c_4,则

$$\sum_{i=1}^{4}c_i\mathrm{e}^{(A_i,D)}=c_1\mathrm{e}^{\rho D_1}+c_2\mathrm{e}^{-\rho D_1}+c_3\mathrm{e}^{\rho D_2}+c_4\mathrm{e}^{-\rho D_2}=$$

$$(c_1+c_2+c_3+c_4)+(c_1-c_2)\rho D_1+$$

$$(c_3-c_4)\rho D_2+\frac{1}{2}(c_1+c_2)\rho^2 D_1^2+$$

$$\frac{1}{2}(c_3+c_4)\rho^2 D_2^2+\cdots$$

比较 D_i 的同次项系数,我们便得到下列方程组

$$\begin{cases}c_1+c_2+c_3+c_4=1 & (3)\\ c_1-c_2=c_3-c_4=0 & (4)\\ (c_1+c_2)\rho^2=(c_3+c_4)\rho^2=\dfrac{1}{2} & (5)\end{cases}$$

由(3)和(5)可知

$$(c_1+c_2+c_3+c_4)\rho^2=\rho^2=1,\rho=1$$

再由(4)和(5)得知

$$c_1=c_2=\frac{1}{4},c_3=c_4=\frac{1}{4}$$

因此所要寻求的数值积分公式可以表示成

$$J(f)\approx\frac{1}{4}\bigl[f(1,0)+f(0,1)+f(0,-1)+$$

$$f(-1), 0 \big] \tag{6}$$

此公式的代数精确度恰好是 3.

　　Люстерник 与 Диткин 还对上例中的 $J(f)$ 作出了一个精确度等于 7 的数值积分公式,其中用到十六个计值点,八个点 $A_1, A_2, \cdots, A_8$ 分布在以原点为中心以 $\sqrt{2-\sqrt{2}}$ 为半径的圆内接正八边形的角顶上(四个点位于坐标轴上),另八个点 $B_1, B_2, \cdots, B_8$ 的分布方式完全相似,只是圆的半径扩大成 $\sqrt{2+\sqrt{2}}$. 所得公式的具体形式是

$$J(f) \approx \frac{\sqrt{2}+1}{16\sqrt{2}} \sum_{i=1}^{8} f(A_i) = \frac{\sqrt{2}-1}{16\sqrt{2}} \sum_{i=1}^{8} f(B_i) \tag{7}$$

Люстерник 也还根据本节中所述的算子方法,构造出一些展布在圆域上的积分计算公式.但 F. M. Bruins 曾经指出,这些数值积分公式可以较简单地利用 Taylor 级数直接求得.事实上,本节所述方法,通常只能看成是构造求积公式的一般手续(这手续是通过算子形式表现出来的).其优点主要在于方法形式的固定化或机械化.而一般说来,该方法并不能在实质上减少求积公式构造过程中的计算量(主要是指求解未知数 c_i, A_i 的计算量),除非是 $\int_Q \varphi(x) \mathrm{e}^{(x, D)} \mathrm{d}x$ 甚易展开成 D 的幂级数形式,而且由比较系数所得出的方程组甚易求解.

简　单　总　结

本章主要是讨论了这样几个问题:

　　(一)符号算子 $\Delta, E, \nabla, D, \delta$ 之间有哪些简单的恒等关系,以及如何利用它们去导出熟知的插值公式与数值微分公式?

（二）怎样利用微分算子 D 以及 Bernoulli 多项式的母函数定义去导出著名的 Euler-Maclaurin 求和公式?

（三）如何利用算子 $E^x = (1+\Delta)^x = (1-\nabla)^{-x}$ 去导出某些简单的求积公式?

（四）怎样利用算子形式去表现计算积分

$$\int_0^\infty \Phi(\lambda x) f(x)\mathrm{d}x$$

的 Willis 方法?

（五）Люстерник-Диткин 的构造求积公式的一般原理是怎样的? 方法的主要优点何在?

高维积分的"降维法"与二维求积公式的一种构造法

第 8 章

在本章的第一部分($\S 1 \sim \S 4$),我们将提出一个把高维区域上的多重积分近似地化为低维区域上的若干积分之和的方法.这个方法的基本思想是,把原来的被积函数乘以一个恰当的多项式,然后反复应用场论中的高维的 Causs-Green-Ostrogradsky 公式,使得原来的被积函数在有界区域上的多重积分恰好能表现成若干个低一维的积分之和,而其误差余项能有任意预先指定的微小估值.这方法的主要优点在于不受区域形状的限制,在于能够借助于低维的数值积分公式去计算较高维的积分近似值.另一方面,方法的缺点是在于积分的维数的降低只能一维一维地进行.

在本章的第二部分($\S 5, \S 6$),我们将联合应用 Green 公式与 Salzer 关于二元函数的某种插值程序,去给出一个构造重积分数值积分公式的简便方法.我们还将利用这个方法具体地去作出几个简单的求积公式.

§1 高维近似积分的"降维法"基本公式

设 V_n 是 n 维欧氏空间中的一个有界闭区域,它的 $n-1$ 维边界曲面 S_{n-1} 是由参数方程组所界定,或者在特别情形下,可假设它具有方程

$$\phi(x_1,\cdots,x_n)=0 \tag{1}$$

而在 V_n 中的点 $(x_1,\cdots,x_n)$ 满足条件 $\phi\leqslant0$,此处 ϕ 是一个关于各变量具有连续偏导数的函数.

假设函数 $f(X)\equiv f(x_1,\cdots,x_n)$ 在 V_n 上连续可微,则我们有如下一般形式的 Gauss-Green-Ostro-gradsky 公式

$$\int_{V_n}\frac{\partial f(X)}{\partial x_n}\mathrm{d}V=\int_{S_{n-1}}f(X)\frac{\partial x_n}{\partial v}\mathrm{d}S \tag{2}$$

此处 $\mathrm{d}S$ 表示超越曲面 S_{n-1} 上的面积元素,而 $\frac{\partial x_n}{\partial v}$ 表示坐标变量 x_n 对曲面的向外法线向量的方向导数,亦即

$$\frac{\partial x_n}{\partial v}=(\frac{\partial\phi}{\partial x_n})\cdot[(\frac{\partial\phi}{\partial x_1})^2+\cdots+(\frac{\partial\phi}{\partial x_n})^2]^{-\frac{1}{2}}$$

特别是,假如

$$f(X)=F(X)\cdot P(X)$$

则可将式(2)改写成下列形式

$$\int_{V_n}F\cdot\frac{\partial P}{\partial x_n}\mathrm{d}V=\int_{S_{n-1}}F\cdot P\cdot\frac{\partial x_n}{\partial v}\mathrm{d}S-$$
$$\int_{V_n}P\cdot\frac{\partial F}{\partial x_n}\mathrm{d}V \tag{3}$$

这可以看作是多重积分的分部积分公式.

设 $F(X)\equiv F(x_1,\cdots,x_n)$ 关于变量 x_n 具有直到 m

级的连续偏导数 $(m \geq 1)$，又设 $P(X)$ 是一个具有如下形式的多项式

$$P(X) \equiv x_n^m + Q(x_1, \cdots, x_n) \qquad (4)$$

此处 Q 中所含 x_n 的次数低于 m. 则逐次利用式(3)不难得出如下的降维法基本公式

$$\int_{V_n} F(X) \mathrm{d}V = \sum_{k=0}^{m-1} \frac{(-1)^k}{m!} \int_{S_{n-1}} L_k(F, P) \mathrm{d}S + \rho_m \qquad (5)$$

其中

$$L_k(F, P) \equiv \left(\frac{\partial^k F}{\partial x_n^k} \right) \left(\frac{\partial^{m-k-1} P}{\partial x_n^{m-k-1}} \right) \left(\frac{\partial x_n}{\partial v} \right)$$

而余项 ρ_m 具有下述表达式

$$\rho_m = \frac{(-1)^m}{m!} \int_{V_n} \left(\frac{\partial^m F}{\partial x_n^m} \right) \cdot P(X) \mathrm{d}V \qquad (6)$$

有时 V_n 的边界 S_{n-1} 是由参数方程组 $x_i = x_i(t_1, \cdots, t_{n-1})(i = 1, \cdots, n)$ 所表示的，这时就可直接将式(5)的右端积分表示成通常的 $n-1$ 维积分. 特别是，假如 x_n 能从式(1)解出，而 V_n 可由下列条件来定义

$$\phi_1(x_1, \cdots, x_{n-1}) \leq x_n \leq \phi_2(x_1, \cdots, x_{n-1})$$
$$(x_1, \cdots, x_{n-1}) \in V_{n-1} \qquad (7)$$

其中 ϕ_1 与 ϕ_2 为单值连续函数，则式(5)便可简单地表成

$$\int_{V_n} F(X) \mathrm{d}V_n = \sum_{k=0}^{m-1} \frac{(-1)^k}{m!} \int_{V_{n-1}} \left[\frac{\partial^k F}{\partial x_n^k} \cdot \right.$$
$$\left. \frac{\partial^{m-k-1} P}{\partial x_n^{m-k-1}} \right]_{x_n = \phi_1}^{x_n = \phi_2} \mathrm{d}V_{n-1} + \rho_m \qquad (8)$$

此处

$$\mathrm{d}V_k = \mathrm{d}x_1 \cdots \mathrm{d}x_k$$

而

$$[g(X)]_{x_n = \phi_1}^{x_n = \phi_2} = g(x_1, \cdots, x_{n-1}, \phi_2) -$$

$$g(x_1, \cdots, x_{n-1}, \phi_1)$$

公式(8)的意义在于表明有界区域 V_n 上的 n 重积分能利用 V_{n-1} 上的一串 $n-1$ 重积分近似地表示出来,而余项(误差) ρ_m 有着形如式(6)的表达式.

§2 "降维法"中的几个展开公式及余项估计

虽然 §1 的式(5)(或 §1 的式(8))指出了一个普遍的降维方法,但是却并没有指出应该怎样选取形如 §1 的式(4)的多项式 $P(X)$,以便使得按照 §1 的式(6)来计算的余项能有最小可能的估值. 这里所谓余项能有最小估值,当然是关于特定的度量标准(例如可以是 Чебышев 度量或 L_2 度量)而说的. 显然,我们在这里所遇到的问题,实际是一个关于积分泛函(§1 的式(6))求极值的变分问题.

当 V_n 是一个按 §1 的式(7)所定义的任意区域时,上述一般形式的变分问题显然是不易解决的. 在本节中我们将专就球形区域和单纯形区域的情形来讨论 $|\rho_m|$ 的尽可能小的估值方法.

我们将用到如下的两类多项式

$$\Phi_m(X) = \frac{m!}{(2m)!} \left(\frac{\partial}{\partial x_n}\right)^m (x_1^2 + \cdots + x_n^2 - 1)^m \quad (1)$$

$$T_m(X) = \frac{m!}{(2m)!} \left(\frac{\partial}{\partial x_n}\right)^m \left[x_n^m (x_1 + \cdots + x_n - 1)^m\right] \quad (2)$$

它们通常被称为 n 维的 Hermite-Didon 多项式和广义的 Appell 多项式. 显然 $\Phi_m(X)$ 和 $T_m(X)$ 都具有 §1 的式(4)那样的形式.

对于 V_n 区域上的任意连续函数 $f(X)$,我们记

$$\| f \| = \left(\int_{V_n} | f(X) |^2 \mathrm{d}V \right)^{\frac{1}{2}}$$

$$\| f \|_c = \max_{X \in V_n} | f(X) |$$

又为了写法上的简便计算,对任意实数 $\alpha \geqslant 0$,我们常记

$$\alpha! = \Gamma(\alpha+1)$$

现在我们要来建立如下的两条定理.

定理 1　设 $F(X)$ 为球域 $\mathfrak{S}(x_1^2 + \cdots + x_n^2 \leqslant 1)$ 上的连续函数,且对 x_n 具有 m 级的连续偏导数. 又设 V_n 是一个包含于 $\mathfrak{S}$ 内的区域.那么我们有如下的展开公式

$$\int_{V_n} F(X) \mathrm{d}V = \sum_{k=0}^{m-1} \frac{(-1)^k}{m!} \int_{S_{n-1}} L_k(F(X), \Phi_m(X)) \mathrm{d}S + \rho_m$$

$$(3)$$

此处余项 ρ_m 有下列估计式

$$| \rho_m | \leqslant \left(\frac{\pi^{\frac{1}{2}n} \cdot m!}{\left(m + \dfrac{n}{2} \right)! \ (2m)!} \right)^{\frac{1}{2}} \left\| \frac{\partial^m F}{\partial x_n^m} \right\| \qquad (4)$$

定理 2　设 $F(X)$ 为单纯形区域 $\mathfrak{R}(x_j \geqslant 0, x_1 + \cdots + x_n \leqslant 1)$ 上的连续函数,且对 x_n 具有 m 级的连续偏导数,又设 V_n 为包含于 $\mathfrak{R}$ 内的一个区域.则成立着如下的展开公式

$$\int_{V_n} F(X) \mathrm{d}V = \sum_{k=0}^{m-1} \frac{(-1)^k}{m!} \int_{S_{n-1}} L_k(F(X), T_m(X)) \mathrm{d}S + \rho_m$$

$$(5)$$

此处 ρ_m 具有下列估计式

$$|\rho_m| \leqslant \left(\frac{m!\ m!}{(2m)!\ (2m+n)!}\right)^{\frac{1}{2}} \left\|\frac{\partial^m F}{\partial x_n^m}\right\| \tag{6}$$

证明 我们来证明定理 1 及 2. 由于公式（3）及（5）无非是 §1 的式（5）的特例，因此只需证明不等式（4）及（6）即可. 首先，根据 §1 的式（6）并应用熟知的 Буняковский-Schwarz 不等式易得到

$$|\rho_m| \leqslant \frac{1}{m!}\left(\int_{V_n}\left(\frac{\partial^m F}{\partial x_n^m}\right)^2 \mathrm{d}V_n\right)^{\frac{1}{2}}\left(\int_{V_n}(\Phi_m(X))^2 \mathrm{d}V_n\right)^{\frac{1}{2}}$$

$$\leqslant$$

$$\frac{1}{(2m)!}\left\|\frac{\partial^m F}{\partial x_n^m}\right\|\left(\int_{\mathfrak{S}}\left[\left(\frac{\partial}{\partial x_n}\right)^m(r^2-1)^m\right]^2 \mathrm{d}V_n\right)^{\frac{1}{2}} \tag{7}$$

此处

$$r^2 = x_1^2 + \cdots + x_n^2$$

现在我们来计算积分

$$I_m = \int_{\mathfrak{S}}\left[\left(\frac{\partial}{\partial x_n}\right)^m(r^2-1)^m\right]^2 \mathrm{d}V_n$$

相继应用分部积分公式（§1 的式（3））并注意 $\mathfrak{S}$ 区域的边界曲面（球面）方程为 $r-1=0$，则不难算出

$$I_m = (-1)^m\int_{\mathfrak{S}}(r^2-1)^m\left(\frac{\partial}{\partial x_n}\right)^{2m}(r^2-1)^m \mathrm{d}V_n =$$

$$(2m)!\int_{\mathfrak{S}}(1-r^2)^m \mathrm{d}V_n \tag{8}$$

为计算式（8）右端的积分，只需将 $(x_1,\cdots,x_n)$ 坐标系转换成 n 维的球坐标 $(r,\theta_1,\cdots,\theta_{n-1})$ 系统. 如此，经过简单计算便不难得到

$$\int_{\mathfrak{S}}(1-r^2)^m \mathrm{d}V_n = \frac{2\pi^{\frac{n}{2}}}{\Gamma\left(\frac{n}{2}\right)}\int_0^1 (1-r^2)^m r^{n-1} \mathrm{d}r =$$

$$\frac{\pi^{\frac{n}{2}} \cdot m\,!}{\Gamma\left(m + \dfrac{n}{2} + 1\right)}$$

上面的最后一式显然可通过"Beta 函数"直接得出. 于是将计算出来的结果——代入式(8)及(7)，便终于得到

$$|\rho_m| \leqslant \left\|\frac{\partial^m F}{\partial x_n^m}\right\| \left(\frac{\pi^{\frac{n}{2}} \cdot m\,!}{(2m)\,!\ \Gamma\left(m + \dfrac{n}{2} + 1\right)}\right)^{\frac{1}{2}}$$

这正是我们所要证明的式(4).

　　至于式(6)的证明，在原则上与以上所述的证法很是相似. 事实上，相继应用 §1 的式(6)及 §1 的式(3)，并利用 Dirichlet 的多重积分计算法，不难得到

$$|\rho_m| \leqslant \frac{1}{(2m)\,!} \left\|\frac{\partial^m F}{\partial x_n^m}\right\| \cdot$$

$$\left\{\iint_{\Re}\left(\left(\frac{\partial}{\partial x_n}\right)^m \left[x_n^m \left(\sum_{j=1}^{n} x_j - 1\right)^m\right]\right)^2 dV_n\right\}^{\frac{1}{2}} \leqslant$$

$$\frac{1}{(2m)\,!} \left\|\frac{\partial^m F}{\partial x_n^m}\right\| \cdot$$

$$\left\{(-1)^m (2m)\,! \int_{\Re} x_n^m \left(\sum_{j=1}^{n} x_j - 1\right)^m dV_n\right\}^{\frac{1}{2}} =$$

$$\left(\frac{1}{(2m)\,!}\right)^{\frac{1}{2}} \left\|\frac{\partial^m F}{\partial x_n^m}\right\| \cdot \left(\frac{m\,!\ m\,!}{\Gamma(2m + n + 1)}\right)^{\frac{1}{2}}$$

由此证明式(6).

　　注意

$$\int_{\oplus} dV_n = \frac{\pi^{\frac{n}{2}}}{\Gamma\left(\dfrac{n}{2}\right) + 1)}, \int_{\Re} dV_n = \frac{1}{n\,!}$$

由此容易从式(4)及(6)分别导出如下的一对不等式

$$|\rho_m| \leqslant \left(\frac{\pi^n \cdot m!}{\left(\frac{n}{2}\right)! \left(m+\frac{n}{2}\right)! (2m)!}\right)^{\frac{1}{2}} \left\|\frac{\partial^m F}{\partial x_n^m}\right\| \quad (9)$$

$$|\rho_m| \leqslant \left(\frac{m! \; m!}{n! \; (2m)! \; (2m+n)!}\right)^{\frac{1}{2}} \left\|\frac{\partial^m F}{\partial x_n^m}\right\|_c \quad (10)$$

这里值得指出的是,我们之所以选取多项式 $\Phi_m(X)$ 与 $T_m(X)$ 以便获得形如式(4)与式(6)那样的估计式,事实上是受了 Gröbner 工作的启示. 我们知道 Gröbner 曾经根据变分法给出一个变分原则,用以寻求一类直交多项式 $p(x,y)$,而对于给定的次数而言,恰好使得

$$\int_{V_2} [p(x,y)]^2 \,\mathrm{d}x\,\mathrm{d}y = \inf \int_{V_2} [f(x,y)]^2 \,\mathrm{d}x\,\mathrm{d}y \quad (11)$$

此式的右端系对一切具有固定次数的并满足某些正则与边界条件的多项式 f 所取的下确界. 对应于如下的区域

$$\mathfrak{S}_2 (x_1^2+x_2^2 \leqslant 1), \mathfrak{R}_2 (x_1 \geqslant 0, x_2 \geqslant 0, x_1+x_2 \leqslant 1)$$

Gröbner 论证了如下的多项式

$$\Phi_{m,2} = \frac{m!}{(2m)!} \left(\frac{\partial}{\partial x_2}\right)^m (x_1^2+x_2^2-1)^m$$

$$T_{m,2} = \frac{m!}{(2m)!} \left(\frac{\partial}{\partial x_2}\right)^m [x_2^m (x_1+x_2-1)^m] \quad (12)$$

恰好分别地给出了极值问题的解. 另一方面,我们又知道式(7)中的"等号"将在如下的情况下成立

$$V_2 \equiv \mathfrak{S}, \left(\frac{\partial}{\partial x_n}\right)^m \frac{F(X)}{\Phi_m(X)} = 常数$$

因而在某种意义下我们自然可将式(4)看成是关于 $|\rho_m|$ 在二元函数情形的最小可能的估值.

由于 Gröbner 的极值化手续(变分原则)完全适用于多变量函数的情形,故在一定的正则化条件与边界

条件下,就情形 $V_n \equiv \mathfrak{S}$ 与 $V_n \equiv \mathfrak{R}$ 来说,易见对于式(4)及式(6)也有同样的结论,即它们是在某种意义下的最佳可能的估算.

注意在展开公式(3)与(5)的右端分别出现着与 m 有关的 $\Phi_m(X)$ 与 $T_m(X)$,因此显然不可能令 $m \to \infty$ 而获得无穷级数形式的展开式. 现在假如选取 §1 的式(4)中的 $P(X)$ 成为

$$P(X) = \left(x_n - \frac{1}{2}\right)^m \quad (m = 1,2,3,\cdots) \quad (13)$$

则代入 §1 的式(5),经简单的计算可得出

$$\int_{V_n} F(X)\mathrm{d}V = \sum_{k=1}^{m} \frac{(-1)^{k-1}}{k!} \int_{S_{n-1}} \left(x_n - \frac{1}{2}\right)^k \cdot$$
$$\left(\frac{\partial}{\partial x_n}\right)^{k-1} F(X) \cdot \left(\frac{\partial x_n}{\partial v}\right) \mathrm{d}S + \rho_m$$
$$(14)$$

特别是,当 V_n 由 §1 的式(7)所定义时,式(14)可简写成

$$\int_{V_n} F(X)\mathrm{d}V_n = \sum_{k=1}^{m} \frac{(-1)^{k-1}}{k!} \cdot$$
$$\int_{V_{n-1}} \left[\left(x_n - \frac{1}{2}\right)^k \left(\frac{\partial}{\partial x_n}\right)^{k-1} \cdot\right.$$
$$\left. F(X) \right]_{x_n=\phi_1}^{x_n=\phi_2} \cdot \mathrm{d}V_{n-1} + \rho_m \quad (15)$$

显然上列二式右端的被积函数都与 m 无关.

仿定理 1 及 2 的证法,利用 Буняковский-Schwarz 不等式,同样可以得到展开公式(14)、(15)中的余项 ρ_m 的估计式. 这便是下述:

定理 3　设 V_n 为含于单位正方体 K($0 \leqslant x_1 \leqslant 1, \cdots, 0 \leqslant x_n \leqslant 1$)中的一个区域,又设 $F(X)$ 及偏导数

$\dfrac{\partial F}{\partial x_n}, \cdots, \dfrac{\partial^m F}{\partial x_n^m}$ 均在 V_n 上连续,则式(15)与 §1 的式(2)
中的余项具有估计式

$$|\rho_m| \leqslant \frac{1}{2^m \cdot m! \sqrt{2m+1}} \left\| \frac{\partial^m F}{\partial x_n^m} \right\|_c \qquad (16)$$

特别是,当 m 为偶数时,我们有

$$|\rho_m| \leqslant \frac{1}{2^m \cdot (m+1)!} \left\| \frac{\partial^m F}{\partial x_n^m} \right\|_c \qquad (17)$$

证明 事实上式(16)容易验证如下

$$|\rho_m| \leqslant \frac{1}{m!} \int_{V_n} \left| \frac{\partial^m F}{\partial x_n^m} \right| \cdot \left| x_n - \frac{1}{2} \right|^m \mathrm{d}V_n \leqslant$$

$$\frac{1}{m!} \left\| \frac{\partial^m F}{\partial x_n^m} \right\|_c \int_0^1 \left| x_n - \frac{1}{2} \right|^m \mathrm{d}x_n \leqslant$$

$$\frac{1}{m!} \left\| \frac{\partial^m F}{\partial x_n^m} \right\|_c \left(\int_0^1 \left(x_n - \frac{1}{2} \right)^{2m} \mathrm{d}x_n \right)^{\frac{1}{2}} \left(\int_0^1 1 \mathrm{d}x_n \right)^{\frac{1}{2}} =$$

$$\frac{1}{m!} \left\| \frac{\partial^m F}{\partial x_n^m} \right\|_c \left(\frac{1}{(2m+1) \cdot 2^{2m}} \right)^{\frac{1}{2}}$$

上面的最后一个等式是经过简单的计算得出的. 又再
根据类似的方式容易验证不等式(17).

既然式(14)右端的被积函数不依赖于 m,因此根
据估计式(16)立即可以得出如下的一个有趣的推论.

推论 设 $F(X)$ 是区域 $V_n \subset K$ 上的关于变量 x_n
的无穷次可微函数,而合于条件

$$\lim_{m \to \infty} \frac{1}{\sqrt{m} \cdot 2^m \cdot m!} \left\| \frac{\partial^m F}{\partial x_n^m} \right\|_c = 0$$

则成立如下的级数展开式

$$\int_{V_n} F(X) \mathrm{d}V = \sum_{k=1}^{\infty} \frac{(-1)^{k-1}}{k!} \int_{S_{n-1}} \left(x_n - \frac{1}{2} \right)^k \cdot$$

$$\left(\frac{\partial^{k-1} F}{\partial x_n^{k-1}} \right) \cdot \left(\frac{\partial x_n}{\partial v} \right) \mathrm{d}S \qquad (18)$$

这个推论的意义在于表明高维区域 V_n 上的积分有时可以利用低一维的积分的级数来表示. 因此, 只要这个级数收敛得足够快, 便可利用这级数的开头的若干项来近似表达所要计算的积分. 又假如要求更高的精确度, 则只要再取相继的若干项即可. 另一方面, 展开公式(3)及(5)却没有这样的优点, 原因是它们都不可能延展成无穷级数.

由于式(13)中的 $P(X)$ 并不是按极小化问题的求解方法确定下来的, 因此式(16)与(17)的估计式显然比不上式(4)(或式(9))那样地精确. 但是因为公式(14)与(15)在结构上比较简单, 故在应用上有其方便之处.

§3　展开公式的应用及举例

定理 1,2,3 能应用于多重积分的近似计算. 例如, 反复应用 §2 的式(3)及 §2 的式(5), 我们能将三重积分近似地表现成某些重积分之和, 而进一步又可将二重积分表现为若干个定积分之和, 而全部过程中所产生的误差项都可根据 §2 的式(4)或 §2 的式(6)来估计.

例 1　令 V_2 与 V_3 分别表示下列区域

$$V_2(x, y \geqslant 0, x+y \leqslant 1)$$
$$V_3(x, y, z \geqslant 0, x+y+z \leqslant 1)$$

设 $f \equiv f(x, y, z)$ 与 $\dfrac{\partial^k f}{\partial z^k}(k=1,2,3,4,5)$ 都在 V_3 上连续, 又设

$$g(x,y,z)=\frac{1}{30\,240}\left(\frac{\partial}{\partial z}\right)^{5}\left[(x+y+z-1)^{5}\cdot z^{5}\right]$$

则应用定理 2，取 $n=3$ 及 $m=5$，我们便得到

$$\iiint\limits_{V_3} f\mathrm{d}V=\sum_{k=0}^{4}\frac{(-1)^{k}}{120}\iint\limits_{V_2}\left[\left(\frac{\partial^{k} f}{\partial z^{k}}\right)\left(\frac{\partial^{4-k} g}{\partial z^{4-k}}\right)\right]_{z=0}^{z=1-x-y}\mathrm{d}x\mathrm{d}y+\rho_{5}$$

其中

$$|\rho_{5}|\leqslant\frac{1}{1\,252\,600}\left\|\frac{\partial^{5} f}{\partial z^{5}}\right\|$$

又假如 $\dfrac{\partial^{5} f}{\partial z^{5}}$ 对 x 和 y 具有高阶的偏导数，则继续应用定理 2 还可进一步将上式右端的积分近似地表示成 $[0,1]$ 区间上的若干个定积分之和.

下面我们要来举例说明如何根据定理 3 将二重积分近似地化为定积分.

假定平面区域 D 的边界曲线 C 由如下的参数方程所表示

$$x=\varphi(t),y=\psi(t)\quad(\alpha\leqslant t\leqslant\beta)$$

其中 $\varphi'(t)$ 与 $\psi'(t)$ 为逐段连续的函数，且

$$(\varphi(a),\psi(a))=(\varphi(\beta),\psi(\beta))$$

不失一般性地，我们还总可以假定区域 D 包含于正方区域 $K(0\leqslant x\leqslant 1,0\leqslant y\leqslant 1)$ 之中. 再记

$$f_{v}(x,y)=\left(\frac{\partial^{v-1} F}{\partial x^{v-1}}\right)\cdot\left(x-\frac{1}{2}\right)^{v}\quad(v=1,2,\cdots,m)$$

于是根据 §1 的式(5)或 §2 的式(14)，并将线积分化为定积分，便可得出如下的近似公式

$$\iint\limits_{D} F(x,y)\mathrm{d}x\mathrm{d}y\approx\sum_{v=1}^{m}\frac{(-1)^{v-1}}{v!}\int_{\alpha}^{\beta} f_{v}(\varphi(t),$$

$$\psi(t))\psi'(t)\mathrm{d}t \tag{1}$$

这个近似公式的误差即等于所舍弃的余项 ρ_m，而 $|\rho_m|$ 的上界乃由 §2 的式(16)、§2 的式(17)所给出. 特别，根据 §2 的式(17)我们有

$$|\rho_2| \leqslant \frac{1}{24} \left\| \frac{\partial^2 F}{\partial x^2} \right\|_c$$

$$|\rho_4| \leqslant \frac{1}{1\,920} \left\| \frac{\partial^4 F}{\partial x^4} \right\|_c$$

$$|\rho_6| \leqslant \frac{1}{322\,560} \left\| \frac{\partial^6 F}{\partial x^6} \right\|_c$$

$$|\rho_8| \leqslant \frac{1}{92\,897\,280} \left\| \frac{\partial^8 F}{\partial x^8} \right\|_c$$

$$|\rho_{10}| \leqslant \frac{1}{40\,874\,803\,200} \left\| \frac{\partial^{10} F}{\partial x^{10}} \right\|_c$$

下面我们给出两个较具体的例子来说明公式(1)或 §2 的式(14)的应用.

例 2　设 $\triangle$ 代表由三条直线 $x=0$；$y=0$；$x+y=1$ 所围成的三角形区域，则由 §2 的式(14)立即可得出

$$\iint\limits_{\triangle} F(x,y)\mathrm{d}x\mathrm{d}y = \sum_{v=1}^{m} \frac{(-1)^{v-1}}{v!} \int_0^1 G_v(y)\mathrm{d}y + \rho_m$$

此处

$$G_v(y) = F_x^{(v-1)}(1-y,y) \cdot \left(\frac{1}{2} - y \right)^v -$$

$$F_x^{(v-1)}(0,y) \cdot \left(-\frac{1}{2} \right)^v$$

例 3　设 σ 为按极坐标系中的不等式条件

$$0 \leqslant r \leqslant \cos\theta \quad \left(0 \leqslant \theta \leqslant \frac{\pi}{2} \right)$$

所定义的半圆形区域 $\left(\text{半径为} \dfrac{1}{2}\right)$，于是作为 σ 边界的半圆周上的每一点 (x,y) 显然可表示成

$$x = \cos\theta \cdot \cos\theta, y = \cos\theta \cdot \sin\theta \quad \left(0 \leqslant \theta \leqslant \frac{\pi}{2}\right)$$

并且显然有 $\mathrm{d}y = \mathrm{d}\left(\dfrac{1}{2}\sin 2\theta\right) = \cos 2\theta \mathrm{d}\theta$. 因此利用式
(1)便得到

$$\iint\limits_{\sigma} F(x,y)\mathrm{d}x\mathrm{d}y = \sum_{v=1}^{m} \frac{(-1)^{v-1}}{v!} \int_{0}^{\frac{\pi}{2}} \Phi_v(\theta)\mathrm{d}\theta + \rho_m$$

此处

$$\Phi_v(\theta) = F_x^{(v-1)}(\cos^2\theta, \cos\theta\sin\theta)\left(\cos^2\theta - \frac{1}{2}\right)^v \cos 2\theta$$

至于公式(1)的右端以及例 2、例 3 中所出现的各
个定积分,当然可以应用通常的机械求积公式(例如高
斯型公式)来进行近似计算. 特别是,当将例子中的定
积分换成求积和之后,我们便可得到三角形区域与半
圆域上的近似求积公式. 这一点,建议有兴趣的读者自
己去做.

§4 适用于特种类型区域的 降维展开公式

从 Hermite-Didon 多项式 $\Phi_m(X)$ 与广义 Appell
多项式 $T_m(X)$ 的结构形式来看,可知它们都具有下列
形式

$$P(X) = C_m \cdot \left(\frac{\partial}{\partial x_n}\right)^m (\phi(x_1, \cdots, x_n))^m$$

在 $\Phi_m(X)$ 中

$$\phi(x_1, \cdots, x_n) = 0$$

相当于球面方程

$$\phi \equiv x_1^2 + \cdots + x_n^2 - 1 = 0$$

在 $T_m(X)$ 中

$$\phi(x_1, \cdots, x_n) = 0$$

相当于单纯形 $\Re$ 的边界平面方程

$$\phi \equiv (x_1 + \cdots + x_n - 1)x_n = 0$$

至于系数 $C_m = \dfrac{m!}{(2m)!}$，那是为了调整 x_n^m 的系数成为 1

而选取的.

再分析定理 1 及 2 的证明，我们看出，估计余项的主要关键在于算出积分

$$I_m = \int_{V_n} [P(X)]^2 \, \mathrm{d}V$$

的数值. 正因为在 V_n 的边界上 $\phi \equiv 0$，故屡次利用 §1 的式(3)便获致简单的结果.

根据上述的分析，就使我们想到有时可以直接利用 §1 的式(1)中的函数 $\phi(X)$ 来定义 §1 的式(4)中的 $P(X)$.

现在我们假设 V_n 的边界曲面 S_{n-1} 的方程(§1 的式(1))具有下列形式

$$\phi(x_1, \cdots, x_n) \equiv x_n^2 + g \cdot x_n + h = 0$$

其中 $g = g(x_1, \cdots, x_{n-1})$ 与 $h = h(x_1, \cdots, x_{n-1})$ 是诸 x_i 变量的分片地可微的函数，而 V_n 中的点皆合条件 $\phi \leqslant 0$(注意上述的 $\phi = 0$ 有时可能只给出边界 S_{n-1} 的一部分，而其余部分是由坐标平面，例如 $x_2 = 0, \cdots,$ $x_{n-1} = 0$ 构成的). 仿 §2 的式(1)和 §2 的式(2)可定义

$$P(X) = \frac{m!}{(2m)!} \left(\frac{\partial}{\partial x_n} \right)^m (\phi(x_1, \cdots, x_n))^m \tag{1}$$

显然这样的 $P(X)$ 仍具 §1 的式(4)之形式，因而 §1 的式(5)仍对它适用. 利用 §1 的式(6)并仿定理 1 及 2

之证法易得出

$$|\rho_m| \leqslant \frac{1}{(2m)!} \left\| \frac{\partial^m F}{\partial x_n^m} \right\| \left(\int_{V_n} \left[\left(\frac{\partial}{\partial x_n} \right)^m (\phi(X))^m \right]^2 dV \right)^{\frac{1}{2}} =$$

$$\frac{1}{(2m)!} \left\| \frac{\partial^m F}{\partial x_n^m} \right\| \left((-1)^m (2m)! \int_{V_n} [\phi(X)]^m dV \right)^{\frac{1}{2}} =$$

$$\frac{1}{\sqrt{(2m)!}} \left\| \frac{\partial^m F}{\partial x_n^m} \right\| \cdot \| (-\phi)^{\frac{m}{2}} \| \leqslant$$

$$\frac{1}{\sqrt{(2m)!}} \left\| \frac{\partial^m F}{\partial x_n^m} \right\|_c \cdot \| (-\phi)^{\frac{m}{2}} \|_c \cdot |V_n|$$

其中 $|V_n|$ 表区域 V_n 的体积. 由此我们便得到如下的定理.

定理 4 设 $P(X)$ 为由式 (1) 所定义, $\phi = 0$ 表 V_n 的边界曲面方程, V_n 中的点皆合条件 $\phi \leqslant 0$, 则降维展开公式 (§1 的式 (5)) 中的余项有估计

$$|\rho_m| \leqslant \frac{1}{\sqrt{(2m)!}} \left\| \frac{\partial^m F}{\partial x_n^m} \right\| \cdot \| (-\phi)^{\frac{m}{2}} \| \qquad (2)$$

$$|\rho_m| \leqslant \frac{1}{\sqrt{(2m)!}} \left\| \frac{\partial^m F}{\partial x_n^m} \right\|_c \cdot \| (-\phi)^{\frac{m}{2}} \|_c \cdot |V_n| \quad (3)$$

又假定区域 $V_n^* \subset V_n$, 而其边界为 S_{n-1}^*, 则将 §1 的式 (5) 中的 V_n 与 S_{n-1} 分别改为 V_n^* 与 S_{n-1}^* 后, 其余项仍有估计式 (2) 及 (3).

这定理可以看作是关于定理 1 及 2 的一个概括或扩充. 事实上, §2 的式 (4) 及 §2 的式 (6) 相当于在式 (2) 中分别取

$$\phi \equiv x_1^2 + \cdots + x_n^2 - 1$$

$$\phi \equiv x_n(x_1 + \cdots + x_{n-1} + x_n - 1) - 1 \quad (0 \leqslant x_i \leqslant 1)$$

所得到的结果.

下面我们假定边界曲面 S_{n-1} 具有更较一般的方程式

$$\phi(x_1,\cdots,x_n)=x_n^{\lambda}+g_i x_n^{\lambda-1}+\cdots+g_\lambda=0$$

这是关于 x_n 的 λ 次方程式 $(\lambda\geqslant2)$，其中诸

$$g_i\equiv g_i(x_1,\cdots,x_{n-1})$$

都是分片可微的函数，而 V_n 中的点皆合条件 $\phi\leqslant0$.
我们取

$$P(X)\equiv(\phi(x_1,\cdots,x_n))^m$$

于是 $P(X)$ 是关于 x_n 的 λm 次多项式，而对于曲面
S_{n-1} 上的所有点显然有

$$\left(\frac{\partial}{\partial x_n}\right)^v(\phi(x_1,\cdots,x_n))^m=0 \quad (0\leqslant v\leqslant m-1)$$

记

$$L_k(F,P)\equiv\left(\frac{\partial^k F}{\partial x_n^k}\right)\cdot\left(\frac{\partial^{\lambda m-k-1}P}{\partial x_n^{\lambda m-k-1}}\right)\cdot\left(\frac{\partial x_n}{\partial v}\right) \qquad (4)$$

于是根据 §1 的式 (5) 与 §1 的式 (6)，并应用积分中值
定理易建立下述定理.

定理 5　设 $F(X)$ 在 V_n 内及其边界上具有 λm 级
连续偏导数 $\dfrac{\partial^{\lambda m}F}{\partial x_n^{\lambda m}}$，则成立如下的展开公式

$$\int_{V_n}F(X)\mathrm{d}V=\sum_{k=0}^{\lambda m-m-1}\frac{(-1)^k}{(\lambda m)!}\cdot$$
$$\int_{S_{n-1}}L_k(F(X),(\phi(X))^m)\mathrm{d}S+\rho_m \quad (5)$$

其中余项 ρ_m 有如下的表示式

$$\rho_m=\frac{(-1)^{\lambda m}}{(\lambda m)!}F_{x_n}^{(\lambda m)}(\widetilde{X})\int_{V_n}(\phi(X))^m\mathrm{d}V \qquad (6)$$

$\widetilde{X}\equiv(\widetilde{x}_1,\cdots,\widetilde{x}_n)$ 为 V_n 中之某一点，并有如下的估计式

$$|\rho_m|\leqslant\frac{1}{(\lambda m)!}\left\|\frac{\partial^{\lambda m}F}{\partial x_n^{\lambda m}}\right\|\cdot\|(\phi(X))^m\|$$

下面我们来考虑公式 (5) 与 (6) 的一个较为有趣的
特例. 取 $\lambda=2$，假设边界曲面 S_{n-1} 的方程为

$$\phi(X) \equiv x_n^2 + g_1 \cdot x_n + g_2 \equiv$$
$$[x_n - \phi_1(x_1, \cdots, x_{n-1})][x_n -$$
$$\phi_2(x_1, \cdots, x_{n-1})] = 0$$

其中

$$Z \equiv (x_1, \cdots, x_{n-1}) \in V_{n-1}, \phi_1(Z) \leqslant \phi_2(Z)$$

而 V_n 中之点皆合条件

$$\phi_1(Z) \leqslant x_n \leqslant \phi_2(Z)$$

事实上,现在所说的区域 V_n 相当于按 §1 的式(7)所定义,而 S_{n-1} 系由两张曲面

$$x_n = \phi_1(x_1, \cdots, x_{n-1})$$
$$x_n = \phi_2(x_1, \cdots, x_{n-1})$$

所围成.

将以上所定义的 $\phi(X)$ 代入式(5)及(4),通过一系列初等计算(包括利用 Leibnitz 公式计算高阶微商等手续),容易导出下列特殊形式的一个展开公式

$$\int_{V_n} F(X) \mathrm{d}X = \sum_{v=1}^{m} \frac{1}{v!} \frac{\binom{m}{v}}{\binom{2m}{v}} \int_{V_{n-1}} G_v(Z) \mathrm{d}Z + \rho_m \quad (7)$$

此处

$$G_v(Z) = (\phi_2(Z) - \phi_1(Z))^v \big[F_{x_n}^{(v-1)}(Z, \phi_1(Z)) + (-1)^{v-1} F_{x_n}^{(v-1)}(Z, \phi_2(Z)) \big]$$

而余项 ρ_m 可表示成

$$\rho_m = \frac{(-1)^m}{2m+1} \left[\frac{m!}{(2m)!} \right]^2 F_{x_n}^{(2m)}(\widetilde{X}) \cdot \int_{V_{n-1}} (\phi_2(Z) - \phi_1(Z))^{2m+1} \mathrm{d}Z \quad (8)$$

其中 $\widetilde{X}$ 为 V_n 中之某一点.

为了从式(6)导出式(8),只需注意

270

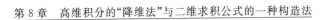

$$(-1)^m \int_{V_n} (x_n - \phi_1(Z))^m (x_n - \phi_2(Z))^m \mathrm{d}V =$$

$$\int_{V_{n-1}} \mathrm{d}Z \int_{\phi_1(Z)}^{\phi_2(Z)} (x_n - \phi_1(Z))^m (\phi_2(Z) - x_n)^m \mathrm{d}x_n$$

而于 $b \geqslant a$ 时,有

$$\int_a^b (x-a)^m (b-x)^m \mathrm{d}x = \frac{m! \, m!}{(2m+1)!} (b-a)^{2m+1}$$

特别是,当 $n=1$ 时,假定 $\phi_1(Z) \equiv a$,$\phi_2(Z) \equiv b$,并将零维积分 $\int_{V_0} G_v(Z) \mathrm{d}Z$ 解释作被积分对象 $G_v(Z)$ 本身,则式(7)与式(8)便简化为

$$\int_a^b F(x)\mathrm{d}x = \sum_{v=1}^m \frac{\binom{m}{v}}{\binom{2m}{v}} \frac{(b-a)^v}{v!} (F^{(v-1)}(a) +$$

$$(-1)^{v-1} F(b)) + \rho_m \tag{9}$$

$$\rho_m = \frac{(-1)^m}{2m+1} \left(\frac{m!}{(2m)!} \right)^2 F^{(2m)}(\xi) \cdot (b-a)^{2m+1}$$

$$(a \leqslant \xi \leqslant b) \tag{10}$$

这是人们所熟知的捷克学者 K. Petr 氏公式,它对定积分近似计算很是有用.

§5　利用直角三点组构造二维求积公式

所谓"直角三点组"就是这样的三个点,它们恰好作成一个直角三角形的三顶点. 例如相异的三点 (x_0, y_0),(x_1, y_0),(x_0, y_1) 就形成一个直角三点组.

为了对任意有界平面区域 D 上的函数 $f(x, y)$ 作

Simpson 原理

二元插值多项式，H. E. Salzer 曾建议采用下列的$(v+1)$个直角三点组，作为函数的"插值点"

$$\{(x_0,y_0),(x_1,y_0),(x_0,y_1)\},\{(x_2,y_2),(x_3,y_2),$$
$$(x_2,y_3)\},\cdots,\{(x_{2v},y_{2v}),(x_{2v+1},y_{2v}),(x_{2v},y_{2v+1})\}$$

$$(1)$$

显然上列的一群直角三点组，可以从 D 内任意选取，它们的分布方式具有很大的灵活性，以至于能够适应各种不同形状的 D 区域. Salzer 曾详细地讨论了函数在一群直角三点组上的差商程序，并给出了利用差商所表现的二元插值公式（多项式）.

本节中所要介绍的求积公式的构造方法，主要包括下列三个步骤：

1. 在给定的区域 D 内选取一批直角三角组作为函数的插值点组

$$(x_i,y_i)(i=0,1,\cdots,m)$$

再按 Salzer 的方法去构造一个多项式插值公式

$$\Phi\equiv\Phi(x,y\mid f)\approx f(x,y)$$

使得对 D 上的每一个连续函数或可微函数 $f(x,y)$ 都成立着等式关系

$$\Phi(x_i,y_i\mid f)=f(x_i,y_i)\quad(i=0,1,\cdots,m)\quad(2)$$

2. 按下式求出另一个二元多项式 $P(x,y\mid f)$，有

$$P(x,y\mid f)=\int_0^y\Phi(x,y\mid f)\mathrm{d}y\qquad(3)$$

3. 利用 Green 定理可知有

$$\iint\limits_D f(x,y)\mathrm{d}x\mathrm{d}y\approx\iint\limits_D\Phi(x,y\mid f)\mathrm{d}x\mathrm{d}y=$$

$$\iint\limits_D\frac{\partial}{\partial y}P(x,y\mid f)\mathrm{d}x\mathrm{d}y=$$

$$-\oint_{c} P(x,y \mid f)\,\mathrm{d}x$$

从而获得下列近似公式

$$\iint_{D} f(x,y)\,\mathrm{d}x\,\mathrm{d}y \approx -\oint_{c} P(x,y \mid f)\,\mathrm{d}x \qquad (4)$$

现在我们来说明其具体作法. 记

$$f_{ij} \equiv f(x_i, y_j) = (x_i \mid y_j)$$

并定义如下的差商

$$(x_1 x_0 \mid y_0) = \frac{(x_1 \mid y_0) - (x_0 \mid y_0)}{x_1 - x_0}$$

$$(x_0 \mid y_1 y_0) = \frac{(x_0 \mid y_1) - (x_0 \mid y_0)}{y_1 - y_0}$$

一般地我们定义

$$(x_{2i+1} x_{2i} \cdots x_0 \mid y_{2i} y_{2i-1} \cdots y_0) =$$

$$\frac{(x_{2i+1} x_{2i-1} \cdots x_0 \mid y_{2i} y_{2i-1} \cdots y_0) - (x_{2i} x_{2i-1} \cdots x_0 \mid y_{2i} y_{2i-1} \cdots y_0)}{x_{2i+1} - x_{2i}}$$

同样, 关于 $(x_{2i} x_{2i-1} \cdots x_0 \mid y_{2i+1} y_{2i} \cdots y_0)$ 有类似的定义表达式. 此外, 我们还规定如下的递推关系式

$$(x_{2i} x_{2i-1} \cdots x_0 \mid y_{2i} y_{2i-1} \cdots y_0) =$$

$$\frac{(x_{2i} x_{2i-3} \cdots x_0 \mid y_{2i} y_{2i-2} \cdots y_0) - (x_{2i-2} x_{2i-3} \cdots x_0 \mid y_{2i-1} y_{2i-2} \cdots y_0)}{x_{2i} - x_{2i-2}} +$$

$$\frac{(x_{2i} x_{2i-2} \cdots x_0 \mid y_{2i-2} y_{2i-3} \cdots y_0) - (x_{2i-1} x_{2i-2} \cdots x_0 \mid y_{2i-2} y_{2i-3} \cdots y_0)}{y_{2i} - y_{2i-2}}$$

我们要用到 Salzer 论文中关于二元插值多项式的一个定理, 即如下的二元插值多项式

$$\begin{aligned}
\Phi(x,y \mid f) = {} & a_0 + b_0(x - x_0) + c_0(y - y_0) + \\
& (x - x_0)(y - y_0)[a_1 + b_1(x - x_2) + \\
& c_1(y - y_2)] + \cdots + (x - x_0)(y - \\
& y_0)(x - x_2)(y - y_2) \cdots (x - \\
& x_{2v-2})(y - y_{2v-2})[a_v + b_v(x - x_{2v}) +
\end{aligned}$$

$$c_v(y-y_{2v})] \tag{5}$$

在由式(1)所给出的$(v+1)$个直角三点组(x_i,y_i)和函数 f 取相同数值,即

$$\varPhi(x_i,y_i\mid f)=f(x_i,y_i)$$

其中

$$\begin{cases} a_0=(x_0\mid y_0),b_0=(x_1x_0\mid y_0),c_0=(x_0\mid y_1y_0) \\ a_v=(x_{2v}x_{2v-1}\cdots x_0\mid y_{2v}y_{2v-1}\cdots y_0) \\ b_v=(x_{2v+1}x_{2v}\cdots x_0\mid y_{2v}\cdots y_0) \\ c_v=(x_{2v}\cdots x_0\mid y_{2v+1}y_{2v}\cdots y_0) \end{cases} \tag{6}$$

利用式(5)所定出的多项式代入式(3)的右端,算出 $P(x,y\mid f)$ 之后再代入(4)式的右端,我们便可得到一个含有 $3v+3$ 个计值点的近似求积公式.这样作出的公式显然对于一切形如式(5)的多项式函数

$$f\equiv\varPhi(x,y)$$

是精确成立的,其中 a_v,b_v,c_v 可以是任意常数.

例 1 设给定直角三角形区域 $\Delta(x\geqslant0,y\geqslant0,x+y\leqslant1)$.取如下的两个直角三点组

$$\begin{cases} (x_0,y_0)=(0,0) \\ (x_1,y_0)=(1,0), \\ (x_0,y_1)=(0,1) \end{cases} \begin{cases} (x_2,y_2)=\left(\dfrac{1}{2},\dfrac{1}{2}\right) \\ (x_3,y_2)=\left(\dfrac{1}{4},\dfrac{1}{2}\right) \\ (x_2,y_3)=\left(\dfrac{1}{2},\dfrac{1}{4}\right) \end{cases} \tag{7}$$

根据式(6)(5)(3)及(4),经过初等计算易得出如下的数值积分公式

$$\iint\limits_{\Delta}f(x,y)\mathrm{d}x\mathrm{d}y\approx\frac{1}{10}f(0,0)+\frac{1}{20}[f(0,1)+f(1,0)]+$$

$$\frac{2}{15}\left[f\left(\frac{1}{2},\frac{1}{4}\right)+f\left(\frac{1}{4},\frac{1}{2}\right)\right]+$$

$$\frac{1}{30}f\left(\frac{1}{2},\frac{1}{2}\right) \tag{8}$$

例 2 设给定扇形区域 $D(x\geqslant 0, y\geqslant 0, x^2+y^2\leqslant 1)$. 仍用式(7)中的直角三点组作为计值点,则由同法可得求积公式

$$\iint\limits_{D}f(x,y)\mathrm{d}x\mathrm{d}y \approx \left(\frac{\pi}{4}-\frac{3}{5}\right)f(0,0)+\frac{7}{60}\big[f(0,1)+$$

$$f(1,0)\big]-\frac{2}{15}\Big[f\left(\frac{1}{2},\frac{1}{4}\right)+$$

$$f\left(\frac{1}{4},\frac{1}{2}\right)\Big]+\frac{19}{30}f\left(\frac{1}{2},\frac{1}{2}\right) \tag{9}$$

在这里我们用到了如下的关系式(其中 C 表示 D 的边界),有

$$-\oint_{C}P(x,y\mid f)\mathrm{d}x = \int_{0}^{\frac{\pi}{2}}P(\cos\theta,\sin\theta\mid f)\sin\theta\mathrm{d}\theta$$

不难直接验证,公式(8)与(9)对如下形状的三次多项式而言

$$f\equiv A_1+A_2x+A_3y+A_4xy+A_5x^2y+A_6xy^2 \tag{10}$$

都是精确成立的,其中 $A_1,\cdots,A_6$ 为任意系数.

§6 代数精确度的提高法 （带微商的求积公式）

在 §5 的式(5)中令 $(x_{2i},y_{2i})\rightarrow(0,0)$,则得二元多项式

$$g\equiv a_0+b_0x+c_0y+a_1xy+b_1x^2y+c_1xy^2+\cdots+$$

$$a_vx^vy^v+b_vx^{v+1}y^v+c_vx^vy^{v+1} \tag{1}$$

显然 §5 的式(10)只是式(1)的一个特例. 人们容易证

明下述简单命题：

命题 插值公式(§5 的式(5))对那些最高次项不出现在式(1)中的二元多项式恒不精确成立.

这命题实际暗示了,在一般情况下近似求积公式(§5 的式(4))对于式(1)形状不同的多项式而言,往往是不会精确成立的(因为§5 的式(5)是我们构造§5 的式(4)的依据).

命题的证法很简单,只需考虑独项式

$$f \equiv x^\alpha y^\beta \quad (\alpha \leqslant v+1, \beta \leqslant v+1, \alpha+\beta \leqslant 2v+1)$$

而假定它不出现在式(1)的右端多项式中.用归谬法论证,设想 $x^\alpha y^\beta$ 能够精确地表现成§5 的式(5)的形式,则此独项式将必然出现在§5 的式(5)右端的某些项的展开式之中.假设包含有 $x^\alpha y^\beta$ 的最后一个项是

$$A \cdot (x-x_0)(y-y_0)(x-x_2)(y-y_2) \cdots \cdot$$
$$(x-x_s) \quad [\text{或}(y-y_s)] \tag{2}$$

此处 $A \neq 0$.显然在式(2)的完全展开式中心有一个次数最高的项,而它必然含于§5 的式(5)的极限形式,亦即式(1)之中.因此这个最高次项一定和 $x^\alpha y^\beta$ 相异.既然式(2)是整个表达式中含有 $x^\alpha y^\beta$ 的最后一项,因此上面所说的最高次项也是整个表达式中对 x 或者 y 而言的最高次项.既然 $x^\alpha y^\beta$ 和这最高次项相异,也就和论证中的原来假定相矛盾.

若 $\alpha \leqslant v, \beta \leqslant v$,则称 $x^\alpha y^\beta$ 的次数低于 $x^{v+1} y^{v+1}$.显然共有 $(v+2)^2 - 3(v+1) - 1$ 个这样的项不属于式(1)的右端.比方像

$$x^2, y^2, x^3, y^3, x^3 y, xy^3, x^4, y^4, \cdots (v \geqslant 4)$$

因此假如函数 $f(x, y)$ 具有若干级偏微商时,则有可能将§5 的式(4)的代数精确度适当提高.方法如下所

276

述.

让我们按下式定义

$$\hat{f} \equiv \hat{f}(x,y) = f(x,y) - \frac{1}{2} f''_{xx}(0,0) x^2 -$$

$$\frac{1}{2} f''_{yy}(0,0) y^2 - \frac{1}{3!} f'''_{xxx}(0,0) x^3 - \cdots \quad (3)$$

应用 §5 的式(3)与 §5 的式(4),我们便容易得到

$$\iint_D f(x,y) \mathrm{d}x \mathrm{d}y \approx - \oint_C P(x,y \mid \hat{f}) \mathrm{d}x -$$

$$\frac{1}{2!} f''_{xx}(0,0) \oint_C x^2 y \mathrm{d}x -$$

$$\frac{1}{3!} f''_{yy}(0,0) \oint_C y^3 \mathrm{d}x -$$

$$\frac{1}{3!} f'''_{xxx}(0,0) \oint_C x^3 y \mathrm{d}x -$$

$$\frac{1}{4!} f'''_{yyy}(0,0) \oint_C y^4 \mathrm{d}x - \cdots \quad (4)$$

此处 $P(x,y \mid \hat{f})$ 系按 §5 的式(3),§5 的式(5)所定义,又原点(0,0)假定含于区域 D 之内.不难看出,近似公式(4)将比 §5 的式(4)有较高的代数精确度.

在一般的情形下,假如区域 D 并不含原点,则总可先作变量替换,使得(0,0)移到 D 域内.要是 D 为对称区域的话,还不妨假设(0,0)为 D 域的中心.

例 1 令

$$\hat{f} = f(x,y) - \frac{1}{2} \left[f''_{xx}(0,0) x^2 + f''_{yy}(0,0) y^2 \right]$$

则应用式(4)及 §5 的式(8)可得下列"六点求积公式",有

$$\iint_\Delta f(x,y) \mathrm{d}x \mathrm{d}y \approx \frac{1}{10} f(0,0) + \frac{1}{20} \left[f(0,1) + \right.$$

$$f(1,0)\big] + \frac{1}{30}f\left(\frac{1}{2},\frac{1}{2}\right) +$$

$$\frac{2}{15}\left[f\left(\frac{1}{2},\frac{1}{4}\right) + f\left(\frac{1}{4},\frac{1}{2}\right)\right] -$$

$$\frac{1}{120}\left[f''_{xx}(0,0) + f''_{yy}(0,0)\right] \quad (5)$$

同理,就扇形区域 $D(x \geqslant 0, y \geqslant 0, x^2 + y^2 \leqslant 1)$ 而言,由式(4)及 §5 的式(9)可得"六点公式",有

$$\iint\limits_{D} f(x,y)\mathrm{d}x\mathrm{d}y \approx \left(\frac{\pi}{4} - \frac{3}{5}\right)f(0,0) + \frac{7}{60}\big[f(0,1) +$$

$$f(1,0)\big] + \frac{19}{30}f\left(\frac{1}{2},\frac{1}{2}\right) -$$

$$\frac{2}{15}\left[f\left(\frac{1}{2},\frac{1}{4}\right) + f\left(\frac{1}{4},\frac{1}{2}\right)\right] +$$

$$\left(\frac{\pi}{32} - \frac{7}{60}\right)\left[f''_{xx}(0,0) + f''_{yy}(0,0)\right]$$

$$(6)$$

容易看出,公式(5)与(6)对一切如下形式的三次多项式

$$f \equiv A_1 + A_2 x + A_3 y + A_4 x^2 + A_5 y^2 + A_6 xy +$$

$$A_7 x^2 y + A_8 xy^2 \quad (7)$$

来说都是精确成立的.

值得建议:可以利用以上所叙述的方法,去构造出其他某些非矩形区域上的求积公式.至于计值点(直角三点组)的分布方式,在构造过程中自然是十分需要讲究的.

简 单 总 结

本章所介绍的两个关于构造近似积分公式的方

法,都利用了场论中的 Green 定理(或其扩充形式).
第一个方法不限于积分的重数(或区域的维数),第二
个方法是专对二重积分而设计的.特别是,当重积分区
域 D 的边界曲线 C 能逐段地用解析式子表示时,这两
个方法在应用上都较为方便.我们知道,由第一个方法
所作出的公式的误差完全可以估计,而由第二个方法
所作出的公式只能具有某种形式的代数精确度,却不
存在误差估计办法.这两个方法的共同优点在于它们
都不受区域形状的限制,而缺点在于所作出的公式都
并不是按照最经济的公式来配置计值点的个数与位置
的.

怎样将第二个方法推广到三重或多重积分方面去
的问题以及如何较经济地选取计值点的问题,都还有
待于研究.此外,关于提高代数精确度的其他方法,也
还值得继续探索.

最后还特别值得指出,本章的第一个方法,很适宜
于用来构造高维的"边界型求积公式".例如 §1 的式
(5)或 §2 的式(3)的右端,舍弃余项 ρ_m 后,便是 m 个
曲面积分.将这些曲面积分换成近似求积和时,计值点
往往可以选取在边界曲面 S_{n-1} 上,这样就得到了所谓
"边界型求积公式".特别地,如果将 §3 的式(1)的右
端代以定积分的求积和,那么就得到二维的边界型求
积公式,而计值点都分布在积分区域的边界曲线上.

高维矩形区域上的数值积分与误差估计

矩形区域是一种最简单的亦是最常见的积分区域,在本章中,我们专讨论在这种简单区域上的多重积分近似计算问题.我们将假定被积函数具有高度的光滑性,亦即具有若干级的连续偏导数.主要问题是,采用怎样的求积和序列去逼近积分时,能使误差泛函有着尽可能高阶的无穷小.本章所要介绍的一些结果,在误差泛函的阶的估计上,都已达到最佳可能的程度.换言之,从阶的观点着眼,已经无法改进.但某些结果对被积函数的微商次数还有一定的限制,如何解除这些限制,还是值得继续研究的.

§1　问题的叙述与误差上界 C_r 的表示式

令 $X \equiv (x_1, \cdots, x_s)$ 表示 s 维空间的点,$U(0 \leqslant x_1 \leqslant 1, \cdots, 0 \leqslant x_s \leqslant 1)$ 表示 s 维空间中的一个单位正方域.设

第 9 章

$$W^{(r)}(M;U)=\{f(X)\}$$

代表这样的一个函数类，其中每一函数

$$f(X)\equiv f(x_1,\cdots,x_s)$$

都具有 r 级的偏导数 $\dfrac{\partial^r f}{\partial x_i^r}$，它们对各个变量都是按段连续的，并且在 U 上为一致有界

$$\left|\frac{\partial^r f}{\partial x_i^r}\right|\leqslant M\quad(i=1,\cdots,s)\tag{1}$$

中心问题就是去考虑如何构造求积和 $\sum\limits_i A_i f(X_i)$，使得能够有

$$\int_U f(X)\mathrm{d}X-\sum_{i=0}^{N-1}A_i f(X_i)=O\left[\left(\frac{1}{N}\right)^{\frac{r}{s}}\right]\tag{2}$$

此处误差余项估计 $O(N^{-\frac{r}{s}})$ 中所蕴涵的常数因子不依赖于个别的 N 及 $f(X)$，而只依赖于函数类的共同特征 r 及 M 之值.

近年来许多人的工作已表明，即使对 $W^{(r)}(M;U)$ 中的一个子类——"r 阶可微周期函数类"而言，误差估值 $O(N^{-\frac{r}{s}})$ 中的阶 $\dfrac{r}{s}$ 也已经不能再提高（改善）. 因此式(2)右端的"阶项"(orderterm)已经是最佳可能的了. 至于多元周期函数近似求积程序的余项估值问题，以后还将有专章论述，本章暂不讨论.

给定一组数值

$$0\leqslant\xi(0)<\xi(1)<\cdots<\xi(m-1)\leqslant1$$

以及一组正的权系数

$$p(0),p(1),\cdots,p(m-1)$$

而满足条件

$$\sum_0^{m-1}p(k)=1$$

Simpson 原理

我们可以对某一类中的每一个函数 $\varphi(t)$ 引入如下的线性泛函(亦即 $\int_0^1 \varphi(t)\mathrm{d}t$ 的求积和),有

$$L_t\big[\varphi(t)\big] \equiv L_t(\varphi;0 \leqslant t \leqslant 1) = \sum_{k=0}^{m-1} p(k) \cdot \varphi(\xi(k))$$

假如 $[\alpha,\beta]$ 是一个长度等于 $\lambda = \beta - \alpha$ 的闭区间,令

$$\eta(k) = \alpha + \lambda\xi(k), q(k) = \lambda p(k)$$

则如下的求积和

$$L_t(\psi(t);\alpha \leqslant t \leqslant \beta) = \sum_{k=0}^{m-1} q(k)\psi(\eta(k))$$

称之为与 $L_t(\varphi(t);0 \leqslant t \leqslant 1)$ 几何相似. 自然可将 $L_t(*;\cdot)$ 理解为作用于函数类上的线性算子(而变量 t 的变化范围亦在括号中被标明). 因此,例如

$$L_{x_1}\cdots L_{x_s}(f(x_1,\cdots,x_s);\alpha_i \leqslant x_i \leqslant \beta_i)$$

便表示一个具有 m^s 个项的 s 级重叠和,其中每一个 $L_{x_i}(f;\alpha_i \leqslant x_i \leqslant \beta_i)$ 都和 $L_t(\varphi;0 \leqslant t \leqslant 1)$ 为几何相似.

假设如下的定积分求积公式

$$\int_0^1 \varphi(t)\mathrm{d}t \approx L_t(\varphi(t);0 \leqslant t \leqslant 1) \qquad (3)$$

对所有不高于 $r-1(r \geqslant 1)$ 次的多项式为精确成立. 将误差泛函的上界记作

$$C_r = \sup_{\varphi}\left|\int_0^1 \varphi(t)\mathrm{d}t - L_t(\varphi;0 \leqslant t \leqslant 1)\right| \qquad (4)$$

此处 $\sup$ 下的 φ 走遍函数类 $W^{(r)}(1;[0,1])$——具有逐段连续的 r 级微商 $\varphi^{(r)}(t)$ 且为有界 $|\varphi^{(r)}(t)| \leqslant 1$ 的全体 $\varphi(t)$ 所成,则按照如下的熟知的途径,不难得出关于 C_r 的一个表达式.

首先,由于 $\varphi(t)$ 属于 $W^{(r)}(1;[0,1])$,故有如下的 Taylor 展开式

$$\varphi(t) = \varphi(0) + \sum_{k=1}^{r-1} \frac{t^k}{k!} \varphi^{(k)}(0) + R_r(t)$$

其中 $R_r(t)$ 有如下的 Cauchy 积分表示成

$$R_r(t) = \frac{1}{(r-1)!} \int_0^1 K_r(t-x) \varphi^{(r)}(x) dx$$

$K_r(u)$ 称为影响核,其定义为

$$K_r(u) = \begin{cases} u^{r-1}, & \text{对于 } u \geqslant 0 \\ 0, & \text{对于 } u < 0 \end{cases}$$

于是容易得到(注意求积公式对 t 的 $r-1$ 次多项式是精确成立的)

$$\int_0^1 \varphi(t) dt - L_t(\varphi) = \int_0^1 R_r(t) dt - L_t(R_r) =$$

$$\frac{1}{(r-1)!} \Bigg[\int_0^1 \int_0^1 K_r(t-x) \varphi^{(r)}(x) dx dt -$$

$$\sum_0^{m-1} p(k) \int_0^1 K_r(\xi(k)-x) \varphi^{(r)}(x) dx \Bigg] =$$

$$\frac{1}{(r-1)!} \int_0^1 \Bigg[\int_x^1 (t-x)^{r-1} dt -$$

$$\sum_0^{m-1} p(k) K_r(\xi(k)-x) \Bigg] \varphi^{(r)}(x) dx =$$

$$\int_0^1 F_r(x) \varphi^{(r)}(x) dx$$

此处

$$F_r(x) = \frac{1}{(r-1)!} \Bigg[\frac{(1-x)^r}{r} - \sum_0^{m-1} p(k) K_r(\xi(k)-x) \Bigg]$$

既然

$$|\varphi^{(r)}(x)| \leqslant 1$$

故由上可知

$$\left| \int_0^1 \varphi(t) dt - L_t(\varphi) \right| \leqslant \int_0^1 |F_r(x)| dx$$

另一方面,若取如下的一个特殊的函数 φ,而

$$\varphi^{(r)}(x) = \operatorname{sign} F_r(x)$$

即

$$\varphi(x) \in W^{(r)}(1;[0,1])$$

且显然有

$$\left| \int_0^1 \varphi(t)\mathrm{d}t - L_t(\varphi) \right| = \left| \int_0^1 F_r(x)\operatorname{sign} F_r(x)\mathrm{d}x \right| =$$

$$\int_0^1 | F_r(x) | \, \mathrm{d}x$$

因此我们得到关于 C_r 的一个具体表达式

$$C_r = \int_0^1 | F_r(x) | \, \mathrm{d}x = \sup_{\varphi} \left\{ \left| \int_0^1 \varphi \mathrm{d}t - L_t(\varphi) \right| \right\} \quad (5)$$

在 Никольский 与 Крылов 的著作中都可以找到式(5)及相似诸式的详细论述. 在前者的小书中还给出了对 Чебышев 公式及 Gauss 公式而言的有关 C_r 的数值表. 事实上, $F_r(x)$ 这个函数的构造仅依赖于式(3)右端求积和的构造形式, 亦即仅依赖于 $p(k), \xi(k)(k = 0, \cdots, m-1)$. 因此对给定了的求积公式而言, 总可根据式(5)算出(或近似地算出)C_r 的数值来, 而这些数值并不与类 $W^{(r)}$ 中的个别函数有关.

§2 关于 $W^{(r)}(M;U)$ 类函数的 求积程序及敛速估计

在本节中我们常假定 §1 的式(3)中的求积系数 $p(k)$ 皆为正. 首先, 我们容易证明下面的一条十分有用的引理.

引理 设 $f(X)$ 为 $W^{(r)}(M;U)$ 中的任一函数, 则

$$\left|\iint_U f(X)\mathrm{d}X - L_{x_1}\cdots L_{x_s}(f(x_1,\cdots,x_s)); 0 \leqslant x_i \leqslant 1)\right| \leqslant$$
$$sMC_r \tag{1}$$

这引理容易用归纳法加以证明. 首先,当 $s=1$,由于 $\dfrac{1}{M}f(x)$ 属于函数类 $W^{(r)}(1;[0,1])$,故根据 §1 易见式(1)恒成立. 当 $s=2$ 时,我们容易得出

$$\left|\int_0^1\int_0^1 f(x_1,x_2)\mathrm{d}x_1\mathrm{d}x_2 - L_{x_1}L_{x_2}(f(x_1,x_2); 0 \leqslant x_1 \leqslant 1, 0 \leqslant x_2 \leqslant 1)\right| \leqslant \int_0^1\left|\int_0^1 f(x,y)\mathrm{d}x - \right.$$

$$\sum_{k=0}^{m-1} p(k)f(\xi(k),y)\left|\mathrm{d}y + \sum_{k=0}^{m-1} p(k)\right|\int_0^1 f(\xi(k),y)\mathrm{d}y -$$

$$\sum_{j=0}^{m-1} p(j)f(\xi(k),\xi(j))\Bigg| \leqslant MC_r + MC_r \sum_{k=0}^{m-1} p(k) = 2MC_r$$

故知 $s=2$ 时,式(1)亦恒成立,至于从 $s=n$ 过渡到 $s=n+1$ 的归纳推理,则与上述的推导完全相似. 因此不等式(1)对一切正整数 s 都恒成立.

以下令 R 表示任意正整数,取 $\delta=\dfrac{1}{R}$. 作为上述引理的推论,可以得出如下的不等式

$$\left|\int_{v_s\delta}^{(v_s+1)\delta}\cdots\int_{v_1\delta}^{(v_1+1)\delta} f(X)\mathrm{d}x_1\cdots\mathrm{d}x_s - L_{x_1}\cdots L_{x_s}(f; v_i\delta \leqslant x_i \leqslant (v_i+1)\delta)\right| \leqslant \delta^s \cdot sM\delta^r \cdot C_r \tag{2}$$

事实上,由于如下的函数
$$g(t_1,\cdots,t_s) \equiv f(v_1\delta+t_1\delta,\cdots,v_s\delta+t_s\delta)$$
属于函数类 $W^{(r)}(M\delta^r;U)$,并且
$$L_{x_1}\cdots L_{x_s}(f(X); v_i\delta \leqslant x_i \leqslant (v_i+1)\delta) \equiv$$
$$\delta^s L_{t_1}\cdots L_{t_s}[f(v_1\delta+t_1\delta,\cdots,v_s\delta+t_s\delta); 0 \leqslant t_i \leqslant 1]$$

故将式(2)两端对一切 $v_i(0 \leqslant v_i \leqslant R-1)$ 求和,便得到

$$\left| \iint_U f(X) \mathrm{d}X - \sum_{v_1,\cdots,v_s=0}^{R-1} L_{x_1} \cdots L_{x_s} (f(x), v_i\delta \leqslant x_i \leqslant (v_i+1)\delta) \right| \leqslant \sum_{v_1,\cdots,v_s=0}^{R-1} sMC_r \cdot \delta^{s+r} = sMC_r \cdot \delta^r = sMC_r \cdot \left(\frac{1}{R}\right)^r \tag{3}$$

显然式(3)左端(绝对值)中的重叠和共含有 $N=R^s m^s$ 个项.自然我们能将该重叠和 $\sum L_{x_1} \cdots L_{x_s}(f)$ 重行排列,而整理成形如 $\sum_0^{N-1} A_v f(X_v)$ 的求积和.因此从式(3)便得到如下的推论.

推论 设 $f(X)$ 属于 $W^{(r)}(M; U)$,于是对于 $N=(mR)^s$,我们有

$$\left| \iint_U f(X) \mathrm{d}X - \sum_{v=0}^{N-1} A_v f(X_v) \right| \leqslant sMC_r \cdot m^r \cdot \left(\frac{1}{N}\right)^{\frac{r}{s}} \tag{4}$$

此处 $A_v > 0$,$X_v \equiv (x_1^{(v)}, \cdots, x_s^{(v)})$ 为位于 U 中的计值点.

为了说法上的简便,以下我们将采用一些几何性质的语言.对于分别位于两个同样大小的 s 维方域 K_1 与 K_2 中的两组点

$$X_v \equiv (x_1^{(v)}, \cdots, x_s^{(v)}) \quad (v=1,2,\cdots)$$
$$Y_v \equiv (y_1^{(v)}, \cdots, y_s^{(v)}) \quad (v=1,2,\cdots)$$

我们将称它们是"相似分布的",假如当 K_2 与 K_1 的位置重合时,那些点也彼此完全重合.就一般的情形而言,假如所有的点 $X_v \equiv (x_1^{(v)}, \cdots, x_s^{(v)})(v=1,2,\cdots)$ 系分布在某 N_0 个同样大小的方域 $K_1, K_2, \cdots, K_{N_0}$ 之

中,且彼此均为相似分布时,那么就简称$\{X_v\}$为相似分布于 $K_1,\cdots,K_{N_0}$ 之中.

假设 s 维单位方域 U 被划分为 R^s 个小方体 $U_i(i=1,\cdots,R^s)$,各方体的边长都等于 $\delta=\dfrac{1}{R}$. 假设某个 U_i 含有 m^s 个这样的点 $X\equiv(x_1,\cdots,x_s)$,其中各坐标 x_j 取遍数值 $\delta\xi(0),\delta\xi(1),\cdots,\delta\xi(m-1)$. 又假设所有 X_v $(v=1,2,\cdots,(mR)^s)$ 系相似分布于诸 U_i 之中,那么我们就说 $\{X_v\}$ 按"分布形式"$[\delta\xi(0),\cdots,\delta\xi(m-1)]$ 相似分布于诸 U_i 中. 显而易见,式(4)左方求积和中的计值点$\{X_v\}$,即具有上述性质的"分布形式".

进一步,让我们再来设法找出式(4)求积和中的权系数 A_v 与计值点 X_v 的解析表达式. 为此目的,有必要采取一些简便记号. 假如

$$i\equiv j(\bmod m)\quad(0\leqslant j\leqslant m-1)$$

则我们记作

$$j=\left\langle\frac{i}{m}\right\rangle$$

从而

$$i=\left[\frac{i}{m}\right]m+\left\langle\frac{i}{m}\right\rangle$$

其中$[\alpha]$表 α 的整数部分,而$\left(\dfrac{i}{m}\right)$表 i 对模 m 的剩余. 今取 mR 作为基底,则显然能将每一个整数 $v(0\leqslant v\leqslant N-1)$一一地表成如下的形式

$$v=i_1(mR)^{s-1}+i_2(mR)^{s-2}+\cdots+i_{s-1}(mR)+i_s=\overline{i_1 i_2\cdots i_s} \tag{5}$$

此处 $0\leqslant i_k\leqslant mR-1$,而$\overline{i_1 i_2\cdots i_s}$可看作整数 v 以 mR 为底的小数表示法. 此外,我们再定义

$$\theta(i)=\left(\left[\frac{i}{m}\right]+\xi\left(\left\langle\frac{i}{m}\right\rangle\right)\right)\frac{1}{R} \quad (0\leqslant i\leqslant mR-1) \quad (6)$$

于是通过仔细地观察,可以看出我们能有如下形式的表达式

$$\sum_{v_1,\cdots,v_s=0}^{R-1} L_{x_1}\cdots L_{x_s}(f(X);v_i\delta\leqslant x_i\leqslant(v_i+1)\delta)=$$

$$\sum_{i_1,\cdots,i_s=0}^{mR-1} \delta^s p\left(\left\langle\frac{i_1}{m}\right\rangle\right)\cdots p\left(\left\langle\frac{i_s}{m}\right\rangle\right) f(\theta(i_1),\cdots,\theta(i_s))=$$

$$\sum_{v=0}^{N-1} A_v f(X_v)$$

此处 A_v 与 $X_v(v=\overline{i_1 i_2\cdots i_s})$ 为由下式所给出

$$A_v\equiv\left(\frac{1}{R}\right)^s p\left(\left\langle\frac{i_1}{m}\right\rangle\right)\cdots p\left(\left\langle\frac{i_s}{m}\right\rangle\right)$$

$$X_v\equiv(\theta(i_1),\cdots,\theta(i_s)) \quad (7)$$

因此总结起来,我们便有下面的:

定理 1 在式(4)左端求积和中的系数 A_v 及计值点 X_v 为由公式(7)所确定,其中 $v=\overline{i_1 i_2\cdots i_s}$ 走遍整数组 $0,1,\cdots,N=(mR)^s-1$.

从 Никольский 的著作中我们知道,即使对于定积分的情形($s=1$ 的情形),式(4)右端的估计已经无法改进.因此定理 1 及式(4)实际上包含了一类具有高度精确性的结构显明的求积公式,亦就是

$$\int_U f(X)\mathrm{d}X\approx\left(\frac{1}{R}\right)^s\sum_{v=0}^{N-1} p\left(\left\langle\frac{i_1}{m}\right\rangle\right)\cdots p\left(\left\langle\frac{i_s}{m}\right\rangle\right)\cdot$$

$$f(\theta(i_1),\cdots,\theta(i_s)) \quad (8)$$

我们知道,高斯型求积公式的权系数总是正的.因此,若 §1 的式(3)为高斯型公式,则上述定理 1 恒成立.在特别情形下,假如 §1 的式(3)取为 Чебышев 求积公式,则

$$p(0) = \cdots = p(m-1) = \frac{1}{m}, A_v = \left(\frac{1}{R}\right)^s \left(\frac{1}{m}\right)^s = \frac{1}{N}$$

但此时 m 只能限于取数值 $m = 1, 2, 3, 4, 5, 6, 7, 9$. 相应地,我们需要假定 $r \leqslant 10$. 于是我们有如下的定理.

定理 2　设 $f(X)$ 与 $W^{(r)}(M; U)$ $(1 \leqslant r \leqslant 10)$ 中的任一函数,那么对于 $N = (mR)^s, (r-1 \leqslant m \leqslant 9)$,我们有估计式

$$\left| \int_U f(X) \mathrm{d}X - \frac{1}{N} \sum_{v=0}^{N-1} f(X_v) \right| \leqslant sMC_r \cdot m^r \left(\frac{1}{N}\right)^{\frac{r}{s}}$$

$$(9)$$

此处 X_v 系相似分布于边长为 $\delta = \frac{1}{R}$ 的诸小方域 U_i 中,其分布形式为 $[\delta\xi(0), \cdots, \delta\xi(m-1)]$,其中 $\xi(k)$ 为区间 $[0, 1]$ 上的 Чебышев 求积公式的节点坐标. 至于 X_v 的解析表示式,则由式(6)及式(7)所给出.

又假如 §1 的式(3)被取为 Newton-Cotes 求积公式,则当 $m = 2, 3, 4, 5, 6, 7, 8, 10$ 诸值时,权系数亦皆为正,且诸节点坐标 $\xi(k)$ $(k = 0, 1, \cdots, m-1)$ 为等距分布. 因此我们又有下面的

定理 3　设 $f(X)$ 属于函数类 $W^{(r)}(M; U)$,而 $1 \leqslant r \leqslant 10$,则对于 $N = (mR)^s$ 而言(其中 $r \leqslant m \leqslant 10, m \neq 9$),我们有估计式

$$\left| \int_U f(X) \mathrm{d}X - \left(\frac{1}{R}\right)^s \sum_{v=0}^{N-1} c_v^* f(X_v) \right| \leqslant sMC_r \cdot m^r \left(\frac{1}{N}\right)^{\frac{r}{s}}$$

$$(10)$$

此处求积和中的系数 c_v^* 为某些 Cotes 数的乘积,而计值点 X_v 中的诸坐标取遍等差数值 $\frac{k}{(m-1)R}, (k = 0, 1, 2, \cdots, (m-1)R)$. 又 c_v 与 X_v 的解析形式是

$$c_v^* = p\left(\left\langle \frac{i_1}{m}\right\rangle\right)\cdots p\left(\left\langle \frac{i_s}{m}\right\rangle\right), X_v \equiv (\theta(i_1),\cdots,\theta(i_s))$$

其中 $v = \overline{i_1 i_2 \cdots i_s}$，$\theta_i = \left(\left[\dfrac{i}{m}\right] + \left\langle \dfrac{i}{m}\right\rangle \dfrac{1}{m-1}\right)\dfrac{1}{R}$，而 $0 \leqslant i_k \leqslant mR - 1$.

在式(9)与式(10)中所包含的求积和(或求积公式)，它们的共同特点就在于都达到了最佳可能的逼近阶 $O(N^{-\frac{r}{s}})$. 式(9)中的求积和具有相等的权系数 $\dfrac{1}{N}$，这是一个很大的优点. 式(10)中的求积公式中的计值点系等距分布，也是一个优点. 但它们都有一个限制，即数值 r 必须限于不超过 10. 到目前为止，我们还不知道这样的限制应该怎样解除. 例如，现在我们还不知道怎样解决这样一个问题：对于一切正整数 r 而言，为得到如下的普遍估计

$$\left|\int_U f(X)\mathrm{d}X - \frac{1}{N}\sum_{v=0}^{N-1} f(X_v)\right| = O\left(\left(\frac{1}{N}\right)^{\frac{r}{s}}\right) \qquad (11)$$

其中 $f(X)$ 为 $W^r(M;U)$ 中的函数，一般说来应该怎样选取计值点组 $\{X_v\}$ 的分布形式？ 当然，在不限定等系数的情形下，我们的问题早已由公式(8)给出了普遍的解答.

虽然定理 1, 2, 3 中所包含的求积公式中的计值点 $\{X_v\}$ 的分布方式并不是随机的，但当 N 甚大时，由于计值点 $\{X_v\}$ 是相似地分布于许多微小的方块中，自然可以认为按小方块来说是均匀分布的. 因此依照通常的术语，不妨将它们称作"拟 Monte-Carlo 方法"(Quasi Monte-Carlo method).

另一点可以指出的是，仅当

$$0 < \xi(0) < \xi(m-1) < 1$$

时，公式(8)中的诸计值点 $\{X_v\}$ 才是完全互异的. 因

此,式(9)中的求积和就是这种情形.但式(10)中的情况则非如此(原因是 $\xi(0)=0,\xi(m-1)=1$).

§3　关于 $C^{(r)}(U)$ 类函数的求积程序的敛速估计

令 $C^r(U)$ 代表这样的函数类,其中每一个定义在单位方域 U 上的函数 $f(X)\equiv f(x_1,\cdots,x_s)$ 都具有 r 级的连续偏导数 $\dfrac{\partial^r f}{\partial x_i^r}(i=1,\cdots,s)$. 记

$$\omega_r(\delta)=\max_i \max_{|x_i-x_i'|\leqslant\delta}\left|\left(\frac{\partial}{\partial x_i}\right)^r f(x_1,\cdots,x_i,\cdots,x_s)-\right.$$
$$\left.\left(\frac{\partial}{\partial x_i}\right)^r f(x_1,\cdots,x_i',\cdots,x_s)\right|$$

通常称 $\omega_r(\delta)$ 为 $f(X)$ 的 r 级连续模数.

容易证明如下的结果.

定理 4　设 $f(X)$ 属于函数类 $C^{(r)}(U)$,又假设定积分求积公式(§1 的式(3))对一切不超过 r 次($r\geqslant 1$)的多项式精确成立,那么对于 $N=(mR)^s$,我们有下列的估计式

$$\left|\int_U f(X)\mathrm{d}X-\sum_{v=0}^{N-1}A_v f(X_v)\right|\leqslant$$
$$sC_r m^r\cdot\left(\frac{1}{N}\right)^{\frac{r}{s}}\cdot\omega_r\left(\frac{1}{R}\right)\qquad(1)$$

此处求积和中的 A_v 与 X_v 由式(7)和式(6)所给出.

这个定理的证明只需要将 Никольский 的书中定理 3' 的证明加以适当修改即得.至于证明细节的叙述可留给读者作为一个习题.

§4　非矩形区域上的求积
程序的敛速估计

令 $\Delta(v_i\delta\leqslant x_i\leqslant(v_i+1)\delta)$ 表示一个以 $\delta=\dfrac{1}{R}$ 为边长的小方块,则式(1)可简记作

$$\left|\int\!\!\int_{\Delta}f(X)\mathrm{d}X-L_{x_1}\cdots L_{x_s}(f(X);\Delta)\right|\leqslant sMC_r\cdot\delta^{s+r}$$

$$(1)$$

于是只需对一大批 Δ 方块上的值求和,便不难导致下列的结果.

定理 5　若 D 是一个有着有穷体积的 s 维区域,它是由某些平行于坐标平面的超越平面所围成,而且能划分成具有相同边长 $\delta=\dfrac{1}{R}$ 的许多小方块 U_i,则我们有如下的估计式

$$\left|\int_D f(X)\mathrm{d}X-\frac{1}{N}\sum_{v=0}^{N-1}f(X_v)\right|=O\left[\left(\frac{1}{N}\right)^{\frac{r}{s}}\right]\quad(2)$$

此处 $N=(mR)^s$,$f\in W^{(r)}(M;D)$,$(1\leqslant r\leqslant10)$,又计值点 $\{X_v\}$ 系相似分布于所有小方块 U_i 中,而具有分布形式

$$[\delta\xi(0),\cdots,\delta\xi(m-1)]\quad(r-1\leqslant m\leqslant9)$$

其中 $\xi(k)$ 是单位区间 $[0,1]$ 上的 Чебышев 求积公式的节点.

特别是,假如取 $r=m=1,\xi(0)=\dfrac{1}{2}$,则分布形式 $\left[\dfrac{1}{2}\delta\right]$ 恰好表明计值点 $\{X_v\}$ 系均匀分布于 D 内(每对互相靠近的点之间的距离为 δ).一般说来,给定一个

有界区域 G,假如 D 是包含于 G 内的一个最大体积的子区域,并且具有定理 5 中所说的性质,那么只要当 $\{X_v\}$ 均匀分布于 D 时,就简单地说 $\{X_v\}$ 系均匀分布于 G,而且容易看出在 $\delta=O(N^{-\frac{1}{s}})$ 的条件下有

$$\int_{G-D} f(X)\mathrm{d}X = O(N^{-\frac{1}{s}}) \qquad (3)$$

因而根据定理 5,我们容易得到下面的推论.

推论　设 G 是有着有穷体积的 s 维有界区域,它的边界曲面有着有穷的面积,于是对于每一个具有有界的按段连续的偏导数 $\dfrac{\partial f}{\partial x_i}$ 的函数

$$f(X)\equiv f(x_1,\cdots,x_s)$$

我们恒有

$$\int_G f(X)\mathrm{d}X = \frac{1}{N}\sum_{v=0}^{N-1} f(X_v) + O(N^{-\frac{1}{s}}) \qquad (4)$$

其中计值点 $\{X_v\}$ 系均匀分布于 G 内,诸相互靠近之点间的距离为 $\delta=O(N^{-\frac{1}{s}})$.

值得指出的是,对于一般的有界区域 G 而言,式(4)中的误差项 $O(N^{-\frac{1}{s}})$ 并不能改进为 $O(N^{-\frac{r}{s}})$($r>1$).即使对于具有 r 级连续偏导数 $\dfrac{\partial^r f}{\partial x_i^r}$ 的函数来说也是如此.这里所遇到的主要困难在于式(3)的右端无法改进(除非 G 是特殊形式的区域).

§5　注记及问题

在定理 $1,2,3$ 中,我们假定被积函数 $f(X)$ 具有按段连续的偏导数 $\dfrac{\partial^r f}{\partial x_i^r}$($i=1,\cdots,s$).这个条件可以减

弱成这样的形式,即只需假定上述的偏导数都是有界的且对各个 x_i 为 Lebesgue 可积的函数.事实上,在估值式中出现的 C_r,是由 Taylor 展开式的积分形式的余项所决定的(见 §1),而该余项定理可以在极宽广的条件下成立.

值得指出的是,定理 1,2,3 及 4 能够用来给出高维空间中的 Fredholm 型积分方程的近似解及误差估值.事实上,容易建立那些类似于 Шарыгин 与 Коробов 工作中所陈述的定理.关于这方面的具体研究,有兴趣的读者可以去做.

在我们所叙述的全部定理中,所出现的求积和对于 s 重积分 $\int f(X)\mathrm{d}X$ 的逼近程度都具有最佳可能的阶.显然一般说来,假如规定选取均匀分布的计值点 $\{X_v\}$ 来构造求积和,那是无法达到最高可能的逼近阶的.因此,要想简化求积公式的构造规则,又要维持最高阶的逼近程度,那么如何适当地简化计值点的分布方式的问题,却仍然是一类值得研究的问题.例如,从便利于应用的观点来看,似乎值得去研究这样的一类求积公式,其中各个计值点 $X_v \equiv (x_1^{(v)}, \cdots, x_s^{(v)})$ 的坐标值并不依赖于总项数 N.显然这样的求积公式的最大优点就在于当 N 增大时,无须更换全部的计值点.至于怎样去构造具有上述特点的求积公式而同时又保持较高逼近阶的问题,当然是需要作具体的分析和研究的.

简 单 总 结

在本章中我们研究了这样几个问题：

（一）表征一个求积公式（对一类函数积分而言）的误差泛函上界的数值 C_r，有着怎样的表示式？

（二）如何构造高维空间的求积公式，使对于 $W^{(r)}$ $(M;U)$ 类函数的积分而言，具有最佳可能的逼近阶？假如将 $W^{(r)}$ 换作 $C^{(r)}(U)$，则又将有怎样的最高逼近阶？解答这些问题的主要结论包含于定理 $1,2,3,4$ 之中.

（三）在一般情形下，对于非矩形域上的积分而言，逼近阶将会怎样？主要结果包含于定理 5 的推论中. 最后我们还提到了一些值得继续研究的问题.

多元周期函数的数值积分
与误差估计

自 1957 年苏联科学院报（ДАН СССР）上出现 H. M. Коробов 关于多元周期函数积分近似计算的短文之后，国内和苏联都相继出现了若干关于同一主题的研究工作. 在这些工作中，所采用的方法可统称之为"数论方法"与"三角逼近法"，前者利用了有关指数和数估计等数论技巧，后者借助于函数逼近论中的已知结果.

在华罗庚与王元的近著中，已经对"数论方法"做了不少介绍，这使国内读者已有充分的机会去了解以 Коробов，Бахвалов 等人为代表的苏联学者的工作以及华罗庚与王元在这方面的研究成果.

在本章中，我们将着重介绍三角逼近法，并用它来给出近似积分法中的误差阶估计的最佳结果. 这方法是在 1958 年徐利治与林龙威的一个工作中开始介绍出来的，后来又在 B. И. Солодов，潘承洞及著者本人的工作中获得某些发展与改进. 该方法的基本思想实导源于"概周期函数论"

中的 Weyl 引理,而主要是借助于程民德与陈永和关于周期函数三角逼近的定理.

在本章的最后两节,将概略地介绍文嗣鹤与 C. B. Haselgrove 的工作,它们在方法上也各有一定的特色.

§1　化多重积分为单积分的方法

考虑 p 次连续可微的周期函数类 $\Pi_p \equiv \{f(x_1,\cdots,x_m)\}$,其中每一个函数 $f(X) \equiv f(x_1,\cdots,x_m)$ 都是诸变量的周期为 1 的函数,且具有 $p(p\geqslant 2)$ 级连续偏导数

$$\frac{\partial^{\alpha_1+\cdots+\alpha_m}f}{\partial x_1^{\alpha_1}\cdots\partial x_m^{\alpha_m}} \equiv f_{\alpha_1\cdots\alpha_m}(X) \quad (\alpha_j\geqslant 0, \alpha_1+\cdots+\alpha_m=p)$$

如同于第五章,我们定义 $f(X)$ 的 p 级连续模数为

$$\omega_p(\delta)=\max|f_{\alpha_1\cdots\alpha_m}(X)-f_{\alpha_1\cdots\alpha_m}(X')|$$

此处 $\max$ 取遍所有整数组 $\alpha_j\geqslant 0, \alpha_1+\cdots+\alpha_m=p$ 及合于条件

$$\sum_1^n (x_j-x_j')^2 \leqslant \delta^2$$

的所有点

$$X \equiv (x_1,\cdots,x_m), X' \equiv (x_1',\cdots,x_m')$$

当向量 $\vec{v} \equiv (v_1,\cdots,v_m)$ 中的诸分量 v_j 为整数时,就称 $\vec{v}$ 为'格点向量'. 以后为方便,我们有时记 $\vec{\beta} \equiv (\beta_1,\cdots,\beta_m), \vec{x} \equiv X \equiv (x_1,\cdots,x_m), \mathrm{d}X \equiv \mathrm{d}x_1\cdots\mathrm{d}x_m$ 等等. 又常用 $\mathfrak{S}_R$ 表半径为 R 的开球内全体非零'格点向量'作成的集合 $\{\vec{v}\}$,亦即 $\mathfrak{S}_R \equiv \{\vec{v}\}$ 中的各格点向量 $\vec{v}$ 皆合条件

$$0 < v_1^2+\cdots+v_m^2 < R^2$$

对于一个依赖于数值 R 的格点向量 $\vec{\beta}$,我们就把

它记作
$$\vec{\beta} \equiv (\beta_1(R), \cdots, \beta_m(R))$$
这表明各分量都是 R 的函数. 又为简便, 今后约定用 U 和 V 分别表 m 维方域 $U(0 \leqslant x_1 \leqslant 1, \cdots, 0 \leqslant x_m \leqslant 1)$ 与 n 维方域 $V(0 \leqslant y_1 \leqslant 1, \cdots, 0 \leqslant y_n \leqslant 1)$, 而 $U \times V$ 表乘积区域.

下面我们给出一条简单而有用的定理.

定理 1 设 $\vec{\beta} \equiv (\beta_1(R), \cdots, \beta_m(R))$ 为一格点向量, 而与 $\mathfrak{S}_R$ 中的每一向量皆不直交. 又设 $f(X)$ 为 Π_p 类中之任一函数, 并记
$$\Phi(t) \equiv \Phi_R(t) \equiv f(\beta_1 t, \cdots, \beta_m t) \tag{1}$$
则于 R 变大时, 我们有下列'约化公式'
$$\int_U f(X)\mathrm{d}X = \int_0^1 \Phi(t)\mathrm{d}t + O\left(\left(\frac{1}{R}\right)^p \omega_p\left(\frac{1}{R}\right)\right) \tag{2}$$
此处阶项 $O(\cdot)$ 中所隐含的因子与 R 无关.

证明 对应于 $\vec{v}$ 记
$$v = \sqrt{v_1^2 + \cdots + v_m^2}$$
又令
$$\sigma_m = \left[\frac{m+1}{2}\right]$$
今将 $f(X) \equiv f(\vec{x})$ 展开成多重 Fourier 级数
$$f(X) \sim \sum_{v_j = -\infty}^{\infty} C(\vec{v}) \mathrm{e}^{2\pi \mathrm{i}(\vec{v} \cdot \vec{x})}$$
此处 $C(\vec{v}) \equiv C(v_1, \cdots, v_m)$ 表示 Fourier 系数
$$\vec{v} \cdot \vec{x} = v_1 x_1 + \cdots + v_m x_m$$
又定义多重和
$$S_R^{(k)}(X; f) = \sum_{0 \leqslant v < R} \left(1 - \left(\frac{v}{R}\right)^k\right)^{\sigma_m} C(\vec{v}) \cdot \mathrm{e}^{2\pi \mathrm{i}(\vec{v} \cdot \vec{x})} \tag{3}$$

此处 $k>p+1$，而右端的和取遍所有满足条件 $0\leqslant v<R$ 的格点向量点组 $(v_1,\cdots,v_m)$. 根据 Zygmund 定理的一个扩充形式（程民德与陈永和的一个结果），我们知道于 $R\to\infty$ 时，式（3）中的三角多项式序列能在 U 上一致地逼近 $f(X)$，亦即在 U 上一致地成立着

$$f(X)=S_R^{(k)}(X;f)+O(R^{-p}\omega_p(R^{-1}))\qquad(4)$$

在式（4）中令

$$f(X)=f(\beta_1 t,\cdots,\beta_m t)=\Phi(t)$$

并对 t 积分，则得

$$\int_0^1 \Phi(t)\mathrm{d}t=C(0,\cdots,0)+\sum_{1\leqslant v<R}^{*}\frac{(1-(\frac{v}{R})^k)^{\sigma_m}C(\vec{v})}{2\pi\mathrm{i}(\vec{v}\cdot\vec{\beta})}\cdot$$

$$(\mathrm{e}^{2\pi\mathrm{i}(\vec{v}\cdot\vec{\beta})}-1)+O(R^{-p}\omega_p(R^{-1}))$$

此处和式 $\sum^*$ 中取遍 $\mathfrak{S}_R$ 中之全体格点向量 $\vec{v}$，因此根据定理的条件 $\vec{v}\cdot\vec{\beta}=$ 整数 $\neq 0$，可见总和 $\sum^*$ 恒为 0. 再注意

$$C(0,\cdots,0)=\int_U f(X)\mathrm{d}X$$

便得知约化公式（2）成立.

等式（2）右端余项的阶 $O(R^{-p}\omega_p(R^{-1}))$ 对类 II_p 中全体函数来说是不能改进的，事实上由逼近理论我们知道，与此同阶的式（4）右端的余项估计已经是最佳可能的.

作为定理 1 的一个特例，我们有下述的：

定理 2　设 $\{r_i\}$ 是一组按大小排列的非负整数

$$r_1>r_2>\cdots>r_m\geqslant 0$$

又设

$$\Phi(t)\equiv f(R^{r_1}t,\cdots,R^{r_m}t)\qquad(5)$$

则对 Π_p 中的函数 $f(X)$ 来说仍有约化公式(2).

证明 只需指明 $\vec{\beta}\equiv(R^{r_1},\cdots,R^{r_m})$ 与 $\mathfrak{S}_R$ 中之一切格点向量 $\vec{v}$ 皆不直交即可. 事实上,由于

$$v^2=v_1^2+\cdots+v_m^2<R^2$$

可知

$$|v_j|\leqslant R-1 \quad (j=1,\cdots,m)$$

于是考虑一切线性组合 $\sum_1^m v_j R^{r_j}$ (相当于 R 进位法)时,显然有

$$\inf_{1\leqslant v<R}|v_1 R^{r_1}+\cdots+v_m R^{r_m}|=R^{r_m}$$

这表明

$$\inf|\vec{\beta}\cdot\vec{v}|>0$$

故定理得证.

§2 一类近似积分公式及余项估计

借助于定理 1 中的约化公式,我们能给出一类近似积分公式,而误差(余项)的阶仍有估计 $O(R^{-1}\omega_p(R^{-1}))$. 这就是下面的定理所要谈论的事实.

定理 3 在定理 1 的条件下再设

$$\beta_j(R)=O(R^{m-1}) \quad (j=1,\cdots,m) \tag{1}$$

此处 $\frac{1}{2}N^{\frac{1}{m}}\leqslant R\leqslant N^{\frac{1}{m}}$,则当 N 变大时,有公式

$$\int_U f(X)\mathrm{d}X=\frac{1}{N}\sum_{k=1}^N f\left(\frac{k\beta_1}{N},\cdots,\frac{k\beta_m}{N}\right)+$$

$$O\left(\left(\frac{1}{R}\right)^p\omega_p\left(\frac{1}{R}\right)\right) \tag{2}$$

证明 根据 §1 的式(2)可知,只需证明

$$\int_0^1 \Phi(t)\,\mathrm{d}t = \frac{1}{N}\sum_{k=1}^{N}\Phi\left(\frac{k}{N}\right) + O\left(\left(\frac{1}{R}\right)^p \omega_p\left(\frac{1}{R}\right)\right) \quad (3)$$

令

$$g(t) = \left(\frac{1}{R}\right)^{(m-1)p}\left(\frac{\mathrm{d}}{\mathrm{d}t}\right)^p \Phi(t)$$

并记 $g(t)$ 函数的连续模数为 $\omega^*(\delta)$. 由于

$$\Phi(t) \equiv f(\beta_1 t, \cdots, \beta_m t)$$

及条件 (1),易见 $g(t)$ 可表为 $f(X)$ 的诸 p 级偏导数的线性组合并具有有界系数(即使当 R 变大时). 于是显然存在常数 A 使得

$$|g(t)| \leqslant A \quad (0 \leqslant t \leqslant 1)$$

而且由连续模数的性质易知

$$\omega^*\left(\frac{1}{N}\right) = O\left[\omega_p\left(\frac{R^{m-1}}{N}\right)\right] = O\left(\omega_p\left(\frac{1}{R}\right)\right) \quad (4)$$

显然我们能够将 $\Phi(t)$ 展开成绝对收敛的 Fourier 级数

$$\Phi(t) = \sum_{-\infty}^{\infty} C_n \mathrm{e}^{\mathrm{i}2\pi nt}$$

从而我们有

$$\frac{1}{N}\sum_{k=1}^{N}\Phi\left(\frac{k}{N}\right) = \int_0^1 \Phi(t)\,\mathrm{d}t + \sum_{n\equiv 0(\mathrm{mod}\,N)}' C_n \quad (5)$$

此处 $\sum'$ 表示在和中省去 C_0 那一项. 又由 Fourier 系数的定义可知

$$\sum_{n\equiv 0(\mathrm{mod}\,N)}' C_n = \sum_{|k|=1}^{\infty}\int_0^1 \Phi(t)\mathrm{e}^{\mathrm{i}2\pi kNt}\,\mathrm{d}t =$$

$$2\sum_{k=1}^{\infty}\int_0^1 \Phi(t)\cos(2\pi kNt)\,\mathrm{d}t$$

注意 $\varphi(t)$ 是周期为 1 的 p 次连续可微的函数,故由分部积分 p 回之后,便可得出

$$\int_0^1 \Phi(t)\cos(2\pi kNt)\,\mathrm{d}t = \pm\left(\frac{1}{2\pi kN}\right)^p \cdot$$

301

$$\int_0^1 \Phi^{(p)}(t) \begin{Bmatrix} \cos(2\pi kNt) \\ \sin(2\pi kNt) \end{Bmatrix} \mathrm{d}t =$$

$$\pm \left(\frac{1}{2\pi kR}\right)^p \int_0^1 g(t) \begin{Bmatrix} \cos(2\pi kNt) \\ \sin(2\pi kNt) \end{Bmatrix} \mathrm{d}t$$

利用 $g(t)$ 的周期性易得

$$\int_0^1 g(t)\cos(2\pi kNt)\,\mathrm{d}t = \int_{\frac{2}{2kN}}^{1+\frac{1}{2kN}} g(t)\cos(2\pi kNt)\,\mathrm{d}t =$$

$$-\int_0^1 g\left(t+\frac{1}{2kN}\right)\cos(2\pi kNt)\,\mathrm{d}t$$

从而利用式（4）可得估计

$$2\left|\int_0^1 g(t)\cos(2\pi kNt)\,\mathrm{d}t\right| =$$

$$\left|\int_0^1 \left(g(t)-g\left(t+\frac{1}{2kN}\right)\right)\cos(2\pi kNt)\,\mathrm{d}t\right| \leqslant$$

$$\int_0^1 \left|g(t)-g\left(t+\frac{1}{2kN}\right)\right|\mathrm{d}t \leqslant$$

$$\omega^*\left(\frac{1}{2kN}\right) = O\left(\omega_p\left(\frac{1}{R}\right)\right)$$

同法，对 $\int_0^1 g(t)\sin(2\pi kNt)\,\mathrm{d}t$ 亦可得出完全相同的估

计. 因此总结以上所列各式便得到

$$\left|\sum_{n\equiv 0(\bmod N)}{}' C_n\right| \leqslant 2\sum_{k=1}^{\infty}\left(\frac{1}{2\pi kR}\right)^p \left|\int_0^1 g(t)\begin{Bmatrix}\cos(2\pi kNt)\\\sin(2\pi kNt)\end{Bmatrix}\mathrm{d}t\right| \leqslant$$

$$O\left(\omega_p\left(\frac{1}{R}\right)\right)\sum_{k=1}^{\infty}\left(\frac{1}{2\pi kR}\right)^p =$$

$$O\left[\left(\frac{1}{R}\right)^p \omega_p\left(\frac{1}{R}\right)\right]$$

于是由式（5），我们便证明了式（3）. 定理至此得证.

由于适合定理 1 的条件及式（1）的 $\vec{\beta}\equiv(\beta_1,\cdots,$ $\beta_m)$ 可以有各种取法，因此公式（2）隐含着一类特殊的

近似求积公式.事实上,在著者的文章中以及在潘承洞,华罗庚与王元等人的工作中所考虑的积分公式都可看作是式(2)的特例.

下面我们给出几个关于 §1 的式(2)与 §2 的式(2)的具体例子.

例 1　令 $r_1 \geqslant r_2 \geqslant \cdots \geqslant r_m \geqslant 0$ 为一组固定的整数.对每一整数 $R > 0$,取

$$\vec{\beta} \equiv (\beta_1, \cdots, \beta_m) \equiv (R^{r_1}, \cdots, R^{r_m})$$

则由定理 2 之证明知 $\vec{\beta} \cdot \vec{v} \neq 0 (\vec{v} \in \mathfrak{S}_R)$. 特别于 $r_j = m - j$ 时,定理 1 的条件及式(1)显然都是满足的.因此根据定理 3 我们便得到下列的求积公式

$$\int_U f(X) \mathrm{d}X = \frac{1}{N} \sum_{k=1}^{N} f\left(\frac{k}{R}, \frac{k}{R^2}, \cdots, \frac{k}{R^m}\right) + O\left[\left(\frac{1}{R}\right)^p \omega_p\left(\frac{1}{R}\right)\right] \tag{6}$$

例 2　令 $p_1 < p_2 < \cdots < p_n < \cdots$ 为一质数序列.对任意 $R = p_n$,取

$$\vec{\beta} \equiv (\beta_1, \cdots, \beta_m) \equiv (p_n, p_n p_{n+1}, \cdots, p_n \cdots p_{n+m-1})$$

容易验证 $|\vec{\beta} \cdot \vec{v}| = $ 整数 $> 0 (\vec{v} \in \mathfrak{S}_R)$,因此我们可获得 §1 的式(2)的另一特例,其中

$$\beta_j = p_n \cdots p_{n+j-1} \qquad (R = p_n)$$

例 3　推广上述的例子,令 $\phi_1(n), \cdots, \phi_m(n)$ 为任意一组数论函数,而合条件

$$n \leqslant \phi_1(n) \leqslant \phi_2(n) \leqslant \cdots \leqslant \phi_m(n)$$

定义

$$\beta_j = \phi_1(R) \cdots \phi_j(R)$$

则同样容易验证

$$|\vec{\beta} \cdot \vec{v}| > 0 \qquad (\vec{v} \in \mathfrak{S}_R)$$

因此可以得出 §1 的式(2)的一类特例.

例 4 由数论上的一个熟知事实——凡正整数 R 与 $2R$ 之间至少存在一质数,可知对每一正整数 R,总存在一组质数 $p_j(j=1,\cdots,m)$ 使得

$$R \leqslant p_1 < p_2 < \cdots < p_m \leqslant 2^m R$$

今定义

$$\beta_j \equiv \beta_j(R) = \frac{p_1 \cdots p_m}{p_j} \quad (j=1,\cdots,m) \tag{7}$$

于是不难验证

$$\vec{\beta} \cdot \vec{v} \neq 0 \quad (\vec{v} \in \mathfrak{S}_R)$$

事实上,对任意给定的 $\vec{v} \in \mathfrak{S}_R$,若设 s 为使其坐标分量 $v_s \neq 0$ 的最大编号(足码),则显然有

$$\sum_{j=1}^{s-1} \beta_j v_j \equiv 0 (\bmod p_s)$$

$$\beta_s v_s \not\equiv 0 (\bmod p_s)$$

于是立即推知 $\vec{\beta} \cdot \vec{v} =$ 整数 $\neq 0$. 因此,利用由式(7)所定义的 β_j,我们便得到公式(2)和 §1 的式(2)的另一特例. 详言之,我们有下述结果.

定理 4 对任意正整数 N,令 $R = [N^{\frac{1}{m}}]$,又令 $p_1 < p_2 < \cdots < p_m$ 为含于区间 $[R, 2^m R]$ 的任意质数. 设 $\beta_1, \cdots, \beta_m$ 为按式(7)所定义,设 $f(X) \in \Pi_p$,则于 N 变大时,我们有

$$\int_U f(X) \mathrm{d}X = \int_0^1 \Phi(t) \mathrm{d}t + O\left[\left(\frac{1}{N}\right)^{\frac{p}{m}} \omega_p\left(\frac{1}{N^{\frac{1}{m}}}\right)\right] \tag{8}$$

$$\int_U f(X) \mathrm{d}X = \frac{1}{N} \sum_{k=1}^N f\left(\frac{k\beta_1}{N}, \cdots, \frac{k\beta_m}{N}\right) +$$

$$O\left[\left(\frac{1}{N}\right)^{\frac{p}{m}} \omega_p\left(\frac{1}{N^{\frac{1}{m}}}\right)\right] \tag{9}$$

此得

$$\Phi(t) = f(\beta_1 t, \cdots, \beta_m t)$$

既然式(2)与式(9)右端的误差阶

$$O(R^{-p}\omega_p(R^{-1})) = O(N^{-\frac{p}{m}}\omega_p(N^{-\frac{1}{m}}))$$

已经不能改进,故仿 Коробов 的说法,不妨称 $\beta_1, \cdots, \beta_m$ 为'最优系数组'. 我们知道,在 Коробов 的工作中,对于他所考虑的函数类与求积公式来说,'最优系数组'的具体确定是很麻烦的,而在我们这里关于最优系数 $\vec{\beta} \equiv (\beta_1, \cdots, \beta_m)$ 的选取却相当简便. 读者不难直接根据定理 1 及式(1)中的条件去构造出另外一些'最优系数组'与相应的具体求积公式. 再顺便提到,在华罗庚、王元的著作中,对公式(9)右端的误差只得出了估计 $O(N^{-\frac{p}{m}})$,而缺少一个渐近于零的因子 $\omega_p(N^{-\frac{1}{m}})$,这是因为他们对 $f(X)$ 的 p 级偏导数假定了有界可积性条件以替代连续性条件的缘故. 另一方面,在我们这里还解除了 $p > m$ 的限制.

§3　按均匀网点作成的求积公式及余项估计

在本节中,我们来讨论按均匀网点作成的求积公式

$$\int_U f(X)\,\mathrm{d}X = \frac{1}{N} \sum_{(v_1, \cdots, v_m)}^{R} f\left(\frac{v_1}{R}, \cdots, \frac{v_m}{R}\right) + \rho_N \qquad (1)$$

此处 $N = R^m$,而右端的和走遍一切整数组 $(v_1, \cdots, v_m)$,其中 $v_i = 1, 2, \cdots, R(i = 1, \cdots, m)$. 问题在于给出 $|\rho_N|$ 的估计.

用 Π_p^* 表周期函数类 $\{f\}$，其中每个

$$f(X) \equiv f(x_1, \cdots, x_m)$$

都是诸变量 x_j 的周期为 1 的函数，且 $\dfrac{\partial^p f}{\partial x_j^p}$ 都在 $U(0 \leqslant x_1 \leqslant 1, \cdots, 0 \leqslant x_m \leqslant 1)$ 上连续，而

$$\left| \frac{\partial^p f}{\partial x_j^p} \right| \leqslant M \quad (j = 1, \cdots, m) \tag{2}$$

容易证明下述的定理：

定理 5 设 $f(X) \in \Pi_p^*$，而 p 为偶数，则式（1）中的余项有估计

$$|\rho_N| \leqslant 2mM \frac{\zeta(p)}{(2\pi)^p} \left(\frac{1}{N} \right)^{\frac{p}{m}} \tag{3}$$

证明 这里只是扼要地指出不等式（3）的证法步骤. 首先，把式（1）右端的求积和看成是一个累次和

$$S_R = \sum_{v_1=1}^{R} \sum_{v_2=1}^{R} \cdots \sum_{v_m=1}^{R} f\left(\frac{v_1}{R}, \cdots, \frac{v_m}{R} \right) \tag{4}$$

另一方面，我们只要对式（1）左端的累次积分逐次应用那个以 $\dfrac{1}{R}, \dfrac{2}{R}, \cdots, \dfrac{R}{R}$ 为节点的 Euler-Maclaurin 求和公式，并借助于高维积分的第一中值定理，便不难将 $\displaystyle\int_U f(X) \mathrm{d}X$ 近似地化成式（4）中的求积和 S_R，并使剩余项 ρ_N 能够表示成下列形式

$$\rho_N = -\left(\frac{1}{R} \right)^p \frac{B_p}{p!} \sum_{i=1}^{m} \left(\frac{\partial}{\partial x_i} \right)^p f(\xi_1^{(i)}, \cdots, \xi_m^{(i)}) \tag{5}$$

此处 $(\xi_1^{(i)}, \cdots, \xi_m^{(i)})$ 为属于区域 U 内部的某些确定点，而 B_p 为熟知的 Bernoulli 数（p 为偶指标）. 事实上，式（5）亦可通过对 m 应用数学归纳法而获证. 最后，再利

用 Bernoulli 数与函数 $\zeta(p)$ 之间的关系，我们便看出式 (5) 系等价于

$$\rho_N = (-1)^{\frac{1}{2}p} \cdot \frac{2\zeta(p)}{(2\pi)^p} \left(\frac{1}{N}\right)^{\frac{p}{m}} \sum_{i=1}^m \left(\frac{\partial}{\partial x_i}\right)^p f(\xi_1^{(i)}, \cdots, \xi_m^{(i)})$$

于是根据条件 (2)，我们便得出不等式 (3).

在假定 p 级偏导数 $\dfrac{\partial^p f}{\partial x_j^p}(j=1,\cdots,m)$ 处处连续的条件下 (其中 $p>1$)，事实上，我们还能够获得较式 (3) 右端更为精确的估计，这主要是因为通过连续模数能够引进一个渐近于零的因子.

让我们引入如下的连续模数

$$\omega^{(p)}(\delta_1, \cdots, \delta_m) = \max_{1 \leqslant j \leqslant m} \left\{ \max \left| \left(\frac{\partial}{\partial x_j}\right)^p f(x_1, \cdots, x_m) - \right. \right.$$
$$\left. \left. \left(\frac{\partial}{\partial x_j}\right)^p f(x_1', \cdots, x_m') \right| \right\} \tag{6}$$

此处 $\{\cdots\}$ 中的 'max' 是对满足条件

$$|x_j, \cdots, x_j'| \leqslant \delta_j \quad (j=1,\cdots,m)$$

的一切点 $(x_1, \cdots, x_m)$，$(x_1', \cdots, x_m')$ 而取的.

定理 6　设 $p>1$，$f(X) \in \Pi_p^*$，而 $\dfrac{\partial^p f}{\partial x_j^p}(j=1,\cdots, m)$ 处处连续，则公式 (1) 中的余项有估计

$$|\rho_N| \leqslant \frac{2^{m+1}}{(2\pi)^{p+1}} \zeta(p) \left(\frac{1}{R}\right)^p \omega^{(p)} \left(\frac{1}{2R}, \cdots, \frac{1}{2R}\right) \tag{7}$$

证明　先就 $m=1$ 的情形来证明

$$|\rho_N| = \left| \int_0^1 f(x) \, dx - \frac{1}{N} \sum_{k=1}^N f\left(\frac{k}{N}\right) \right| \leqslant$$
$$\frac{4}{(2\pi)^{p+1}} \zeta(p) \left(\frac{1}{N}\right)^p \omega^{(p)} \left(\frac{1}{2N}\right) \tag{8}$$

其中 $N = R^m = R$. 为此，我们将 $f(t)$ 展开为绝对收敛的 Fourier 级数

$$f(t) = \sum_{-\infty}^{\infty} C_k \cdot e^{i2\pi kt}$$

从而

$$\frac{1}{N}\sum_{k=1}^{N} f\left(\frac{k}{N}\right) = \int_0^1 f(t)\,dt + \sum_{k\equiv 0(\bmod N)}{}' C_k$$

此处在 $\sum'$ 中略去 C_0 那一项. 因之仿定理 3 证明，我们有

$$|\rho_N(f)| = \left|\sum_{k\equiv 0(\bmod N)}{}' C_k\right| =$$

$$\left|\sum_{k=1}^{\infty}(C_{kN} + C_{-kN})\right| =$$

$$2\left|\sum_{k=1}^{\infty}\int_0^1 f(t)\cos(2\pi kNt)\,dt\right| =$$

$$2\left|\sum_{k=1}^{\infty}\left(\frac{1}{2\pi kN}\right)^p \int_0^1 f^{(p)}(t)\frac{\sin}{\cos}(2\pi kNt)\,dt\right| \leqslant$$

$$\left|\sum_{k=1}^{\infty}\left(\frac{1}{2\pi kN}\right)^p \int_0^1 \left[f^{(p)}(t) - f^{(p)}\left(t + \frac{1}{2kN}\right)\right] \cdot \frac{\sin}{\cos}(2\pi kNt)\,dt\right| \leqslant$$

$$\sum_{k=1}^{\infty}\left(\frac{1}{2\pi kN}\right)^p \omega^{(p)}\left(\frac{1}{2kN}\right)\int_0^1 \left|\frac{\sin}{\cos}(2\pi kNt)\right|\,dt =$$

$$\frac{2}{\pi}\sum_{k=1}^{\infty}\left(\frac{1}{2\pi kN}\right)^p \omega^{(p)}\left(\frac{1}{2kN}\right) \leqslant$$

$$\frac{2}{\pi}\left(\frac{1}{2\pi N}\right)^p \omega\left(\frac{1}{2N}\right)\zeta(p)$$

这样就验明了特殊情形下的式（8）.

为建立一般情形下的估计式（7），我们需要引用第一章中所叙述的'乘积定理'（或乘积原则），并对 m 应用数学归纳法. 这里就 $m=2$ 的情形来说明归纳推理的方式. 写出如下的误差泛函

$$E(0 \leqslant x \leqslant 1, f(x,y)) =$$

$$\frac{1}{R} \sum_{v=1}^{R} f\left(\frac{v}{R}, y\right) - \int_{0}^{1} f(x,y)\,\mathrm{d}x$$

$$E(0 \leqslant y \leqslant 1, f(x,y)) =$$

$$\frac{1}{R} \sum_{\mu=1}^{R} f\left(x, \frac{\mu}{R}\right) - \int_{0}^{1} f(x,y)\,\mathrm{d}y$$

$$E(0 \leqslant x, y \leqslant 1, f(x,y)) =$$

$$\frac{1}{R^2} \sum_{v=1}^{R} \sum_{\mu=1}^{R} f\left(\frac{v}{R}, \frac{\mu}{R}\right) - \int_{0}^{1}\int_{0}^{1} f(x,y)\,\mathrm{d}x\,\mathrm{d}y$$

容易看出

$$E(0 \leqslant x, y \leqslant 1, f(x,y)) =$$

$$\frac{1}{R} \sum_{v=1}^{R} E\left(0 \leqslant y \leqslant 1, f\left(\frac{v}{R}, y\right)\right) +$$

$$\int_{0}^{1} E(0 \leqslant x \leqslant 1, f(x,y))\,\mathrm{d}y \qquad (9)$$

利用式(8)我们有

$$\left| E\left(0 \leqslant y \leqslant 1, f\left(\frac{v}{R}, y\right)\right) \right| \leqslant$$

$$\frac{4}{(2\pi)^{p+1}} \zeta(p) \left(\frac{1}{R}\right)^{p} \omega^{(p)}\left(0, \frac{1}{2R}\right)$$

$$| E(0 \leqslant x \leqslant 1, f(x,y)) | \leqslant$$

$$\frac{4}{(2\pi)^{p+1}} \zeta(p) \left(\frac{1}{R}\right)^{p} \omega^{(p)}\left(\frac{1}{2R}, 0\right)$$

故从式(9)我们便得到

$$| E(0 \leqslant x, y \leqslant 1, f(x,y)) | \leqslant$$

$$\frac{8}{(2\pi)^{p+1}} \zeta(p) \left(\frac{1}{R}\right)^{p} \omega^{(p)}\left(\frac{1}{2R}, \frac{1}{2R}\right)$$

这样我们便验证了 $m=2$ 的情形. 至于一般情形,则由归纳法即可验明(推演的主要方式与上面完全相同).

由于 $R = N^{\frac{1}{m}}$,故式(7)的右端确实比式(3)右端多一个渐近于零的因子.

§4　积分维数的降低与被积函数的周期化

现在我们来考虑下列的$(m+n)$重积分的近似计算问题

$$J(f)=\int_{U\times V}f(X,Y)\mathrm{d}X\mathrm{d}Y \tag{1}$$

此处

$$f(X,Y)\equiv f(x_1,\cdots,x_m,y_1,\cdots,y_n)$$

并假定 $f(X,Y)$ 对 X 中的诸分量 $x_1,\cdots,x_m$ 具有周期1(但对 Y 中的分量而言未必是周期的).

我们还假定 $f(X,Y)$ 对 X 诸分量具有 p 次的连续偏导数$(\alpha_1+\cdots+\alpha_m=p)$

$$\frac{\partial^{\alpha_1+\cdots+\alpha_m}f(X,Y)}{\partial x_1^{\alpha_1}\cdots\partial x_m^{\alpha_m}}\equiv f_{\alpha_1\cdots\alpha_m}(X,Y) \quad (Y\in V)$$

仿 §1 中的 $\omega_p(\delta)$ 我们定义 $\omega_p(\delta;Y)$,并引入如下的连续模数

$$\bar{\omega}_p(\delta)=\max_{Y\in V}\omega_p(\delta;Y)$$

于是根据定理 2 及 §2 的式(6)容易得到下述

定理 7　设 $r_1>r_2>\cdots>r_m\geqslant0$ 为任意一组非负整数,又设

$$\Phi(t,Y)\equiv f(R^{r_1}t,\cdots,R^{r_m}t,y_1,\cdots,y_n) \tag{2}$$

则于 R 变大时成立着估计式

$$J(f)=\int_V\int_0^1\Phi(t,Y)\mathrm{d}t\mathrm{d}Y+O\left[\left(\frac{1}{R}\right)^p\bar{\omega}_p\left(\frac{1}{R}\right)\right] \tag{3}$$

特别,假如

$$\psi(t,Y)\equiv f(R^{m-1}t,R^{m-2}t,\cdots,t,y_1,\cdots,y_n)$$

则有

$$J(f) = \frac{1}{N} \sum_{k=1}^{N} \int_V \psi\left(\frac{k}{N}, Y\right) \mathrm{d}Y + O\left[\left(\frac{1}{R}\right)^p \tilde{\omega}_p\left(\frac{1}{R}\right)\right] \quad (4)$$

此处 $N = R^m$.

这定理主要是表明凡 $m+n$ 重积分 $J(f)$ 总可近似地约化成 $n+1$ 重积分或某些 n 重积分之和，而它带来的误差具有估计 $O[R^{-p}\tilde{\omega}_p(R^{-1})]$. 事实上，由定理 2 及 §2 的式(6)，我们知道下列二式

$$\int_U (X, Y) \mathrm{d}X - \int_0^1 \Phi(t, Y) \mathrm{d}t = O[R^{-p}\tilde{\omega}_p(R^{-1})]$$

$$\int_U f(X, Y) \mathrm{d}X - \frac{1}{N} \sum_{k=1}^{N} f\left(\frac{k}{R}, \cdots, \frac{k}{R^m}, Y\right) =$$

$$O[R^{-1}\tilde{\omega}_p(R^{-1})]$$

对于 V 中的所有点 Y 是一致成立的，因此只要在上列二式的两端对 V 上的 Y 求积分便可获得式(3)及式(4).

现在我们来考虑非周期函数

$$F(X) \equiv F(x_1, \cdots, x_m)$$

在 U 上的积分问题. 假如能够将这样的积分转换成周期函数的积分，则根据定理 1 及 2，便可将它约化为单积分，并进而能够按照 §2 的式(2)或 §2 的式(6)等构造近似求积公式.

今设 $F(X)$ 在 U 上具有诸变量的混合的 p 级连续偏导数(参考 §1). 作变数替换

$$x_i = \varphi(t_i) = A \int_0^{t_i} (u(1-u))^{p+1} \mathrm{d}u \quad (i = 1, \cdots, m) \quad (5)$$

其中

$$A = \left(\int_0^1 (u(1-u))^{p+1} \mathrm{d}u\right)^{-1} = \frac{(2p+3)!}{((p+1)!)^2} \quad (6)$$

容易看出,当 t_i 自 0 增加至 1 时,x_i 亦自 0 增加到 1,且 t_i 与 x_i 间为单值对应. 令

$$G(t_1,\cdots,t_m)=F(\varphi(t_1),\cdots,\varphi(t_m))\varphi'(t_1)\cdots\varphi'(t_m) \quad (7)$$

则在式(5)的变换下显然有

$$\int_U F(X)\mathrm{d}X=\int_0^1\cdots\int_0^1 G(t_1,\cdots,t_m)\mathrm{d}t_1\cdots\mathrm{d}t_m \quad (8)$$

令 $\widetilde{G}(t_1,\cdots,t_m)=G(\langle t_1\rangle,\cdots,\langle t_m\rangle)$,其中 $\langle t\rangle$ 表 t 的非负分数部分(例如 $\langle 3.4\rangle=0.4$,$\langle -3.4\rangle=0.6$),则 $\widetilde{G}(t_1,\cdots,t_m)$ 便是诸 t_i 的周期为 1 的函数,而式(8)等价于

$$\int_U F(X)\mathrm{d}X=\int_0^1\cdots\int_0^1 \widetilde{G}(t_1,\cdots,t_m)\mathrm{d}t_1\cdots\mathrm{d}t_m \quad (9)$$

现在容易证明下面的

定理 8 等式(9)中的 $\widetilde{G}(t_1,\cdots,t_m)$ 是属于 Π_p 类中的函数,而于 R 变大时有

$$\int_U F(X)\mathrm{d}X=\int_0^1 \widetilde{G}(\beta_1 t,\cdots,\beta_m t)\mathrm{d}t+O\left[\left(\frac{1}{R}\right)^p \omega_p\left(\frac{1}{R}\right)\right]$$
$$(10)$$

此处格点向量 $\vec{\beta}\equiv(\beta_1(R),\cdots,\beta_m(R))$ 与 $\mathfrak{S}_R$ 中的各向量皆不直交.

证明 式(10)是 $\widetilde{G}\in\Pi_p$ 的自然推论(根据定理 1). 现在只需验明 $\widetilde{G}$ 具有连续的 p 级混合偏导数即可. 为此目的,又只需证明如下的各级混合偏导数于任一 $t_i=0$ 或 $t_i=1$ 时,恒取零值

$$\frac{\partial^{\alpha_1+\cdots+\alpha_m}G}{\partial t_1^{\alpha_1}\cdots\partial t_m^{\alpha_m}}=0\,(0\leqslant\alpha_1+\cdots+\alpha_m\leqslant p) \quad (11)$$

事实上,由式(5)易见于 $1\leqslant v\leqslant p+1$ 时,恒有

$$\varphi^{(v)}(t_i)=A\left(\frac{\mathrm{d}}{\mathrm{d}t_i}\right)^{v-1}(t_i(1-t_i))^{p+1}=0\,(当\ t_i=0,1\ 时)$$

因此由式(7)及熟知的求微商法则,便得知式(11)恒成立.从而由周期性延拓而获得的 $\tilde{G}$ 仍保持 p 级的连续可微性.

显然定理 8 的意思在于表明非周期性函数 $F(X)$ 在 U 上的积分在原则上总可近似地约化为单积分.但这里需注意的是,按式(5),(6)及(7)所界定的多元周期函数 $\tilde{G}(t_1,\cdots,t_m)$ 在结构形式上毕竟是较为复杂的(事实上式(7)中所包含的 $\varphi(t)$ 为不完全'β 函数').因此是否值得按式(10)或 §2 的式(2)去构造 $\int F dX$ 的求积分式一事还有待于计算实践的检验.另一方面,通过一些观察和分析可看出,要想将 $F(X)$ 换成 Π_p 中的 $\tilde{G}$,似乎已不易找到较以上所叙述的更为简单的方法.

§5　用序列点构成的单和
去逼近重积分

闵嗣鹤在 1959 年的一个工作中,曾讨论了如何利用一种能够随意地延伸下去的单和序列去逼近周期函数的二重积分.

假设 $f(x,y)$ 是 x,y 的二元连续函数,对于每一变数具有 1 至 k 级的连续偏导数(其中 $k \geqslant 2$),而且 $|\dfrac{\partial^k f}{\partial x^k}| \leqslant M, |\dfrac{\partial^k f}{\partial y^k}| \leqslant M.$ 又设 $f(x,y)$ 对 x 及 y 都是以 1 为周期的函数.

为了得到一串可以随意地继续下去的点列 $(x_v, y_v)(v=0,1,2,\cdots)$,闵嗣鹤考虑用二进位法将编号数 v 展成二进小数

$$v = a'_s a_s \cdots a'_1 a_1 \quad (a_i, a'_i \text{ 表数字 } 0 \text{ 或 } 1) \quad (1)$$

其中当 $v=0$ 时，$s=1$；当 $v \neq 0$ 时，a'_s 与 a_s 恒不同时为 0. 例如 $0=00, 1=01, 2=10, 3=11, 4=0100$ 等. 今对于每个固定 v，我们令

$$x_v = 0. a_1 a_2 \cdots a_s; \quad y_v = 0. a'_1 a'_2 \cdots a'_s$$

这样一来，便可用如下的单和序列去逼近重积分

$$\int_0^1 \int_0^1 f(x, y) \mathrm{d}x \mathrm{d}y \approx \frac{1}{N} \sum_{v=0}^{N-1} f(x_v, y_v) \quad (N = 1, 2, 3, \cdots)$$

他所证明的结果可叙述成如下的

定理 9 在上面所说的诸条件下，成立着估计式

$$\left| \int_0^1 \int_0^1 f(x, y) \mathrm{d}x \mathrm{d}y - \frac{1}{N} \sum_{v=0}^{N-1} f(x_v, y_v) \right| \leqslant$$

$$\frac{12 A_r \zeta(k) M}{(2\pi)^k} \cdot \frac{1}{N} \quad (2)$$

此处

$$N = c_0 \cdot 4^r + c_1 \cdot 4^{r-1} + \cdots + c_r$$

而 $c_i = 0, 1$ 或 3. 又当 $k > 2$ 时

$$A_r = \frac{1}{(1 - 2^{2-k})}$$

而当 $k = 2$ 时

$$A_r = r + 1$$

证明 令 l 表非负整数，r 表正整数. 今考虑如下的截段部分和

$$S(M, N) = \sum_{v=M}^{M+N-1} f(x_v, y_v)$$

令

$$M = 4^r l, \quad N = 4^r$$

则当 $v \leqslant N-1$ 时，可见 v 的二进位表示法不影响 M 的二进位表示法中的非零数字位，因此自然有

$$x_{M+v} = x_M + x_v, y_{M+v} = y_M + y_v$$

故得

$$S(M,N) = \sum_{v=0}^{N-1} f(x_M + x_v, y_M + y_v) \qquad (3)$$

当 $0 \leqslant v \leqslant N-1$ 时,由式(1)所决定的位数 s 显然不会超过 r,故可记

$$x_v = 2^{-r} \cdot h, y_v = 2^{-r} \cdot k \quad (0 \leqslant h, k \leqslant 2^r - 1)$$

既然 v 与 (x_v, y_v) 之间成立一一对应,故可将式(3)改写作

$$S(M,N) = \sum_{h=0}^{2^r-1} \sum_{k=0}^{2^r-1} f(x_M + 2^{-r}h, y_M + 2^{-r}k) \qquad (4)$$

现在把 $f(x,y)$ 展开成 x 的 Fourier 级数

$$f(x,y) = \int_0^1 f(x,y) \mathrm{d}x + \sum_{m=-\infty}^{\infty}{}' C_m(y) \cdot \mathrm{e}^{2\pi \mathrm{i} m x} \qquad (5)$$

右式中 $\sum'$ 表示略去 $m=0$ 那一项而作成的和. 由逐次分部积分易将 $\sum'$ 中的系数表成

$$C_m(y) = \int_0^1 f \cdot \mathrm{e}^{-2\pi \mathrm{i} m x} \mathrm{d}x =$$

$$\left(\frac{1}{2\pi \mathrm{i} m}\right)^k \int_0^1 \left[\left(\frac{\partial}{\partial x}\right)^k f(x,y)\right] \mathrm{e}^{-2\pi \mathrm{i} m x} \mathrm{d}x$$

由此得

$$|C_m(y)| \leqslant \frac{M}{(2\pi m)^k} \quad (m = \pm 1, \pm 2, \cdots)$$

自式(5)两边对 $x = 2^{-r} \cdot h (h = 0, 1, \cdots, 2^r - 1)$ 而取和,则得

$$\frac{1}{2^r} \sum_{h=0}^{2^r-1} f\left(\frac{h}{2^r}, y\right) = \int_0^1 f(x,y) \mathrm{d}x + R_1 \qquad (6)$$

其中

$$|R_1| \leqslant \sum_{m\equiv 0(\bmod 2^r)}{}' |C_m(y)| \leqslant \sum_{m\equiv 0(\bmod 2^r)}{}' \frac{M}{(2\pi m)^k} = $$

$$\frac{2\zeta(k)M}{(2\pi \cdot 2^r)^k}$$

同理再对式（6）中的 y 而求和，则得

$$\frac{1}{4^r}\sum_{h=0}^{2^r-1}\sum_{k=0}^{2^r-1} f\left(\frac{h}{2^r},\frac{k}{2^r}\right) = \int_0^1\int_0^1 f(x,y)\mathrm{d}x\mathrm{d}y + 2R_2 \qquad (7)$$

而同样有

$$|R_2| \leqslant \frac{2\zeta(k)M}{(2\pi \cdot 2^r)^k}$$

最后，我们考虑一般形式的

$$N = c_0 \cdot 4^r + c_1 \cdot 4^{r-1} + \cdots + c_r$$

其中 $c_i = 0,1$ 或 3. 记

$$M_s = c_0 \cdot 4^r + \cdots + c_{r-s-1} \cdot 4^{s+1}, N_s = c_{r-s} \cdot 4^s$$

则由分段估计得

$$\left|\int_0^1\int_0^1 f(x,y)\mathrm{d}x\mathrm{d}y - \frac{1}{N}\sum_{v=0}^{N-1} f(x_v,y_v)\right| \leqslant \frac{1}{N}\sum_{s=0}^r N_s \cdot D_s$$

$$(8)$$

而

$$D_s = \max_{0\leqslant j\leqslant c_{r-s}-1}\left|\int_0^1\int_0^1 f\mathrm{d}x\mathrm{d}y - \frac{1}{4^s}\sum_{v=M_s+j\cdot 4^s}^{M_s+(j+1)4^s-1} f(x_v,y_v)\right| = $$

$$\max\left|\int_0^1\int_0^1 f(\alpha_j+x,\beta_j+y)\mathrm{d}x\mathrm{d}y - \right.$$

$$\left.\frac{1}{4^s}\sum_{v=0}^{4^s\cdot N-1} f(\alpha_j+x_v,\beta_j+y_v)\right|$$

其中 $\alpha_j = x_{M_s+j\cdot 4^s},\beta_j = y_{M_s+j\cdot 4^s}$. 由式（7）及式（4）可导出

$$D_s \leqslant \frac{4M\zeta(k)}{(2\pi \cdot 2^s)^k}$$

316

以此代入式(8)的右端,便不难计算出式(2)的右端估计式.

当然定理 9 及其证法亦不难扩充到多重积分的情形.

§6　Haselgrove **方法**

Haselgrove 在 1961 年的一个工作中,提出了构造一类求积公式的方法. 该方法的特点是:

1.计值点的坐标不依赖于求积公式的总项数,因而公式的项数得随意增加;

2.误差的阶较高.

这个方法是以 Diophantus 逼近理论中的一个典型命题为基础,并应用了三角级数的 Césaro 求和法概念.

假设 $f(X) \equiv f(x_1, \cdots, x_k)$ 是诸变量的周期为 2π 的函数,可展开成绝对收敛的 Fourier 级数

$$f(X) = \sum_{n_1} \cdots \sum_{n} a_{n_1 \cdots n_k} e^{i\vec{n} \cdot \vec{x}}$$

此处 $\vec{n} = (n_1, \cdots, n_k)$, $\vec{x} = (x_1, \cdots, x_k)$. 我们还假设存在某个 $s > 0$ 及常数 M_s, 使得

$$|a_{n_1 \cdots n_k}| \leqslant \frac{M_s}{|n_1 n_2 \cdots n_k|^s} \quad (n_i \neq 0) \tag{1}$$

若有某个 $n_i = 0$,则规定上式右端分母中略去该零因子.

考虑 $f(X)$ 的 k 维积分

$$I = \left(\frac{1}{2\pi}\right)^k \int_{-\pi}^{\pi} \cdots \int_{-\pi}^{\pi} f(X) \mathrm{d}x_1 \cdots \mathrm{d}x_k$$

希望采用下列的求积和去逼近 I,有

$$s(N) = \sum_m C_{Nm} f(2\pi m\alpha_1, \cdots, 2\pi m\alpha_k) \qquad (2)$$

此得 $\{\alpha_1, \alpha_2, \cdots, \alpha_k\}$ 为一组线性无关的无理数,亦即不存在不全为 0 的有理数 $\lambda_1, \cdots, \lambda_k$ 使

$$\lambda_1\alpha_1 + \lambda_2\alpha_2 + \cdots + \lambda_k\alpha_k = 0$$

又 C_{Nm} 为如此选择的求积系数,使得在式(2)中全体非零系数 C_{Nm} 的个数与 N 同阶,而且有

$$s(N) \to I \quad (N \to \infty)$$

中心问题是如何利用 N^{-1} 及 $f(X)$ 的 Fourier 系数的上界去估计误差

$$\Delta_N = |s(N) - I|$$

下面我们就来讨论怎样估计 Δ_N.

既然 $F(X)$ 的 Fourier 级数是绝对收敛的,故可改变求和顺序而将 $s(N)$ 表现为

$$s(N) = \sum_m C_{Nm} \left(\sum_{n_1} \cdots \sum_{n_k} a_{n_1\cdots n_k} e^{2\pi m i\vec{n}\cdot\vec{a}} \right) =$$

$$\sum_{n_1} \cdots \sum_{n_k} a_{n_1\cdots n_k} \left(\sum_m C_{Nm} e^{2\pi m i\vec{n}\cdot\vec{a}} \right) =$$

$$\sum_{n_1} \cdots \sum_{n_k} a_{n_1\cdots n_k} \cdot k_N(2\pi\vec{n}\cdot\vec{\alpha})$$

此处 $k_N(\theta)$ 的定义为

$$k_N(\theta) = \sum_m C_{Nm} e^{im\theta} \qquad (3)$$

我们假定系数 C_{Nm} 为如此选定,致使

$$k_N(0) = \sum_m C_{Nm} = 1$$

于是由于 $\vec{n} = (0, \cdots, 0)$ 时, $\alpha_{0,0,\cdots,0} = I$ 故得出

$$s(N) - I = \sum{}' a_{n_1\cdots n_k} k_N(2\pi\vec{n} \cdot \vec{\alpha}) \qquad (4)$$

此处 $\sum{}'$ 中已略去 $a_{0\cdots 0}$ 那一项.

现在让我们引进如下的定义:对于给定的求积公

318

式(序列)(2)而言,假设按式(3)所确定的'核函数'$k_N(\theta)$对所有 N 及 θ 都满足不等式条件

$$|k_N(\theta)| \leqslant K \cdot \left| N\sin\frac{1}{2}\theta \right|^{-r} \qquad (5)$$

其中 K 为常数,r 为正整数,则就称式(2)为 r 阶求积法.

下面我们来叙述 Haselgrove 所获得的主要结果.

定理 10　设式(1)右端出现的 $s > r+1$,则恒存在无理数组 $\alpha_1, \alpha_2, \cdots, \alpha_k$,使得按 式(1)—(5)所定义的 r 阶求积法具有如下的估计

$$|s(N) - I| = O(N^{-r}) \qquad (N \to \infty) \qquad (6)$$

为证明这条定理,需要用到作为数论分支之一的 Diophantus 逼近论中的下述命题.

引理　设 $\phi(n) > 0 (n = 0, \pm 1, \pm 2, \cdots)$ 而合条件

$$\sum_{n=-\infty}^{\infty} \frac{1}{\phi(n)} = 1 \qquad (7)$$

则必存在无理数 $\alpha_1, \alpha_2, \cdots, \alpha_k$ 使得对一切不全为 0 的整数 $n_1, n_2, \cdots, n_k$ 及 n 恒有

$$\phi(n_1)\phi(n_2)\cdots\phi(n_k)|\vec{n} \cdot \vec{\alpha} - n| \geqslant \frac{1}{4(k+1)} \qquad (8)$$

事实上,在 k 维方域 $Q(0 \leqslant \alpha_i \leqslant 1)$ 中合于下述条件

$$\inf \phi(n_1)\phi(n_2)\cdots\phi(n_k)|\vec{n} \cdot \vec{\alpha} - n| < \frac{\delta}{k+1} \qquad (9)$$

的点 $\alpha \equiv (\alpha_1, \cdots, \alpha_k)$ 的点集 S 的测度 mS 恒小于 4δ,此处式(9)左端的"inf"系对一切 n 及 $\vec{n} \equiv (n_1, \cdots, n_k)$ 而取.

证明　首先让我们来证明 $mS < 4\delta$.此分四步论证.

第一步:令 $\vec{n} \equiv (n_1, \cdots, n_k)$ 与 n 为任意给定的整数组.今考虑方域 Q 中合于条件

$$\phi(n_1)\phi(n_2)\cdots\phi(n_k)|\vec{n}\cdot\vec{\alpha}-n| \leqslant \frac{\delta}{k+1} \qquad (10)$$

的点 $\alpha \equiv (\alpha_1,\cdots,\alpha_k)$ 的点集 $E_{n_1\cdots n_k;n}$. 记

$$\delta^* = \frac{\delta}{(k+1)\phi(n_1)\cdots\phi(n_k)}$$

则条件(10)显然等价于

$$n-\delta^* \leqslant \sum_{i=1}^{k} n_i\alpha_i \leqslant n+\delta^*$$

因此适合条件(10),而又含于 Q 中的点 α 的点集 $E_{n_1\cdots n_k;n}$ 实际在 $(\alpha_1,\cdots,\alpha_k)$ 坐标系中被夹在下列两个超越平面

$$(\pi_1): \sum_{i=1}^{k} n_i\alpha_i = n-\delta^*$$

$$(\pi_2): \sum_{i=1}^{k} n_i\alpha_i = n+\delta^*$$

之间的点集,其中 $0 \leqslant \alpha_i \leqslant 1$. 于是不难验证其测度满足下列不等式

$$mE_{n_1\cdots n_k;n} \leqslant \frac{2\delta^*}{\max|n_i|} = \frac{2\delta}{(k+1)\max|n_i|\cdot\phi(n_1)\cdots\phi(n_k)}$$

第二步:为使 $|\vec{n}\cdot\vec{\alpha}-n| \not> 1$,可知 n 可取之值为 $n=0,\pm1,\pm2,\cdots,\pm k\cdot\max|n_i|$. 于是,对上述的一切可能的 n 而言,在 Q 中合于条件(10)之点 α 的集合 $S_{n_1\cdots n_k} = \sum_n E_{n_1\cdots n_k;n}$ 的测度应该是

$$mS_{n_1\cdots n_k} \leqslant \sum_{n=-k\max|n_i|}^{k\cdot\max|n_i|} mE_{n_1\cdots n_k;n} \leqslant$$

$$(2k+1)\max|n_i|\frac{2\delta}{\max|n_i|} \leqslant$$

$$\frac{4\delta}{\phi(n_1)\cdots\phi(n_k)}$$

320

其中 $(n_1,\cdots,n_k)$ 依旧是固定的整数组.

第三步:既然 S 是代表含于 Q 中而又满足条件 (9) 的点集 $\{\alpha\}$,故对 S 中每一点 α,可知必有某数组 $(n_1,\cdots,n_k)\equiv\vec{n}$ 及 n 使得

$$\phi(n_1)\cdots\phi(n_k)|\vec{n}\cdot\vec{\alpha}-n|\leqslant\frac{\delta}{k+1}$$

因而此点 α 必含于某个 $E_{n_1\cdots n_k;n}\subset S_{n_1\cdots n_k}$. 于是推知 $S\subset\sum\limits_{n_1,\cdots,n_k}S_{n_1\cdots n_k}$,并得出

$$mS\leqslant m\sum\limits_{n_1\cdots n_k}S_{n_1\cdots n_k}\leqslant$$

$$4\delta\sum\limits_{n_1=-\infty}^{\infty}\cdots\sum\limits_{n_k=-\infty}^{\infty}\frac{1}{\phi(n_1)\cdots\phi(n_k)}=4\delta$$

由于在以上得出总测度 4δ 的过程中,我们是把相互有重叠的点集(例如诸 E)测度分别作为加项算了进去,因此事实上,$mS<4\delta$.

第四步:取 $\delta=\dfrac{1}{4}$,则 S 对 Q 的余集 $Q-S=\{\alpha\}$ 的测度显然是

$$m(Q-S)>1-mS>0$$

因而在 $Q-S$ 中显然必存在无理数 $(\alpha_1,\cdots,\alpha_k)$ 使得

$$\inf\phi(n_1)\cdots\phi(n_k)|\vec{n}\cdot\vec{\alpha}-n|\geqslant\frac{1}{4(k+1)}$$

由此又证明了引理的第一部分.

根据上述的引理便不难建立定理 10. 令

$$\|\xi\|=\text{实数}\ \xi\ \text{与最近整数之距离}$$

$\left(\text{例如}\|\pi\|=0.141\,592\,65\cdots,\left\|-\dfrac{2}{3}\right\|=\dfrac{1}{3}\right)$,则易直接验知

$$|\sin\pi\xi|\geqslant2\|\xi\|$$

根据引理可知,存在无理数

$$\alpha_1, \alpha_2, \cdots, \alpha_k$$

适合条件(8),从而导出

$$|\sin \pi \vec{n} \cdot \vec{\alpha}| \geqslant 2 \| \vec{n} \cdot \vec{\alpha} \| \geqslant \frac{1}{2(k+1)\phi(n_1)\cdots\phi(n_k)}$$

因此由有界条件(1)及(5)得到估计式

$$|a_{n_1\cdots n_k} {}_N 2\pi \vec{n} \cdot \vec{\alpha}| \leqslant$$

$$\frac{M_s}{|n_1 n_2 \cdots n_k|^s} K \cdot |N \sin \pi \vec{n} \cdot \vec{\alpha}|^{-r} \leqslant$$

$$\frac{K \cdot M_s}{|n_1 n_2 \cdots n_k|^s} \left(\frac{1}{N}\right)^r \left(\frac{1}{2(k+1)\phi(n_1)\cdots\phi(n_k)}\right)^{-r}$$

从而得

$$|s(N) - I| \leqslant K \cdot M_s \cdot$$

$$(2k+2)^r \left(\frac{1}{N}\right)^r \left(\sum_{n_1} \frac{[\phi(n_1)]^r}{|n_1|^s}\right) \cdots \left(\sum_{n_k} \frac{[\phi(n_k)]^r}{|n_k|^s}\right) \leqslant$$

$$K \cdot M_s \cdot (2k+2)^r \left(\frac{1}{N}\right)^r C_{r,s}^k \qquad (11)$$

此处

$$C_{r,s} \leqslant [\phi(0)]^r + \sideset{}{'}\sum_{-\infty}^{\infty} \frac{[\phi(n)]^r}{|n|^s} \qquad (12)$$

既然 $s > r+1$,故显然能选择一个偶函数

$$\phi(n) = \phi(-n)$$

满足条件

$$\sum_{-\infty}^{\infty} \frac{1}{\phi(n)} < +\infty, \quad \sideset{}{'}\sum_{-\infty}^{\infty} \frac{(\phi(n))^r}{|n|^s} < +\infty$$

当然,还不妨将第一个级数标准化,使之

$$\sum \frac{1}{\phi(n)} = 1$$

对这样选定的 $\phi(n)$ 而言,自然式(12)的右端为有界.
因而从式(11)便得出

$$|s(N)-I|\leqslant O(N^{-r})$$

这样便证明了定理 10.

　　显然估计式(11)右端出现的常数 K 依赖于所选定的 $\vec{\alpha}\equiv(\alpha_1,\cdots,\alpha_k)$,而常数 $C_{r,s}$ 依赖于所选定的函数 $\phi(n)$ 与求积法的阶数 r 以及 Fourier 系数所适合的有界条件中的阶数 s.

　　在 Haselgrove 的论文中还指出利用下列的办法可以构造出一些较简单而实用的求积公式.首先依次作下列的和数

$$\mathfrak{S}_1(N)=\sum_{m=-N}^{N}f(2\pi m\vec{\alpha})=\sum_{m=-N}^{N}f(2\pi m\alpha_1,\cdots,2\pi m\alpha_k)$$

$$\mathfrak{S}_2(N)=\sum_{m=0}^{N}\mathfrak{S}_1(m)$$

$$\mathfrak{S}_r(N)=\sum_{m=0}^{N}\mathfrak{S}_{r-1}(m)\quad(r=2,3,\cdots)$$

此处 $\mathfrak{S}_r(N)$ 代表序列 $f(2\pi m\vec{\alpha})$ 的变形的 Césaro 平均值,在其中正负 m 各项一并相加.然后再按下列方式引进各个求积和

$$s_1(N)=\frac{1}{2N+1}\mathfrak{S}_1(N),\ s_2(N)=\frac{1}{(N+1)^2}\mathfrak{S}_2(N)$$

$$s_3(N)=\frac{1}{(N+1)^2(2N+3)}\big[\mathfrak{S}_3(2N+1)-2\mathfrak{S}_3(N)\big]$$

$$s_4(N)=\frac{1}{(N+1)^4}\big[\mathfrak{S}_4(2N)-4\mathfrak{S}_4(N-1)\big]$$

通过具体计算和化简不难求得对应于这些求积和的核函数 $k_N(\theta)$ 依次为

$$k_N^{(1)}(\theta)=\frac{1}{2N+1}\frac{\sin\left(N+\frac{1}{2}\right)\theta}{\sin\frac{1}{2}\theta}$$

$$k_N^{(2)}(\theta) = \frac{1}{(N+1)^2} \frac{\sin^2 \frac{1}{2}(N+1)\theta}{\sin^2 \frac{1}{2}\theta}$$

$$k_N^{(3)}(\theta) = \frac{1}{(N+1)^2(2N+3)} \frac{\sin^2 \frac{1}{2}(N+1)\theta \cdot \sin\left(N+\frac{3}{2}\right)\theta}{\sin^2 \frac{1}{2}\theta}$$

$$k_N^{(4)}(\theta) = \frac{1}{(N+1)^4} \frac{\sin^4 \frac{1}{2}(N+1)\theta}{\sin^4 \frac{1}{2}\theta}$$

因此根据条件(5)可以看出这些求积和(或求积法)依次具有阶数 $r=1,2,3,4$. 例如就 $r=2$ 及 $r=4$ 的情形而言,显然能有下列不等式

$$|k_N^{(2)}(\theta)| \leqslant \left|\sin^2 \frac{1}{2}(N+1)\theta \cdot \left| N\sin \frac{\theta}{2} \right|^{-2} \leqslant$$

$$K_2 \cdot \left| N \cdot \sin \frac{\theta}{2} \right|^{-2}$$

$$|k_N^{(4)}(\theta)| \leqslant \left|\sin^4 \frac{1}{2}(N+1)\theta \cdot \left| N\sin \frac{\theta}{2} \right|^{-4} \leqslant$$

$$K_4 \cdot \left| N \cdot \sin \frac{\theta}{2} \right|^{-4}$$

其中不妨取 $K_2=K_4=1$.

对于 $r=2$ 及 $r=4$ 而言,为了保证能够选出 $\phi(n)$,自然应该假定 $s>3$ 及 $s>5$.

Haselgrove 也还考虑了 $r<s$ 与 $r=s$ 的情形. 这里不去细说了. 特别就 $r=s$ 的情形,他曾证明有估计式

$$|s(N)-I| = O(N^{-r+\varepsilon}) \quad (\varepsilon>0)$$

我们注意,定理 10 实质上只是一个关于 r 阶求积

法的'存在定理',它并没有给出关于无理数组 $\alpha_1, \cdots,$ α_k 的构造程序. 事实上,对于给定的 $\phi(n)$ 而言,的确并没有既一般而又简单的办法去构造满足引理要求的无理数组 $\alpha_1, \cdots, \alpha_k$,而需要针对具体情形作一系列具体计算. 英国曼彻斯特大学的 Ferranti Mercury 计算机曾帮助计算了对应于 $(r,s)=(2,2)$ 及 $(r,s)=(2,4)$ 的 α_i 数组(近似值). 例如 $(r,s)=(2,4)$ 的情形,算出了关于 α_i 的数值表(表 1)如下:

表 1　关于 $(r,s)=(2,4)$ 的 α_i 数值表

$k=1$	0.839 691 44				
$k=2$	0.597 344 70	0.928 280 94			
$k=3$	0.742 354 92	0.573 870 33	0.322 799 17		
$k=4$	0.176 657 81	0.713 271 90	0.988 752 16	0.602 997 93	
$k=5$	0.44810200	0.535 898 31	0.560 394 10	0.836 301 31	0.221 482 05
$k=6$	0.106 137 47	0.402 782 32	0.887 725 56	0.435 548 26	0.172 193 81	0.637 944 472

简 单 总 结

本章的 §1～ §5 主要是讨论了这样的五个问题:

(一)怎样将多元周期函数的高维积分近似地化成单积分?

(二)怎样将周期函数的多重积分近似地表现成具有等系数的求积和且有最佳的误差阶?

(三)按均匀网格点作成的近似求积公式能有怎样的误差界限?

(四)怎样将部分周期函数的高维积分化成维数较低的积分以及将非周期函数的积分转换成周期函数的

积分?

（五）如何由一串只依赖于 v 的坐标点（计值点）作成的单和去逼近重积分?

最后在本章的 §6，还扼要地介绍了 Haselgrove 利用数论方法所设计的一种具有高阶逼近程度的近似求积程序. 这种方法显得有较大的实用价值并值得进一步发展（特别是关于无理数基底组 $\alpha_1,\cdots,\alpha_k$ 的具体选择与构造问题的研究等）.

高维数值积分公式的误差界限决定法

一般说来，高维积分近似计算中的误差分析，要比定积分的情形困难得多。到目前为止，除了对特种类型的区域上的积分有较简便的误差估计之外，还没有既一般而又合乎实用的分析方法。在本章中，我们主要是对于某种光滑函数类上的数值积分公式的误差上限的决定问题，讲述某些理论性的结果。这些结果中包含着较一般的方法与原则。但当积分的维数较高时，它们在实际应用上的可能性就很小，原因是其中所包含的实际计算量将会随着维数的增大而变得非常可观。因此怎样去设计一些便于应用的误差分析方法，还值得继续研究。

§1 估计误差界限的一种方式

这里我们先来简略地介绍一下 Hammer-Wymore 文章中所提到的关于寻找误差界限的一种方式。对于高维区域 R 上的求积公式

第 11 章

Simpson 原理

$$\int_R w(x)f(x)\,\mathrm{d}x \approx \sum a_j f(x_j)$$

而言,设 $E(f)$ 为由下列所定义的误差泛函

$$E(f) = \sum a_j f(x_j) - \int_R w(x)f(x)\,\mathrm{d}x$$

设 $P = \{p(x)\}$ 是这样的一个函数类,其中每一函数均合条件 $E(p) = 0$. 于是 P 可以看作是一个线性空间(或线性流形). 事实上,若 $p_1 \in P, p_2 \in P$,则显然

$$E(c_1 p_1 + c_2 p_2) = c_1 E(p_1) + c_2 E(p_2) = 0$$

亦即它们的线性组合亦在 P 之中. 现在对于任一固定的函数 $f(x)$,如果选择某一 $p \in P$,并令

$$r = f - p$$

则显然得

$$E(f) = E(p + r) = E(r) =$$

$$\sum a_j r(x_j) - \int_R w(x)r(x)\,\mathrm{d}x$$

此式自然是对 P 中的一切 p 都成立.

为了能算出 $|E(f)|$ 的一个上界,只需能算出 $|E(r)|$ 的上界. 为达到这后一目的,首先选择 p,使得

$$p(x_j) = f(x_j)$$

于是

$$r(x_j) = 0$$

$$E(r) = -\int_R w(x)r(x)\,\mathrm{d}x$$

从而有

$$|E(r)| \leqslant b \cdot \int_R w(x)\,\mathrm{d}x \quad (\text{其中 } |r(x)| \leqslant b) \quad (1)$$

由此看来,与估计式(1)相联系的逼近问题是:怎样从 P 中选取 $p(x)$ 使 $p(x_j) = f(x_j)$,并使

$$\|f - p\| = \max|f(x) - p(x)| = \text{极小值}$$

这也就是在 Чебышев 度量意义下寻找一个最佳插值多项式的问题. 假如问题中所说的多项式 $p(x)$ 能够找到, 则我们也就获得了一个形如式(1)的最佳估计式(当然, 具体去寻找 $p(x)$ 的手续或近似方法也还是不简单的).

特别, 假设选取 P 中的一个 $p(x)$ 使得

$$\max |f(x) - p(x)| \leqslant b$$

对 R 内及 R 外的一切 x 都成立, 并且设

$$a_j > 0, \sum a_j = \int_R w(x)\mathrm{d}x$$

则易得

$$|E(f)| = |E(r)| \leqslant \sum a_j |r(x_j)| + \int_R w(x)b\mathrm{d}x \leqslant b\sum a_j + b\sum a_j$$

亦即有

$$|E(f)| \leqslant 2b(\sum a_j)$$

这个估计式要比式(1)便于应用些, 但远不如式(1)之精确.

在考虑具有一定代数精确度的求积公式时, 自然我们应该将 P 取作不超过某一固定次数的多项式全体作成的集合. 因此, 假如我们并不希望去寻找最佳的插值多项式 $p(x)$, 则就不妨在插值条件 $p(x_j) = f(x_j)$ 下, 先求出一个确定次数的 Lagrange 插值多项式 $p(x)$, 但需计算(或估计) $\|f - p\|$ 的一个上界作为式(1)中的 b 值. 这样做的好处就在于能够避免解复杂的极值问题.

§2 关于 W 函数类的求积公式的误差上限决定法

在本节中,我们将研究高维求积公式误差确界的表示问题,并将论证在所考虑的函数类中确有一函数存在,在使求积公式的误差上界真正被达到.本节所叙述的方法及主要结果,均采自著者的一篇文章.

为了叙述形式上简明,我们就二重积分的情形立论.事实上,这里所要叙述的分析方法及主要结果,均不难模仿地推广到三重或多重积分的情形.

考虑二元函数 $f(x,y)$,令 $f^{(\mu,v)}(x,y)$ 表示偏导数

$$f^{(\mu,v)}(x,y)=\left(\frac{\partial}{\partial x}\right)^{\mu}\left(\frac{\partial}{\partial y}\right)^{v}f(x,y)$$

特别,$f^{(0,0)}(x,y)$ 将代表函数 $f(x,y)$ 本身.

假设 $f(x,y)$ 为定义在矩形区域 $Q(a\leqslant x\leqslant A,b\leqslant y\leqslant B)$ 上的实值函数,有着如下的各级偏导数 $f^{(\mu,v)}(x,y)$,其中

$$\mu=0,1,\cdots,m;v=0,1,\cdots,n \quad (m>1,n>1)$$

我们将常常假定 $f^{(\mu,v)}(x,y),(0\leqslant\mu\leqslant m-1;0\leqslant v\leqslant n-1)$ 为 Q 上的连续函数,而 $f^{(m,v)}(x,y)$,$f^{(\mu,n)}(x,y)(0\leqslant v\leqslant n-1;0\leqslant\mu\leqslant m-1)$ 对于每一变数而言都是按段连续的函数.

今后常采用记号 $W^{(m,n)}(M,M_{\mu},N_{v};Q)$ 以表示这样的一类函数 $\{f(x,y)\}$,其中每一函数 $f(x,y)$ 都具有上段所述的性质,而且满足下述的有界条件

$$|f^{(m,n)}(x,y)|\leqslant M,\ |f^{(\mu,n)}(a,y)|\leqslant M_{\mu} \quad (1)$$
$$|f^{(m,v)}(x,b)|\leqslant N_{v}$$

此处 M,M_μ 及 N_v 为某些固定常数($\mu=0,1,\cdots,m-1;v=0,1,\cdots,n-1$). 这里应感谢苏联学者 И. М. Соболь,因为在他最近的一个工作中,曾细心地指出了著者原文中的一个疏忽. 这疏忽就是将式(1)中的后面两个不等式写成了

$$|f^{(\mu,n)}(x,y)|\leqslant M_\mu, |f^{(m,v)}(x,y)|\leqslant N_v$$

这样一来,原文所定义的函数类自然就要比这里所说的类略小一些. 事实上,著者原文中的证法及其主要结果只有对按式(1)规定的函数类才是正确的(Соболь 为了区别函数类,曾改用记号 $\widetilde{W}^{(m,n)}$,这里我们仍沿用原文记号,但有界条件已略作修改).

令 D 为含于 Q 内的任一平面区域(即 $D\subset Q$),又令 $L(f)$ 为定义在 $W^{(m,n)}$ 上的如下形式的线性泛函(求积和)

$$L(f)\equiv L(f(x,y))=\sum_i p_i f(x_i,y_i)$$

此处等式右端中的 (x_i,y_i) 为含于区域 D 中的计值点. 我们在下面所要解决的主要问题,就是去决定如下形式的上确界

$$\varepsilon(L)=\sup_f\left|\iint_D f(x,y)\mathrm{d}S-L(f)\right| \tag{2}$$

此处的上确界("sup")是对函数类 $W^{(m,n)}(M,M_\mu,N_v;Q)$ 中的一切函数 f 而取的. 很明显,这样的数值

$$\varepsilon(L)\equiv\varepsilon(L;D)$$

正好代表求积公式

$$\iint_D f(x,y)\mathrm{d}S\approx\sum p_i f(x_i,y_i) \tag{3}$$

对于整个函数类 $W^{(m,n)}$ 来说的误差界限的精确值,这个数值只依赖于 $W^{(m,n)},D,p_i$ 及 (x_i,y_i),而与个别的

$f(x,y)$无关.

为了得出 $\varepsilon(L)$ 的一个明显表达式, 我们需要去建立两个引理. 其中第一个引理可以看作是 Taylor 展开式余项积分表示式的一个简单扩充.

引理 1 设 $f(x,y)$ 为 $W^{(m,n)}$ 类中的一个函数, 并令

$$\begin{cases} \Phi(t,y) = \sum_{v=0}^{n-1} \dfrac{(y-b)^v}{v!} f^{(m,v)}(t,b) \\ \Psi(x,t) = \sum_{\mu=0}^{m-1} \dfrac{(x-a)^\mu}{\mu!} f^{(\mu,n)}(a,t) \end{cases} \tag{4}$$

对于任一整数 $r \geqslant 1$, 我们定义如下的 '影响核'

$$K_r(\mu) = \begin{cases} \dfrac{1}{(r-1)!} u^{r-1} & \text{,当 } u > 0 \text{ 时} \\ 0 & \text{,当 } u \leqslant 0 \text{ 时} \end{cases} \tag{5}$$

于是我们有

$$f(x,y) = \sum_{\mu=0}^{m-1} \sum_{v=0}^{n-1} \frac{(x-a)^\mu (y-b)^v}{\mu!\, v!} f^{(\mu,v)}(a,b) + R_{m,n}(x,y) \tag{6}$$

其中余项 $R_{m,n}(x,y)$ 可写成如下的形式

$$R_{m,n} = \int_a^A K_m(x-t)\Phi(t,y)\mathrm{d}t + \int_b^B K_n(y-t)\Psi(x,t)\mathrm{d}t + \int_a^A \int_b^B K_m(x-t_1)K_n(y-t_2)f^{(m,n)}(t_1,t_2)\mathrm{d}t_1\mathrm{d}t_2 \tag{7}$$

这个命题已经在 И. А. Езрохи 等人的工作中出现过. 事实上, A. Sard, Е. Я. Ремез, Езрохи 等人都曾研究了线性近似过程中的余项积分表示问题, 而公式 (7) 可以作为他们所获得的普遍命题(相当于线性泛函的 Riesz 表现定理的扩充命题)的特例推导出来. 但为

了不牵涉太远,下面我们给出式(7)的一个简短而直接的证明.

所述引理事实上可以极容易地通过下列 Taylor 公式的反复应用而验证

$$g(x) - \sum_{k=0}^{r-1} \frac{(x-a)^k}{k!} g^{(k)}(a) =$$

$$\frac{1}{(r-1)!} \int_a^x (x-t)^{r-1} g^{(r)}(t)\mathrm{d}t \qquad (8)$$

此得 $g(x)$ 为定义在 $a \leqslant x < \infty$ 上的任一连续函数,有着连续导数 $g'(x), \cdots, g^{(r-1)}(x)$ 及按段连续的导数 $g^{(r)}(x)$. 显然式(7)的最末一项可以表示成如下的形式

$$\int_b^y \frac{(y-t_2)^{n-1}}{(n-1)!}\mathrm{d}t_2 \left[\int_a^x \frac{(x-t_1)^{m-1}}{(m-1)!} f^{(m,n)}(t_1,t_2)\mathrm{d}t_1 \right] =$$

$$\int_b^y \frac{(y-t_2)^{n-1}}{(n-1)!} f^{(0,n)}(x,t_2)\mathrm{d}t_2 -$$

$$\int_b^B K_n(y-t_2)\Psi(x,t_2)\mathrm{d}t_2$$

于是再逐次利用式(8),我们更获得

$$\int_b^y \frac{(y-t_2)^{n-1}}{(n-1)!} f^{(0,n)}(x,t_2)\mathrm{d}t_2 =$$

$$f(x,y) - \sum_{v=0}^{n-1} \frac{(y-b)^v}{v!} f^{(0,v)}(x,b) =$$

$$f(x,y) - \sum_{v=0}^{n-1}\sum_{\mu=0}^{m-1} \frac{(x-a)^\mu (y-b)^v}{\mu! \cdot v!} f^{(\mu,v)}(a,b) -$$

$$\int_a^A K_m(x-t)\Phi(t,y)\mathrm{d}t$$

而这显然隐含式(6)及式(7). 故引理获证.

在叙述引理 2 之前,先引入如下的定义:我们说一个界定在 Q 域上的函数 $\Phi(x,y)$"没有无穷次振动",

要是固定其中的变量 y 或 x,而将它看作单变数 x 或 y 的函数时,并没有无穷次振动的话. 根据这一定义,将不难看出以后在式(20)中所定义的函数都是没有无穷次振动的.

引理 2 假设 $G_i(x)$,$H_j(y)$ $(0 \leqslant i \leqslant n-1, 0 \leqslant j \leqslant m-1)$ 及 $F(x,y)$ 为定义在 Q 域上的有界单值并按段连续的实函数,而且它们都没有无穷次振动,那么在函数类 $W^{(m,n)}(M,M_\mu,N_v;Q)$ 中必存在一函数 $f(x,y)$,它对于 Q 中几乎所有的 (x,y) 以及对于几乎所有的 $x(a \leqslant x \leqslant A)$ 和几乎所有的 $y(b \leqslant y \leqslant B)$,满足下列的偏微分方程组

$$f^{(m,n)}(x,y) = M \cdot \operatorname{sign} F(x,y) \qquad (9)$$

$$f^{(m,i)}(x,b) = N_i \cdot \operatorname{sign} G_i(x) \quad (i=0,\cdots,n-1) \qquad (10)$$

$$f^{(j,n)}(a,y) = M_j \cdot \operatorname{sign} H_j(y) \quad (j=0,\cdots,m-1) \qquad (11)$$

此处 $\operatorname{sign} u$ 为 Kronecker 的符号函数,亦即分别按照 $u>0, u=0, u<0$ 的情形而取值

$$\operatorname{sign} u = +1, 0, -1$$

这里我们用构造法来论证引理 2. 在下述的证明中,凡出现的不定积分都是 Riemann 意义(或 Lebesgue 意义)下的不定积分. 又为了叙述上的简明,凡除掉可数多个孤立点外,处处满足某些方程式的函数,就简称该函数满足某些方程式.

现在首先对式(9)中的 x 积分,则得

$$\varphi_1(x,y) = \int_a^x M \cdot \operatorname{sign} F(x,y) \mathrm{d}x$$

易见包含于下列方程式

334

$$f^{(m-1,n)}(x,y)=\varphi_1(x,y)+M_{m-1}\cdot \mathrm{sign}\, H_{m-1}(y)\quad(12)$$

中的函数 $f(x,y)$,当 $j=m-1$ 时,必满足式(9)及式(11).事实上,只要对式(12)中的 x 求微商,就知道它满足式(9).同时令 $x=a$ 代入,便可导出式(11)($j=m-1$).故 $f(x,y)$ 确实满足式(9)及式(11)($j=m-1$).

现在再对式(12)中的 x 积分,则得

$$\varphi_2(x,y)=\int_a^x \left[\varphi_1(x,y)+M_{m-1}\cdot \mathrm{sign}\, H_{m-1}(y)\right]\mathrm{d}x$$

易见包含于下列方程式

$$f^{(m-2,n)}(x,y)=\varphi_2(x,y)+M_{m-2}\cdot \mathrm{sign}\, H_{m-2}(y)\quad(13)$$

中的函数 f 必满足式(9)及式(11)($j=m-1,m-2$).事实上,以 $x=a$ 代入时,可知式(13)即简化为式(11)($j=m-2$).又微分 x 则导出式(12),故知 f 又满足式(9)及(11)($j=m-1$).结论自然是式(13)中的 f 满足(9)及(11)($j=m-1;j=m-2$).

自然还可以对式(13)中的 x 继续积分(除非 $m-2=0$).因此利用逐次的积分手续,最后我们必导出方程式

$$f^{(0,n)}(x,y)=\varphi_m(x,y)+M_0\cdot \mathrm{sign}\, H_0(y)\quad(14)$$

由归纳推理,易见包含于方程式(14)中的函数 $f(x,y)$ 必满足式(9)及(11)($j=m-1,m-2,\cdots,0$).

由上可见,以下只需考虑方程式(14)及(10)即可(因为式(14)已经代替了式(9)及式(11)).仿照以上用过的手续,现在对式(14)中的 y 积分,则得

$$\psi_1(x,y)=\int_b^y \left[\varphi_m(x,y)+M_0\cdot \mathrm{sign}\, H_0(y)\right]\mathrm{d}y\quad(15)$$

在式(10)中取 $i=n-1$,并相继积分之,则有

$$\theta_1(x)=\int_a^x\int_a^{x_m}\cdots\int_a^{x_2}N_{n-1}\cdot \mathrm{sign}\, G_{n-1}(x_1)\mathrm{d}x_1\cdots\mathrm{d}x_{m-1}\mathrm{d}x_m$$

于是易见包含于下列方程式

$$f^{(0,n-1)}(x,y)=\psi_1(x,y)+\theta_1(x) \qquad (16)$$

中的函数 $f(x,y)$ 必满足式(14)及式(10)$(i=n-1)$.
事实上,微分(16)中的 y 便导出式(14).又令 $y=b$ 代
入式(16)(注意 $\psi_1(x,b)\equiv 0$)并对 x 微分 m 回,则又导
出式(10)$(i=n-1)$.

同样,再对式(16)中的 y 积分,则得

$$\psi_2(x,y)=\int_b^y \big[\psi_1(x,y)+\theta_1(x)\big]\mathrm{d}y \qquad (17)$$

在式(10)中取 $i=n-2$ 再相继积分之,则有

$$\theta_2(x)=\int_a^x\int_a^{x_m}\cdots\int_a^{x_2}N_{n-2}\cdot\operatorname{sign}G_{n-2}(x_1)\mathrm{d}x_1\cdots\mathrm{d}x_m$$

于是易见包含于下列方程式

$$f^{(0,n-2)}(x,y)=\psi_2(x,y)+\theta_2(x) \qquad (18)$$

中的函数 f 必满足式(16)及式(10)$(i=n-2)$.从而它
必满足式(14)及式(10)$(i=n-1,i=n-2)$.

上述手续可反复应用,最后导出方程式

$$f^{(0,0)}(x,y)=\psi_n(x,y)+\theta_n(x) \qquad (19)$$

此处诸函数 $\psi_k(x,y)(k=2,\cdots,n)$ 自然系按如下的递
推式所定义

$$\psi_k(x,y)=\int_b^y \big[\psi_{k-1}(x,y)+\theta_{k-1}(x)\big]\mathrm{d}y$$

而 $\theta_k(x)$ 的定义方式亦与上面的 $\theta_1(x),\theta_2(x)$ 完全相
似.由于我们实际上采用了归纳法过程,因此由式(19)
及以前诸方程可以断言,包含于式(19)中的函数

$$f(x,y)=\psi_n(x,y)+\theta_n(x)$$

必满足式(14)及(10)$(i=0,1,\cdots,n-1)$.这样我们便
完全构造出所需要的函数 $f(x,y)$,而它恰好满足式
(14)及(10),亦即恰好满足原来的方程组(9)(10)

(11).引理到此证完.

接下去我们便能够来建立关于 $\varepsilon(L)$ 的一个公式.为此,让我们引进如下的三个函数

$$\begin{cases} F(t_1,t_2) = \iint\limits_{D} K_m(x-t_1)K_n(y-t_2)\mathrm{d}x\mathrm{d}y - \\ \qquad\qquad L(K_m(x-t_1)K_n(y-t_2)) \\ G_v(t) = \iint\limits_{D} K_m(x-t)\frac{(y-b)^v}{v!}\mathrm{d}x\mathrm{d}y - \\ \qquad\qquad L\left(K_m(x-t)\frac{(y-b)^v}{v!}\right) \\ H_\mu(t) = \iint\limits_{D} K_n(y-t)\frac{(x-a)^\mu}{\mu!}\mathrm{d}x\mathrm{d}y - \\ \qquad\qquad L\left(K_n(y-t)\frac{(x-a)^\mu}{\mu!}\right) \end{cases} \qquad (20)$$

此处 $0\leqslant v\leqslant n-1, 0\leqslant\mu\leqslant m-1$. 很明显,式(20)中的三个函数的结构形式只依赖于区域 D 及线性泛函 $L(\cdot)$ 的构造形式.

现在我们来建立如下的主要定理.

定理 1　设求积公式($\S 2$ 的式(3))对于一切 x 的次数不超过 $m-1$,而 y 的次数不超过 $n-1$ 的二元多项式恒精确成立,又设 $\varepsilon(L)$ 由 $\S 2$ 的式(2)所定义,则我们有如下的公式

$$\varepsilon(L) = \sum_{v=0}^{n-1} N_v \int_a^A |G_v(t)|\,\mathrm{d}t + \sum_{\mu=0}^{m-1} M_\mu \int_b^B |H_\mu(t)|\,\mathrm{d}t + M\int_a^A\int_b^B |F(t_1,t_2)|\,\mathrm{d}t_1\mathrm{d}t_2 \qquad (21)$$

此处 $F(t_1,t_2), G_v(t)$ 及 $H_\mu(t)$ 由式(20)所规定,而且在 $W^{(m,n)}(M,M_\mu,N_v;Q)$ 中,确有一函数 $f_0(x,y)$ 使下列的误差泛函

$$E(f) = \left| \iint_D f(x,y)\mathrm{d}S - \sum p_i f(x_i, y_i) \right|$$

达到 $\varepsilon(L)$ 之值，亦即 $E(f_0) = \varepsilon(L)$.

证明 根据引理 1 并参考 §1 中所述原则易得

$$E(f) = \left| \iint_D R_{m,n}(x,y)\mathrm{d}x\mathrm{d}y - L(R_{m,n}(x,y)) \right| \leqslant$$

$$\int_a^A \left| \iint_D K_m(x-t)\Phi(t,y)\mathrm{d}x\mathrm{d}y - \right.$$

$$\left. L(K_m(x-t)\Phi(t,y)) \right| \mathrm{d}t +$$

$$\int_b^B \left| \iint_D K_n(y-t)\Psi(x,t)\mathrm{d}x\mathrm{d}y - \right.$$

$$\left. L(K_n(y-t)\Psi(x,t)) \right| \mathrm{d}t +$$

$$\int_a^A \int_b^B | F(t_1,t_2) f^{(m,n)}(t_1,t_2) | \, \mathrm{d}t_1\mathrm{d}t_2 \leqslant$$

$$\sum_{v=0}^{n-1} \int_a^A | G_v(t) f^{(m,v)}(t,b) | \, \mathrm{d}t +$$

$$\sum_{\mu=0}^{m-1} \int_b^B | H_\mu(t) f^{(\mu,n)}(a,t) | \, \mathrm{d}t +$$

$$\int_a^A \int_b^B | F(t_1,t_2) f^{(m,n)}(t_1,t_2) | \, \mathrm{d}t_1\mathrm{d}t_2 \leqslant$$

$$\sum_{v=0}^{n-1} N_v \int_a^A | G_v(t) | \, \mathrm{d}t +$$

$$\sum_{\mu=0.}^{m-1} M_\mu \int_b^B | H_\mu(t) | \, \mathrm{d}t +$$

$$M \int_a^A \int_b^B | F(t_1,t_2) | \, \mathrm{d}t_1\mathrm{d}t_2$$

另一方面，依照引理 2，我们知道在函数类 $W^{(m,n)}$ 中恒有一函数 $f_0(x,y)$ 在 $F(x,y)$，$G_i(x)$ 及 $H_j(y)$ 的一切连续点处满足方程式组 (9)，(10) 及 (11)．从而有

$$E(f_0) = \left| \iint_D f_0(x,y)\,\mathrm{d}x\,\mathrm{d}y - L(f_0) \right| =$$

$$\sum_{v=0}^{n-1} \int_a^A G_v(t) \cdot f_0^{(m,v)}(t,b)\,\mathrm{d}t +$$

$$\sum_{\mu=0}^{m-1} \int_b^B H_\mu(t) f_0^{(\mu,n)}(a,t)\,\mathrm{d}t +$$

$$\int_a^A \int_b^B F(t_1,t_2) f_0^{(m,n)}(t_1,t_2)\,\mathrm{d}t_1\,\mathrm{d}t_2 =$$

$$\sum_{v=0}^{n-1} \int_a^A N_v \mid G_v(t) \mid \mathrm{d}t +$$

$$\sum_{\mu=0}^{m-1} \int_b^B M_\mu \cdot \mid H_\mu(t) \mid \mathrm{d}t +$$

$$\int_a^A \int_b^B M \mid F(t_1,t_2) \mid \mathrm{d}t_1\,\mathrm{d}t_2$$

这表明 $E(f)$ 的上确界确实能被 $f = f_0$ 所达到. 换言之, 我们已经证明了

$$\varepsilon(L) = \sup E(f) = E(f_0)$$

故知公式 (21) 为正确.

从公式 (21) 的结构可以看出, 要对于一个给定的求积公式 (§2 的式 (3)) 来估计 $\varepsilon(L)$ (其中 $f \in W^{(m,n)}$), 我们只需计算如下的常数即可

$$\rho = \int_a^A \int_b^B \mid F(t_1,t_2) \mid \mathrm{d}t_1\,\mathrm{d}t_2$$

$$\eta_v = \int_a^A \mid G_v(t) \mid \mathrm{d}t$$

$$\varepsilon_\mu = \int_b^B \mid H_\mu(t) \mid \mathrm{d}t$$

由式 (20) 可知, 若区域 D 不太简单时, 则上述的一些积分值实际上只能近似地加以计算. 但若仅就一些对称区域而言, 并无必要对每个区域去计算 $\varepsilon(L)$ 之值.

事实上,在 Hammer-Wymore 的文章中已经给出过一些有用的定理(见第一章),表明如何通过变换(特别是仿射变换)去产生一批特殊区域(特别是对称区域)上的求积公式以及表明误差泛函间的相互关系. 换句话说,存在着的理论能够用以扩展公式(21)在实际计算中的用处.

例 1 考虑简单的求积公式

$$\iint_Q f(x,y)\mathrm{d}x\mathrm{d}y \approx \frac{1}{4}\big[f(0,0)+f(0,1)+$$

$$f(1,0)+f(1,1)\big] \qquad (22)$$

此处 Q 为正方区域 $Q(0\leqslant x\leqslant 1, 0\leqslant y\leqslant 1)$. 显然此公式对于一切形如 $f(x,y)=\sum\sum c_{ij}x^iy^j(0\leqslant i, j\leqslant 1)$ 的多项式恒精确成立. 因此我们取 $m=n=2$, 而只需要去计算诸常数 $\rho,\eta_0,\eta_1,\varepsilon_0,\varepsilon_1$. 根据式(20)及 §2 的式(5),我们容易算出

$$F(t_1,t_2)=\frac{1}{4}\big[(1-t_1)^2(1-t_2)^2-(1-t_1)(1-t_2)\big]$$

$$G_0(t)=H_0(t)=\frac{1}{2}\big[(1-t)^2-(1-t)\big]$$

$$G_1(t)=H_1(t)=\frac{1}{4}\big[(1-t)^2-(1-t)\big]$$

从而我们有

$$\int_0^1\int_0^1 \mid F(t_1,t_2)\mid \mathrm{d}t_1\mathrm{d}t_2=\frac{5}{144}$$

$$\int_0^1 \mid G_0(t)\mid \mathrm{d}t=2\int_0^1 \mid G_1(t)\mid \mathrm{d}t=\frac{1}{12}$$

因此根据式(21)易得知求积公式(22)对于光滑函数类 $W^{(2,2)}(M,M_\mu,N_v;Q)$ 而言的精确误差上界为

$$\varepsilon(L)=M\rho+M_0\varepsilon_0+M_1\varepsilon_1+N_0\eta_0+N_1\eta_1 \qquad (23)$$

此处 $\rho=\dfrac{5}{144}$，$\varepsilon_0=\eta_0=\dfrac{1}{12}$，$\varepsilon_1=\eta_1=\dfrac{1}{24}$.

最后让我们指出，本节所叙述的方法及主要定理均可类似地推广到三维或更高维积分的情形. 例如，我们可以按照如下的有界条件来定义光滑函数类

$$W^{(m,n,l)}=\{f(x,y,z)\}$$
$$|f^{(m,n,l)}(x,y,z)|\leqslant M$$
$$|f^{(m,n,\lambda)}(x,y,c)|\leqslant L_\lambda$$
$$|f^{(m,v,l)}(x,b,z)|\leqslant N_v$$
$$|f^{(\mu,n,l)}(a,y,z)|\leqslant M_\mu$$
$$|f^{(m,v,\lambda)}(x,b,c)|\leqslant \overline{M}_{v\lambda}$$
$$|f^{(\mu,n,\lambda)}(a,y,c)|\leqslant \overline{N}_{\mu\lambda}$$
$$|f^{(\mu,v,l)}(a,b,z)|\leqslant \overline{L}_{\mu v}$$

此处 $0\leqslant\mu\leqslant m-1,0\leqslant v\leqslant n-1,0\leqslant\lambda\leqslant l-1$. 类似地，对于函数类

$$W^{(m,n,l)}\equiv W^{(m,n,l)}(M,M_\mu,N_v,L_\lambda,\overline{M}_{v\lambda},\overline{N}_{\mu\lambda},\overline{L}_{\mu v};Q)$$

中的每一函数 $f(x,y,z)$，我们有如下的展式

$$f(x,y,z)=\sum_{\mu=0}^{m-1}\sum_{v=0}^{n-1}\sum_{\lambda=0}^{l-1}\frac{(x-a)^\mu(y-b)^v(z-c)^\lambda}{\mu!\ v!\ \lambda!}\cdot$$
$$f^{(\mu,v,\lambda)}(a,b,c)+R_{m,n,l}$$

至于余项 $R_{m,n,l}$ 的积分表达式（包括三个定积分，三个二重积分和一个三重积分）同样可以相继应用 §2 的式(8)而推证. 同样我们也能建立一个相应的引理 2，并从而推证一个与公式(21)相平行的结果. 又如果就最一般的情形，例如 k 重积分($k\geqslant 3$)来说，则函数展开式的余项 $R_{m_1,m_2,\cdots,m_k}$ 的积分表达式将包含 2^k-1 个积分，而相应的函数类 $W^{(m_1,\cdots,m_n)}$ 亦将由 2^k-1 组有界条件来界定. 在下一节中，我们将就 $m_1=m_2=\cdots=m_k=$

1 的情形来考虑此处所提示的方法,也就是介绍 Соболь 论文中的某些主要结果.

§3　关于可微函数类的多重求积公式的误差上限表示式

　　首先我们注意,若在 §2 的式(1)中令函数 $f(x, y)$ 中的变量 x, y 改为 $A+a-x$ 及 $B+b-y$,则 §2 的式(1)即可相应地改写成

$$
\begin{cases}
\left| f^{(m,n)}(x, y) \right| \leqslant M \\
\left| f^{(\mu,n)}(A, y) \right| \leqslant M_\mu \\
\left| f^{(m,v)}(x, B) \right| \leqslant N_v
\end{cases}
\tag{1}
$$

因此从实质上说上述式(1)与 §2 的式(1)是等价的.

　　现在采用 Соболь 论文中的叙述方式,取 Q 为单位正方区域 $0 \leqslant x \leqslant 1, 0 \leqslant y \leqslant 1$(相当于在 §2 中取 $a = b = 0; A = B = 1$).考虑 Q 上的光滑函数类 $W^{(1,1)}(L_1, L_2, L_{12}; Q)$(相当于在 §2 中令 $m = n = 1$),亦即类中每一函数 $f(x, y)$ 皆合条件

$$
\left| f'_x(x, 1) \right| \leqslant L_1, \left| f'_y(1, y) \right| \leqslant L_2, \left| f''_{xy}(x, y) \right| \leqslant L_{12}
\tag{2}
$$

类似地,我们根据下列条件

$$
\left| f'_x(x, y) \right| \leqslant L_1, \left| f'_y(x, y) \right| \leqslant L_2, \left| f''_{xy}(x, y) \right| \leqslant L_{12}
\tag{3}
$$

来规定函数类 $W_*^{(1,1)}(L_1, L_2, L_{12}; Q)$.显然 $W_*^{(1,1)} \subset W^{(1,1)}$.容易直接看出

$$
f(x, y) = f(1, 1) - \int_x^1 f'_x(t, 1) \mathrm{d}t - \int_y^1 f'_y(1, s) \mathrm{d}s +
$$

$$\int_x^1 \int_y^1 f''_{xy}(t,s)\,\mathrm{d}t\mathrm{d}s$$

规定影响核

$$K(u) = \begin{cases} 1, & u > 0 \\ 0, & u \leqslant 0 \end{cases}$$

则上式可以表示成

$$f(x,y) = f(1,1) - \int_0^1 k(t-x)f'_x(t,1)\,\mathrm{d}t -$$

$$\int_0^1 k(s-y)f'_y(1,s)\,\mathrm{d}s +$$

$$\int_0^1 \int_0^1 k(t-x)k(s-y)f''_{xy}(t,s)\,\mathrm{d}t\mathrm{d}s \qquad (4)$$

当然这可以看作是引理 1 的一个特殊情形.

取 N 个计值点组 Σ,有

$$(x_1,y_1),(x_2,y_2),\cdots,(x_N,y_N)$$

则由式(4)易计算误差项

$$\delta(f;\sum) = \int_0^1 \int_0^1 f(x,y)\,\mathrm{d}x\mathrm{d}y - \frac{1}{N}\sum_{i=1}^N f(x_i,y_i) =$$

$$-\int_0^1 \left[\frac{1}{N}\sum_{i=1}^N k(t-x_i) - t \right] f'_x(t,1)\,\mathrm{d}t -$$

$$\int_0^1 \left[\frac{1}{N}\sum_{i=1}^N k(s-y_i) - s \right] f'_y(1,s)\,\mathrm{d}s +$$

$$\int_0^1 \int_0^1 \left[\frac{1}{N}\sum_{i=1}^N k(t-x_i)k(s-y_i) - \right.$$

$$\left. ts \right] f''_{xy}(t,s)\,\mathrm{d}t\mathrm{d}s$$

令 $S(x,y)$ 表示点组 Σ 中满足不等式条件 $x_i < x, y_i < y$ 的点子 (x_i,y_i) 的个数,亦即位于矩形区域 $\mathrm{II}(0 \leqslant \xi < x, 0 \leqslant \eta < y)$ 中的计值点个数. 显然,$S(x,y)$ 可解析地表示成

Simpson 原理

$$S(t,s) = \sum_{i=1}^{N} k(t-x_i)k(s-y_i)$$

同样

$$S(t,1) = \sum_{i=1}^{N} k(t-x_i)$$

$$S(1,s) = \sum_{i=1}^{N} k(s-y_i)$$

于是我们有

$$\delta(f;\sum) = -\int_0^1 \left| \frac{S(t,1)}{N} - t \right| f'_x(t,1)\mathrm{d}t -$$

$$\int_0^1 \left| \frac{S(1,s)}{N} - S \right| f'_y(1,s)\mathrm{d}s +$$

$$\int_0^1 \int_0^1 \left| \frac{S(t,s)}{N} - ts \right| f''_{xy}(t,s)\mathrm{d}t\mathrm{d}s$$

由此,可知对于 $W^{(1,1)}$ 与 $W_*^{(1,1)}$ 中的每一函数 $f(x,y)$ 而言都成立着下列估计式

$$|\delta(f;\sum)| \leqslant L_1 \int_0^1 \left| \frac{S(x,1)}{N} - x \right| \mathrm{d}x +$$

$$L_2 \int_0^1 \left| \frac{S(1,s)}{N} - y \right| \mathrm{d}y +$$

$$L_{12} \int_0^1 \int_0^1 \left| \frac{S(x,y)}{N} - xy \right| \mathrm{d}x\mathrm{d}y \quad (5)$$

根据 §2 中的定理 1,我们可以断言式(5)右端所表示的误差上界必能被 $W^{(1,1)}$ 中的一函数 $f_0(x,y)$ 所达到.但是它能否由 $W_*^{(1,1)}$ 类中的函数达到呢? 关于此问题,Соболь 曾构造了如下的反例来做出否定的回答.

例 1 选取计值点组 $\Sigma_0 : \left(\frac{i}{n}, \frac{j}{n} \right), 0 \leqslant i, j \leqslant n-1.$

这点组共包含 $N = n^2$ 个点: $(x_i, y_j) \equiv \left(\frac{i}{n}, \frac{j}{n} \right)$. 今计

344

算式(5)的右端各项

$$\int_0^1 \left| \frac{S(x,1)}{N} - x \right| \mathrm{d}x = \sum_{i=0}^{n-1} \int_{\frac{i}{n}}^{\frac{i+1}{n}} \left(\frac{i+1}{n} - x \right) \mathrm{d}x = \frac{1}{2n}$$

$$\int_0^1 \int_0^1 \left| \frac{S(x,y)}{N} - xy \right| \mathrm{d}x\,\mathrm{d}y =$$

$$\sum_{i=0}^{n-1} \sum_{j=0}^{n-1} \int_{\frac{i}{n}}^{\frac{i+1}{n}} \int_{\frac{j}{n}}^{\frac{j+1}{n}} \left(\frac{i+1}{n} \frac{j+1}{n} - xy \right) \mathrm{d}x\,\mathrm{d}y =$$

$$\frac{2n+1}{4n^2}$$

由此代进式(5)便得到

$$|\delta(f;\Sigma_0)| = (L_1 + L_2)\frac{1}{2n} + L_{12} \cdot \frac{2n+1}{4n^2} \qquad (6)$$

对于 $W^{(1,1)}$ 类来说,式(6)的右端当然就是误差的上确界. 事实上,取 $W^{(1,1)}$ 中的函数

$$f_0(x,y) = L_1 \cdot (1-x) + L_2 \cdot (1-y) +$$
$$L_{12} \cdot (1-x)(1-y)$$

即可验证 $\delta(f_0,\Sigma_0)$ 恰好达到那个上确界. 但是在另一方面,对于 $W_*^{(1,1)}$ 中的函数 f,按原始的定义来计算时,则

$$\delta(f;\Sigma_0) = \sum_{i,j=0}^{n-1} \int_{\frac{i}{n}}^{\frac{i+1}{n}} \int_{\frac{j}{n}}^{\frac{j+1}{n}} \left[f(x,y) - f\left(\frac{i}{n},\frac{j}{n}\right) \right] \mathrm{d}x\,\mathrm{d}y$$

$$(7)$$

显然可表示

$$f(x,y) - f\left(\frac{i}{n},\frac{j}{n}\right) = \left[f\left(x,\frac{j}{n}\right) - f\left(\frac{i}{n},\frac{j}{n}\right) \right] +$$
$$\left[f\left(\frac{i}{n},y\right) - f\left(\frac{i}{n},\frac{j}{n}\right) \right] +$$
$$\left[f(x,y) - f\left(x,\frac{j}{n}\right) - \right.$$
$$\left. f\left(\frac{i}{n},y\right) + f\left(\frac{i}{n},\frac{j}{n}\right) \right]$$

既然 f 属于 $W_*^{(1,1)}(L_1,L_2,L_3;Q)$，故按微分中值定理，易得知对于 $\dfrac{i}{n}\leqslant x\leqslant\dfrac{i+1}{n}$，$\dfrac{j}{n}\leqslant y\leqslant\dfrac{j+1}{n}$ 中的 x，y 来说，恒有

$$\left|f(x,y)-f\left(\frac{i}{n},\frac{j}{n}\right)\right|\leqslant L_1\left|x-\frac{i}{n}\right|+$$

$$L_2\left|y-\frac{j}{n}\right|+L_{12}\left|x-\frac{i}{n}\right|\cdot\left|y-\frac{j}{n}\right|$$

由此代进式(7)的右端，便容易得出下列的估计

$$|\delta(f;\Sigma_0)|\leqslant(L_1+L_2)\frac{1}{2n}+L_{12}\frac{1}{4n^2}\qquad(8)$$

比较式(8)与式(6)，我们便看出式(6)右端的上确界恒不能被 $W_*^{(1,1)}$ 中的函数所达到.

转到 k 维空间的正方区域 $Q(0\leqslant x_1\leqslant1,\cdots,0\leqslant x_k\leqslant1)$ 时，我们定义这样的光滑函数类 $W^{(1,\cdots,1)}(L_1,L_2,\cdots,L_{12\cdots k};Q)$，其中每一函数 $f\equiv f(x_1,\cdots,x_k)$ 均在 Q 上具有按段连续（对每个变量来说）的一级偏导数，且满足如下的有界条件

$$\begin{cases}|f'_{x_i}(1,\cdots,1,x_i,1,\cdots,1)|\leqslant L\\ |f''_{x_ix_j}(1,\cdots,1,x_i,1,\cdots,1,x_j,1,\cdots,1)|\leqslant L_{ij},(i<j)\\ \vdots\\ |f^{(k)}_{x_1x_2\cdots x_k}(x_1,x_2,\cdots,x_k)|\leqslant L_{12\cdots k}\end{cases}$$

$$(9)$$

于是按照和前面完全类似的推理（亦可仿 §2 中定理的证法），不难得到如下的结果.

定理 2 设给定 Q 内的一个计值点组 $\Sigma:P_i(i=1,2,\cdots,N)$，又 $\delta(f;\Sigma)$ 表示如下的求积公式的误差

$$\delta(f;\Sigma)=\int_0^1\cdots\int_0^1 f(x_1,\cdots,x_k)\mathrm{d}x_1\cdots\mathrm{d}x_k-\frac{1}{N}\sum_{i=1}^N f(P_i)$$

（10）

令 $S(x_1^0,\cdots,x_k^0)$ 表示计值点组 $\Sigma=\{P_i\}$ 中点的坐标满足条件

$$0\leqslant x_1\leqslant x_1^0,\cdots,0\leqslant x_k\leqslant x_k^0$$

的计值点子的个数,那么我们有如下的误差上确界表达式

$$\sup_f|\delta(f;\Sigma)|=\sum_{i=1}^{k}L_i\int_0^1\left|\frac{S(1,\cdots,x_i,\cdots,1)}{N}-x_i\right|\mathrm{d}x_i+$$

$$\sum_{i=1}^{k-1}\sum_{j=i+1}^{k}L_{ij}\int_0^1\int_0^1\left|\frac{S(1,\cdots,x_i,1,\cdots,x_j,\cdots,1)}{N}-\right.$$

$$\left.x_ix_j\right|\mathrm{d}x_i\mathrm{d}x_j+\cdots+L_{12\cdots k}\int_0^1\cdots\int_0^1\left|\frac{S(x_1,\cdots,x_k)}{N}-\right.$$

$$\left.x_1x_2\cdots x_k\right|\mathrm{d}x_1\mathrm{d}x_2\cdots\mathrm{d}x_k \tag{11}$$

此处式(11)左端的上确界系对于函数类 $W^{(1,\cdots,1)}$ 而取,又在其右端的积分项数共有 $\binom{k}{1}+\cdots+\binom{k}{k}=2^k-1$ 个.

例 2　设 $L_i=L_{ij}=\cdots=L_{12\cdots k}=L$,又取计值点组 Σ_0 为如下的 $N=n^k$ 个点

$$\left(\frac{i_1}{n},\frac{i_2}{n},\cdots,\frac{i_k}{n}\right)\quad(0\leqslant i_s\leqslant n-1)$$

则根据式(11)不难推出

$$|\delta(f;\Sigma_0)|\leqslant L\left(\frac{3}{2}\right)^k\left[\left(1+\frac{1}{3n}\right)^k-1\right]$$

这个不等式的具体验证,留给读者作为一个习题.

简 单 总 结

在本章 §1 中，我们介绍了估计误差界限的一种方式. 这种估计方式是针对给定了的函数的积分来说的. 如果想用这种方式去获得最佳可能的误差估值时，就得解相当困难的极值问题. 本章的 §3 内容，主要是介绍 Соболь 文章中的一些结果. 当然他所采用的方法在实质上可说是与 §2 中的方法相一致的.

数值积分法研究近况综述①

第 12 章

吉林大学的徐利治、周蕴时,大连工学院的杨家新三位教授 1982 年综述了各种数值积分法研究的最近情况.为论述方便起见,本章共分这样四个部分:§1 略论一般概念;§2 关于一维数值积分方法;§3 关于高维数值积分方法;§4 数值积分中的几个特殊问题.

§1 略论一般概况

近几年来,数值积分的文献有明显增多的趋势.例如,从 1975 年至 1979 年间,仅美国的数学评论(Mathematical Reviews)上评述过的文章,每年都在百篇以上,其中还不包括有关 Monte Carlo 方法和数值积分变换等方面的文献.只需对文献状况作一番粗略分析,则不难发现四个特点,即:研究方法的多样性、研究对象的特殊性、研究问题的具体性以及带微商项的积分公式明显增多.今逐点概述如下:

---

① 引自《数学进展》,1982 年 4 月第 11 卷第 2 期.

1. 研究方法的多样性

S. L. Sobolev 等人认为近代数值积分研究与泛函分析、代数学、概率统计理论、拓扑学等许多数学分支均有着密切的内在联系. 这一看法无疑是符合实际情况的.

著名的数论方法（主要用于处理多元周期函数的数值积分）是以解析数论与代数数论中的一些研究成果为依据发展起来的. 苏联和我国对这一方法的研究有着较多出色的贡献（请参阅[2]的第 7,8,9,10,11 各章）.

多年来，Sobolev 学派一直采用泛函分析工具研究高维数值积分问题，并获得了丰富的成果. 他们利用泛函分析方法建立了各种函数空间求积过程收敛性的理论. 此外，他们也重视在各种函数空间（针对特定的函数类）讨论优化求积公式的构造问题. 对此感兴趣的读者，建议去查阅近几年苏联的数学文摘杂志.

构造高维求积公式的代数方法是大家熟悉的. 它是以追求提高"代数精确度"为目标的一种方法，所使用的工具主要是矩阵代数、线性变换和多元直交多项式理论. 20 多年以来，针对各种特殊区域已经构造了大量的具有各种代数精确度的求积公式. 在这一领域作出贡献的学者主要有 A. H. Stroud，P. C. Hammer，P. M. Hirsch，J. N. Lyness，I. P. Mysovskih，J. Radon，D. V. Ionescu 和 D. D. Stancu 等人（特别值得参考 Stroud 的重要著作[9]）.

首先将样条函数方法应用于数值积分的是样条函数的奠基者 I. J. Schoenberg[11]. 他在对一特殊的多项式类为精确的求积公式和样条函数之间建立了基本的

对应关系,并且他发现在 A. Sard 意义下的最佳求积公式实质上依赖于直交性条件. 之后,S. Karlin,D. Kershaw,John W. Lee 也都曾提供了一些重要的含混合边界条件的在 Sard 意义下的最佳求积公式[12-14]. G. D. Andria 和 G. D. Byrne[15] 曾用 g-spline 插值推广了古典的插值型公式,当然他们所设计的公式也是在 Sard 意义下的最佳求积公式. 其他有关文献,请参阅[18-21].

Sobolev[22] 曾用变分方法构造了一类在空间 $L_2^{(-m)}(R)$ 上最优的求积公式,他的结果还扩充了许多早先用样条方法得到的结果.

上述情况足以说明,在近代数值积分法的研究中,人们所使用的数学方法是多种多样的.

2. 研究对象的特殊性

由于应用上的需要,决定了近代数值积分方法研究中的另一特点是,有关特殊类型问题的研究十分明显地增多了. 特别是,关于奇异积分、振荡积分、被积函数的值不能准确地确定的积分应该如何近似估值等问题的研究,文献越来越多. 此外,讨论 Laplace 反变换数值计算的文献也不少. 对此有兴趣的读者可以参阅文献[23-30].

3. 研究对象的具体性

近几年来,根据物理学与其他技术科学部门的实际需要,许多作者设计了一些具体的求积公式. 例如,H. G. Kaper[31] 曾研究了下列积分

$$f_{mv}(\tau) = \int_0^\infty \exp[-(t+\tau)] t^v (\ln t)^m (t+\tau)^{-1} \mathrm{d}t$$

和

$$g_{mv}(\tau) = \int_0^\infty \exp[-\,|\,t - \tau\,|\,]t^v(\ln t)^m(t - \tau)^{-1}\,\mathrm{d}t$$

在 $\tau = 0$ 附近的渐近性质并得到了 $f_{mv}(\tau)$ 和 $g_{mv}(\tau)$ 的渐近展开式,这里 τ 取正实数,m 是非负整数,v 是复变量且 $\mathrm{Re}(v) > -1$. 这两个积分在中子流动方程和中子辐射迁移方程中扮演着重要的角色. 又如许多有关振荡函数积分近似估值法的研究多半是针对物理学中经常出现的具体积分进行的. 在 M. Blakemore,G. A. Evans 和 J. Hyslop 的文章中[32],曾对已有的许多方法进行了比较、修正和推荐. A. R. Didonato[33] 对大的 $x > 0$ 和实数值 p,给出了下列逼近式

$$F(p,x) = x^{-p}\mathrm{e}^{-x^2/2}\int_x^\infty \mathrm{e}^{-t^2/2}t^p\,\mathrm{d}t \cong g(p,x)$$

其中

$$g(p,x) = 4x/[3(x^2 - p) + \sqrt{(x^2 - p)^2 + 8(x^2 + p)}]$$

特别,$p = 1$ 时上式成为精确等式. 这个结果推广了 A. Boyd 关于 $F(0,x)$ 所得到的逼近式(见 Rep. Statist. Appl. Res. Un. Jap. Sci. Engre. 6(1959),44-46). 作者还证明,当 $x \to +\infty$ 时,$g(p,x) - F(p,x) = O(x^{-11})$.

在文章[1]中,曾阐明各种数值积分方法都有它自己的特点,各有其一定的适用范围,因此要想在数值积分法中找到一个适用于各种场合的"万能方法"是不可能的. 这一特征现今已越来越明显地表现出来了.

4. 带微商的数值积分公式显著地增多

从近几年的文献来看,这一点是十分明显的. 我们将于 §2 中给以较详细的介绍.

§2　关于一维数值积分方法

一维数值积分法的研究,已有很悠久的历史;但近年来这方面的研究工作仍是层出不穷,虽然总的看来,似乎没有特别值得引人注目的结果.下分七个小题目来谈.

1.龙贝格积分法

近代电子计算机上惯用的龙贝格求积程序,本质上就是 Richardson 外插程序应用于 Euler-Maclaurin 求和公式导出的结果.例如,令 $f(x)$ 为 $[0,1]$ 上的有界黎曼可积函数,记 $I=\int_0^1 f(x)\mathrm{d}x$,并令

$$T_0^{(k)}=h\sum_{j=0}^{2k}{}''f(hj),\quad h=2^{-k} \qquad (1)$$

表示梯形求和公式,$\sum''$ 表示和式中首尾两项均须乘以 $1/2$.于是在假定 $f(x)$ 为高次可微时,应用 Euler-Maclaurin 公式容易得出

$$I-T_0^{(k)}=c_1\cdot h^2+c_2\cdot h^4+\cdots \qquad (2)$$

其中诸常数 c_i 只依赖于 $f(x)$,而与 $h=(1/2)^k$ 无关,再令

$$T_m^{(k)}=(4^m T_{m-1}^{(k+1)}-T_{m-1}^{(k)})/(4^m-1) \qquad (3)$$

这个递推关系显然使得我们能够逐步构造出如下的三角阵,即通常所说的"T 表"

$$T_0^{(0)}$$
$$T_0^{(1)}\quad T_1^{(0)}$$
$$T_0^{(2)}\quad T_1^{(1)}\quad T_2^{(0)}$$
$$\cdots\quad\quad\cdots\quad\quad\cdots$$

容易验知 $T_1^{(k)}$ 的值正好与 Simpson 规则给出的结果相同. 可以证明, 对于 $f \in C^{2m+2}$ 有估计式

$$| T_m^{(k)} - I | \leqslant \left| \frac{4^{-k(m+1)} B_{2m+2} \cdot f^{(2m+2)}(\xi)}{2^{m(m+1)} \cdot (2m+2)!} \right|$$

其中 $0 \leqslant \xi \leqslant 1$, 而 B_{2m+2} 为 Bernoulli 数.

按照递推关系极易算出"T 表"中的数值, 所以龙贝格方法成为一个常用的好方法. 20 多年来此方法的理论分析和各种变体的研究, 已经相当完善. 作出贡献的学者包括 Bauer, Rutishauser, Stiefel, Bulirsch, Miller, Lynch, Fox, Hayes 等.

如上所见, 龙贝格求积法是由梯形规则及倍增数列形成的. 为了克服求积过程中工作量过大的缺点, 复旦大学的秦曾复提出了由中点规则及 Fibonacci 数列形成的修改了的龙贝格求积法. 他的部分成果已发表于《高校计算数学学报》(1980), No. 3.

2. 古典公式的新改进

利用 Filon 求积公式于快速 Fourier 变换算法, 可以不增加机器时间而提高计算 Fourier 系数的精确度. 这一点已在 G. Z. Chang 的工作[34]中获得证明.

G. Monegato[35] 曾扩充了古典的 Gauss 型求积公式, 得到了 $3n+1$ 次代数精确度的求积公式, 其形式是

$$\int_a^b w(x) f(x) \mathrm{d}x \cong \sum_{i=1}^n A_i^{(n)} f(\xi_i^{(n)}) + \sum_{i=1}^{n+1} B_i^{(n)} f(x_i^{(n)})$$

其中 $\xi_i^{(n)}$ 是以 $w(x)$ 为权的 n 次直交多项式的零点. 特别, 对于特殊的权函数和积分区间, 例如:

(1) $w(x) = (1 - x^2)^{\lambda-1/2}, a = b = 1, \lambda = 0(0.5)5, \lambda = 8$;

(2) $w(x) = \exp(-x^2), -a = b = \infty$;

$(3) w(x) = \exp(-x), a = 0, b = \infty.$

作者构造了求积公式$(n = 1, 2, \cdots, 20)$，并且已证明当且仅当$x_i^{(n)}$和$\xi_i^{(n)}$为交错时$B_i^{(n)}$是正的，同时$A_i^{(n)}$比$w(x)$的 Christoffel 数为小. 其他有关文献可参阅[36-40].

3. 非线性求积公式

L. Wuytack[41] 综述了基于 Padé 逼近所产生的估算定积分的许多非线性方法，以例子说明了对于光滑函数来说，还是 Simpson 公式为好，而当被积函数在积分区间有奇点时非线性方法是比较有效的. 他还对一些非线性方法建立了收敛性定理. 无疑，Wuytack 的工作是很有意义的.

4. 被积函数的值不能准确地确定时的求积公式

A. Suhadolc[42] 考虑了如下形式的求积公式

$$\int_a^b f(x) \mathrm{d}x \cong \sum_{i=1}^n W_i F_i$$

其中

$$F_i = \frac{1}{2h_i} \int_{x-h_i}^{x+h_i} f(t) \mathrm{d}t$$

显然，当在点x_i的函数值并不知道，而在x_i附近的平均值F_i却可求得的情况下，上述求积公式还是很有用处的.

M. Omladic，S. Pahor 和 A. Suhadolc 等人研究了新的求积公式[43]. 他们也是假定并不知道在给定点上的函数值，而只知道在一些部分的区间上的平均值. 特别，当这些区间的长度相同时，他们构造了插值型求积公式. 这些公式可以看作是 Newton-Cotes 公式的推广.

5.“乘积型”求积公式

W. R. Boland，C. S. Duris 和 D. R. Hunkins[44] 等人曾设计了如下形式的乘积型形式

$$\int_a^b f(x)g(x)\mathrm{d}x \cong \sum_{i=1}^N \sum_{j=1}^M a_{ij} f(x_i) g(y_j)$$

这种公式对于 f 和 g 在不相关的点组上的值容易确定的情况下可能用起来是方便的. 后一作者还将这一概念推广到高维积分.

6. 带微商的求积公式

G. Schmeisser 曾研究了关于单变量函数的一些最优求积公式（见 Numer. Math.，20(1972/73)，35-53). K. Jetler[45] 扩充了这些结果. 他考虑了形式如下的求积公式

$$\int_{-1}^1 f(x)\mathrm{d}x = \sum_{j=0}^{n_0-1} a_0^{(j)} f^{(j)}(-1) +$$
$$\sum_{i=1}^n (a_i f(x_i) + b_i f'(x_i)) +$$
$$\sum_{j=0}^{n_1-1} a_{n+1}^{(j)} f^{(j)}(1) + R(f)$$

上式的代数精确度是 $m-1$，此处 m 是大于 1 的正整数，而 $0 \leqslant n_0 \leqslant m, 0 \leqslant n_1 \leqslant m, N = n_0 + 2n + n_1 \geqslant m$. 特别,他证明了若 $f \in C^m[-1,1]$,则求积余项可以表示为下述形式

$$R(f) = C_k f^{(m)}(\xi), \xi \in (-1,1)$$

的充分必要条件是相应的 Peano 核 $K(t)$ 是半定的 (semi-definite),且此时 $c_k = \int_{-1}^1 K(t)\mathrm{d}t$.

V. K. Arro[46] 曾研究了如下形式的求积公式

$$\int_0^1 x^a f(x)\,\mathrm{d}x = \sum_{k=1}^n \sum_{j=1}^\rho A_{kj} f^{(j)}(x_k) + R(f)$$

其中 $0 \leqslant x_1 < x_2 < \cdots < x_n \leqslant 1$. 对于下述函数空间 $W^{(r)} L_2 = \{ f \mid f^{(r-1)}$ 在 $[0,1]$ 上绝对连续，且 $\| f^{(r)} \|_{L_2[0,1]} \leqslant M \}$ 以及 $\rho = r-1, \rho = \tau - 2$, 作者确定了权 A_{kj} 和 $x_k(k=1,\cdots,n; j=0,1,\cdots,\rho)$ 诸值，且指明在他给出的公式中余项 $R_n(f)$ 取得极小值，即

$$R_n = \sup_{f \in W^{(r)} L_2} \mid R_n(f) \mid = \min$$

G. Porath 和 G. Wenzlaff[47] 给出了如下的求积公式

$$\int_{-1}^1 f(x)\,\mathrm{d}x = \sum_{k=0}^{a-1} [A_{mk} f^{(k)}(1) + B_{mk} f^{(k)}(-1)] +$$
$$\sum_{i=1}^m c_{mi} f(x_{mi}) + S_m(f)$$

这个公式对 $2\alpha + 2m - 1$ 次的多项式是精确的（即 $S_m = 0$）. 当 $\alpha = 1$ 时上面的公式就是熟知的 Lobatto 公式. 计值点 x_{mi} 是 Jacobi 多项式的零点；系数 A_{mk} 和 B_{mk} 是按照插值型求积公式的要求来确定的. 作者曾针对下列两种情况估计了求积误差：① f 在区间 $[-1,1]$ 上有 $2\alpha + 2m$ 阶连续微商；② f 在包含有区间 $[-1,1]$ 的复平面上的一个区域内是正规解析的. D. D. Stancu 和 A. H. Stroud 等也都讨论过上述类型的求积公式（参阅 Math. Comp. ,17(1963),384-394）. 看来带微商的求积公式的研究，在理论上和应用上都是很有价值的，其他有关文献请参阅[48-51].

7. 求积误差的估计

关于求积公式的误差余项或更一般的线性逼近的余项分析，应该提到 A. Sard 的研究工作（见所著线性逼近,1963). Sard 的基本贡献,就是将古典的 Peano 关于求积泛函的余项表示定理发展到一个新的高度,得到了最一般的结果. 还应提及的是,P. J. Davis 曾首先应用复变解析方法来估计求积余项. 他的方法后来已经获得了一系列的发展.

近年来,有关具体的求积公式误差估计的工作已有不少. 请参阅[52-58]. 特别可以提到的是,杭州大学的王兴华曾研究了 Euler-Maclaurin 公式余项的估计问题,对某些函数类例如 $W^{(k)}V_p(M;[0,1])$,$W^{(k)}(M;[0,1])$,等得到了余项上确界的精确估值,并应用于若干具体类型的求积公式,从而拓广和改进了 S. M. Nikolski、徐利治、C. K. Chui 等人工作中的相应结果(见高等学校计算数学学报,(1979),No. 1,102-111).

§3　关于高维数值积分方法

1. 数论方法

我们知道,Monte Carlo 方法的实质是利用点的位置的随机性来保证点列分布的均匀性的,因此用它计算积分得到的只能是概率误差. 而且,它并不是一个高精度的求积方法,其求积误差以 $1/\sqrt{N}$ 的速度减小,因此只适合于那些对计算结果的精确度要求不是很高的情形. 为了克服 Monte Carlo 方法的上述缺点,近二十年来形成了高维数值积分的数论方法. 数论方法的理论基础是数论中的"一致分布理论". 这个方法是用事先选定的最佳分布点列上的函数值构成的单和去逼近多重积分,因而求积误差不再是概率的,而是确

定的. 非但如此, 这些确定的误差竟比"概率误差"还要精密.

　　数论方法始于 1958 年苏联学者 N. M. Korobov 的一篇短文, 以后经过 N. S. Bahvalov, I. F. Sharigin, C. B. Haselgrove, 还有我国数学家华罗庚, 王元[4] 和闵嗣鹤等人的推进与发展, 到现在这个方法已经臻于至善. 这一方法的主要成果已经概括在 Korobov 的近似分析中的数论方法(1963 年) 与华罗庚、王元所著数值积分及其应用(1963 年) 和数论方法在近似分析中的应用(1978 年) 三本书中了. 在我们的著作[2](1980 年) 中也有较详细的介绍.

　　数论方法的优点是: ① 实践性强, 它所用到的计值点列可以通过一定的程序在计算机上逐步产生, 所以借助于计算机可以有效地运用这一方法所导出的许多公式; ② 在保持一定精度的条件下, 这一方法得出的一些公式特别适宜于处理大维数积分的计算问题; ③ 由数论方法导出的公式都有精确的误差阶的估计, 这与代数方法得出的结果很不一样. 当然数论方法也有很大的局限性. 它主要只适用于具有较高光滑性条件的"多元周期函数类", 且积分区域是由各周期作长度形成的多维方体域. 虽然原则上说来, 非周期函数可以转化为周期函数(例如用 Haselgrove 变换方法), 但转换得来的函数(包括不完全 β 函数等) 结构十分复杂, 实际上已失去应用的价值. 因此, 对于"多元非周期函数类", 如何构造"好" 的求积公式的问题尚未完全解决.

　　近年来, 国外关于"数论方法" 的文章已经不是很多了, 国内尚有一些文章发表, 主要是进一步减少"华、王方法"所需要的初等运算次数.

2.代数方法

在[1]中,我们已经对代数方法作过介绍.特别值得注意的是,用代数方法构造的许多"好"公式均与多元直交多项式有关.这从下面的两个典型定理可以看得很清楚,引进下列一些记号:

① $M \equiv N(2,d) \equiv (d+1)(d+2)/2$;

② $P_{m,i}(x,y)$ 是一个恰好为 m 次的多项式;

③ $Q_k(x,y)$,$Q_{k,j}^{\alpha,\beta}(x,y)$ 是次数 $\leqslant k$ 的多项式;

④ m 和 k 是任意的固定的整数,且 $1 \leqslant m,0 \leqslant k < m,d = m + k$;

⑤ $x_i,y_i,\beta_i,i = 1,\cdots,N(N < M)$ 是实数或复数;

⑥ α,β 是非负整数;

⑦ $L_2^d = \{(\alpha,\beta):0 \leqslant \alpha + \beta \leqslant d\}$;

⑧ $X_{M,N}$ 是 $M \times N$ 矩阵,它的行是 $(x_1^\alpha y_1^\beta,\cdots,x_N^\alpha y_N^\beta)$,$(\alpha,\beta) \in L_2^d$;

⑨ L_N 是 L_2^d 的子集,它含有 N 个元素;

⑩ $X_{N,N}$ 是 $N \times N$ 矩阵,它的行是 $(x_1^\alpha y_1^\beta,\cdots,x_N^\alpha y_N^\beta)$,$(\alpha,\beta) \in L_N$.

定理 1 (Stroud)设已给出多项式集

$$P_{m,1}(x,y),\cdots,P_{m,l}(x,y) \quad (l \geqslant 2)$$

且它们满足:

① 多项式集是线性独立的,其中每一个均与 $Q_k(x,y)$ 直交;

② $P_{m,1}(x_i,y_i) = \cdots = P_{m,l}(x_i,y_i) = 0,i = 1,\cdots,N$;

③ 矩阵 $X_{M,N}$ 的秩数为 N. 换言之,对于某些 L_N,矩阵 $X_{M,N}$ 是非奇异的;

④ 对于使得 $X_{M,N}$ 为非奇异的 L_N 有下列事实成

立：对每一个 $(\alpha,\beta) \in L_2^d \backslash L_N (L_2^d \backslash L_N$ 表集合 L_2^d 和 L_N 的差集）有多项式 $Q_{k,i}^{\alpha,\beta}(x,y)(i=1,\cdots,l)$ 及实数 $b_{\alpha^*,\beta^*}((\alpha^*,\beta^*) \in L_N)$ 使得

$$Q_{k,1}^{\alpha,\beta}P_{m,1}+\cdots+Q_{k,l}^{\alpha,\beta}P_{m,l}=x^\alpha y^\beta+\sum_{L_N}b_{\alpha^*,\beta^*}x^{\alpha^*}y^{\beta^*}$$

则有常数 $B_i(i=1,\cdots,N)$ 使得

$$\iint_{R_2}W(x,y)Q_d(x,y)\mathrm{d}x\mathrm{d}y=\sum_{i=1}^N B_iQ_d(x_i,y_i)$$

对于所有次数 $\leqslant d$ 的多项式是成立的.

定理 2　（Hirsch）设已知上述求积公式的代数精确度为 d. 又设行元素为

$$(x_1^\alpha y_1^\beta,\cdots,x_N^\alpha y_N^\beta)\quad (0\leqslant\alpha+\beta\leqslant m-1)$$

的矩阵的秩数为 $\dfrac{1}{2}m(m+1)$，而行元素为

$$(x_1^\alpha y_1^\beta,\cdots,x_N^\alpha y_N^\beta)\quad (0\leqslant\alpha+\beta\leqslant m)$$

的矩阵的秩数为 $\dfrac{1}{2}(m+1)(m+2)-l,l\geqslant 0$，则有 l 个线性无关的多项式

$$P_{m,s}(x,y)\quad (s=1,\cdots,l)$$

满足下列条件：

（1）每个 $P_{m,i}$ 与所有的 Q_{d-m} 直交；

（2）$P_{m,1}(x_i,y_i)=\cdots=P_{m,l}(x_i,y_i)=0,i=1,\cdots,N$.

R. Franke[59]，对于平面区域和关于每个变量为对称的权函数，用 12 个点构造了七次代数精确度的求积公式. 如果结点是实的，权函数是正的，他还证明，对于完全对称的区域有无穷多个 12 点七次代数精确度的求积公式且结点个数 12 已不能再减少.

A. Hoegemans 和 R. Piessens[60]，对于正方区域

和一些其他区域,利用直交多项式零点作结点,分别用12 点和 19 点构造了七次和九次求积公式.

J. N. Lyness 和 G. Monegato[61],对正六边形区域构造了代数精确度直至 15 次的求积公式集.

再谈谈球上的求积公式. V. I. Lebedev[62,63] 在球上构造了具有 25 次至 29 次代数精确度的求积公式. 又 V. A. Gardin[64] 构造了球上的最优(在概率意义下)求积公式,给出了两个例子,并进行了渐近误差估计.

用代数方法构造求积公式具有显明的构造性特征,所以无论是方法或结果在具体应用时都是很便利的. 但是,代数方法也有它的局限性(见[1]). 代数方法的局限性,实际是由于它本身所遇到的困难决定的. 困难的实质就是因为"联立多元高次代数方程组"的实解存在范围问题与求解问题,本质上都是很难分析处理的问题. 就一般情况而言,即使作近似分析也已经十分困难.

§4 数值积分中的几个特殊问题

1. 奇异积分

有关奇异积分近似估值法的文章,在近几年数值积分的文献里占有很大的比例. 仅 1978 和 1979 两年,"数学评论"评述的文章就有 20 余篇. 于此,我们只能简要地介绍一下.

很早人们就已经修正了古典的 Petr 公式与 Maclaurin 公式,使它们能够适用于被积函数在积分区间上具有乘幂型奇异性的情形. F. G. Lether[65] 修正

了已知的求积公式,使得当被积函数是有理函数且它的解析展开式在 $[-1,1]$ 附近有极点时,它们亦能够被应用. 这里应用了 J. D. Donaldson 和 D. Elliott 使用过 的 工 具 （SIAM　J. Numer. Anal. ,9(1972),573-602).

　　C. G. Harris 和 W. A. B. Evans[67] 修正了点 N Gauss 型公式,使之能适用于被积函数在积分区间端点处具有这样或那样的奇异性. 公式的代数精确度低于通常的 Gauss 公式的代数精确度. 并给出了含有对数型奇点和乘幂型奇点的数值例子.

　　B. G. Gabdulhaev 和 L. A. Onegov[66] 进行了高维奇异积分的研究. 他们对于 $2\sim3$ 维奇异积分方程中的积分构造了一些简明的公式,积分区域是圆域. 第一位作者还发表过对这一问题研究的两篇文章.

　　V. I. Krylov 和 A. A. Pal'cev 还针对对数型和乘幂型的奇异积分给出了数值积分表(Tables for numerical integration of functions with logarithmic and power singularities,1971).

2. 振荡积分的近似估值法

　　从论文数量来看,1978 和 1979 两年振荡函数积分近似估值法的文章与奇异积分的文章相当,也是很多的. E. Ja. Riekstiņš 还 写 了 专 书 （Asymptotic expansion of integrals,1(1974),2(1977)). 此处我们也只能列述其一二.

　　Ja. M. Žileĭkin 和 A. B. Kukarkin[68] 考虑了积分

$$\int_0^1 e^{iu g(x)} f(x) \mathrm{d}x$$

的优化计算问题. 此处假定 $f(x) \in H_1^q(M), g(x)$ 是

固定的函数. 依赖于 $g(x)$ 的选择, 他们得到了在函数类 $H_1^q(M)$ 上的误差估计, 并且这些估计是最佳可能的.

V. L. Rvacôv, A. Ǐ. Strel'ĉenko 和 V. P. Verzikovs'kiǐ (见[69]) 对积分

$$\iint_D f(x,y)\sin(Ax + By + C)\mathrm{d}x\mathrm{d}y$$

给出了两个计算公式, 其中 D 是任意的三角形区域. 第一个公式用到 f 在 D 的高上的值, 并且当 f 是次数 $\leqslant 1$ 的多项式时求积公式是精确的. 第二个公式用到 f 在 D 的高线上的函数值和各边中点上的函数值, 且它对次数 $\leqslant 2$ 的多项式是精确的.

对非负实数 x, 令 $\{x\} = x - [x]$ 表示 x 的"分数部分", 其中 $[x]$ 为 x 的整数部分. 借助于 Euler-Maclaurin 公式和 Bernoulli 多项式 $B_n(x)$ 以及周期的 Bernoulli 函数 $\bar{B}_n(x)$ 的若干性质, 证明了下述结果:

设方域 $R(0 \leqslant x \leqslant 1, 0 \leqslant y \leqslant 1)$ 上的连续函数 $f(x,y)$ 对变元 x 具有 m 阶连续偏导数 $f_x^{(m)}(x,y)$, 则对任何实的大参数 N, 恒有渐近展开公式

$$\int_0^1 f(x,\{Nx\})\mathrm{d}x = \int_0^1 \int_0^1 f(x,y)\mathrm{d}x\mathrm{d}y +$$

$$\sum_{k=1}^{m-1} \frac{1}{k!}\left(\frac{1}{N}\right)^k \int_0^1 H_k(y,N)\mathrm{d}y +$$

$$O(N^{-m})$$

其中 $H_k(y,N) = f_x^{(k-1)}(1,y)\bar{B}_k(y - \{N\}) - f_x^{(k-1)}(0,y)B_k(y)$.

在上述条件下, 若连续函数 $f(x,y)$ 对变元 x 具有 $m+1$ 阶连续偏导数 $f_x^{(m+1)}(x,y)$, $0 \leqslant \alpha < 1$, 则对任何

实的大参数 N,有下列渐近展开公式

$$\int_0^1 x^{-\alpha} f(x,\{Nx\})\mathrm{d}x =$$

$$\int_0^1 \int_0^1 x^{-\alpha} f(x,y)\mathrm{d}x\mathrm{d}y +$$

$$\sum_{k=1}^{m-1} \frac{1}{k!}\left(\frac{1}{N}\right)^k \int_0^1 F_x^{(k-1)}(1,y)\bar{B}_k(y-\{N\})\mathrm{d}y +$$

$$\sum_{j=0}^{m-1} \frac{1}{j!}\left(\frac{1}{N}\right)^{-\alpha+j+1} \int_0^1 \zeta(\alpha-j,y)f_x^{(j)}(0,y)\mathrm{d}y +$$

$$O(N^{-m})$$

上式中 $F(x,y) = x^{-\alpha}f(x,y),\zeta(\alpha,a)$ 为广义的 Riemann Zeta 函数.上述公式概括了许多已有结果为其特例.

　　1978 年徐利治[5] 先后两次提出下述研究问题:设 $\varphi(x)$ 为区间$[0,1]$上的连续函数,要求计算下述大参数积分

$$I_N(f,\varphi) = \int_0^1 f(x,\{N\varphi(x)\})\mathrm{d}x \quad (N\text{——大参数})$$

1979 年杭州大学的施咸亮[7] 在函数 $\varphi(x)$ 满足某些特定的条件之下,对于积分 $I_N(f,\varphi)$,给出了与前面类似的渐近展开式.

3.“降维展开法”及其应用

　　高维积分的“降维展开法”由徐利治提出(参看[3],第 4 章).这个方法的基本思想是:把被积函数乘以一个特殊的直交多项式(该多项式的型式随积分区域而异),反复利用 Gauss-Green-Ostrogradsky 公式(即高维分部积分公式),把一个高维积分化为若干个低一维的积分之和,使其误差泛函具有尽可能小的估值.

在[6]中,作者又进一步提出了齐次降维展开法.同时得到了使误差泛函取极小值的最佳降维公式,再利用一些经典的一维求积公式(例如,高斯求积公式等),就可以构造出高维积分的"最佳边界型求积公式".这种公式要用到被积函数及其偏导数在边界的若干个点上的数值,且在指定的代数精确度下,所用到的边界上计值点的数目最少. 例如,考虑三维方体 $V(\mid x \mid \leqslant 1, \mid y \mid \leqslant 1, \mid z \mid \leqslant 1)$ 上的三重积分

$$I(F) = \iiint_V F(x,y,z)\mathrm{d}x\mathrm{d}y\mathrm{d}z$$

此处 $F(x,y,z)$ 是多次可微函数. 再定义 $H^{(m,m,m)}$ 为所有如下形式多项式

$$p(x,y,z) = ax^m(yz)^{m-1} + by^m(xz)^m + cz^m(xy)^{m-1} + 低次项$$

的类. 在[6]中,给出了 V 上积分的"最佳边界型求积公式"的构造特征,即:对于 $H^{(2n-1,2n-1,2n-1)}$ 类中的多项式为精确的形式

$$I(F) \cong \left(\frac{1}{m!}\right)^5 \sum_{k=0}^{m-1} \sum_{i=0}^{m-1} \sum_{j=0}^{m-1} \Psi_{kij}(t_j)$$

的最佳边界型求积公式,至少需要用到 V 的边界面上 $12n$ 个计值点 $(\pm 1, \pm 1, t_j),(\pm 1, t_j, \pm 1),(t_j, \pm 1, \pm 1)(j=0,1,\cdots,n-1)$,其中 t_j 为 n 次 Legendre 多项式的零点,$\Psi_{kij}(t_j)$ 是 $F(x,y,z)$ 的低于

$$\left(\frac{\partial^3}{\partial x \partial y \partial z}\right)^m F(x,y,z)$$

的偏导数在以上计值点处的值的线性组合.

"最佳边界型求积公式"具有精确度高而使用的边界上计值点数目之少优点,但需要计算被积函数的偏导数在计值点处的值.利用"降维法"导出更多具体适

用的最佳边界型求积公式,对于实际应用仍具有极大的兴趣.

1979 年 L. K. Kratz[70] 曾利用经典的微分方程理论获得一个将二重积分精确降维为一维的边界积分公式,但必须假定被积函数满足一个已给的微分方程.该法推广到高维情形将是很困难的.

如何应用降维展开的一般思想方法,去研究各种上类型的边界型求积公式的构造问题,看来还有许多工作可做.

参 考 资 料

[1] 徐利治,周蕴时. 应用数学与计算数学,5(1979),1-14.

[2] 徐利治,周蕴时. 高维数值积分,科学出版社,1980.

[3] 徐利治.高维的数值积分,科学出版社,1963.

[4] 华罗庚,王元. 数论在近似分析中的应用,科学出版社,1978.

[5] 徐利治,函数逼近论会议论文集,杭州,1978,57-60.

[6] 徐利治,王仁宏,周蕴时. 计算数学,1978,3,54-75.

[7] 施咸亮,杭州大学学报,3(1980),17-29.

[8] 朱功勤. 高校计算数学学报,1980,1,90-93.

[9] Stroud,A. H. ,Approximate Caleulation of Multiple Integrals,Prentice-Hall Series in Automatie Computation,1971.

[10] Davis,P. J. ,Rabinowitz,P. ,Methods, of Nu-

merical Integration, Blaisdell, Waltham, Mass. ,1975.

[11] Schoenberg, I. J. , SIAM J. Numer. Anal. , 2 (1965),144-170;3(1966),321-328.

[12] Karlin,S. ,J. Approximation Theory,4(1971), 59-90.

[13] Lee,J. W. , J. Approximation Theory, 20: 4 (1977),348-384.

[14] Kershaw, D. , J. Approximation Theory, 6 (1972),466-474.

[15] Andria, G. D. , Byrne, G. D. , Hill, D. R. , Math. Comp. , 27 (1973), 831-838, addendum ibid. 27: 124 (1973), loose microfiche supplement A1-A4.

[16] Phillips, J. L. , Hanson, R. J. , Math. Comp. , 28:126(1974), Loose Microfiche Supple. A1-A4.

[17] Gânseă,I. ,Rev. Roumaine Math. Pures Appl. , 22:8(1977),1107-1115.

[18] Coman, G. ,Stud. Cere. Mat. ,25(1973),495-503.

[19] Förster, H. , Mathematisches Institut der Universität Bonn, Bonn,1977.

[20] Gânseă,I. ,Stud. Cerc. Mat. ,29:3(1977),221-231.

[21] Bock, T. L. ,Ann. Physik(7),34:5(1977):335-340.

[22] Sobolev,B. L. ,Dokl. Akad. Nauk SSSR,235:1

(1977),34-37.

[23] Gil，M. I. ，Ž. Vyeisl. Mat. Fiz. i Mat. Fiz. ，14 (1974),487-489.

[24] Wagner(H. J. Computing 18:1(1977)),51-58.

[25] Grump，K. S. ，J. Assoc. Comput. Mach. ，23:1 (1976),89-96.

[26] Rodriques，A. J. ，J. Inst. Math. Appl. ，20:1 (1977),21-22.

[27] Aboul-Atta，O. A. ，Tomehuk，E. J. Inst. Math. Appl. ，21:2(1978),157-163.

[28] Jefficents，C. P. ，Chow，Ce-Pan，J. Comput. Appl. Math. ，4:1(1978),53-58.

[29] Leven，D. ，J. Comput. Appl. Math. ，1:4 (1975),247-250.

[30] Rjabov，V. M. ，Vestnik Lenigrad Univ. ，1978, No. 1,Mat. Mch. astronom. Vyp. 1,72-76,156.

[31] Kaper，H. G. ，J. Math. Anal. Appl. ，59:3 (1977),415-422.

[32] Blakemore，M. ，Evans，G. A. ，Hyslop，J. ，J. Computational Phys. ,22:3(1976),352-376.

[33] Didonato，A. R. ，Math. Comp. ，32:141(1978), 271-275.

[34] Chang，G. Z. ，Bull. Inst. Math Acad. Sinica， 2:1(1974),21-27.

[35] Monegato，G. ，Math. Comp. ，30:136(1976), 812-817.

[36] Piessens，R. ，Branders，M. ，Math. Comp. ， 28（1974），135-139；supplement，ibid. ，28

(1974),344-347.

[37] Chawla, M. M. , Kumar, S. , J. Math. Phys. Sci. ,12:1(1978):49-59.

[38] Salzer, H. E. , J. Comput. Appl. Math. , 2 (1976),241-248.

[39] Schmeisser, G. , Numer. Math. , 27:3 (1976/ 77),355-358.

[40] Costabile, F. , Calcolo 11(1974),191-200.

[41] Wuytack, L. , J. Comput. Appl. Math. , 1:4 (1975),267-272.

[42] Suhadole, A. , Postgraduate Seminar in Mathematies, Part 3-4, 1971/1972, 23-30. Inšt. Mat. Fiz. Meh. Oddel. Mat. Univ. v Ljubljana, Ljubljana,1973.

[43] Omladič, M. , J. Inst. Math. Appl. , 21:4 (1978),493-498.

[44] Hunkins, D. R. , Boland, W. R. ,Duris, C. S. , Nordisk Tidskr. Informationsbehandling (BIT), 13(1973),408-414;11(1971),139-158.

[45] Jetler, K. , Numer. Math. , 25:3 (1975/76), 239-249.

[46] Arro, V. K. , Tallin. Polütehn. Inst. Toimetised. 1976,No. 393,3-14.

[47] Porath, G. , Wenzlaff, G. , Beiträge Numer. Math. ,5(1976),147-156.

[48] Levin, M. I. Eesti NSV Tead. Akad. Tomietised Füüs. Mat. ,24:1(1975),15-19.

[49] Bojanov, B. D. , Dokl. Akad. Nauk SSSR,232:6

(1977),1233-1236.

[50] Levin, M. I. , Tallin. Polütehn. Inst. Toime-tised Seer. A,1973, no. 345,15-20.

[51] Kosjuk, S. D. , Taskent. Gos. Univ. Nauěn. Trudy Vyp. 418 Voprosy Mat. 1972, 181-186, 382-383.

[52] Frend, G. , Proc. Roy. Irish Acad. Conf. Univ. College, Dublin, 1972, 113-121, Acadmic Press, London, 1973.

[53] Metherington, J. H. , Math. Comp. , 27 (1973),307-316.

[54] Lether, F. G. , SIAM J. Numer. Anal. , 11 (1974),1-9.

[55] Babenko, V. F. , Mat. Zametki, 20:4(1976), 589-595.

[56] Jayarajin, NO. , Calcolo 11(1974),289-296.

[57] Haber, S. , Quart. Appl. Math. , 29 (1971/72),411-420.

[58] Makovoz, Ju. I. , Šeško, M. A. , Vesci Akad. Navuk BSSR Ser. Fiz. Mat. Navuk,1977,no. 6, 36-41,140.

[59] Franke, R. , SIAM J. Numer. Anal. , 10 (1973),849-862.

[60] Hoegemans, A. , Piessens, R. , SIAM J. Numer. Anal,14:3(1977),492-508.

[61] Lyness, J. N. , SIAM J. Numer. Anal. ,14:2 (1977),283-295.

[62] Lebedev, V. I. , Ž Vyěisl. Math. i Mat. Fiz. ,

16:2(1976),293-306,539.

[63] Lebedev, V. I. , Sibirsk. Mat. Ž. ,18:1(1977),
132-142,239.

[64] Gardin, V. A. , Ž. Vyěisl. Math. i Mat. Fiz. ,
17:1(1977),241-246,287.

[65] Lether, F. G. , J. G. J. Comput. Appl. Math. ,
3:1(1977),3-9.

[66] Gabdulhaev, B. G. , Onegof, L. A. , Izv. Vysš.
Uěebn. Zared. Matematika, 1976, No. 7
(170),100-105.

[67] Harris, C. G. , Evans, W. A. B. , Internat. J.
Comput. Math. , 6:3(1977/78),219-227.

[68] Žileĭkin, Ja. M. , Kukarkin, A. B. , Ž. Vyěisl.
Mat. i. Mat. Fiz. ,18:2(1978),294-301,523.

[69] Rvaěov, V. L. , Strelěenko, A. Ĭ. , Dopovidi
Akad Nauk Ukrain. RSR Ser. A, 1974, 131-
134,189.

[70] Kratz, L. J. , J. Approximation Theory, 27:4
(1979),379-389.

Ostrowski 不等式的改进及其应用①

第 13 章

四川理工学院理学院的王帮容,重庆工商大学数学与统计学院闻道君两位教授 2010 年通过对 Ostrowski 不等式的改进,扩大了 Ostrowski 积分公式的适用范围,将该积分公式应用于数值积分推广了经典的中点积分公式、梯形积分公式和 Simpson 积分公式,同时得到相应的最佳误差限,并给出了具体的数值应用.

1. 引言

Ostrowski 不等式给出了函数 $f(x)$ 在 $[a,b]$ 内某一点的值与其积分值之间的一个近似,对此近似积分公式的误差进行有效估计在研究数值算法的稳定性、可靠性方面具有重要作用. 关于 Ostrowski 求积公式的最佳不等式,在文献[1-2]中已经得到了如下的结论:

设 $f:[a,b] \to R$ 为连续函数,且导数满足 $\gamma \leqslant f'(x) \leqslant \Gamma, x \in [a,b]$,则

---

① 引自《数学的实践与认识》,2010 年 5 月第 40 卷第 9 期.

373

$$\left| (b-a)f(\xi) - \left(\xi - \frac{a+b}{2}\right)[f(b)-f(a)] - \int_a^b f(x)\mathrm{d}x \right| \leqslant$$

$$\frac{F-\gamma}{4}(b-a)^2 \tag{1}$$

实际使用中,如果被积函数的导数无界,就不能用(1)对近似积分公式进行误差估计. 本章将通过构造辅助函数的方法将 Ostrowski 不等式推广到任意一阶导数的情形,扩大了 Ostrowski 求积公式的适用范围,并给出了相应的数值积分公式和最佳误差限.

2. 主要结果

定理 1 设 $f:[a,b] \to R$ 为连续函数,且 $f' \in L_2(a,b)$,则

$$\left| (b-a)f(\xi) - \left(\xi - \frac{a+b}{2}\right)[f(b)-f(a)] - \int_a^b f(x)\mathrm{d}x \right| \leqslant$$

$$\frac{(b-a)^{\frac{3}{2}}}{2\sqrt{3}}\sqrt{\sigma(f')} \tag{2}$$

其中,$\xi \in [a,b]$,$\sigma(f') = \|f'\|_2^2 - \dfrac{[f(b)-f(a)]^2}{b-a}$,

且常数 $\dfrac{1}{2\sqrt{3}}$ 为最佳,即不能被更小的数代替.

证明 设

$$H(x,\xi) = \begin{cases} x-a, & x \in [a,\xi] \\ x-b, & x \in (\xi,b] \end{cases} \tag{3}$$

由分部积分法得

$$\int_a^b H(x,\xi)f'(x)\mathrm{d}x = (b-a)f(\xi) - \int_a^b f(x)\mathrm{d}x \tag{4}$$

又因为 $\int_a^b H(x,\xi)\mathrm{d}x = (b-a)\left(\xi - \dfrac{a+b}{2}\right)$,于是有

$$\int_a^b \left[H(x,\xi) - \frac{1}{b-a}\int_a^b H(t,\xi)\mathrm{d}t \right].$$

$$\left[f'(x)-\frac{1}{b-a}\int_a^b f'(t)\mathrm{d}t\right]\mathrm{d}x=$$

$$(b-a)f(\xi)-\left(\xi-\frac{a+b}{2}\right)\left[f(b)-\right.$$

$$f(a)\left]-\int_a^b f(x)\mathrm{d}x\right. \tag{5}$$

由 Cauchy 积分不等式得

$$\left|\int_a^b\left[H(x,\xi)-\frac{1}{b-a}\int_a^b H(t,\xi)\mathrm{d}t\right]\cdot\right.$$

$$\left[f'(x)-\frac{1}{b-a}\int_a^b f'(t)\mathrm{d}t\right]\mathrm{d}x\left.\right|\leqslant$$

$$\left\|H(x,\xi)-\frac{1}{b-a}\int_a^b H(t,\xi)\mathrm{d}t\right\|_2\cdot$$

$$\left\{\|f'\|_2^2-\frac{[f(b)-f(a)]^2}{b-a}\right\}^{1/2} \tag{6}$$

将(3) 值代入(6) 得

$$\left\|H(x,\xi)-\frac{1}{b-a}\int_a^b H(t,\xi)\mathrm{d}t\right\|_2^2=\frac{(b-a)^3}{12} \tag{7}$$

由(3) ～(7) 容易验证(2) 成立.

下面证明常数 $\dfrac{1}{2\sqrt{3}}$ 为最佳. 设存在常数 $C>0$,使

$$\left|(b-a)f(\xi)-\left(\xi-\frac{a+b}{2}\right)[f(b)-f(a)]-\int_a^b f(x)\mathrm{d}x\right|\leqslant$$

$$C(b-a)^{3/2}\left\{\|f'\|_2^2-\frac{[f(b)-f(a)]^2}{b-a}\right\}^{1/2} \tag{8}$$

令

$$f(x)=\begin{cases}\dfrac{1}{2}x^2, & x\in[0,\xi]\\[2mm]\dfrac{1}{2}x^2-x+\xi, & x\in(\xi,1]\end{cases} \tag{9}$$

易验证 $f(x)$ 满足定理的条件,则 $f(0)=0,f(1)=\xi-$

$\dfrac{1}{2}$，$f(\xi)=\dfrac{1}{2}\xi^2$，$\displaystyle\int_0^1 f(x)\mathrm{d}x=-\dfrac{1}{2}\xi^2+\xi-\dfrac{1}{3}$，代入（8）得

$$（8）左边=\dfrac{1}{12}，（8）右边=\dfrac{1}{2\sqrt{3}}C \qquad （10）$$

由（8）～（10）容易得到 $C\geqslant\dfrac{1}{2\sqrt{3}}$，即常数 $\dfrac{1}{2\sqrt{3}}$ 为最佳.
证毕.

定理 2 设 $f:[a,b]\to R$ 的连续函数，且 $f'\in L_2[a,b]$，将区间 $[a,b]$ 进行 n 等分，即 $a=x_0<x_1<x_2<\cdots<x_n=b$，记 $h=\dfrac{b-a}{n}$，则

$$\left|\int_a^b f(x)\mathrm{d}x-\sum_{i=0}^{n-1}\left\{hf(\xi_i)-\left(\xi_i-\dfrac{x_i+x_{i+1}}{2}\right)\cdot\right.\right.$$

$$\left.\left.[f(x_{i+1})-f(x_i)]\right\}\right|\leqslant$$

$$\dfrac{b-a}{2\sqrt{3}\,n}\sigma_n(f')\leqslant\dfrac{b-a}{2\sqrt{3}\,n}w_n(f')$$

$$\tag{11}$$

其中

$$\sigma_n(f')=\sum_{i=0}^{n-1}\sqrt{\dfrac{b-a}{n}\parallel f'\parallel_2^2-[f(x_{i+1})-f(x_i)]^2}$$

$$w_n(f')=\sqrt{(b-a)\parallel f'\parallel_2^2-\dfrac{1}{n}[f(b)-f(a)]^2}$$

证明 令

$$H_i(x,\xi_i)=\begin{cases}x-x_i, & x\in[x_i,\xi_i]\\ x-x_{i+1}, & x\in(x_i,x_{i+1}]\end{cases} \tag{12}$$

由（2）得

$$\left|hf(\xi_i)-\left(\xi_i-\dfrac{x_i+x_{i+1}}{2}\right)[f(x_{i+1})-f(x_i)]-\right.$$

$$\left. \int_{x_i}^{x_{i+1}} f(x)\,\mathrm{d}x \right| \leqslant \frac{h^{\frac{3}{2}}}{2\sqrt{3}}\sqrt{\sigma(f')} \qquad (13)$$

由(5) 得

$$\int_{x_i}^{x_{i+1}} \left[H_i(x,\xi_i) - \frac{1}{h}\int_{x_i}^{x_{i+1}} H_i(t,\xi_i)\,\mathrm{d}t \right] \cdot$$

$$\left[f'(x) - \frac{1}{h}\int_{x_i}^{x_{i+1}} f'(t)\,\mathrm{d}t \right]\mathrm{d}x =$$

$$hf(\xi_i) - \left(\xi_i - \frac{x_i + x_{i+1}}{2} \right)\left[f(x_{i+1}) - f(x_i) \right] -$$

$$\int_{x_i}^{x_{i+1}} f(x)\,\mathrm{d}x$$

$$(14)$$

对(14) 关于 $i = 0$ 至 $n-1$ 求和,并代入(13) 得

$$\left| \int_a^b f(x)\,\mathrm{d}x - \sum_{i=0}^{n-1}\left\{ hf(\xi_i) - \left(\xi_i - \frac{x_i + x_{i+1}}{2} \right) \cdot \right.\right.$$

$$\left.\left. \left[f(x_{i+1}) - f(x_i) \right] \right\} \right| \leqslant$$

$$\frac{h^{\frac{3}{2}}}{2\sqrt{3}}\sum_{i=0}^{n-1}\left\{ \| f' \|_2^2 - \frac{1}{h}\left[f(x_{i+1}) - f(x_i) \right]^2 \right\}^{\frac{1}{2}}$$

$$(15)$$

又因为

$$\sum_{i=0}^{n-1}\left\{ \| f' \|_2^2 - \frac{1}{h}\left[f(x_{i+1}) - f(x_i) \right]^2 \right\}^{\frac{1}{2}} \leqslant$$

$$n\left\{ \| f' \|_2^2 - \frac{1}{b-a}\sum_{i=0}^{n-1}\left[f(x_{i+1}) - f(x_i) \right]^2 \right\}^{\frac{1}{2}} \leqslant$$

$$n\left\{ \| f' \|_2^2 - \frac{1}{b-a}\cdot\frac{1}{n}\left[f(b) - f(a) \right]^2 \right\}^{\frac{1}{2}} \quad (16)$$

整理(15) 和(16) 容易验证(11) 成立. 证毕.

3. 数值应用

推论 1　在定理 2 的假设下，取 $\xi_i = \dfrac{x_i + x_{i+1}}{2}$，得"中点"积分公式

$$\left| \int_a^b f(x)\mathrm{d}x - h \sum_{i=0}^{n-1} f\left(\frac{x_i + x_{i+1}}{2}\right) \right| \leqslant \frac{b-a}{2\sqrt{3}\,n}\sigma_n(f')$$

$$(17)$$

推论 2　在定理 2 的假设下，取 $\xi_i = x_i$，得复合梯形积分公式

$$\left| \int_a^b f(x)\mathrm{d}x - \frac{h}{2} \sum_{i=0}^{n-1} \left[f(x_i) + f(x_{i+1}) \right] \right| \leqslant \frac{b-a}{2\sqrt{3}\,n}\sigma_n(f')$$

$$(18)$$

推论 3　在定理 2 的假设下，得 Simpson 积分公式

$$\left| \int_a^b f(x)\mathrm{d}x - \frac{h}{6} \sum_{i=0}^{n-1} \left[f(x_i) + 4f\left(\frac{x_i + x_{i+1}}{2}\right) + f(x_{i+1}) \right] \right| \leqslant$$

$$\frac{b-a}{2\sqrt{3}\,n}\sigma_n(f') \qquad (19)$$

记 I_0, I_1 分别表示推论 1 和 2 中的不等式，将(17) 和 (18) 通过外推加速公式 $I = \dfrac{3}{2}I_0 + \dfrac{1}{3}I_1$，得证推论 3.

推论 4　在定理 2 的假设下，得 Simpson 积分公式的最佳不等式

$$\left| \int_a^b f(x)\mathrm{d}x - \frac{h}{6} \sum_{i=0}^{n-1} \left[f(x_i) + 4f\left(\frac{x_i + x_{i+1}}{2}\right) + f(x_{i+1}) \right] \right| \leqslant$$

$$\left. \frac{b-a}{6n}\sigma_n(f') \right| \qquad (20)$$

将定理 1 和 2 中的构造证明方法运用于 Simpson 不等式，可类似的证明最佳不等式(20).

定理 2 及推论中的第二个不等式的精度较第一个不等式稍差,但是在复合积分公式中,第二个不等式由于计算过程简便通常用来预测局部误差,而积分公式的最佳误差限一般选用第一个等式进行求解.

参 考 文 献

[1] 陈颖树,俞元洪. 二次可微函数的 Ostrowski 型不等式[J]. 数学的实践与认识,2005,12:188-192.

[2] Cheng X L, Improvement of some Ostrowski-Griiss type inequalities[J]. Computers Math Applic, 2001,42(1/2):109-114.

[3] Dragomir S S, PeSarid J and Wang S. The unified treatment of trapezoid, Simpson and Ostrowski type inequalities for monoto-nic mappings and applications[J]. Mathl Comput Modelling,2000,31(6/7):61-70.

[4] Dragomir S S, Cerone P and Roumeliotis J. A new generalization of Ostrowski's integral inequality for mappings whose deriveatives are bounded and applications in numerical integration and for special means[J]. Appl Math Lett, 2000,13(1):19-25.

[5] Ujevic N, Sharp inequalities of simpson type and ostrowski type[J]. Computers and Mathematics, 2004,48:145-151.

[6] Cruz-Uribe D and Neugebauer C J. Sharp error bounds for the trapezoidal rule and Simpson's rule[J]. Inequal Pure Appl Math, 2002,3(4):1-22.

关于在等高线图上计算矿藏储量与坡地面积的问题

中国科学院数学研究所的华罗庚和王元两位著名数学家早在 20 世纪 50 年代就考虑了这一数学的应用问题.

§1 引 言

感谢我国的地理、矿冶与地质工作者们,他们向我们介绍了不少计算矿藏储量与计算坡地面积的实用方法,使我们能学习到这些方法,从而进行了一些研究. 在本章中对这些方法进行比较,阐明它们相互之间的关系,与这些方法的偏差情况,并提出若干建议.

关于分层计算矿藏储量方面,在矿体几何学上(见[2]-[4])有 Бауман 公式,截锥公式与梯形公式.设用它们算出来的矿藏体积分别为 v, v_1 与 v_2. 本章证明了它们满足不等式

第 14 章

380

$$v \leqslant v_1 \leqslant v_2$$

并且完全确定了取等号的情况.关于这三个公式的比较问题,作者认为主要应从量纲来看,因此我们认为 Бауман 公式的局限性较少.

本章提供了一个双层合算矿藏储量的公式,这个公式的获得首先在于我们找到了 Бауман 公式的一个新证明.这个证明既简单,而又易于进一步改进.它的优点在于比 Бауман 公式麻烦得并不很多,但比 Бауман 公式多考虑了一些因素,同时也比 Соболевский 公式(即通常的双层合算矿藏储量的公式,见 [2]-[4])多考虑了一些因素.我们推荐它供我国矿藏储量计算工作者参考或试用.

关于坡地面积的计算方面,在地理学上常用 Волков 方法(见[5]-[6]);在矿体几何学上,则常用 Бауман 方法(见[1]-[2]).本章指出,Бауман 方法比 Волков 方法精密,但用这两个方法算出的结果常比真正的结果偏低.本章完全定出了能够用这两个方法来无限精密地计算其面积的曲面及指出这两个方法的偏差情况.详言之,偏差依赖于曲面上点的倾角的变化.只有当整个曲面上各点的倾角都相差不大时,Волков 方法才能得到精确结果,而只有当曲面在相邻两等高线间的点的倾角的变化不大时,Бауман 方法才能给出精密的结果.然而在其他情况下,用这两个方法的误差就可能比较大了.因此我们建议在等高线图上通过制高点引进若干条放射线,当曲面与直纹面相近时,可以分别求出相邻两条放射线间的表面积,然后总加起来,如果相邻两条等高线间与相邻两条放射线间,曲面的倾角的变化都比较大时,可以分别算出由放射线及等高线所组成的每一小块的表面积,然后总加起来.这样算出的结果,偏差就比较小了.

§2　矿藏储量计算

1. Бауман 方法

假定有一张矿藏的等高线图,高程差是 h,地图上所表示的一圈,实际上便是一定高程的矿体的截面积.我们来估计两张这样的平面之间的矿藏的体积.这两张平面之间的距离便是高程差 h.我们以 A, B 各表示下、上两个等高线圈所包围的截面(见图 31,它们的面积亦记为 A, B). Бауман 建议用

$$v = \left[\frac{1}{2}(A + B) - \frac{T(A, B)}{6} \right] h \qquad (1)$$

来估算这两个高程间的一片的体积 v,此处 $T(A, B)$ 是用以下方法所画出的图形的面积,称它为 Бауман 改正数.

如图 32 中,从制高点 O 出发,作放射线 OP,这放射线在地图上 A, B 之间的长度是 l. 另作图 33,取一点 O',与 OP 同方向取 $O'P' = l$. 当 P 延着 A 的周界走一圈时,P' 也得一图形,这图形的面积就称为 Бауман 改正数.因为它依赖于两截面 A 与 B,所以我们用 $T(A, B)$ 来表示它.

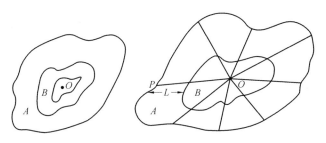

图 31　　　　　　　　　　　　图 32

把算出来的矿体体积一片一片地加起来,就得到矿藏的体积 V.换言之,设矿体的等高线图的 $n+1$ 条等线所围成的面积依次为 $S_0,S_1,\cdots,S_n$,则矿体的体积 V 由下式来近似计算

$$V=\left(\frac{S_0+S_n}{2}+\sum_{m=1}^{n-1}S_m\right)h-\frac{h}{6}\sum_{m=0}^{n-1}T(S_m,S_{m+1})\ (2)$$

此处 h 为高程差(图 34).

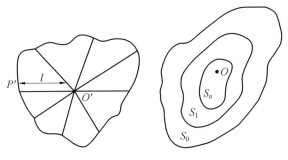

图 33　　　　　　　　　　　　图 34

定理(Бауман)　　已知物体的下底 A 与上底 B(其面积亦记为 A,B)均为平面,且 A 平行于 B,h 为它们之间的高,O 为 B 上一点.若用任意通过 O 而垂直于 B 的平面来截物体,所得的截面都是四边形,则物体的体积 v 恰如式(1)所示.

Simpson 原理

证明 以 O 为中心,引进极坐标(图 35).命高度为 z 的等高线的极坐标方程为

$$\rho = \rho(z,\theta) \quad (0 \leqslant \theta \leqslant 2\pi)$$

其中 $\rho(z,0) = \rho(z,2\pi)$. 今后我们常假定 $\rho(z,\theta)(0 \leqslant \theta \leqslant 2\pi, 0 \leqslant z \leqslant h)$ 是连续的. 我们不妨假定 A,B 的高程各为 0 及 h,并且记

$$\rho_1(\theta) = \rho(0,\theta), \quad \rho_2(\theta) = \rho(h,\theta)$$

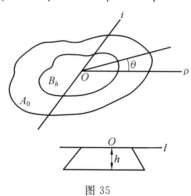

图 35

由假定可知

$$\rho(z,\theta) = \frac{z}{h}\rho_2(\theta) + \frac{h-z}{h}\rho_1(\theta) \quad (0 \leqslant z \leqslant h)$$

因此物体的体积为

$$\frac{1}{2}\int_0^h\int_0^{2\pi} \rho^2(z,\theta)\,\mathrm{d}\theta\mathrm{d}z =$$

$$\frac{1}{2}\int_0^{2\pi}\int_0^h \left(\frac{z}{h}\rho_2(\theta) + \frac{h-z}{h}\rho_1(\theta)\right)^2 \mathrm{d}z\mathrm{d}\theta =$$

$$\frac{h}{2}\int_0^{2\pi} \left(\frac{\rho_1^2(\theta)}{3} + \frac{\rho_2^2(\theta)}{3} + \frac{\rho_1(\theta)\rho_2(\theta)}{3}\right) \mathrm{d}\theta =$$

$$\frac{h}{2}\left[\frac{1}{2}\int_0^{2\pi}\rho_1^2(\theta)\,\mathrm{d}\theta + \frac{1}{2}\int_0^{2\pi}\rho_2^2(\theta)\,\mathrm{d}\theta\right] -$$

$$\frac{h}{6}\left[\frac{1}{2}\int_0^{2\pi}(\rho_1(\theta)-\rho_2(\theta))^2\,\mathrm{d}\theta\right]=$$

$$\frac{h}{2}(A+B)-\frac{h}{6}T(A,B)$$

定理证完.

2. Бауман 公式, 截锥公式与梯形公式的关系

假定物体的下底 A 与上底 B 均为平面, 且 A 平行于 B, h 为它们之间的高, O 为 B 上一点. 除 Бауман 公式外, 常用下面两公式来近似计算物体的体积

$$截锥公式: v_1=\frac{h}{3}(A+B+\sqrt{AB})\qquad(3)$$

$$梯形公式: v_2=\frac{h}{2}(A+B)\qquad(4)$$

通常当 $\dfrac{A-B}{A}>40\%$ 时, 用公式(3), 而当 $\dfrac{A-B}{A}<40\%$ 时, 用公式(4).

定理 1 不等式

$$v\leqslant v_1\leqslant v_2\qquad(5)$$

恒成立. 当且仅当物体为截锥, 且此锥体的顶点至底面 A 的垂线通过点 O 时, $v=v_1$; 当且仅当 $A=B$ 时, $v_1=v_2$.

证明 如 Бауман 定理中的假定, 由 Бауман 公式及 Буняковский-Schwarz 不等式可知

$$v=\frac{h}{6}\int_0^{2\pi}(\rho_1^2(\theta)+\rho_2^2(\theta)+\rho_1(\theta)\rho_2(\theta))\,\mathrm{d}\theta\leqslant$$

$$\frac{h}{3}\left[\frac{1}{2}\int_0^{2\pi}\rho_1^2(\theta)\,\mathrm{d}\theta+\frac{1}{2}\int_0^{2\pi}\rho_2^2(\theta)\,\mathrm{d}\theta+\right.$$

$$\left.\frac{1}{2}\sqrt{\int_0^{2\pi}\rho_1^2(\theta)\,\mathrm{d}\theta\int_0^{2\pi}\rho_2^2(\theta)\,\mathrm{d}\theta}\right]=$$

$$\frac{h}{3}(A+B+\sqrt{AB})=v_1$$

当且仅当 $\rho_1(\theta)=c\rho_2(\theta)(0\leqslant\theta\leqslant 2\pi,c$ 为常数）时，即当这物体为一截头锥体，而此锥体的顶点至底面 A 的垂线通过点 O 时，才会取等号（图 36）.

又由于

$$v_2-v_1=\frac{h}{2}(A+B)-\frac{h}{3}(A+B+\sqrt{AB})=$$

$$\frac{h}{6}(\sqrt{A}-\sqrt{B})^2\geqslant 0$$

所以

$$v_1\leqslant v_2$$

当且仅当 $A=B$ 时取等号，定理证完.

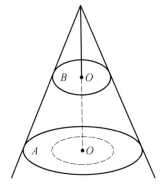

图 36

关于这三个公式的比较问题，我们认为主要应该从量纲来看. 面的量纲为 2，所以把面的量纲考虑为 1 所得出的公式，局限性往往是比较大的.

梯形公式是把中间截面看成上底与下底的算术平均而得到的，所以把面的量纲当作 1.

Бауман 公式则是将中间截面作为量纲 2 来考虑的. 详言之，它假定了 $\rho(z,\theta)$ 为 $\rho(0,\theta)$ 与 $\rho(h,\theta)$ 关于 z 的线性关系而得到的（见 1）.

截锥公式亦是将中间截面的量纲考虑为 2. 但比 Бауман 公式还多假定了 $\rho(0,\theta) = c\rho(h,\theta)(0 \leqslant \theta \leqslant 2\pi)$，此处 c 为一常数.

因此我们认为 Бауман 公式更具有普遍性，所以用它来近似计算物体的体积，一般说来，应该比较精确. 但这并不排斥对于某些个别物体，用其他两个公式更恰当些的可能性. 例如有一梯形，其上底与下底的宽度相等（图 37）. 用梯形公式反而能获得它的真正体积，而用 Бауман 公式与截锥公式来计算，结果就偏低了. 不过，我们注意此时这梯形的截面的量纲为 1（由于延 y 轴未变）.

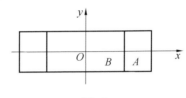

图 37

相对于 Бауман 公式，我们还可以估计用梯形公式与截锥公式的相对偏差.

例如当 $\dfrac{A - B}{A} < 40\%$（即 $B > \dfrac{3}{5}A$）时，用梯形公式算出的结果相对于 Бауман 公式算出的结果的相对偏差为

$$\Delta = \frac{v_2 - v}{v} = \frac{\dfrac{1}{2}(A+B)h - \dfrac{1}{2}(A+B)h + \dfrac{h}{6}T(A,B)}{\dfrac{1}{2}(A+B)h - \dfrac{h}{6}T(A,B)} =$$

$$\frac{T(A,B)}{3(A+B) - T(A,B)}$$

因为 $T(A,B) \leqslant A - B$（即 $\dfrac{1}{2} \displaystyle\int_0^{2\pi} (\rho_1(\theta) - \rho_2(\theta))^2 \mathrm{d}\theta \leqslant$

$\dfrac{1}{2} \displaystyle\int_0^{2\pi} \rho_1^2(\theta)\mathrm{d}\theta - \dfrac{1}{2} \displaystyle\int_0^{2\pi} \rho_2^2(\theta)\mathrm{d}\theta$，此不等式显然成立），所以

$$\Delta \leqslant \frac{A - B}{2A + 4B}$$

再以条件 $B > \dfrac{3}{5}A$ 代入，得

$$\Delta \leqslant \frac{A - \dfrac{3}{5}A}{2A + \dfrac{12}{5}A} = \frac{1}{11} < 10\%$$

3. 建议一个计算矿藏储量的公式

Бауман 公式是假定 $\rho(z,\theta)$ 为 $\rho(0,\theta)$ 与 $\rho(h,\theta)$ 关于 z 的线性关系而得到的. 如果我们将两相邻分层放在一起估计，即已知相邻三等高线 $\rho(0,\theta), \rho(h,\theta)$ 与 $\rho(2h,\theta)$. 我们用通过 $\rho(0,\theta), \rho(h,\theta)$ 与 $\rho(2h,\theta)$ 的抛物线所形成的曲面 $\rho = \rho(z,\theta)$ 来逼近矿体这两分层的表面，因此我们建议用如下的计算方法.

命 A,B,C 分别表示连续三等高线所围成的截面（面积亦记为 A,B,C），A 与 B 及 B 与 C 之间的距离都是 h，则这两片在一起的体积可用以下公式来近似计算

$$v_3 = \frac{h}{3}(A + 4B + C) - \frac{h}{15}(2T(A,B) +$$
$$2T(B,C) - T(A,C)) \tag{6}$$

如果不计式（6）中的第二项，就是熟知的 Соболевский 公式. 把二片二片的体积总加起来，就得到矿藏的总体积 V 的近似公式. 换言之，设矿藏的等高线图的 $2n + 1$ 条等高线所围成的面积依次为 $S_0, S_1, \cdots, S_{2n}$，而高程差为 h，则矿藏的体积 V 由下式来近

似计算

$$V = \frac{h}{3}\Big[S_0 + S_{2n} + 4\sum_{i=0}^{n-1} S_{2i+1} + 2\sum_{i=1}^{n-1} S_{2i}\Big] -$$

$$\frac{h}{15}\Big[2\sum_{i=0}^{n-1} T(S_{2i}, S_{2i+1}) + 2\sum_{i=0}^{n-1} T(S_{2i+1}, S_{2i+2}) -$$

$$\sum_{i=0}^{n-1} T(S_{2i}, S_{2i+2})\Big] \tag{7}$$

注意：如果等高线图含有偶数条等高线，则最上面一片可以单独估计，其余的用公式(7).

定理 2　已知物体的上底 C 与下底 A 均为平面，B 为中间截面(面积亦分别记为 C, A, B)，且 A, C 都与 B 平行，A 与 B 之间及 B 与 C 之间的距离都是 h，O 为 C 上一点(图 38). 若用任意通过 O 而垂直于 C 的平面截物体，所得的截面的周界均由两条直线及两条抛物线所构成，则物体的体积 v_3 恰如式(6) 所示.

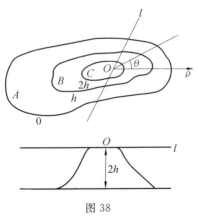

图 38

证明　以 O 为中心，引进极坐标，命高度为 z 的等高线的极坐标方程为

$$\rho = \rho(z, \theta) \quad (0 \leqslant \theta \leqslant 2\pi, \rho(z, 0) = \rho(z, 2\pi))$$

389

不妨假定 A,B,C 的高程分别为 $0,h,2h$,并且记

$$\rho_1(\theta)=\rho(0,\theta),\rho_2(\theta)=\rho(h,\theta),\rho_3(\theta)=\rho(2h,\theta)$$

由假定可知

$$\rho(z,\theta)=\frac{(z-h)(z-2h)}{2h^2}\rho_1(\theta)-\frac{z(z-2h)}{h^2}\rho_2(\theta)+$$

$$\frac{z(z-h)}{2h^2}\rho_3(\theta) \tag{8}$$

因此物体的体积 v_3 为

$$\frac{1}{2}\int_0^{2h}\int_0^{2\pi}\rho^2(z,\theta)\mathrm{d}\theta\mathrm{d}z=$$

$$\frac{1}{2}\int_0^{2\pi}\mathrm{d}\theta\int_0^{2h}\left[\frac{(z-h)(z-2h)}{2h^2}\rho_1(\theta)-\frac{z(z-2h)}{h^2}\rho_2(\theta)+\right.$$

$$\left.\frac{z(z-h)}{2h^2}\rho_3(\theta)\right]^2\mathrm{d}z=$$

$$\frac{h}{2}\int_0^{2\pi}\left[\frac{4}{15}\rho_1^2(\theta)+\frac{16}{15}\rho_2^2(\theta)+\frac{4}{15}\rho_3^2(\theta)+\frac{4}{15}\rho_1(\theta)\rho_2(\theta)+\right.$$

$$\left.\frac{4}{15}\rho_2(\theta)\rho_3(\theta)-\frac{2}{15}\rho_1(\theta)\rho_3(\theta)\right]\mathrm{d}\theta=$$

$$\frac{h}{2}\int_0^{2\pi}\left[\frac{\rho_1^2(\theta)}{3}+\frac{4\rho_2^2(\theta)}{3}+\frac{\rho_3^2(\theta)}{3}-\frac{2}{15}(\rho_1(\theta)-\rho_2(\theta))^2-\right.$$

$$\left.\frac{2}{15}(\rho_2(\theta)-\rho_3(\theta))^2+\frac{1}{15}(\rho_1(\theta)-\rho_3(\theta))^2\right]\mathrm{d}\theta=$$

$$\frac{h}{3}(A+4B+C)-\frac{h}{15}(2T(A,B)+2T(B,C)-T(A,C))$$

定理证完.

§3 坡地面积计算

1. Бауман 方法及 Волков 方法

现在先介绍矿学家及地理学家所常用的方法,假

定地图上以 Δh 为高程差画出等高线，今后我们常假定有一制高点，及等高线成圈的情况来讨论（其他情况也可以十分容易地被推出来）. 我们假定由制高点出发，向外一圈一圈地画出等高线 (l_{n-1})，(l_{n-2})，$\cdots$，(l_0)（图39）. 记 (l_0) 的高度为 0，而制高点用 (l_n) 表之，它的高度是 h，(l_i) 与 (l_{i+1}) 之间的面积用 B_i 表示（即投影的面积）.

（1）矿体几何学上常用的方法的步骤如下：

①$C_i = \dfrac{1}{2}(l_i + l_{i+1})\Delta h$（中间直立隔板的面积）；

②$\displaystyle\sum_{i=0}^{n-1}\sqrt{B_i^2 + C_i^2}$ 就是所求的斜面积的渐近值（Бауман 方法）.

（2）地理学上常用的方法的步骤如下：

①$l = \displaystyle\sum_{i=0}^{n-1} l_i$（等高线的总长度），$B = \displaystyle\sum_{l=0}^{n-1} B_i$（总投影面积），$\tan\alpha = \dfrac{\Delta h \cdot l}{B}$（平均倾角）；

②$B\sec\alpha = \sqrt{B^2 + (\Delta h \cdot l)^2}$ 就是所求的斜面积的渐近式（Волков 方法）.

注　$\sqrt{a^2 + b^2}$ 可以借商高定理，用图解法很快求出.

这两个方法哪一个更好一些？这些方法给出的结果在怎样的程度上迫近斜面积？换句话说，当等高线的分布趋向无限精密时（也就是 $\Delta h \to 0$ 时），这些方法所给出的结果是什么？是否就是真正的斜面积呢？一般说来，答案是否定的. 仅仅是一些十分特殊的曲面，答案才是肯定的. 我们将在下面定出这些曲面，并将给出这些方法和实际结果的相差比例，同时指出避免较大偏差的计算步骤.

2. Бa, Bo 与 S 的关系

以制高点 (l_n) 为中心 O,引进极坐标. 命高度为 z 的等高线方程为

$$\rho = \rho(z, \theta) \quad (0 \leqslant \theta \leqslant 2\pi)$$

其中 $\rho(z, 0) = \rho(z, 2\pi)$. 我们在今后常假定 $\dfrac{\partial \rho(z, \theta)}{\partial \theta}$ 与

$\dfrac{\partial \rho(z, \theta)}{\partial z}$ $(0 \leqslant \theta \leqslant 2\pi, 0 \leqslant z \leqslant h)$ 都是连续的. 命 $z_i = \dfrac{h}{n} i$, 则 l_i 所包围的面积等于

$$\frac{1}{2} \int_0^{2\pi} \rho^2(z_i, \theta) \, \mathrm{d}\theta$$

所以由中值公式可知

$$B_i = \frac{1}{2} \int_0^{2\pi} \left[\rho^2(z_i, \theta) - \rho^2(z_{i+1}, \theta) \right] \mathrm{d}\theta =$$

$$- \int_0^{2\pi} \rho(z'_i, \theta) \frac{\partial \rho(z'_i, \theta)}{\partial z'_i} \mathrm{d}\theta \Delta h$$

此处 $z'_i \in [z_i, z_{i+1}]$, 而 $\Delta h = \dfrac{h}{n}$. 另一方面, (l_i) 的长度等于

$$l_i = \int_{(l_i)} \mathrm{d}s = \int_0^{2\pi} \sqrt{\rho^2(z_i, \theta) + \left(\frac{\partial \rho(z_i, \theta)}{\partial \theta} \right)^2} \, \mathrm{d}\theta$$

由 Бауман 方法所得出的结果是

$$C_i = \int_0^{2\pi} \sqrt{\rho^2(z''_i, \theta) + \left(\frac{\partial \rho(z''_i, \theta)}{\partial \theta} \right)^2} \, \mathrm{d}\theta \Delta h$$

这里用了中值公式, $z''_i \in [z_i, z_{i+1}]$, 因此当 $\Delta h \to 0$ 时,

$$\sum_{i=0}^{n-1} \sqrt{B_i^2 + C_i^2} \text{ 趋近于}$$

$$\text{Бa} = \int_0^h \sqrt{\left(\int_0^{2\pi} \rho \frac{\partial \rho}{\partial z} \mathrm{d}\theta\right)^2 + \left(\int_0^{2\pi} \sqrt{\rho^2 + \left(\frac{\partial \rho}{\partial \theta}\right)^2}\, \mathrm{d}\theta\right)^2}\, \mathrm{d}z$$

$$(9)$$

这便是用 Бауман 方法算出的斜面积, 当 $\Delta h \to 0$ 时所趋向的数值.

又易见

$$B = \frac{1}{2}\int_0^{2\pi} \rho^2(0,\theta)\mathrm{d}\theta = \int_0^{2\pi}\mathrm{d}\theta\int_0^h -\rho\frac{\partial \rho}{\partial z}\mathrm{d}z$$

(注意: $\rho(h,\theta)=0$) 及 $\Delta h \cdot l$ 的极限应当等于

$$\lim_{n\to\infty}\sum_{i=0}^{n-1}\frac{h}{n}\int_0^{2\pi}\sqrt{\rho^2(z_i,\theta)+\left(\frac{\partial \rho(z_i,\theta)}{\partial \theta}\right)^2}\,\mathrm{d}\theta =$$

$$\int_0^h\mathrm{d}z\int_0^{2\pi}\sqrt{\rho^2+\left(\frac{\partial \rho}{\partial \theta}\right)^2}\,\mathrm{d}\theta$$

因此用 Волков 方法算出的斜面积, 当 $\Delta h \to 0$ 时, 所趋向的数值为

$$\text{Bo} = \sqrt{\left(\int_0^{2\pi}\mathrm{d}\theta\int_0^h -\rho\frac{\partial \rho}{\partial z}\mathrm{d}z\right)^2 + \left(\int_0^{2\pi}\mathrm{d}\theta\int_0^h \sqrt{\rho^2+\left(\frac{\partial \rho}{\partial \theta}\right)^2}\,\mathrm{d}z\right)^2}$$

$$(10)$$

由于

$$\mathrm{d}s^2 = \left[\left(\frac{\partial \rho}{\partial \theta}\right)^2 + \rho^2\right]\mathrm{d}\theta^2 + 2\frac{\partial \rho}{\partial \theta}\frac{\partial \rho}{\partial z}\mathrm{d}\theta\mathrm{d}z + \left(1+\left(\frac{\partial \rho}{\partial z}\right)^2\right)\mathrm{d}z^2$$

所以斜面的面积 S 为

$$S = \int_0^{2\pi}\mathrm{d}\theta\int_0^h \sqrt{\rho^2 + \left(\frac{\partial \rho}{\partial \theta}\right)^2 + \left(-\rho\frac{\partial \rho}{\partial z}\right)^2}\,\mathrm{d}\theta \quad (11)$$

为了比较 Бa, Bo 与 S, 我们引进一个复值函数

$$f(z,\theta) = \rho\frac{\partial \rho}{\partial z} + \mathrm{i}\sqrt{\rho^2 + \left(\frac{\partial \rho}{\partial \theta}\right)^2} \qquad (12)$$

则得

$$\text{Бa} = \int_0^h \left| \int_0^{2\pi} f(z,\theta)\,\mathrm{d}\theta \right| \mathrm{d}z \qquad (13)$$

$$\text{Бo} = \left| \int_0^h \int_0^{2\pi} f(z,\theta)\,\mathrm{d}\theta\mathrm{d}z \right| \qquad (14)$$

及

$$S = \int_0^h \int_0^{2\pi} \left| f(z,\theta) \right| \mathrm{d}\theta\mathrm{d}z \qquad (15)$$

因此显然有不等式

$$\text{Бo} \leqslant \text{Бa} \leqslant S \qquad (16)$$

由此可见:(1)Бауман 方法比 Волков 方法精密;(2)所求出的结果比真正的结果偏低一些;(3)Бауман 方法既然偏低,因此可以作如下的修改,即取 $C_i = l_i \Delta h$. 这样既简化了算法而又增大了数值.

现在来考虑 Бo $=S$ 及 Бa $=S$ 的曲面,先讲下面的引理:

引理 若 $f(x)$ 为区间 $[a,b]$ 中的复值函数,此处 a,b 均为实数,则等式

$$\left| \int_a^b f(x)\,\mathrm{d}x \right| = \int_a^b \left| f(x) \right| \mathrm{d}x \qquad (17)$$

成立的必要且充分的条件是 $f(x)$ 的虚实部分之比为常数.

证明 命 $f(x) = \rho(x)\mathrm{e}^{\mathrm{i}\theta(x)}, \rho(x) \geqslant 0$,而 $\theta(x)$ 是实函数. 显然如果 $\theta(x)$ 为与 x 无关的常数,则(17)成立. 反之,由于

$$\left(\int_a^b \left| f(x) \right| \mathrm{d}x \right)^2 = \int_a^b \int_a^b f(x)\,\overline{f(y)}\,\mathrm{d}x\mathrm{d}y =$$

$$\int_a^b \int_a^b \rho(x)\rho(y)\mathrm{e}^{\mathrm{i}(\theta(x)-\theta(y))}\,\mathrm{d}x\mathrm{d}y =$$

$$2 \iint_{a \leqslant x < y \leqslant b} \rho(x)\rho(y)\cos[\theta(x) -$$

$$\theta(y)\,]\mathrm{d}x\mathrm{d}y$$

$$\left(\int_a^b \mid f(x)\mid \mathrm{d}x\right)^2 = 2\iint\limits_{a\leqslant x<y\leqslant b}\rho(x)\rho(y)\mathrm{d}x\mathrm{d}y$$

因而若(17)成立,则必

$$\cos(\theta(x)-\theta(y))\equiv 1$$

即 $\theta(x)\equiv\theta(y)$. 此即引理所需.

易知对于多重积分,引理依然成立.

由引理可知

$$\mathrm{Bo}=\left|\int_0^{2\pi}\int_0^h f(z,\theta)\mathrm{d}z\mathrm{d}\theta\right|=\int_0^{2\pi}\int_0^h \mid f(z,\theta)\mid \mathrm{d}z\mathrm{d}\theta=S$$

成立的必要且充分的条件为 $f(z,\theta)$ 的虚实部分之比是常数 c,则得偏微分方程

$$\rho^2+\left(\frac{\partial\rho}{\partial\theta}\right)^2=c^2\left(\rho\,\frac{\partial\rho}{\partial z}\right)^2 \tag{18}$$

换言之,仅有适合这偏微分方程的函数 $\rho=\rho(z,\theta)$,Волков 方法才能给出正确答案. 这当然要适合以下的条件: $\rho(h,\theta)=0$(这是制高点) 及 $\rho(0,\theta)=\rho_0(\theta)$(这是曲面的底盘方程).

我们并不解这偏微分方程,而从它的几何意义入手,把 θ 与 z 看成参变数,即

$$x=\rho\cos\theta,\,y=\rho\sin\theta,\,z=z$$

而 ρ 是 θ 与 z 的函数,由

$$\frac{\partial x}{\partial\theta}=\frac{\partial\rho}{\partial\theta}\cos\theta-\rho\sin\theta$$

$$\frac{\partial y}{\partial\theta}=\frac{\partial\rho}{\partial\theta}\sin\theta+\rho\cos\theta$$

$$\frac{\partial z}{\partial\theta}=0$$

$$\frac{\partial x}{\partial z}=\frac{\partial\rho}{\partial z}\cos\theta$$

$$\frac{\partial y}{\partial z}=\frac{\partial \rho}{\partial z}\sin\theta$$

$$\frac{\partial z}{\partial z}=1$$

得知在曲面上的点(θ,z)的法线方向是

$$\left(\frac{\partial \rho}{\partial \theta}\sin\theta+\rho\cos\theta,\ -\frac{\partial \rho}{\partial \theta}\cos\theta+\rho\sin\theta,\ -\rho\frac{\partial \rho}{\partial z}\right)$$

由(18)可知它与z轴的交角α(即点(θ,z)的倾角)的余弦等于

$$\cos\alpha=\frac{-\rho\dfrac{\partial \rho}{\partial z}}{\sqrt{\left(\rho\dfrac{\partial \rho}{\partial z}\right)^2+\left(\dfrac{\partial \rho}{\partial \theta}\right)^2+\rho^2}}=\frac{1}{\sqrt{1+c^2}}$$

是一常数. 也就是说,这曲面的切平面与地平面(即xy平面)成一固定角度α. 我们来说明这样的曲面的几何性质.

从制高点向xy平面作任一垂直平面,这平面与该曲面的交线有次之性质. 这曲线上每一点的切线与xy平面的交角为α. 因此,它是一条直线.

从任一平面封闭曲线(l_0)作底盘,以任一投影在盘内的点(l_n)作制高点. 通过制高点与底盘垂直的直线称为轴. 通过(l_0)上任一点A作一直线,它在A与轴所成的平面上,与底盘的交角是α. 这样直线所成的图形便是适合 Bo $=S$ 的图形.

所以,如果有最高峰,而且向下看没有陡峭的角度,则仅有以下的曲面才能 Bo $=S$:底盘是圆或圆的若干切线形成的多角形或一些圆弧及一些切线所成的图形,轴的尖端在通过圆心而垂直于底盘的直线上(图40).

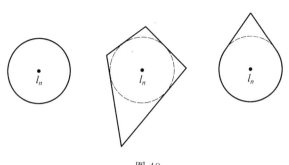

图 40

通俗些说，只有蒙古包，金字塔和一些由此复合出来的图形，才能由 Волков 方法来无限逼近.

但什么时候 Ба＝S 呢？当然 Bo＝S 的时候 Ба＝S，除掉上面所求的曲面，还有其他曲面否？答案：有. 证明如下：从

$$\text{Ба} = \int_0^h \left| \int_0^{2\pi} f(z,\theta)\,\mathrm{d}\theta \right| \mathrm{d}z = \int_0^h \int_0^{2\pi} |f(z,\theta)|\,\mathrm{d}\theta\mathrm{d}z = S$$

得出

$$\int_0^h \left(\int_0^{2\pi} |f(z,\theta)|\,\mathrm{d}\theta - \left| \int_0^{2\pi} f(z,\theta)\,\mathrm{d}\theta \right| \right) \mathrm{d}z = 0$$

因为积分号下的函数是非负的. 因此对任一 z 常有

$$\int_0^{2\pi} |f(z,\theta)|\,\mathrm{d}\theta = \left| \int_0^{2\pi} f(z,\theta)\,\mathrm{d}\theta \right|$$

因此当固定 z 时，$f(z,\theta)$ 的虚实部分之比是常数，即方程(18)中的 c 是仅为 z 的函数. 所以仅有下面的曲面才能 Ба＝S：高程相同之处，曲面有相同的倾角. 用通俗的话说，只有葫芦，白塔（北海），才能由 Бауман 方法来无限逼近.

现在我们来估计一下这两个方法给出的结果的偏差情况. 假定曲面上点的倾角的余弦介于两正常数 ξ 与 η 之间，即

$$\xi \leqslant \cos \alpha \leqslant \eta$$

即

$$\xi \leqslant \frac{-\rho \dfrac{\partial \rho}{\partial z}}{\sqrt{\left(\rho \dfrac{\partial \rho}{\partial z}\right)^2 + \left(\dfrac{\partial \rho}{\partial \theta}\right)^2 + \rho^2}} \leqslant \eta$$

由此可得

$$\frac{\rho^2 + \left(\dfrac{\partial \rho}{\partial \theta}\right)^2}{\left(\rho \dfrac{\partial \rho}{\partial z}\right)^2 + \left(\dfrac{\partial \rho}{\partial \theta}\right)^2 + \rho^2} \geqslant 1 - \eta^2$$

因此

$$\int_0^{2\pi} \int_0^h \sqrt{\rho^2 + \left(\frac{\partial \rho}{\partial \theta}\right)^2} \, \mathrm{d}z \mathrm{d}\theta \geqslant$$

$$\sqrt{1 - \eta^2} \int_0^{2\pi} \mathrm{d}\theta \int_0^h \sqrt{\left(\rho \frac{\partial \rho}{\partial z}\right)^2 + \left(\frac{\partial \rho}{\partial \theta}\right)^2 + \rho^2} \, \mathrm{d}z =$$

$$\sqrt{1 - \eta^2}\, S$$

$$\int_0^{2\pi} \int_0^h -\rho \cdot \frac{\partial \rho}{\partial z} \mathrm{d}z \mathrm{d}\theta \geqslant \xi S$$

因此

$$\mathrm{Bo} \geqslant \sqrt{\xi^2 S^2 + (1 - \eta^2) S} = \sqrt{1 + \xi^2 - \eta^2}\, S$$

又因为 $1 > \eta \geqslant \xi > 0$，所以

$$\frac{\xi}{\eta} \leqslant \sqrt{1 + \xi^2 - \eta^2}$$

（将两端平方，此式即 $(\eta^2 - \xi^2)(1 - \eta^2) \geqslant 0$）即得

$$\mathrm{Bo} \geqslant \frac{\xi}{\eta} S$$

总而言之，我们证明了下面的定理.

定理 3　若曲面 $\rho = \rho(z, \theta) (0 \leqslant z \leqslant h, 0 \leqslant \theta \leqslant 2\pi)$ 上任一点的倾角 α 的余弦都满足 $0 < \xi \leqslant \cos \alpha \leqslant$

η, 则不等式

$$\frac{\xi}{\eta}S \leqslant \text{Bo} \leqslant \text{Бa} \leqslant S \qquad (19)$$

成立. Bo $= S$ 的充要条件是曲面的任意点都有相同的倾角, Бa $= S$ 的充要条件是曲面在高程相等处的点有相同的倾角.

3. 算法建议

由定理 3 可以看出只有当曲面上的点的倾角变化不大时, Волков 方法才能得到精确结果, 而只有当曲面在相邻两高程间的点的倾角相差不大时, Бауман 方法才能给出精密的结果, 然而在其他情况下, 用这种方法的误差就可能比较大了.

因此我们建议如下的算法: 在等高线图上 (图 41), 通过制高点 l_n 引进若干条放射线 $\theta_0, \theta_1, \cdots, \theta_{m-1}$, 其中 θ_i 的幅角等于 $\dfrac{2\pi j}{m}$. 放射线 θ_j, θ_{j+1} 与等高线 l_i, l_{i+1} 所围成的面积记为 d_{ij}; l_i 被 θ_j 与 θ_{j+1} 所截取的一段的长度记之为 l_{ij}.

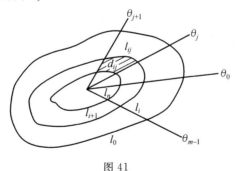

图 41

方法 1　(1) $D_j = \displaystyle\sum_{i=0}^{n-1} d_{ij}$ (等高线图在放射线 θ_j 与

θ_{j+1} 之间的面积）；

(2) $E_j = \left(\sum\limits_{i=0}^{n-1} l_{ij}\right)\Delta h$（中间隔板在两直立墙壁之间的面积之和）；

(3) $\sigma_1 = \sum\limits_{j=0}^{m-1}\sqrt{D_j^2+E_j^2}$ 就是所求曲面面积的渐近值.

方法 2 (1) $e_{ij} = l_{ij}\Delta h$（中间隔板在两直立墙壁之间的面积）；

(2) $\sigma_2 = \sum\limits_{i=0}^{n-1}\sum\limits_{j=0}^{m-1}\sqrt{d_{ij}^2+e_{ij}^2}$ 就是所求曲面面积的渐近值.

与上段相同的方法可知

$$K = \int_0^{2\pi}\sqrt{\left(\int_0^h -\rho\frac{\partial\rho}{\partial z}\mathrm{d}z\right)^2 + \left(\int_0^h\sqrt{\rho^2+\left(\frac{\partial\rho}{\partial\theta}\right)^2}\,\mathrm{d}z\right)^2}\,\mathrm{d}\theta =$$
$$\int_0^{2\pi}\left|\int_0^h f(z,\theta)\mathrm{d}z\right|\mathrm{d}\theta \tag{20}$$

及

$$S = \int_0^{2\pi}\int_0^h\sqrt{\rho^2+\left(\frac{\partial\rho}{\partial\theta}\right)^2+\left(\rho\frac{\partial\rho}{\partial z}\right)^2}\,\mathrm{d}z\mathrm{d}\theta =$$
$$\int_0^{2\pi}\int_0^h |f(z,\theta)|\,\mathrm{d}z\mathrm{d}\theta \tag{21}$$

分别为当 $n\to\infty, m\to\infty$ 时，σ_1 与 σ_2 所趋近的数（关于 $f(z,\theta)$ 的定义请参看式(12)）.

显然 $\mathrm{Bo}\leqslant K\leqslant S$（见(10)），同上段的方法可知 $K=S$ 的充要条件为曲面为直纹面. 由于 σ_2 趋于真面积，所以方法 2 最为精密可靠.

等距结点上高次曲线拟合的 Simpson 型求积公式[①]

第15章

浙江师范大学数理与信息科学学院的何国龙教授 2001 年研究在等距结点上用 k 次曲线拟合被积函数而给出相应推广的 Simpson 型求积公式,分析了算法,给出了 $k=3,4,5$ 时的 Simpson 型公式;同时,结合支持符号演算的数学软件 Maple 给出了求解一般形式的计算机程序实现方法,并给出了此类公式的数据模拟结果.

要计算定积分的精确值. 一般要求被积函数具有初等形式的原函数,而近似积分计算就是为了解决除此之外的情形. 因而有广泛的应用背景. 在数学分析中,基于定积分的定义讨论过矩形法、梯形法、抛物线法(即 Simpson 公式[1]). 这些方法综合起来实质上就是在等距结点上用零次、一次、二次曲线拟合被积函数而得到

---

① 引自《浙江师范大学学报(自然科学版)》,2001 年 11 月第 24 卷第 4 期.

的近似求积公式,由于是低次曲线,所以可以较方便地计算. 本章研究这种情形的一般化形式, 考虑在等距结点上用 k 次曲线拟合被积函数而给出相应推广的 Simpson 型求积公式.

1. kn 个等距结点上由 k 次曲线拟合的 Simpson 型近似求积的算法

设 $f(x)$ 为闭区间 $[\alpha, \beta]$ 上的可积函数, 对区间 $[\alpha, \beta]$ 进行 kn 等分, 得到 $kn+1$ 个等距结点, 记之为 $x_i, i = 0, 1, \cdots, kn$, 在每个长为 $\dfrac{\beta - \alpha}{n}$ 的小区间 $[x_{ki}, x_{k(i-1)}]$ 上用通过点 $\{(x_j, y_j)\}$ (其中 $j = ki, ki+1, \cdots, k(i+1)$, $y_j = f(x_j)$) 的 k 次多项式近似替代 $f(x)$ 来计算近似积分值. 设通过这些结点的 k 次多项式为 p_i, 显然对所有的 i, p_i 具有相似的形式.

设 $p_0(x) = \alpha_k x^k + \alpha_{k-1} x^{k-1} + \cdots + \alpha_0$, 则

$$\int_{x_0}^{x_k} p_0(x) \, \mathrm{d}x = \frac{\alpha_k}{k+1}(x_k^{k+1} - x_0^{k+1}) +$$

$$\frac{\alpha_{k-1}}{k}(x_k^k - x_0^k) + \cdots + \alpha_0(x_k - x_0)$$

为方便计算, 将上式中的 $(x_k - x_0)$ 以及各分母的最小公倍数 M 提出, 从而转化为

$$\frac{x_k - x_0}{M}\left(\alpha_k \frac{x_k^{k+1} - x_0^{k+1}}{x_k - x_0} + \right.$$

$$\left. \alpha_{k-1} \frac{x_k^k - x_0^k}{x_k - x_0} + \cdots + \alpha_1(x_k + x_0) + \alpha_0\right)$$

记之为: $\dfrac{x_k - x_0}{M} P(x_k, x_0)$.

设 $P(x_k, x_0) = \displaystyle\sum_{j=0}^{k} c_j y_j$, 其中 $c_j (j = 0, 1, 2, \cdots, k)$

为待定系数,所以 $P(x_k, x_0) = \sum_{j=0}^{k} c_j y_j = \sum_{j=0}^{k} c_j p_0(x_j)$,

由于 $x_j = \left(\dfrac{k-j}{k} x_0 + \dfrac{j}{k} x_k \right), j = 0, 1, 2, \cdots, k.$ 因此可

以转换为关于 x_k, x_0 的代数多项式,比较对应项系数,

得到关于 $c_0, c_1, \cdots, c_k$ 的线性方程组,解得 $c_0, c_1, \cdots,$

c_k,因此

$$\int_{x_0}^{x_k} p_0 \, \mathrm{d}x = \frac{\beta - \alpha}{Mn} \sum_{j=0}^{k} c \backslash - j y_j$$

$$\int_{x_k}^{x_{2k}} p_1 \, \mathrm{d}x = \frac{\beta - \alpha}{Mn} \sum_{j=0}^{k} c_j y_{k+j}$$

$$\vdots$$

$$\int_{x_{(n-1)k}}^{x_{nk}} p_{n-1} \, \mathrm{d}x = \frac{\beta - \alpha}{Mn} \sum_{j=0}^{k} c_j y_{(n-1)k+j}$$

$$\int_{\alpha}^{\beta} f(x) \, \mathrm{d}x \approx \frac{\beta - \alpha}{Mn} \Big[c_0 y_0 + c_k y_{nk} + \sum_{j=0}^{n-1} (c_0 + c_k) y_{kj} +$$

$$\sum_{j=1}^{k-1} \Big(c_j \sum_{m=0}^{n-1} y_{mk+j} \Big) \Big]$$

2. $k = 3, 4$ 时的 Simpson 型公式

定理 1　设 $f(x)$ 为闭区间 $[\alpha, \beta]$ 上的可积函数,

则

$$\int_{\alpha}^{\beta} f(x) \, \mathrm{d}x \approx \frac{\beta - \alpha}{8n} \Big(y_0 + y_{3n} + 2 \sum_{j=1}^{n-1} y_{3j} +$$

$$3 \sum_{j=1}^{n} (y_{3j-1} + y_{3j-2}) \Big)$$

证明　对区间 $[\alpha, \beta]$ 进行 $3n$ 等分,得到 $3n + 1$ 个

等距结点,记之为 $x_i, i = 0, 1, 2, \cdots, 3n$,在每个长为

$\dfrac{\beta - \alpha}{n}$ 的小区间 $[x_{3i}, x_{3(i+1)}]$ 上用通过点 $\{(x_j, y_j)\}(j =$

$3i, 3i+1, 3i+2, 3(i+1))$ 的 3 次多项式近似替代 $f(x)$ 来计算其近似积分值. 设通过这些结点的 3 次多项式为 p_i. 又设 $p_0 = ax^3 + bx^2 + cx + d$, 则

$$\int_{x_0}^{x_3} p_0 \mathrm{d}x = \frac{a}{4}(x_3^4 - x_0^4) + \frac{b}{3}(x_3^3 - x_0^3) +$$

$$\frac{c}{2}(x_3^2 - x_0^2) + d(x_3 - x_0) =$$

$$\frac{x_3 - x_0}{12}\left(3a\frac{x_3^4 - x_0^4}{x_3 - x_0} + \right.$$

$$\left. 4b\frac{x_3^3 - x_0^3}{x_3 - x_0} + 6c(x_3 + x_0) + 12d\right)$$

记之为 $\dfrac{x_3 - x_0}{12} P(x_3, x_0)$.

设 $P(x_3, x_0) = c_0 y_0 + c_1 y_1 + c_2 y_2 + c_3 y_3$. 将 $y_0 = p_0(x_0)$, $y_3 = p_0(x_3)$ 以及 $y_1 = p_0\left(\dfrac{2x_0 + x_3}{3}\right)$, $y_2 = p_0\left(\dfrac{x_0 + 2x_3}{3}\right)$ 代入, 比较对应项系数, 得到关于 c_0, c_1, c_2, c_3 的方程组

$$\begin{cases} c_0 + c_1 + c_2 + c_3 = 12 \\ 3c_0 + 2c_1 + c_2 = 18 \\ c_1 + 8c_2 + 27c_3 = 81 \\ 27c_0 + 8c_1 + c_2 = 81 \end{cases}$$

解此方程组得到: $c_0 = c_3 = \dfrac{3}{2}$, $c_1 = c_2 = \dfrac{9}{2}$, 所以

$$P(x_3, x_0) = \frac{3}{2}y_0 + \frac{9}{2}y_1 + \frac{9}{2}y_2 + \frac{3}{2}$$

$$\int_{x_0}^{x_3} p_0 \mathrm{d}x = \frac{\beta - \alpha}{12n}\left(\frac{3}{2}y_0 + \frac{9}{2}y_1 + \frac{9}{2}y_2 + \frac{3}{2}y_3\right) =$$

$$\frac{\beta - \alpha}{8n}(y_0 + 3y_1 + 3y_2 + y_3)$$

经过简单的归并可得

$$\int_a^\beta f(x)\mathrm{d}x \approx \sum_{j=0}^{n-1}\int_{3j}^{x_{3(j+1)}} p_j\mathrm{d}x =$$

$$\frac{\beta-\alpha}{8n}\Big(y_0 + y_{3n} + 2\sum_{j=1}^{n-1}y_{3j} +$$

$$3\sum_{j=1}^{n}(y_{3j-1} + y_{3j-2})\Big)$$

通过完全类似的分析计算,不难得到如下 4 次曲线拟合的 Simpson 型求积公式.

定理 2　设 $f(x)$ 为闭区间 $[\alpha,\beta]$ 上的可积函数,则

$$\int_a^\beta f(x)\mathrm{d}x \approx \frac{\beta-\alpha}{90n}\Big(7y_0 + 7y_{4n} + 14\sum_{j=1}^{n-1}y_{4j} +$$

$$12\sum_{j=0}^{n-1}y_{4j+2} + 32\sum_{j=0}^{n-1}(y\backslash-4j+1 + y_{4j+3})\Big)$$

3. 利用符号演算软件推导 Simpson 型公式的实现

在推导上述两个积分公式的过程中,略去了详细的计算步骤,实际上其中的计算工作量是较大的. 由于推导这种在 kn 个结点上由 k 次曲线拟合的 Simpson 型求积公式的过程非常程序化,因此,借助于具有符号演算能力的数学软件,完全可以由计算机辅助推导其计算公式. 以下以 $k=5$ 为例分析在 Maple[2] 中的实现.

(1) 将积分 $\int_{x_0}^{x_5} p_0(x)\mathrm{d}x$ 转化为含 x_0,x_5 的代数多项式(为减少下标在程序中的输入,不妨记为 $\int_x^y p_0(t)\mathrm{d}t$),显然有

$$\int_x^y p_0(t)\mathrm{d}t = \frac{a}{6}(x^6 - y^6) + \frac{b}{5}(x^5 - y^5) + \frac{c}{4}(x^4 - y^4) +$$

$$\frac{d}{3}(x^3 - y^3) + \frac{e}{2}(x^2 - y^2) + f(x - y)$$

$$\triangleq \frac{\beta - \alpha}{60n}p(x,y)$$

（2）令 $pp = \sum_{j=0}^{5} c_j y_j$，其中 $y_j = \frac{5-j}{5}x + \frac{j}{5}y, j = 0,$

$1, 2, \cdots, 5$，显然 pp 也是关于 x, y 的代数多项式.

（3）利用 Maple 的 Simplify 及 Coeff 过程，提取对应项系数，得到关于 $c_j(j = 0, 1, \cdots, 5)$ 的线性方程组，并用 Solve 过程求解.

在 Maple 中具体实现的程序代码如下：

```
p:= 10 * a * (x^6 − y^6)/(x − y) + 12 * b * (x^5 −
   y^5)/(x − y) + 15 * c * (x^4 − y^4)/(x −
   y) +20 * d * (x^2 − y^2)/(x − y) +
   30 * e * (x + y) + 60 * f
```

（保存多项式）

```
p-temp:= a * x − 1^5 + b * x − 1^4 + c * x − 1^
3 +d * x − 1^2 + e * x − 1 + f;
fox i from 0 to 5 do
p[i] = simplify(subs([x − 1 = ((5 − i) * x/5 +
i * y/5)],p-temp))
od;
pp:= c − 0 * p0 + c − 1 * p1 + c − 2 * p2 + c −
3 * p3 + c − 4 * p4 + c − 5 * p5;
for i from 0 to 5 do
t:= coeff(simplify(pp) − simplify(p),x,i);
for j from 0 to 5 do
```

406

x[i][j]：＝subs(a＝1,b＝1,c＝1,d＝1,e＝1,f＝
1,coeff(t,y,j));od;od;

（提取各项系数并存储于数组 x）

sys：{x[5][0]＝0,x[4][1]＝0,x[3][2]＝0,
x[2][3]＝0,x[1][4]＝0,x[0][0]＝0};

solve(sys,{c−0,c−1,c−2,c−3,c−4,c−5});

得到解为：

{c−0＝c−5＝95/24,c−1＝c−4＝125/8,c−
2＝c−3＝125/12}

至此,得到由 5 次曲线拟合的 Simpson 型求积公式：

定理 3   设 $f(x)$ 为闭区间 $[\alpha,\beta]$ 上的可积函数,则

$$
\int_{\alpha}^{\beta} f(x)\mathrm{d}x \approx \frac{\beta-\alpha}{288n}\Big(19y_0 + 19y_{5n} + 38\sum_{i=1}^{n-1} y_{5i} +
$$

$$
75\sum_{i=0}^{n-1}(y_{5i+1} + y_{5i+4}) +
$$

$$
50\sum_{i=0}^{n-1}(y_{5i+2} + y_{5i+3})\Big)
$$

4. 效果分析的 Maple 程序及数据模拟结果

为分析高次曲线拟合的 Simpson 型求积公式的计算效果,利用定理1的公式,通过计算 $4\int_{0}^{1} \dfrac{1}{1+x^2}\mathrm{d}x = \pi$ 的近似积分值,并与 π 的前几位准确值比较,得到数据模拟结果.

Maple 程序：

```
Simpson：＝proc(n：：integer)
local s,i,nn;
Digits：＝50;
```

s：＝1.5；

i：＝1；

nn：＝9＊n2；

for i to 3＊n－1 do

if mod(i,3)＝1 or mod(i,3)＝2 then s：＝s＋3/(1＋i^2/nn)

else s：＝s＋2/(1＋i^2/nn)fiod；

evalf(1/2＊s/n,50)

end

表1列出由该程序在Pentium Ⅲ个人计算机上的运行结果：

表1 不同结点数下得到的 π 的准确位数及运行时间

n	π 的准确位数	运行时间 t/s
10	9 位	＜0.1
100	14 位	＜0.1
1 000	21 位	0.2
10 000	28 位	3.0
100 000	34 位	31.4
1 000 000	39 位	331.6

参 考 文 献

[1] 华东师范大学数学系. 数学分析（上册）[M]. 北京：高等教育出版社,1991,361-364.

[2] Kamerich E. Maple 指南[M]. 北京：高等教育出版社,2000.

关于 $N-p=P_3$ 的解的下界系数的改进[①]

设 p 为素数，P_3 表示素因数不超过 3 个的整数，浙江师大的陈建明、杜国忠二位教授 1988 年得到下列的定理：

定理 设 $2 \mid N$，对于充分大的 N，我们有

$$|\{P : P \leqslant N, N-p=P_3\}| \geqslant$$
$$6.929 C(N) \frac{N}{\log^2 N}$$

其中

$$C(N) = \prod_{p>2}\left(1-\frac{1}{(p-1)^2}\right)\prod_{2 \leqslant p \mid N}\frac{p-1}{p-2}$$

在计算过程中大量使用了 Simpson 方法.

① 引自《浙江师范大学学报（自然科学版）》，1988 年 11 月第 11 卷第 2 期.

Simpson 原理

设 N 为大偶数, P_3 表示素因数不超过 3 个的整数, 当 N 充分大时, 存在常数 $A > 0$, 使得

$$|\{p : p \leqslant N, N - p = P_3\}| \geqslant AC(N)\frac{N}{\log^2 N}$$

这里 $C(N) = \prod_{p > 2}\left(1 - \frac{1}{(p-1)^2}\right)\prod_{2 \leqslant p \mid n}\frac{p-1}{p-2}$. 关于 A 的数值, 依次为 $\frac{13}{3}$ [1], 6.173 [2], 6.354 [3], 6.82 [4].

本章将证明下列结果.

定理 设 $2 \mid N$, 当 N 充分大时, 有

$$|\{p : p \leqslant N, N - p = P_3\}| \geqslant 6.929 C(N)\frac{N}{\log^2 N}$$

证明 我们设 $2 \mid N, \mathscr{F} = \{p : p \nmid N\}$, 且
$$T = \{a : a = N - p, p \leqslant N\}$$
$$A^{[3]} = A^{[3]}(N) = \{a : a = N - p, p \leqslant N, \Omega(a) \leqslant 3\}$$
其中 $\Omega(a)$ 表示 a 的全部素因数的个数(按重数计), $V = 16, \frac{4}{u} + \frac{1}{v} = 1$, 即 $u = \frac{64}{15}, p(z) = \prod_{\substack{p < z \\ p \nmid N}} p$, 对 $a \in T$, 我们又设

$$S_4^{(2)}(a) = \begin{cases} 1, a = p_1 p_2 p_3 p_4, N^{\frac{1}{v}} \leqslant p_1 < p_2 < \\ \quad N^{\frac{1}{u}} \leqslant p_3 < p_4, (a, N) = 1 \\ 0, \text{其他} \end{cases}$$

$$S_4^{(1)}(a) = \begin{cases} 1, a = p_1 p_2 p_3 p_4, N^{\frac{1}{v}} \leqslant p_1 < \\ \quad N^{\frac{1}{u}} \leqslant p_2 < p_3 < p_4, (a, N) = 1 \\ 0, \text{其他} \end{cases}$$

$$S_4^{(0)}(a) = \begin{cases} 1, a = p_1 p_2 p_3 p_4, N^{\frac{1}{u}} \leqslant p_1 < \\ \quad p_2 < p_3 < p_4, (a, N) = 1 \\ 0, \text{其他} \end{cases}$$

$$S_5^{(2)}(a) = \begin{cases} 1, a = p_1 p_2 p_3 p_4 p_5, N^{\frac{1}{v}} \leqslant p_1 < p_2 < \\ \quad N^{\frac{1}{u}} \leqslant p_3 < p_4 < p_5, (a, N) = 1 \\ 0, \text{其他} \end{cases}$$

引理 1 $\quad | A^{[3]} | \geqslant \displaystyle\sum_{\substack{a \in T \\ (a, p(N^{\frac{1}{v}})) = 1}} (1 - \frac{1}{3}\rho(a) +$

$$\frac{1}{3}\rho'(a) - \frac{1}{3}S_4^{(2)}(a)) -$$

$$\frac{2}{3}S_4^{(1)}(a) - S_4^{(0)}(a) -$$

$$\frac{1}{3}S_5^{(2)}(a) + o(N^{1-\frac{1}{v}}) \quad (1)$$

其中

$$\rho(a) = \sum_{\substack{p/a, p \nmid N \\ N^{\frac{1}{v}} \leqslant p < N^{\frac{1}{u}}}} 1, \rho'(a) = \begin{cases} \rho(a) - 3, & \rho(a) > 3 \\ 0, & \rho(a) \leqslant 3 \end{cases}$$

证明　当 $\rho(a) \leqslant 3$ 时，$\rho'(a) = 0$，此时式（1）即为 [4] 中的引理 3. 当 $\rho(a) \geqslant 4$ 时，$1 - \frac{1}{3}\rho(a) + \frac{1}{3}\rho'(a) = 0$，式（1）显然成立，证毕.

引理 2　当 N 充分大时，我们有

$$\sum_{\substack{a \in T \\ (a, p(N^{\frac{1}{v}})) = 1}} (1 - \frac{1}{3}\rho(a) + \frac{1}{3}\rho'(a)) \geqslant$$

$$10.050\,885C(N)\,\frac{N}{\log^2 N} \quad (2)$$

证明　我们设 $\mathcal{T}_q = \{p \in \mathcal{T}, p \nmid q\}$，则

$$\sum_{\substack{a \in T \\ (a, p(N^{\frac{1}{v}})) = 1}} (1 - \frac{1}{3}\rho(a) + \frac{1}{3}\rho'(a)) =$$

Simpson 原理

$$S(T;\mathcal{T},N^{\frac{1}{v}}) - \frac{1}{3}\sum_{\substack{N^{\frac{1}{v}}\leqslant p\leqslant N^{\frac{1}{u}}\\ p\nmid N}} S(T_p;\mathcal{T},N^{\frac{1}{v}}) +$$

$$\frac{1}{3}\sum_{\substack{N^{\frac{1}{v}}\leqslant p_1\leqslant p_2\leqslant p_3\leqslant p_4\leqslant N^{\frac{1}{u}}\\ (p_1p_2p_3p_4,N)=1}} S(T_{p_1p_2p_3p_4};\mathcal{T}_{p_1p_2},p_3) \qquad (3)$$

$$g(y) = \int_4^{y-1}\frac{\mathrm{d}x}{x}\int_3^{x-1}\frac{\mathrm{d}t}{t}\int_2^{t-1}\frac{\log(s-1)}{s}\mathrm{d}s \quad (y\geqslant 5)$$

$$f(z) = \frac{2\mathrm{e}^r}{z}(\log(z-1) + \int_3^{z-1}\frac{\mathrm{d}t}{t}\int_2^{t-1}\frac{\log(s-1)}{s}\mathrm{d}s +$$

$$\int_5^{z-1}\frac{g(y)}{y}\mathrm{d}y) \quad (6\leqslant z\leqslant 8)$$

$$F(z) = \begin{cases} \dfrac{2\mathrm{e}^r}{z}\left(1 + \displaystyle\int_2^{z-1}\frac{\log(s-1)}{s}\mathrm{d}s\right), 3\leqslant z\leqslant 5 \\[3mm] \dfrac{2\mathrm{e}^r}{z}\left(1 + \displaystyle\int_2^{z-1}\frac{\log(s-1)}{s}\mathrm{d}s + g(z)\right), 5\leqslant z\leqslant 7 \end{cases}$$

这里的 r 是 Euler 常数，由筛法的基本定理及 Bombieri-Vinogradov[6] 定理知，我们有

$$S(T;\mathcal{T},N^{\frac{1}{16}}) \geqslant (1+o(1))XW(N^{\frac{1}{16}})f(8) =$$

$$(1+o(1))C(N)\frac{8N}{\log^2 N}\left(\log 7 + \int_3^7\frac{\mathrm{d}t}{t}\int_2^{t-1}\frac{\log(s-1)}{s}\mathrm{d}s + \int_5^7\frac{g(y)}{y}\mathrm{d}y\right)$$

$$\sum_{\substack{N^{\frac{1}{16}}\leqslant p\leqslant N^{\frac{15}{64}}\\ p\nmid N}} S(T_p;\mathcal{T},N^{\frac{1}{16}}) \leqslant$$

$$(1+o(1))XW(N^{\frac{1}{16}})\int_{\frac{15}{64}}^{\frac{1}{16}}\frac{F(8-16t)}{t}\mathrm{d}t =$$

$$(1+o(1))XW(N^{\frac{1}{16}})\int_{4\cdot25}^7\frac{F(t)}{8-t}\mathrm{d}t =$$

$$(1+o(1))C(N)\frac{8N}{\log^2 N}\left[\log\frac{105}{17} + \int_{4\cdot25}^7\left(\frac{1}{t}+\frac{1}{8-t}\right)\mathrm{d}t +$$

$$\int_2^{t-1}\frac{\log(s-1)}{s}\mathrm{d}s + \int_5^7\left(\frac{1}{t}+\frac{1}{8-t}\right)g(t)\mathrm{d}t\right]$$

我们用 Simpson 方法计算积分得

$$\int_5^7 \frac{\mathrm{d}t}{t} \int_2^{t-1} \frac{\log(s-1)}{s} \mathrm{d}s \geqslant 0.299\ 331\ 6$$

$$\int_5^7 \frac{g(y)}{y} \mathrm{d}y = \int_4^6 \frac{\log \dfrac{7}{x+1}}{x} \mathrm{d}x \ \cdot$$

$$\int_2^{x-2} \frac{\log(y-1)\log \dfrac{x-1}{y+1}}{y} \mathrm{d}y \geqslant$$

$$0.000\ 595\ 7$$

$$\int_{4\cdot25}^7 \left(\frac{1}{t}+\frac{1}{8-t}\right)\mathrm{d}t \int_2^{t-1} \frac{\log(s-1)}{s}\mathrm{d}s \leqslant 1.147\ 283\ 8$$

$$\int_5^7 \left(\frac{1}{t}+\frac{1}{8-t}\right)\mathrm{d}t = \int_4^6 \frac{\log \dfrac{7(7-x)}{x+1}}{x}\mathrm{d}x \ \cdot$$

$$\int_2^{x-2} \frac{\log(y-1)\log \dfrac{x-1}{y+1}}{y}\mathrm{d}y \leqslant$$

$$0.003\ 573\ 81$$

代入即得

$$S(T;\mathcal{T},N^{\frac{1}{16}}) \geqslant 17.966\ 699(1+o(1))C(N)\ \frac{N}{\log^2 N} \tag{4}$$

$$\sum_{\substack{N^{\frac{1}{16}} \leqslant P \leqslant N^{\frac{15}{64}} \\ P \nmid N}} S(T_p;\mathcal{T},N^{\frac{1}{16}}) \leqslant \tag{5}$$

$$23.772\ 836(1+o(1))C(N)\ \frac{N}{\log^2 N}$$

又用 Simpson 方法计算积分得

$$\sum_{\substack{N^{\frac{1}{16}} \leqslant p_1 \leqslant p_2 \leqslant p_3 \leqslant p_4 \leqslant N^{\frac{15}{64}} \\ (p_1 p_2 p_3 p_4,N)=1}} S(T_{p_1 p_2 p_3 p_4};\mathcal{P}_{p_1 p_2,p_3}) \geqslant$$

413

$$\sum_{\substack{N^{\frac{1}{16}}\leqslant p_1\leqslant N^{\frac{1}{12}}\\ p_1\nmid N}}\sum_{\substack{p_1\leqslant p_2\leqslant (\frac{N^{\frac{1}{2}}}{p_1})^{\frac{1}{5}}\\ p_2\nmid N}}\sum_{\substack{p_2\leqslant p_3\leqslant (\frac{N^{\frac{1}{2}}}{p_1 p_2})^{\frac{1}{4}}\\ p_3\nmid N}}\sum_{\substack{p_3\leqslant p_4\leqslant \frac{N^{\frac{1}{2}}}{p_1 p_2 p_3}\\ p_4\nmid N}}$$

$$S(T_{p_1 p_2 p_3 p_4};\mathscr{P}_{p_1 p_2,p_3})\geqslant$$

$$(1+o(1))C(N)\frac{4N}{\log^2 N}\int_{\frac{1}{16}}^{\frac{1}{12}}\int_{x_1}^{\frac{\frac{1}{2}-x_1}{5}}\int_{x_2}^{\frac{\frac{1}{2}-x_1-x_2}{4}}\int_{x_3}^{\frac{1}{2}-x_1-x_2-3x_3}$$

$$\frac{\log\left(\dfrac{\frac{1}{2}-x_1-x_2-x_4}{x_3}-2\right)}{\left(\frac{1}{2}-x_1-x_2-x_3-x_4\right)x_1 x_2 x_3 x_4}\mathrm{d}x_1\mathrm{d}x_2\mathrm{d}x_3\mathrm{d}x_4\geqslant$$

$$0.025\,395\,9(1+o(1))C(N)\frac{N}{\log^2 N}\tag{6}$$

由(4)(5)(6) 即得(2),证毕.

引理 3　当 N 充分大时有

$$\frac{1}{3}\sum_{\substack{a\in T\\(a,p(N^{\frac{1}{v}}))=1}}S_4^{(2)}(a)\leqslant 2.366\,310\,6C(N)\frac{N}{\log^2 N}\tag{7}$$

$$\frac{2}{3}\sum_{\substack{a\in T\\(a,p(N^{\frac{1}{v}}))=1}}S_4^{(1)}(a)\leqslant 0.699\,807\,1C(N)\frac{N}{\log^2 N}\tag{8}$$

$$\sum_{\substack{a\in T\\(a,p(N^{\frac{1}{v}}))=1}}S_4^{(0)}(a)\leqslant 0.003\,488\,2C(N)\frac{N}{\log^2 N}\tag{9}$$

$$\frac{1}{3}\sum_{\substack{a\in T\\(a,p(N^{\frac{1}{v}}))=1}}S_5^{(2)}(a)\leqslant 0.052\,031\,6C(N)\frac{N}{\log^2 N}\tag{10}$$

证明

$$\sum_{\substack{a\in T\\(a,p(N^{\frac{1}{v}}))=1}} S_4^{(2)}(a) = \sum_{\substack{N^{\frac{1}{v}}\leqslant p_1\leqslant p_2\leqslant N^{\frac{1}{u}}\leqslant p_3\leqslant p_4\\(p_1p_2p_3p_4,N)=1,N-p-p_1p_2p_3p_4}} 1 \leqslant$$

$$\frac{1}{2!\ 2!} \sum_{\substack{N^{\frac{1}{v}}\leqslant p_1\leqslant N^{\frac{1}{u}}\\p_1\nmid N}} \sum_{\substack{N^{\frac{1}{v}}\leqslant p_2\leqslant N^{\frac{1}{u}}\\p_2\nmid N}} \sum_{\substack{N^{\frac{1}{u}}\leqslant p_2\leqslant N^{1-\frac{1}{u}/p_1p_2}\\p_3\nmid N}} \sum_{\substack{p=N-P_1P_2P_3P_4\\P_4\nmid N\\P_4\leqslant N/P_1P_2P_3}}$$

作集合

$$\varepsilon = \{e : e = p_1p_2p_3, N^{\frac{1}{v}}\leqslant p_i < N^{\frac{1}{u}}, i=1,2,$$
$$N^{\frac{1}{u}}\leqslant p_3 < N^{1-\frac{1}{u}/p_1p_2},(a,N)=1\}$$
$$\mathscr{T} = \{l : l=N-ep, e\in\varepsilon, ep\leqslant N\}$$

显然 $|\varepsilon|\ll N^{1-\frac{1}{u}}, N^{v+\frac{1}{u}}\leqslant e < N^{1-\frac{1}{u}}$,且

$$|\{l : l\in\mathscr{T}, l\leqslant N^{\frac{2}{v}+\frac{1}{u}}\}|\ll N^{1-\frac{1}{u}}$$

仍然取 $\mathscr{P}=\{p : p\nmid N\}$,显然有

$$\sum_{\substack{a\in T\\(a,p(N^{\frac{1}{v}}))=1}} S_4^{(2)}(a)\leqslant \frac{1}{4}S(\mathscr{L};\mathscr{P},Z)+o(N^{1-\frac{1}{u}})$$

$$(z\leqslant N^{\frac{2}{v}+\frac{1}{v}})$$

我们取 $W(d)=\dfrac{d}{\varphi(d)},\mu(d)\neq 0,(d,N)=1,X=\displaystyle\sum_{e\in\varepsilon}t_i\dfrac{N}{e}$,这里 $\mu(d)$ 表示 Möbius 函数,$\varphi(d)$ 表示 Euler 函数,由 $\dfrac{2}{v}+\dfrac{1}{u}=\dfrac{23}{64}$ 知,可取 $Z^2=D=N^{\frac{1}{2}}\log^{-B}N$,这里 $B>0$ 是一个适当的常数,这样就有

$$S(\mathscr{T};\mathscr{P},Z)\leqslant 8(1+o(1))C(N)\frac{X}{\log N}+R_1+R_2$$

其中

$$R_1 = \sum_{\substack{d\leqslant D\\(d,N)=1}} \mu^2(d)3^{v(d)}\left|\sum_{\substack{e\in\varepsilon\\(e,d)=1}}\left(\sum_{\substack{ep\in N\\ep=N(d)}}1-\frac{1}{\varphi(d)}l_i\frac{N}{e}\right)\right|$$

$$R_2 = \sum_{\substack{d \leqslant D \\ (d,N)=1}} \frac{\mu^2(d)3^{v(d)}}{\varphi(d)} \sum_{\substack{e \in \varepsilon \\ (e,d)>1}} l_i \frac{N}{e}$$

这里 $v(d)$ 表示 d 的不同素因数的个数,由潘一丁定理[6],我们容易证明

$$R_1 \ll \frac{N}{\log^3 N}$$

现在估计 R_2. 把 d 改为 q,由于 $\mu^2(q)3^{v(q)} \leqslant d^2(q)$,这里 $d(q)$ 为除数函数,有

$$R_2 \leqslant \sum_{q \leqslant D} \frac{d^2(p)}{\varphi(q)} \sum_{\substack{a \leqslant N^{1-\frac{1}{u}} \\ (a,q) \geqslant N^{\frac{1}{v}}}} l_i \frac{N}{e} \sum_{\substack{e=a \\ e \in \varepsilon}} 1 \ll$$

$$N^{1+\varepsilon} \sum_{q \leqslant D} \frac{1}{q} \sum_{\substack{a \leqslant N^{1-\frac{1}{u}} \\ (a,q) \geqslant N^{\frac{1}{v}}}} \frac{1}{a} =$$

$$N^{1+\varepsilon} \sum_{q \leqslant D} \frac{1}{q} \sum_{\substack{m|q \\ N^{\frac{1}{v}}}} \sum_{\substack{a \leqslant N^{1-\frac{1}{v}} \\ (a,q)=m}} \frac{1}{a} \ll N^{1+2\varepsilon} \sum_{q \leqslant D} \frac{1}{q} \sum_{\substack{m|q \\ m \geqslant N^{\frac{1}{v}}}} \frac{1}{m} =$$

$$N^{1+2\varepsilon} \sum_{N^{\frac{1}{v}} \leqslant m \leqslant D} \frac{1}{m} \sum_{\substack{q \leqslant D \\ m|q}} \frac{1}{q} \ll N^{1-\frac{1}{v}+3\varepsilon}$$

最后,我们计算 X

$$X = (1+o(1)) \sum_{e \in \varepsilon} \frac{N}{e \log \frac{N}{e}} =$$

$$(1+o(1)) \int_{N^{\frac{1}{v}}}^{N^{\frac{1}{u}}} \int_{N^{\frac{1}{v}}}^{N^{\frac{1}{u}}} \int_{N^{\frac{1}{u}}}^{N^{1-\frac{1}{u}/t_1 t_2}} \cdot$$

$$\frac{N \mathrm{d}t_1 \mathrm{d}t_2 \mathrm{d}t_3}{t_1 t_2 t_3 \log t_1 \log t_2 \log t_3 \log \frac{N}{t_1 t_2 t_3}} =$$

$$(1+o(1)) \frac{N}{\log N} \int_{\frac{1}{v}}^{\frac{1}{u}} \int_{\frac{1}{v}}^{\frac{1}{u}} \int_{\frac{1}{u}}^{1-\frac{1}{u}-x_1-x_2} \cdot$$

$$\frac{\mathrm{d}x_1 \mathrm{d}x_2 \mathrm{d}x_3}{x_1 x_3 x_3 (1-x_1-x_2-x_3)} =$$

$$(1+o(1))\frac{2N}{\log N}\int_{\frac{1}{v}}^{\frac{1}{u}}\int_{\frac{1}{v}}^{\frac{1}{u}}\cdot$$

$$\frac{\log(u-1-ux_1-ux_2)}{x_1x_2(1-x_1-x_2)}\mathrm{d}x_1\mathrm{d}x_2\leqslant$$

$$1.774\ 733(1+o(1))\frac{2N}{\log N}$$

这里的积分用 Simpson 方法计算,代入得

$$\frac{1}{3}\sum_{\substack{a\in T\\(a,p(N^{\frac{1}{v}}))=1}}S_4^{(2)}(a)\leqslant$$

$$\frac{4}{3}\times1.774\ 733(1+o(1))C(N)\frac{N}{\log^2N}$$

同样,我们有

$$\frac{2}{3}\sum_{\substack{a\in T\\(a,p(N^{\frac{1}{v}}))=1}}S_4^{(1)}(a)\leqslant$$

$$\frac{2}{3}\times\frac{8\times2}{3!}(1+o(1))C(N)\frac{N}{\log^2N}\int_{\frac{1}{v}}^{\frac{1}{u}}\int_{\frac{1}{u}}^{1-\frac{2}{u}-x_1}\cdot$$

$$\frac{\log(u-1-ux_1-ux_2)}{x_1x_2(1-x_1-x_2)}\mathrm{d}x_1\mathrm{d}x_2\leqslant$$

$$\frac{16}{9}\times0.393\ 641\ 5(1+o(1))C(N)\frac{N}{\log^2N}$$

$$\sum_{\substack{a\in T\\(a,p(N^{\frac{1}{v}}))=1}}S_4^{(0)}(a)\leqslant\frac{8\times2}{4!}(1+o(1))C(N)\cdot$$

$$\frac{N}{\log^2N}\int_{\frac{1}{u}}^{1-\frac{3}{u}}\int_{\frac{1}{u}}^{1-\frac{2}{u}-x_1}\frac{\log(u-1-ux_1-ux_2)}{x_1x_2(1-x_1-x_2)}\mathrm{d}x_1\mathrm{d}x_2\leqslant$$

$$\frac{2}{3}\times0.005\ 232\ 3(1+o(1))C(N)\frac{N}{\log^2N}$$

$$\frac{1}{3}\sum_{\substack{a\in T\\(a,p(N^{\frac{1}{v}}))=1}}S_5^{(2)}(a)\leqslant\frac{1}{3}\times\frac{8\times2}{3!\ 2!}(1+$$

$$o(1))C(N)\frac{N}{\log^2 N}\int_{\frac{1}{v}}^{\frac{1}{u}}\int_{\frac{1}{v}}^{1-\frac{3}{u}-x_1}\cdot$$

$$\int_{\frac{1}{u}}^{1-\frac{2}{u}-x_1-x_2}\frac{\log(u-1-ux_1-ux_2-ux_3)}{x_1x_2x_3(1-x_1-x_2-x_3)}dx_1dx_2dx_3\leqslant$$

$$\frac{4}{9}\times 0.117\ 071\ 1(1+o(1))C(N)\frac{N}{\log^2 N}$$

由上即得引理,证毕.

最后,由引理 1,2,3 即得定理.

参 考 文 献

［1］Richert，H. E.. Selberg's sieve with weights. Mathematika,1969(16):1-22.

［2］Engene Kwan-Sang Ng. On the number of Solutions of $N-p=P_3$. Journal of Number Theory,1984(18):299-237.

［3］邵雄.关于 $N-p=P_3$ 的解数的下界.数学学报,1986,6(3):307-313.

［4］邵雄.关于 $N-p=P_3$ 的解数的下界(Ⅱ).数学学报,1987,30(1):125-131.

［5］Bombieri，E.. On the large Siete. Mathematika,1965(12):201-225.

［6］潘承洞.Recent progress in analytic number theory, in "Proceedings of the Durham Symposion" chap 18，Academic Press，New York/London:1981.

附表 I 对于区间 $[-1,1]$ 的切比雪夫公式的量 $\delta W^{(r)}(1;-1,+1)=\sup\limits_{|f^{(r)}(x)|\leqslant 1}\left|\int_{-1}^{1}f\,\mathrm{d}x-L(f)\right|$ 的值

基点个数	公式的形式	$\delta W^{(r)}(1;-1,+1)$ 的值				
		$r=1$	$r=2$	$r=3$	$r=4$	$r=5$
1	$\displaystyle\int_{-1}^{+1}f\,\mathrm{d}x\approx 2f(0)$	1	$\dfrac{1}{3}$	—	—	—
2	$\displaystyle\int_{-1}^{+1}f\,\mathrm{d}x\approx f\left(-\frac{\sqrt{3}}{3}\right)+f\left(\frac{\sqrt{3}}{3}\right)$	$\dfrac{5-2\sqrt{3}}{3}=$ 0.511 966	$\dfrac{4}{9\sqrt{3}}(2\sqrt{3}-3)^{\frac{3}{2}}=$ 0.081 128	$\dfrac{27-4\sqrt{3}}{108}=$ 0.019 183 3	—	—
3	$\displaystyle\int_{-1}^{+1}f\,\mathrm{d}x\approx\frac{2}{3}\left[f\left(-\frac{\sqrt{2}}{2}\right)+f(0)+f\left(\frac{\sqrt{2}}{2}\right)\right]$	$\dfrac{4}{9}(5-3\sqrt{2})=$ 0.336 604	$\dfrac{16\sqrt{2}}{81}(3\sqrt{2}-4)^{\frac{3}{2}}=$ 0.033 389	$\dfrac{1}{36}\left[(8\sqrt{2}-11)^{\frac{3}{2}}+58\sqrt{2}-82\right]=$ 0.005 558 19	$\dfrac{1}{360}=$ 0.002 777 8	—
4	$\displaystyle\int_{-1}^{+1}f\,\mathrm{d}x\approx\frac{1}{2}[f(-b)+f(-a)+f(a)+f(b)]$ $a=\sqrt{\dfrac{\sqrt{5}-2}{3\sqrt{5}}},b=\sqrt{\dfrac{\sqrt{5}+2}{3\sqrt{5}}}$	$\dfrac{17}{6}-(a+3b)=$ 0.261 777	$\dfrac{(4b-3)^{\frac{3}{2}}}{3}=$ 0.025 162 6	0.003 358	0.000 571 9	0.000 087 9

附表 Ⅱ　对于区间[−1,1]的高斯公式的量 $\mathscr{E}W^{(r)}(1;-1,+1)$ 的值

$$\mathscr{E}W^{(r)}(1;-1,+1)=\sup_{|f^{(r)}(x)|\leqslant 1}\left|\int_{-1}^{1}f\mathrm{d}x-L(f)\right|$$

基点个数	公式的形式	r = 1	r = 2	r = 3	r = 4	r = 5	r = 6	r = 7	r = 8
1	$\int_{-1}^{+1}f\mathrm{d}x\approx 2f(0)$	1	$\dfrac{1}{3}$	—	—	—	—	—	—
2	$\int_{-1}^{+1}f\mathrm{d}x\approx f\left(-\dfrac{\sqrt{3}}{3}\right)+f\left(\dfrac{\sqrt{3}}{3}\right)$	$\dfrac{5-2\sqrt{3}}{3}=$ 0.511 966	$\dfrac{4}{9\sqrt{3}}(2\sqrt{3}-3)^{\frac{3}{2}}=$ 0.081 128	$\dfrac{1}{12}-\dfrac{\sqrt{3}}{27}=$ 0.019 183 3	$\dfrac{1}{135}=$ 0.007 407 4	—	—	—	—
3	$\int_{-1}^{+1}f\mathrm{d}x\approx\dfrac{1}{9}[5f(-\sqrt{0.6})+8f(0)+5f(\sqrt{0.6})]$	$\dfrac{1}{405}(1\,051-1\,170\sqrt{0.6})=$ 0.357 337	$\dfrac{8}{2\,187}(90\sqrt{0.6}-65)^{\frac{3}{2}}=$ 0.040 545	$\dfrac{1}{1\,458}[16(30\sqrt{0.6}-23)^{\frac{3}{2}}+1\,548\sqrt{0.6}-1\,198]=0.002\,011$	$\dfrac{5-6\sqrt{0.6}}{1\,800}=$ 0.000 195 8	$\dfrac{1}{15\,750}=$ 0.000 063 49	—	—	—
4	$\int_{-1}^{+1}f\mathrm{d}x\approx\displaystyle\sum_{k=-2}^{2}p_k f(x_k)\ (p_0=0)$ $-x_{-1}=x_1=\sqrt{\dfrac{15-2\sqrt{30}}{35}}$ $p_{-1}=p_1=\dfrac{18+\sqrt{30}}{36}$ $-x_{-2}=x_2=\sqrt{\dfrac{15+2\sqrt{30}}{35}}$ $p_{-2}=p_2=\dfrac{18-\sqrt{30}}{36}$	0.275 993	0.021 706	0.002 350	0.000 264 2	0.000 034 8	0.000 005 2	0.000 000 99	0.000 000 009

编辑手记

积分在中学到底有什么用,积分与面积到底是什么关系,翻阅近期出版的《数学通讯》发现了一个回答.四川省内江师范学院的罗仕明、李柳青两位老师最近在《数学通讯》上发表了一篇文章,提供了一个好的案例.那篇文章以 2014 年江苏省高中数学竞赛初赛模拟试题(2)第 9 题为例(以下简称赛题),进行探究.

题目:已知 $S=\dfrac{1}{\sqrt{3}}+\dfrac{1}{\sqrt{5}}+\dfrac{1}{\sqrt{7}}+\cdots+\dfrac{1}{\sqrt{99}}$,求 S 的整数部分?

他们采取"以退为进"的办法,先求解这类"退化"后的问题.一个小学奥数题:

Simpson 原理

已知

$$S=\left(\frac{1}{21}+\frac{1}{22}+\frac{1}{23}+\cdots+\frac{1}{40}\right)\times 5$$

估算 S 的整数部分?

这道题要采用的是典型的放缩法:一个分数,当分子不变而分母变大时,分数值变小;当分子不变而分母变小时,分数值变大.

一方面,因为

$$\frac{1}{21}+\frac{1}{22}+\frac{1}{23}+\cdots+\frac{1}{40}>$$

$$5\times\frac{1}{25}+10\times\frac{1}{35}+5\times\frac{1}{40}=\frac{171}{280}$$

所以

$$\left(\frac{1}{21}+\frac{1}{22}+\frac{1}{23}+\cdots+\frac{1}{40}\right)\times 5>$$

$$\frac{171}{280}\times 5=\frac{171}{56}\approx 3.05$$

另一方面,因为

$$\frac{1}{21}+\frac{1}{22}+\frac{1}{23}+\cdots+\frac{1}{40}<$$

$$5\times\frac{1}{21}+10\times\frac{1}{26}+5\times\frac{1}{36}=\frac{2\,495}{3\,276}$$

所以

$$\left(\frac{1}{21}+\frac{1}{22}+\frac{1}{23}+\cdots+\frac{1}{40}\right)\times 5<$$

$$\frac{2\,495}{3\,276}\times 5=\frac{12\,475}{3\,276}\approx 3.81$$

则有

$$3.05<S<3.81$$

所以 S 的整数部分为 3.

此题将 S 中各项进行了放缩,放缩后得到的最大值和最小值的整数部分刚好相同,则得到了 S 的整数部分为 3.

但这仅仅是提供了解题的一个思路,距离完全解决这个试题,特别是解决一类这样的试题是远远不够的. 我们假设读者都是具有较高初等数学修养的,所以我们略去用中学常用方法去解决的叙述,直接站在高等数学的山顶俯瞰这道题.

高等数学的基本思想和方法是考查学生进一步学习潜能的良好素材,以高等数学为背景的题目构思精巧、背景深刻、形式新颖. 因此,命题教师比较喜欢创作一些含有高等数学背景的试题. 本题的高等数学背景是定积分的几何意义.

对于该赛题,我们构造函数

$$f(x) = \frac{1}{\sqrt{2x+1}}$$

易知该函数为递减函数,且为下凸函数,如图 1 所示. 由图 1 中曲边梯形的面积大于矩形的面积(以下简称构造函数法),易得

$$\int_{i-1}^{i} f(x)\,\mathrm{d}x > f(i)\,(i > 0)$$

图 1

其中

$$\int_{i-1}^{i} f(x)\,\mathrm{d}x = \int_{i-1}^{i} \frac{1}{\sqrt{2x+1}}\,\mathrm{d}x = \sqrt{2x+1}\,\Big|_{i-1}^{i} = \sqrt{2i+1} - \sqrt{2i-1}$$

并且

Simpson 原理

$$f(i) = \frac{1}{\sqrt{2i+1}}$$

则

$$\sum_{i=1}^{n} f(i) < \sum_{i=1}^{n} \int_{i-1}^{i} f(x)\mathrm{d}x = \sqrt{2n+1} - 1$$

由图 1 中第 i 个矩形的面积大于第 $i+1$ 个曲边梯形的面积,易得

$$\int_{i}^{i+1} f(x)\mathrm{d}x < f(i)(i > 0)$$

同理可得

$$\sum_{i=1}^{n} f(i) > \sum_{i=1}^{n} \int_{i}^{i+1} f(x)\mathrm{d}x = \sqrt{2n+3} - \sqrt{3}$$

于是,得到不等式

$$\sqrt{2n+3} - \sqrt{3} < \frac{1}{\sqrt{3}} + \frac{1}{\sqrt{5}} + \frac{1}{\sqrt{7}} + \cdots + \frac{1}{\sqrt{2n+1}} < \sqrt{2n+1} - 1$$

便得到

$$\sqrt{101} - \sqrt{3} < \frac{1}{\sqrt{3}} + \frac{1}{\sqrt{5}} + \frac{1}{\sqrt{7}} + \cdots + \frac{1}{\sqrt{99}} < \sqrt{99} - 1$$

因此得到 S 的整数部分为 8.

可能会有读者对是否应该就这一道试题,就编一本书的模式有疑义,认为是小题大做.

其实这种积分原理,在中学应用很多,再如 2003 年高考江苏理科卷第 20 题,设 $a > 0$,如图 2,已知直线 $l: y = ax$ 及曲线 $C: y = x^2$,C 上的点 Q_1 的横坐标为 $a_1(0 <$

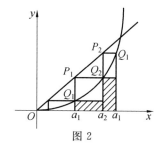

图 2

$a_1 < a$），从 C 上的点 $Q_n(n \geqslant 1)$ 作直线平行于 x 轴，交直线 l 于点 P_{n+1}，再从点 P_{n+1} 作直线平行于 y 轴，交曲线 C 于点 Q_{n+1}，$Q_n(n=1,2,3,\cdots)$ 的横坐标构成数列 $\{a_n\}$.

（1）试求 a_{n+1} 与 a_n 的关系，并求 $\{a_n\}$ 的通项公式；

（2）当 $a=1,a_1 \leqslant \dfrac{1}{2}$ 时，证明 $\displaystyle\sum_{k=1}^{n}(a_k-a_{k+1})a_{k+2} < \dfrac{1}{32}$；

（3）当 $a=1$ 时，证明 $\displaystyle\sum_{k=1}^{n}(a_k-a_{k+1})a_{k+2} < \dfrac{1}{3}$.

背景透视：此题有其积分学背景，第（3）问我们借助于定积分知识可简练获证如下：

由情形（1）知，当

$$a=1, a_{k+1}=a_k^2$$

从而

$$(a_k-a_{k+1})a_{k+2}=(a_k-a_{k+1})^2 a_{k+1}$$

恰表示阴影部分面积.

显然

$$(a_k-a_{k+1})a_{k+1}^2 < \int_{a_{k+1}}^{a_k} x^2 \, \mathrm{d}x$$

所以

$$\sum_{k=1}^{n}(a_k-a_{k+1})a_{k+2}=\sum_{k=1}^{n}(a_k-a_{k+1})a_{k+1}^2 <$$
$$\sum_{k=1}^{n}\int_{a_{k+1}}^{a_k} x^2 \, \mathrm{d}x < \int_{0}^{a_1} x^2 \, \mathrm{d}x =$$
$$\frac{1}{3}a_1^3 < \frac{1}{3}$$

据载：胡适在年轻时写过《庐山游记》，考证一个和尚的墓碑,写了八千多字,登在《新月》上,还另印成一个册子,引起了常燕生先生的批评.他在一篇文章中说:"先生近于玩物丧志".胡适说:"不然.我是提示一个治学的方法,前人著书立说,我们应该是者是之,非者非之,冤枉者为之辨证,作伪者为之揭露.我花了这么多力气,如果能为后人指示一个做学问的方法,不算是白费."

此言极是!

刘培杰

2018 年 3 月 12 日

于哈工大